국 가 기 술 자 격 검 정



최신판

# 전기공사 기사·산업기사

## 필기 [전기응용 및 공사재료]

인천대산전기직업학교 저

PART 01 전기응용

PART 02 공사재료

PART 03 과년도 기출문제

예문사

# 머리말

PREFACE

**"지금 잠을 자면 꿈을 꾸지만 공부를 하면 꿈을 이룬다."**

하버드대학 도서관에 쓰여 있는 너무나 유명한 이 문구는 학창시절부터 누구나 한번은 들어봤을 것입니다. 목표를 세우고 정진하는 사람들에게 있어 절제와 노력은 반드시 필요한 것이며, 이를 기본으로 하여 효율적인 방법이 더해질 때 확실한 결실을 거두게 될 것입니다.

인천대산 전기공사기사 · 산업기사는 국가 기초산업의 근간이 되는 전기 분야에서 뜻을 세우고 그 목적을 이루기 위해 노력하는 모든 수험생들에게 보다 효율적이고 수월한 목표 달성을 위해 가장 최적화된 교재를 제공하기 위한 목적으로 출판되었습니다.

따라서 본 시리즈의 각 과목들은 모두 15년 이상의 강의경험을 가진 최고의 강사들의 노하우를 토대로 어려운 수식들은 가능한 배제하고 기초가 부족한 수험생들도 쉽게 접근할 수 있도록 다음과 같이 구성되었습니다.

**◆ 본서의 특징**

- 어렵고 복잡한 수식을 최대한 간결하게 표현하여 쉽게 이해할 수 있도록 하였습니다.
- 각 단원별 핵심공식을 식별하기 쉽게 정리하였습니다.
- 저자 직강 동영상 강좌를 저렴한 가격으로 수강할 수 있습니다.

부디 이 교재가 목표를 위해 정진하는 모든 수험생들이 아름다운 결실을 거두는 데 좋은 길잡이가 되기를 기원하며, 출간을 위해 애써주신 예문사에 진심으로 감사드립니다.

인천대산전기연구회 대표이사 **송우근**

# 수험정보

| 직무 분야 | 전기 · 전자 | 중직무 분야 | 전기 | 자격 종목 | 전기공사 기사 | 적용 기간 | 2021.1.1.~2023.12.31. |
|---|---|---|---|---|---|---|---|

직무내용 : 전기공사에 관한 공학기초지식을 가지고 전기공작물의 재료 견적, 공사 시공, 관리, 유지 및 이와 관련된 보수공사와 부대공사 시공의 관리에 관한 업무를 수행하는 직무이다.

| 필기검정방법 | 객관식 | 문제수 | 100 | 시험시간 | 2시간 30분 |
|---|---|---|---|---|---|

| 필기 과목명 | 문제수 | 주요항목 | 세부항목 | 세세항목 |
|---|---|---|---|---|
| 전기응용 및 공사재료 | 20 | 1. 전기응용 | 1. 광원, 조명 이론과 계산 및 조명설계 | 1. 조명의 기초 2. 백열전구 3. 방전등 4. 조도계산 5. 조명설계 6. LED 조명 |
| | | | 2. 전열방식의 원리, 특성 및 전열설계 | 1. 전열의 기초 2. 전기용접 3. 전기로 4. 전기건조 5. 열펌프 |
| | | | 3. 전동력 응용 | 1. 전동기 응용의 기초<br>2. 전동기 운전 및 제어<br>3. 전동기의 선정 및 보수<br>4. 전동기 응용 |
| | | | 4. 전력용 반도체소자의 응용 | 1. 전력용 반도체소자의 기초<br>2. 전력용 반도체소자 종류별 특징<br>3. 광전소자 및 집적회로소자<br>4. 전력용 반도체소자 응용 제어회로 |
| | | | 5. 전지 및 전기화학 | 1. 전기화학의 기초<br>2. 전지 및 충전방식<br>3. 금속의 부식<br>4. 전기분해의 응용 |
| | | | 6. 전기철도 | 1. 전기철도의 기초<br>2. 전차선<br>3. 주전동기의 구동 및 제어<br>4. 열차운전 및 제어<br>5. 전기철도용 전기설비<br>6. 전식 및 전기방식<br>7. 유도장해 |

| 필기 과목명 | 문제수 | 주요항목 | 세부항목 | 세세항목 |
|---|---|---|---|---|
| 전기응용 및 공사재료 | 20 | 2. 공사재료 | 1. 전선 및 케이블 | 1. 전선, 케이블<br>2. 절연 및 보호재료의 특성<br>3. 시설장소<br>4. 나전선<br>5. 절연전선<br>6. 코드<br>7. 꼬임2선식<br>8. 광케이블<br>9. 동축케이블<br>10. 특수전선 |
| | | | 2. 애자 및 애관 | 1. 애자의 종류<br>2. 애관의 종류 |
| | | | 3. 전선관 및 덕트류 | 1. 각종 전선관 및 전선관용 부속품<br>2. 각종 덕트 및 덕트용 부속품 |
| | | | 4. 배전, 분전함 | 1. 배전함의 종류<br>2. 분전함의 종류 |
| | | | 5. 배선기구, 접속재료 | 1. 배선기구류에 관한 사항<br>2. 전기절연재료에 관한 사항<br>3. 전기결선의 종류와 특성 |
| | | | 6. 조명기구 | 1. 조명기구의 분류 및 종류<br>2. 주택용 조명기구<br>3. 상업용 조명기구<br>4. 산업용 조명기구<br>5. 도로 및 터널 조명기구<br>6. 무대 조명기구<br>7. 특수 조명기구 |
| | | | 7. 전기기기 | 1. 전동기에 관련된 재료<br>2. 변압기에 관련된 재료<br>3. 전력용 콘덴서에 관련된 재료<br>4. 예비발전기에 관련된 재료 |
| | | | 8. 전지, 축전지 | 1. 전지에 관련된 각종 재료<br>2. 축전지에 관련된 각종 재료 |

# 수험정보

| 필기 과목명 | 문제수 | 주요항목 | 세부항목 | 세세항목 |
|---|---|---|---|---|
| 전기응용 및 공사재료 | 20 | 2. 공사재료 | 9. 피뢰기, 피뢰침, 접지 재료 | 1. 피뢰기에 관련된 각종 재료<br>2. 피뢰침에 관련된 각종 재료<br>3. 접지설비에 관련된 각종 재료<br>4. 서지보호장치(SPD)에 관련된 재료 |
| | | | 10. 지지물, 장주재료 | 1. 지지물에 관련된 각종 재료<br>2. 장주에 관련된 각종 재료 |

| 직무 분야 | 전기 · 전자 | 중직무 분야 | 전기 | 자격 종목 | 전기공사 산업기사 | 적용 기간 | 2021.1.1.~2023.12.31. |
|---|---|---|---|---|---|---|---|

직무내용 : 전기공사에 관한 기초지식을 가지고 전압 10만 [V] 이하의 전기공작물에 대한 재료 견적, 공사 시공, 관리와 이와 관련된 보수공사 및 부대공사 시공의 관리에 관한 업무를 수행하는 직무이다.

| 필기검정방법 | 객관식 | 문제수 | 100 | 시험시간 | 2시간 30분 |
|---|---|---|---|---|---|

| 필기 과목명 | 문제수 | 주요항목 | 세부항목 | 세세항목 |
|---|---|---|---|---|
| 전기응용 | 20 | 1. 전기응용 | 1. 광원, 조명 이론과 계산 및 조명설계 | 1. 조명의 기초<br>2. 백열전구<br>3. 방전등<br>4. 조도계산<br>5. 조명설계<br>6. LED 조명 |
| | | | 2. 전열방식의 원리, 특성 및 전열설계 | 1. 전열의 기초<br>2. 전기용접<br>3. 전기로<br>4. 전기건조<br>5. 열펌프 |
| | | | 3. 전동력 응용 | 1. 전동기 응용의 기초<br>2. 전동기 운전 및 제어<br>3. 전동기의 선정 및 보수<br>4. 전동기 응용 |
| | | | 4. 전력용 반도체소자의 응용 | 1. 전력용 반도체소자의 기초<br>2. 전력용 반도체소자 종류별 특징<br>3. 광전소자 및 집적회로소자<br>4. 전력용 반도체소자 응용 제어회로 |
| | | | 5. 전지 및 전기화학 | 1. 전기화학의 기초<br>2. 전지 및 충전방식<br>3. 금속의 부식<br>4. 전기분해의 응용 |
| | | | 6. 전기철도 | 1. 전기철도의 기초<br>2. 전차선<br>3. 주전동기의 구동 및 제어<br>4. 열차운전 및 제어<br>5. 전기철도용 전기설비<br>6. 전식 및 전기방식<br>7. 유도장해 |
| | | | 7. 자동제어의 기본개념 | 1. 자동제어의 기본개념에 관한 사항 |

# 이책의 차례

## 제1편 전기응용

### 제1장 조명공학



### 제2장 전열공학



### 제3장 전기 철도

## 제4장 전기 화학



## 제5장 자동제어 및 전력용 반도체



## 제6장 전동기 응용

# 이책의 차례

## 제2편 공사재료

### 제1장 전선 및 케이블



### 제2장 배선재료 및 공구, 측정계기



### 제3장 옥내 배관 · 배선공사

## 제4장 송배전선로 및 배전반 공사



## 제5장 배 · 분전반 공사



## 제6장 피뢰기 및 기타 설비

# 이책의 차례

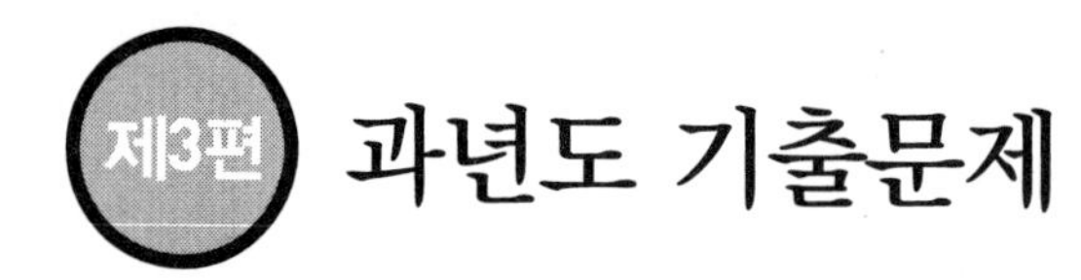

ENGINEER ELECTRIC WORK

# 전기응용

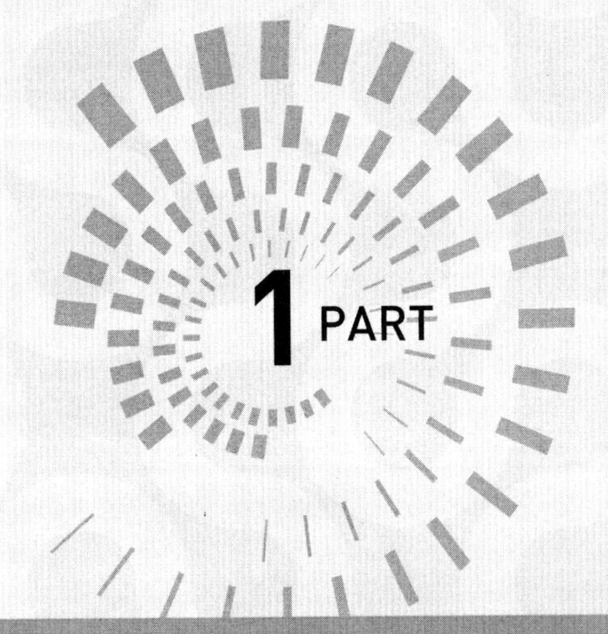

# Chapter 01 조명공학



## 1 전등과 조명계산

### 1. 복사

전자파는 공간에서 에너지를 가지고 전달되며, 전자파로서 전달되는 이 에너지를 복사(Radiation)라고 한다.
어떤 광원으로부터 에너지가 복사되고 있을 때, 단위 시간에 복사되는 에너지의 양을 복사속(Radiation Flux)이라 하고, 단위는 와트[W]를 사용한다.

#### 1) 전자파(파장이 긴 순서)

① 우주선 ② R선 ③ X선 ④ 자외선
⑤ 가시광선 ⑥ 적외선 ⑦ 방송파 ⑧ 전력파

#### 2) 파장과 주파수

① 파장 : $\lambda = \frac{C}{f}$[m] ② 주파수 : $f = \frac{C}{\lambda}$[Hz]

#### 3) 가시광선의 파장 범위

가시광선이란 사람의 눈으로 감광할 수 있는 파장 범위를 가진 빛을 말한다.

| 색상 | 보라색 | 파란색 | 녹색 | 노란색 | 주황색 | 빨간색 |
|---|---|---|---|---|---|---|
| 파장[nm] | 380~430 | 430~452 | 452~550 | 550~590 | 590~640 | 640~760 |

#### 4) 시감도 $= \frac{\text{광속}}{\text{복사속}} = \frac{F}{\phi}$[lm/W]

파장이 380~760[nm] 범위인 광선이 눈 속에 들어오면 뇌로 전달되어 빛으로서 느껴진다. 이때 파장이 555[nm]인 빛이 가장 밝게 느껴지며, 이것보다 파장이 길어지거나 짧아지면 밝음의 느낌이 감소한다. 이와 같이 어떤 파장의 에너지가 빛으로서 느껴지는 정도를 시감도(Visibility)라고 한다.
최대 시감도는 680[lm/W]로서 파장이 555[nm]인 황록색의 경우에 나타나며, 이에 대한 다른 파장의 시감도의 비를 비시감도(Relative Visibility)라고 한다.

## 2. 광속($F$[lm], 빛의 양)

광속은 광원에서 나오는 복사속을 눈으로 보아 빛으로 느끼는 크기를 나타낸 것으로서, 단위로는 루멘(lumen, 기호 : lm)을 사용한다.

$$F=\frac{2\pi}{r}\times S\ [\mathrm{lm}]$$ 여기서, $r$ : 반지름

$$F=a\cdot S[\mathrm{lm}]$$ 여기서, $S$ : 루소 선도의 면적 $\left(a=\frac{2\pi}{r}\right)$

- 구 광원(백열전구) : $F=4\pi I[\mathrm{lm}]$
- 원통 광원(형광등) : $F=\pi^2 I[\mathrm{lm}]$
- 평판 광원 : $F=\pi I$

## 3. 광도($I$[cd], 빛의 세기)

모든 방향으로 광속이 발산되고 있는 점광원에서 어떤 방향의 광도(Luminous Intensity)라 함은 그 방향의 단위 입체각에 포함되는 광속 수, 즉 발산 광속의 입체각 밀도를 말하며, 단위로는 칸델라(candela, 기호 : cd)를 사용한다.

그림과 같이 입체각 $\omega$ 스테라디안(steradian, 기호 : sr) 내에서 광속 $F$[lm]가 고르게 발산되면, 광도 $I$[cd]는 다음과 같이 된다.

$$I=\frac{F}{\omega}\ [\mathrm{cd}]$$ 여기서, $\omega$ : 점광원 둘레의 전 입체각

모든 방향의 광도가 균등한 점광원을 균등 점광원이라고 한다.

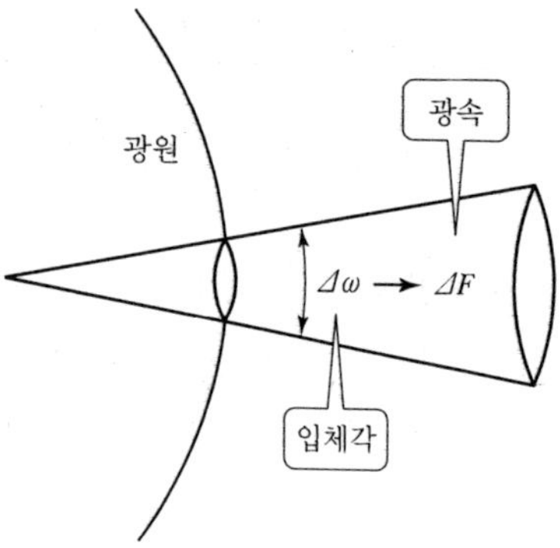

광원
광속
$\Delta\omega \rightarrow \Delta F$
입체각

$$I=\frac{F}{\omega}[\mathrm{lm/sr}]=[\mathrm{cd}]$$

$$\omega=2\pi(1-\cos\theta)$$

$$I=\frac{E\cdot S}{2\pi(1-\cos\theta)}$$ 에 의해서 계산된다.

* $\cos\theta=\frac{h}{\sqrt{h^2+r^2}}$

예 구 광원에서 광도값 $I=\frac{F}{4\pi}[\mathrm{cd}]$, 평판 광원에서 광도값 $I=\frac{F}{\pi}[\mathrm{cd}]$

## 4. 조도($E$[lx], 빛의 밝기)

어떤 물체에 광속이 입사하면 그 면은 밝게 빛나게 되고, 그 밝은 정도를 조도(Intensity of Illumination)라고 한다.
조도의 크기는 어떤 면에 입사되는 광속의 밀도를 나타내고, 단위로는 럭스(lux, 기호 : lx)를 사용한다.

### 1) 거리의 역제곱 법칙

일정 광도의 점광원으로부터 떨어져 있는 여러 곳의 조도는 거리에 따라 달라진다.
광도 $I$[cd]인 균등 점광원을 반지름 $R$[m]인 구의 중심에 놓을 경우, 구면 위의 모든 점의 조도 $E$는 다음과 같다.

$$E = \frac{F}{S} = \frac{4\pi I}{4\pi R^2} = \frac{I}{R^2}\ [\mathrm{lx}]$$

여기서, 구면 위의 조도 $E$는 광원의 광도 $I$에 비례하고 거리 $R$의 제곱에 반비례한다.
이때 거리가 $R_1$[m]인 곳의 조도 $E_1 = \frac{I}{R_1^2}$가 되고, 거리가 $R_2$[m]인 곳의 조도 $E_2 = \frac{I}{R_2^{\,2}}$가 된다.

### 2) 입사각의 코사인 법칙

물체의 어떤 면에 평행 광속이 입사될 경우, 조도는 입사되는 평행 광속에 대해 그 피조면이 얼마나 기울어져 있는지 그 입사각에 따라 달라진다.
그림에서 평행한 광속 $F$[lm]가 면적 $S_1$[m$^2$]의 피조면에 직각으로 입사할 경우, 이 면의 조도 $E_1$은 다음과 같다.

$$E_1 = \frac{F}{S_1}\ [\mathrm{lx}]$$

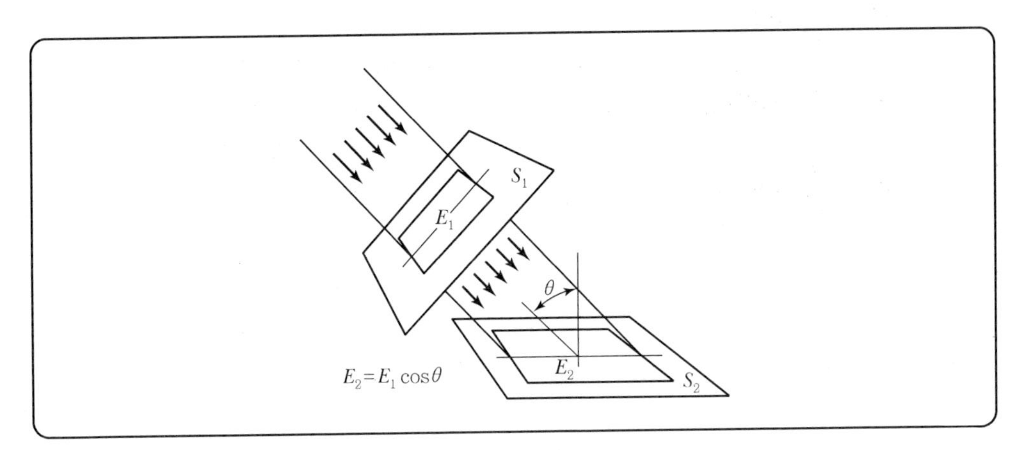

또한, 같은 광속이 면 $S_1$[m²]으로부터 각이 $\theta$만큼 기울어진 면 $S_2$[m²]에 입사하면, 면 $S_2$에서의 조도 $E_2$는 다음과 같다.

$$E_2 = \frac{F}{S_2}\ [\text{lx}]$$

그런데 $S_2 = \dfrac{S_1}{\cos\theta}$ 이므로, $E_2$는 다음과 같이 나타낼 수 있다.

$$E_2 = \frac{F}{S_2} = \frac{F}{\dfrac{S_1}{\cos\theta}} = \frac{F}{S_1}\cos\theta = E_1\cos\theta\ [\text{lx}]$$

즉, 입사각 $\theta$인 면의 조도 $E_2$는 빛의 입사각 $\theta$의 코사인, 즉 $\cos\theta$에 비례하는 것을 알 수 있다. 이 관계를 입사각의 코사인 법칙(Cosine Law of Incident Angle)이라고 한다.

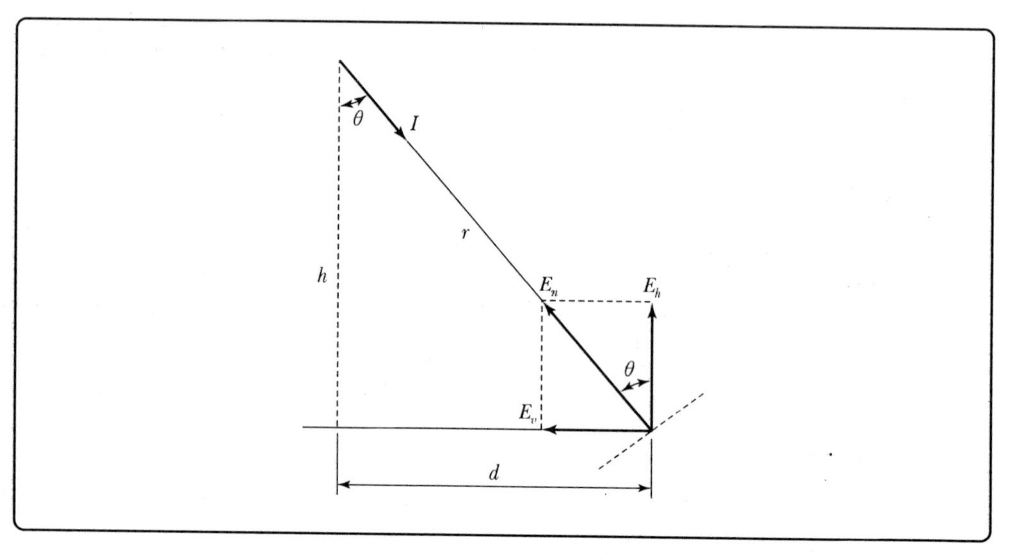


$$E_n = \frac{I}{r^2}\ [\text{lx}]$$

$$E_h = \frac{I}{r^2}\cos\theta\ [\text{lx}]$$

$$E_v = \frac{I}{r^2}\sin\theta\ [\text{lx}]$$

여기서, $E_n$ : 법선 조도
$E_h$ : 수평면 조도
$E_v$ : 수직면 조도

3) 점광원으로부터 $h$만큼 떨어진 반지름 $r$의 원형면 조도

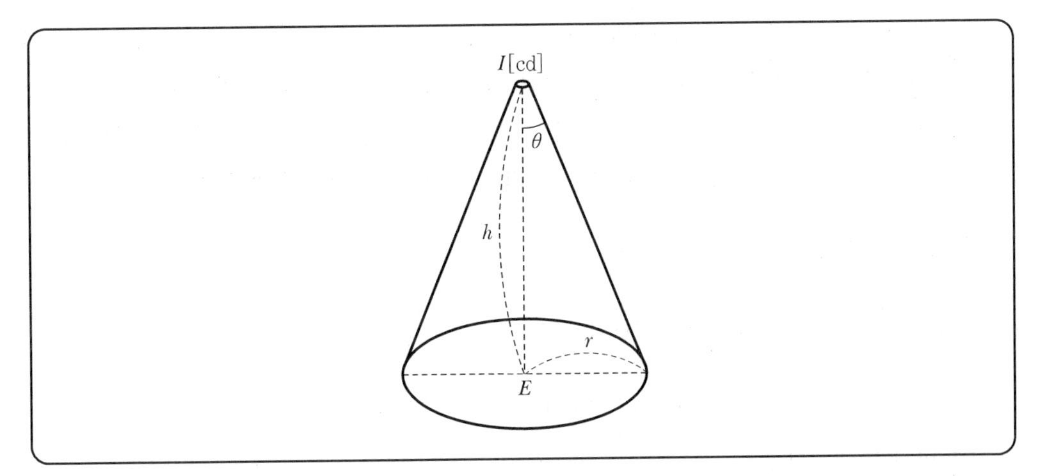


- 입체각 : $\omega = 2\pi(1-\cos\theta)$
- 광도 : $I = \dfrac{F}{\omega} = \dfrac{F}{2\pi(1-\cos\theta)}$
- 조도 : $E = \dfrac{F}{S} = \dfrac{I \cdot 2\pi(1-\cos\theta)}{\pi r^2}$

### 5. 휘도($B$[nt], 눈부심의 정도 · 표면의 밝기)

광원을 바라볼 때, 똑같은 광도를 가진 광원이라도 큰 우윳빛 글로브(Globe)를 씌운 전구를 바라볼 때와 조그마한 투명 전구를 바라볼 때와는 눈부심(Glare), 즉 빛나는 정도가 다르다. 이러한 광원의 빛나는 정도를 휘도(Brightness)라 하며, 광원의 투영 면적에 따라 달라진다.

$$B = \frac{I}{S}[\text{cd/m}^2]$$

휘도는 단위 중에서 [cd/cm²]는 스틸브(stilb, 기호 : sb)라 하고, [cd/m²]는 니트(nit, 기호 : nt)라 한다.

$$B = \frac{I}{S}[\text{cd/m}^2] = [\text{nt}], \quad \text{단위 환산} \quad 1[\text{nt}] = 10^{-4}[\text{sb}]$$

$$[\text{cd/cm}^2] = [\text{sb}] \qquad 1[\text{sb}] = 10^4[\text{nt}]$$

**» 예제 ①**

**문제** 구 광원, 반지름 $r$, 투과율 $\tau$일 때 휘도는?

**풀이** $B = \dfrac{I}{S} \times \tau = \dfrac{\frac{F}{4\pi}}{\pi r^2} \times \tau$이므로 $B = \dfrac{F}{4\pi^2 r^2} \times \tau$이다.

### 6. 광속 발산도($R$[rlx], 물체의 밝기)

어떤 물체가 보이는 것은 그 물체에서 발산된 광속이 우리 눈에 들어오기 때문이며, 물체의 밝음은 눈의 방향으로 발산되는 광속 밀도에 따라 다르다. 여기에서 어떤 면(1차 광원 또는 빛을 반사하는 면)의 단위 면적으로부터 발산되는 광속, 즉 발산 광속의 밀도를 광속 발산도(Luminous Emittance)라 하고, 단위로는 래드럭스(radlux, 기호 : rlx)를 사용한다.

$$R = \frac{F}{S}\,[\mathrm{rlx}]$$

$$R = \frac{F}{S} \times \tau \times \eta = [\mathrm{lm/m^2}] = [\mathrm{rlx}]$$

여기서, $\tau$ : 투과율, $\eta$ : 기구 효율, 나올 때만 곱한다.

$S$은 발광 면적이므로

구 광원 : $S = 4\pi r^2$, 반구 광원 : $S = 2\pi r^2$

#### 1) 완전 확산면 : 어느 방향에서나 눈부심이 같은 면이다.

예 $R = \frac{F}{S}$인데 구 광원일 때, $R = \frac{4\pi I}{4\pi r^2} = \frac{4\pi B \cdot S}{4\pi r^2} = \frac{B \cdot \pi r^2}{r^2} = \pi B$이다.

$R = \pi B$

$R = \rho E$ 연립하면 $\pi B = \rho E = \tau E$

$R = \tau E$ $\pi B = \rho E$ $\Rightarrow B = \frac{\rho E}{\pi}$[nt]

$\pi B = \tau E$ $\Rightarrow E = \frac{\pi B}{\tau}$[lx]

#### 2) 효율

① 전등(램프) 효율 : $\eta = \frac{F}{P}\,[\mathrm{lm/W}]$

여기서, $F$ : 광속
$P$ : 소비전력

② 글로브 효율 : $\eta = \frac{\tau}{1-\rho} \times 100\,[\%]$

여기서, $\tau$ : 투과율
$\rho$ : 반사율

③ 발광효율 : $\eta = \frac{F}{\Phi}\,[\mathrm{lm/W}]$

여기서, $F$ : 광속
$\Phi$ : 복사속

Chapter 01

## 7. 조도 계산

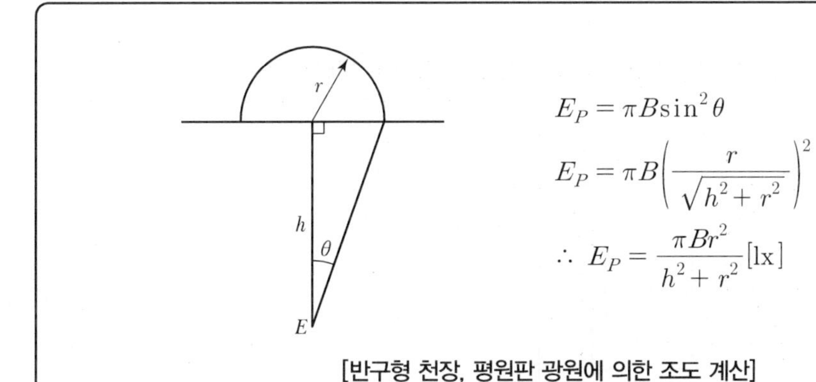


[반구형 천장, 평원판 광원에 의한 조도 계산]

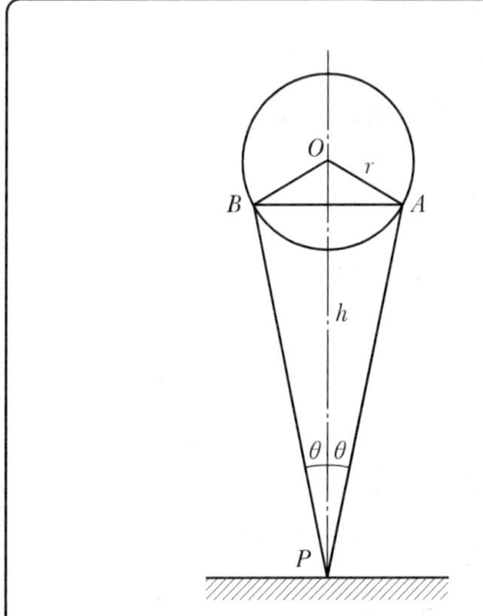


$$E_P = \pi B \sin^2\theta \qquad \sin\theta = \frac{r}{h}$$

$$= \pi B \frac{r^2}{h^2}$$

$$\therefore\ E_P = \frac{\pi B r^2}{h^2}[\text{lx}]$$

[구형 광원에 의한 조도]

## 8. 루소 선도(Rousseau Diagram)

배광곡선을 이용한 발산광속 계산에 사용

*** 배광곡선 : 광원의 중심을 지나는 평면상의 광속분포를 극좌표로 나타낸 것**

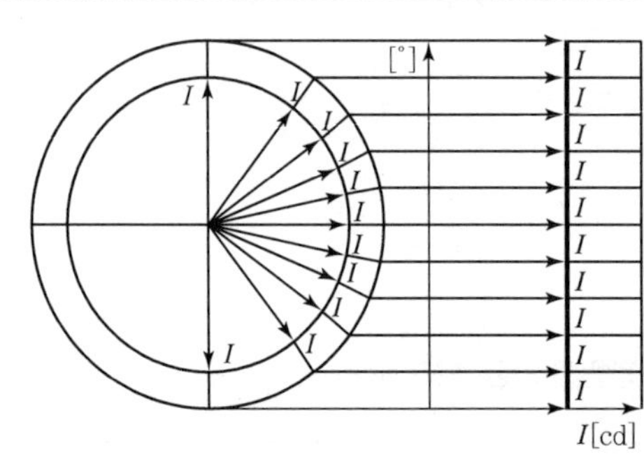


광원의 전광속 $F=$루소 선도 면적$\times \dfrac{2\pi}{r}$

$\therefore \ F=\dfrac{2\pi}{r}\times S$

$F=a \cdot S$ ($a$ : 상수)

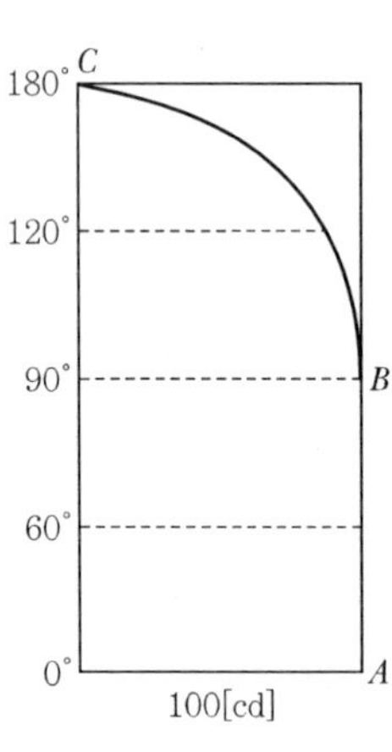


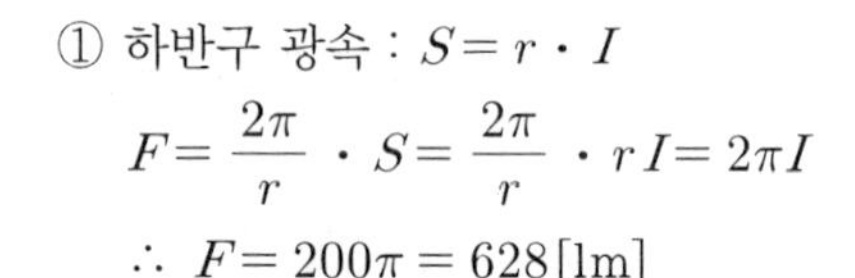

① 하반구 광속 : $S=r \cdot I$

$F=\dfrac{2\pi}{r}\cdot S=\dfrac{2\pi}{r}\cdot rI=2\pi I$

$\therefore \ F=200\pi=628[\text{lm}]$

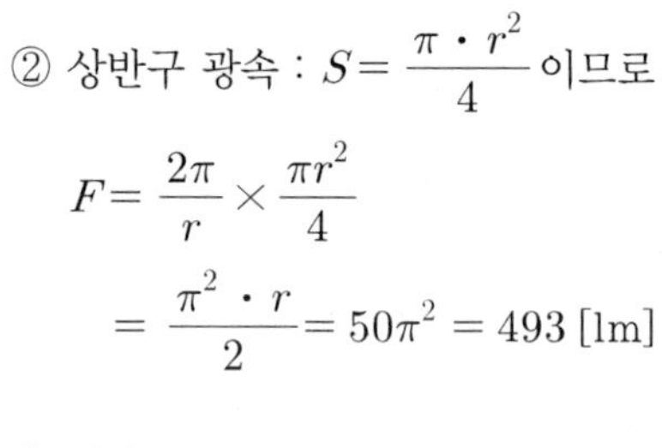

② 상반구 광속 : $S=\dfrac{\pi \cdot r^2}{4}$이므로

$F=\dfrac{2\pi}{r}\times\dfrac{\pi r^2}{4}$

$=\dfrac{\pi^2 \cdot r}{2}=50\pi^2=493\ [\text{lm}]$

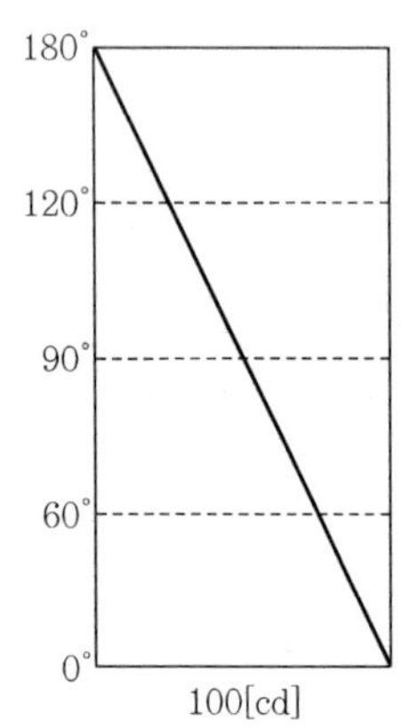


① 하반구 광속

면적 $S=\dfrac{3}{4}r \cdot I$이므로

$F=\dfrac{2\pi}{r}\times\dfrac{3}{4}r \cdot I=\dfrac{3}{2}\pi \cdot I$

$=150\pi=471[\text{lm}]$

(별해) $F=628\times\dfrac{3}{4}=471\ [\text{lm}]$

② 상반구 광속

면적 $S=\dfrac{1}{4}r \cdot I$이므로

$F=\dfrac{2\pi}{r}\times\dfrac{1}{4}r \cdot I=\dfrac{\pi I}{2}$

$=50\pi=157[\text{lm}]$

(별해) $F=628\times\dfrac{1}{4}=157\ [\text{lm}]$

## 9. 온도 복사에 관한 법칙

1) **온도복사** : 온도를 높이면 백열상태가 되어 여러 가지 파장이 전자파로 복사되는 현상

2) 온도복사에 관한 법칙

① **스테판-볼츠만의 법칙** : 전 복사에너지는 절대 온도의 4승에 비례한다.

$$W = \sigma T^4 [\mathrm{J}]$$

여기서, $\sigma$ : 상수$=5.67\times10^{-8}[\mathrm{W/m^2 \cdot K^4}]$
$T$ : 절대온도

$$\therefore \quad W \propto T^4$$

② **빈의 변위법칙** : 최대파장은 절대 온도에 반비례한다.

$$\lambda_m = \frac{b}{T}[\mu\mathrm{m}]$$

여기서, $b$ : 상수$=2,896[\mu\mathrm{m}]$
$T$ : 절대온도

$$\therefore \quad \lambda_m \propto \frac{1}{T}$$

③ **플랑크의 복사법칙** : 분광 복사속의 발산도를 나타낸다.

• 광고온계의 측정원리

$$P_\lambda = \frac{C_1}{\lambda^5}\frac{1}{e^{C_2/\lambda T}-1}\ [\mathrm{W/cm^2 \cdot \mu m}]$$

여기서, $C_1$, $C_2$ : 플랑크 정수
$\lambda$ : 파장
$T$ : 절대온도

## 10. 루미네선스 : 온도 복사를 제외한 모든 발광현상

1) 형광

자극을 작용하는 동안만 발광

2) 인광

자극이 없어진 후에도 수 분 내지 수 시간 발광을 지속

3) 종류

① 전기 루미네선스 : 네온관등, 수은등
② 복사 루미네선스 : 형광등, 야광도료
③ 파이로 루미네선스 : 발염 아크등, 불꽃반응
④ 열 루미네선스 : 금강석, 대리석, 형석
⑤ 생물 루미네선스 : 야광충(반딧불)
⑥ 결정 루미네선스 : 황산소다, 황산칼리

### 11. 파센 법칙

평등 자계하에서 방전개시 전압은 기체의 압력과 전극 거리를 곱한 함수이다.

### 12. 스토크스 정리

발광되는 파장은 발광시키기 위하여 가한 파장보다 길다는 법칙이다.

## 2 백열전구

### 1. 구조 및 재료

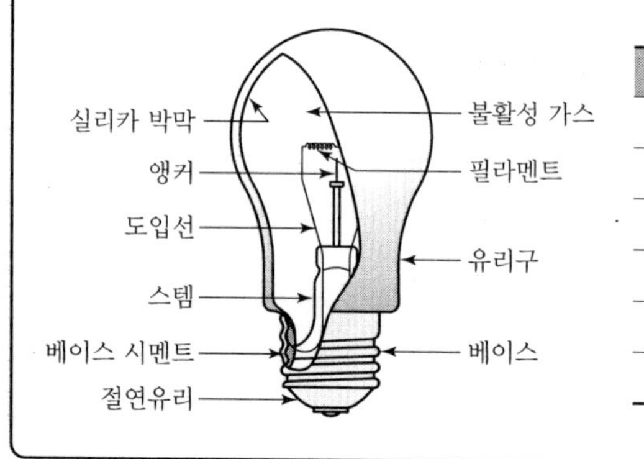


| 명칭 | 재료 |
|---|---|
| 봉합부 도입선 | 니켈강에 구리피복(듀밋선) |
| 베이스 | 황동판 |
| 외부 도입선 | 동선 |
| 내부 도입선 | 니켈, 니켈도금철 |
| 앵커 | 몰리브덴선 |
| 이중 필라멘트 | 텅스텐 |

1) 필라멘트의 구비요건

① 융해점이 높을 것
② 고유저항이 클 것
③ 높은 온도에서 증발이 적을 것
④ 선팽창계수가 작을 것
⑤ 전기저항의 온도계수가 플러스일 것

### 2) 필라멘트의 2중 코일 사용 이유

① 수명을 길게 하기 위해

② 효율을 높이기 위해

### 3) 게터(Getter) 삽입 이유

① 수명을 길게 하기 위해

② 흑화를 방지하기 위해

- 적린 게터 : 진공 전구(30[W] 이하)
- 질화 바륨 게터 : 40[W] 이상

### 4) 가스(Gas) 전구

① 봉입 가스

- Ar(아르곤 90~96[%]) : 열전도율이 낮음
- N(질소 4~10[%]) : 아크 방지

② 점등 시 압력 : 700~800[mmHg]

③ 가스 봉입 이유

- 필라멘트 증발 억제
- 수명을 길게 함
- 발광효율을 크게 하기 위하여

## 2. 특성

### 1) 동정곡선

점등시간에 따라 전류, 전압, 전력 및 효율 등의 관계를 광속으로 나타내는 곡선

### 2) 수하 특성

부하전류가 증가하면 전압은 급격히 감소

### 3) 수명

① 유효 수명 : 초기 광속값의 80[%]가 될 때까지 사용하는 시간

② 단선 수명 : 필라멘트가 단선될 때까지 사용

③ 단선율 $= \dfrac{\text{전구의 단선수}}{\text{전구의 총수}}$

#### 4) 전구시험

① 구조시험
② 동정특성시험
③ 초특성시험

### 3. 특수 전구

#### 1) 할로겐 전구

① **용량** : 500~1,500[W]
② **효율** : 20~22[lm/W]
③ **수명** : 2,000~3,000[h](백열전구의 2배)
④ **특성** : 백열전구에 비해 소형이며, 발생광속이 많고, 고휘도이며 광색은 적색 부분이 많다. 배광 제어가 용이하며 연색성이 좋고 흑화가 거의 발생하지 않는다.
⑤ **용도** : 경기장, 자동차용

#### 2) 적외선 전구

① 적외선에 의한 가열, 건조 등 공업분야에 이용(방직, 염색)
② 필라멘트의 온도 : 2,500[K]

#### 3) EL 램프

① ZnS의 반도체 분말을 플라스틱이나 글라스 유전체에 넣고 전계를 가하면 발광
② 유전체 램프(면광원 램프)

#### 4) 내진전구

필라멘트의 지지선이 많은 전구로 구조를 내진형으로 하고 선박, 철도, 차량 등 진동이 많은 장소에 설치

#### 5) 투광기용 전구

투광기용 전구(Projection Lamp)는 빛을 어느 방향으로 강하게 비추기 위하여 투광기와 조합해서 쓰는 전구

#### 6) 자동차용 전구

자동차용 전구(Automobile Lamp)에는 자동차의 전조등, 실내등, 표시등, 후미등 등이 있다.

## 3 방전등

### 1. 형광등

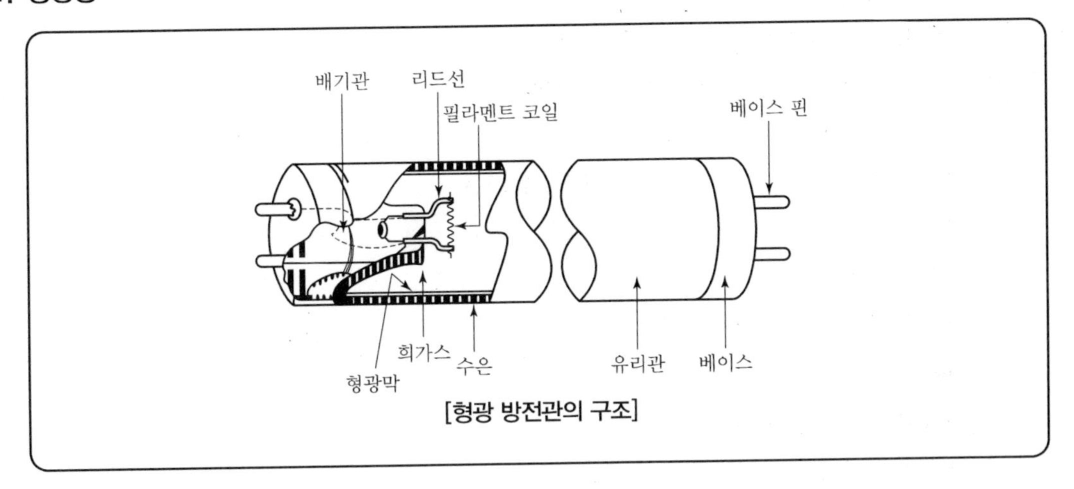


[형광 방전관의 구조]

#### 1) 특성

① 효율이 높다(백열전구의 3배).

② 임의의 광색을 얻을 수 있다.

③ 램프의 휘도가 낮다.

④ 수명이 길다.

⑤ 역률이 나쁘다.

⑥ 플리커 현상이 있다.

#### 2) 형광등의 색상

형광등은 형광물질의 종류에 따라 방전 시 각기 다른 색상으로 나타난다.

① 형광체의 광색

- 텅스텐산 칼슘($CaWO_4$) : 청색
- 텅스텐산 마그네슘($MgWO_4$) : 청백색
- 규산 아연($ZnSiO_3$) : 녹색(효율 최대)
- 규산 카드뮴($CdSiO_2$) : 주광색(밝은 흰색)
- 붕산 카드뮴($CdB_2O_5$) : 다홍색

② 광색에 따른 색온도

| 광색 | 기호 | 색온도[K] |
|---|---|---|
| 주광색 | D | 5,700~7,100 |
| 주백색 | N | 4,600~5,400 |
| 백색 | W | 3,900~4,500 |
| 온백색 | WW | 3,200~3,700 |
| 전구색 | L | 2,600~3,150 |

3) 정육점 진열대 → 붕산 카드뮴

① 형광물질의 자극파장 : 2,537[Å]

② 형광등 점등 시 : 가동전극(바이메탈)이 떨어지는 순간

* 가동 전극을 움직이는 것 : 글로우 방전

③ 온도

- 효율이 최대가 되는 주위온도 : 25[℃]
- 효율이 최대가 되는 관벽온도 : 40~45[℃]

④ 역률

- 50~60[%]
- 고역률형 : 85[%] 이상

⑤ 광속

- 초광속 : 점등 100시간 후 광속 측정
- 동정특성 광속 : 점등 500시간 후

⑥ 안정기 효율 : 55~65[%]

4) 형광등의 깜박거림(Flicker 현상) 방지

① 직류 전원 사용, 전원의 주파수를 크게 한다.

② 3상 전원의 접속을 바꾼다.

③ 전류의 위상을 바꾼다.(콘덴서 이용)

## 2. 나트륨등

1) 특징

① 투시력이 좋다.(안개 낀 지역, 터널 등에 사용)

② 단색 광원으로 옥내 조명에 부적당하다.(등황색)

③ 효율이 좋다.(연색성은 나쁘다.)

④ D선(5,890~5,896[Å])을 광원으로 이용한다.

⑤ 열음극이 설치된 발광관과 외관(2중관)으로 되어 있다.

2) 효율이 최대인 이유

① 복사 에너지가 대부분이고 D선은 비시감도가 좋다.

② D선 : 복사에너지의 76[%] 차지

③ 비시감도 : D선의 76.5[%] 차지

3) 수은등 : 수은 증기 중의 방전을 이용

① 증기압력
- 저압 수은등 : 압력 0.01[mmHg]
- 고압 수은등 : 압력 100~760[mmHg]
- 초고압 수은등 : 압력 7,600[mmHg]

② 관이 2중관(발광관+외관)을 사용하는 이유 : 발광관의 온도를 고온으로 유지

③ 특성
- 저압 수은등 → 스펙트럼 에너지 파장 : 2,537[Å](용도 : 의료용, 살균용, 물질감별용)
- 고압 수은등
  - 효율이 좋고, 소형이며, 광속이 커 널리 사용
  - 효율 : 20~50[lm/W]
- 초고압 수은등 : 효율 40~70[lm/W](용도 : 영화촬영, 가로조명, 공장조명)

## 3. 네온관등

① 발광원리 : 양광주(가늘고 긴 유리관의 양단에 전극을 봉입하고 수 [mmHg]의 불활성 가스 방전에 이용한 냉음극 방전등)

② 용도 : 광고등(네온 사인용)

③ 2차 전압 : 3,000[V], 6,000[V], 9,000[V], 12,000[V], 15,000[V]

④ 방전의 색상

[봉입 가스와 발광색]

| 봉입 가스 | 유리관 색 | 관등의 색 |
|---|---|---|
| 네온 | 투명 | 등적색 |
| 아르곤+수은 | 투명 | 청색 |
| 헬륨 | 투명 | 백색 |
| 아르곤 | 투명 | 고동색 |

## 4. 네온 전구

① 발광 원리 : 음극 글로우(부글로우)

② 용도
- 소비전력이 적으므로 배전반의 파일럿, 종야등에 적합
- 음극만이 빛나므로 직류의 극성 판별용에 이용
- 일정 전압에서 점화하므로 검전기 교류 파고치의 측정에 쓰임
- 광도가 전류에 비례
- 빛의 잔광성이 없음

### 5. 크세논 램프

① 높은 압력으로 봉입한 크세논 가스 중의 방전을 이용
② 봉입가스 압력은 10기압 정도
③ 연색성이 가장 좋다.(분광에너지와 주광에너지 분포가 비슷)

## 4 조명설계

### 1. 조명의 목적

주어진 동작 내지 작업과 관련하여 어떤 물체를 명확히 보려고 하는 명시 조명과 사람의 심리를 움직이게 하는 분위기를 그때의 생활행동에 알맞도록 하는 분위기 조명으로 구분할 수 있다.

* 좋은 조명의 조건→조도, 휘도, 눈부심, 그림자, 광원의 광색, 기분, 조명기구의 위치, 경제와 보수

### 2. 조명기구 및 조명방식

1) 조명기구 : 반사기, 전등갓, 글로브, 루버, 투광기

* 루버 : 빛을 아래쪽으로 확산시키면 눈부심을 적게 하는 조명기구

2) 조명방식

① 조명기구 배광에 의한 분류

| 조명방식 | 하향 광속[%] | 상향 광속[%] |
|---|---|---|
| 직접 조명 | 90~100 | 0~10 |
| 반직접 조명 | 60~90 | 10~40 |
| 전반 확산 조명 | 40~60 | 40~60 |
| 반간접 조명 | 10~40 | 60~90 |
| 간접 조명 | 0~10 | 90~100 |

② 조명기구 배치에 의한 분류

- 전반조명 : 작업면의 전체를 균일한 조도가 되도록 조명(공장, 사무실, 교실)
- 국부조명 : 작업에 필요한 장소마다 그곳에 맞는 조도를 얻는 방식
- 전반 국부조명 : 작업면 전체는 비교적 낮은 조도의 전방조명을 실시하고 필요한 장소에만 높은 조도가 되도록 국부조명을 하는 방식

### 3. 전등의 설치 높이와 간격

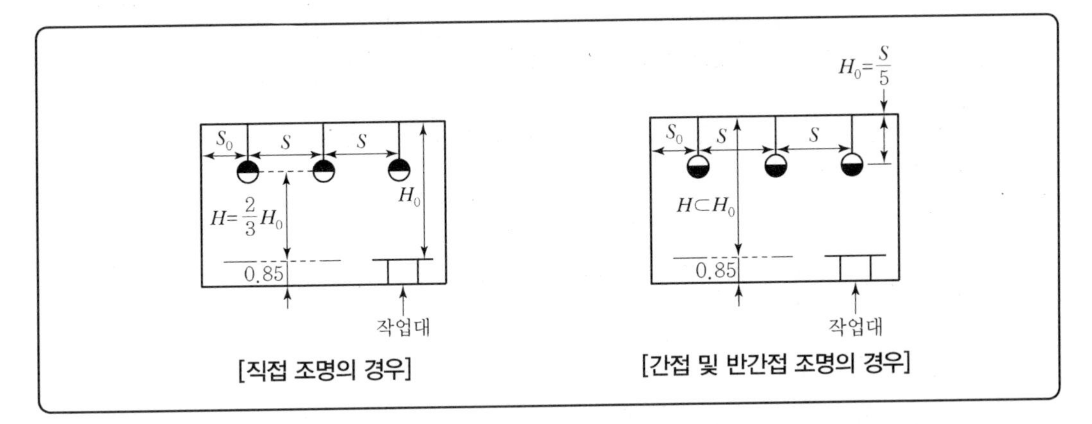


[직접 조명의 경우] [간접 및 반간접 조명의 경우]

#### 1) 등고

① 직접 조명 시 $H$ : 피조면에서 광원까지

② 반간접 조명 시 $H_0$ : 피조면에서 천장까지

#### 2) 등간격

① 등기구 간격 : $S \leq 1.5H$

② 벽면 간격 : $S_w \leq 0.5H$(벽측을 사용하지 않을 경우)

#### 3) 실지수의 결정

방의 크기와 모양에 대한 광속의 이용 척도로서 다음과 같은 실지수(Room Index)를 사용한다.

$$\text{실지수} = \frac{XY}{H(X+Y)}$$

여기서, $X$ : 방의 폭
$Y$ : 방의 길이
$H$ : 작업면상에서 광원까지 높이

#### 4) 조명률의 결정

방의 크기와 모양에 따른 방지수, 조명기구의 종류 및 천장, 벽, 바닥 등의 반사율에 의하여 결정된다.

$$U = \frac{E \cdot S \cdot D}{N \cdot F} \times 100[\%]$$

여기서, $D = \frac{1}{M}$, $M = \frac{1}{D}$

### 5) 감광 보상률의 결정

조명시설은 사용함에 따라 피조면의 조도가 점점 떨어진다. 이것은 전구 필라멘트의 증발에 따른 발산 광속의 감소, 유리구 내면의 흑화 등에 의한 것이다.

① **감광 보상률** : 손실에 대한 값을 미리 정해주는 것(여유계수)

- 백열전구 : 1.3~1.8
- 형광등 : 1.4~2.0

예 조도 $E=\dfrac{F \cdot U \cdot N}{D \cdot S}=\dfrac{F \cdot U \cdot N \cdot M}{S}$[lx]

광속 $F=\dfrac{D \cdot E \cdot S}{U \cdot N}=\dfrac{E \cdot S}{U \cdot N \cdot M}$[lm]

등수 $N=\dfrac{D \cdot E \cdot S}{F \cdot U}=\dfrac{E \cdot S}{F \cdot U \cdot M}$[등]

② 면적

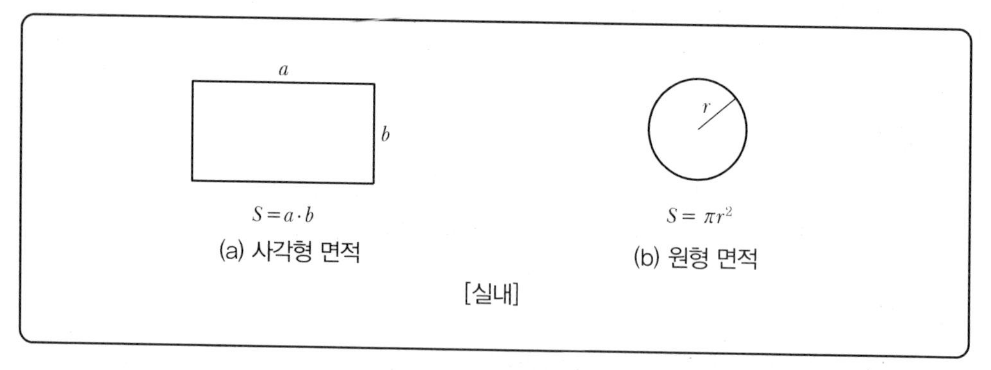

(a) 사각형 면적 (b) 원형 면적

[실내]

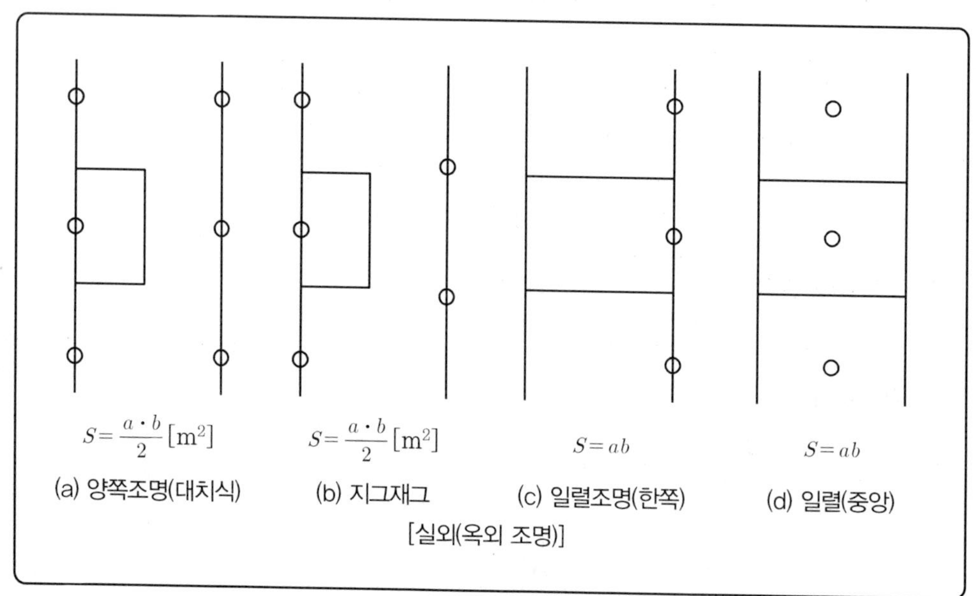

(a) 양쪽조명(대치식) (b) 지그재그 (c) 일렬조명(한쪽) (d) 일렬(중앙)

[실외(옥외 조명)]

»Chapter 01

# 실·전·문·제



**01** 복사속의 단위는?

① 스테라디안[sr]　② 와트[W]
③ 루멘[lm]　④ 칸델라[cd]

해설 ① 입체각, ③ 광속, ④ 광도
※ 복사속 : 단위시간에 어느 면을 통과하는 복사에너지양으로 단위는 [W]이다.

**02** 파장이 가장 긴 빛은?

① 적색　② 노랑
③ 파랑　④ 보라색

해설 파장이 긴 순서
빨강(적색)－주황－노랑－녹색－파랑－보라색

**03** 시감도가 가장 크며 우리의 눈에 가장 잘 반사되는 색깔은?

① 등색　② 녹색
③ 황록색　④ 적색

해설 시감도가 가장 높은 색은 황록색이다. 황록색이 없으면 녹색이 답이다.

**04** 복사속 1[W]의 최대 시감도의 광속[lm]은?

① 6.8　② 68
③ 680　④ 6,800

해설 최대 시감도
- 파장 : 555[nm]
- 광속 : 680[lm]
- 색상 : 황록색

Answer 01 ② 02 ① 03 ③ 04 ③

## 05 진공에서 파장이 555[Å]인 빛의 진동수는?

① $0.54 \times 10^{17}$[Hz]
② $0.5 \times 10^{17}$[Hz]
③ $0.54 \times 10^{16}$[Hz]
④ $0.5 \times 10^{16}$[Hz]

해설 $f = \frac{C}{\lambda} = \frac{3 \times 10^8}{555 \times 10^{-6}} = 0.54 \times 10^{16}$[Hz]

## 06 평균 구면 광도가 120[cd]인 전구로부터의 총 발산 광속은 얼마인가?

① 380[lm]
② 1,200[lm]
③ 1,507[lm]
④ 1,600[lm]

해설 구광원 $F = 4\pi I = 4\pi \times 120 = 1{,}507$[lm]

## 07 휘도가 균일한 긴 원통 광원의 축 중앙 수직 방향 광도가 500[cd]이다. 이 광원의 평균 구면 광도는 약 몇 [cd]인가?

① 157
② 275
③ 392
④ 451

해설 $F = \pi^2 I = \pi^2 \times 50 = 4{,}934.8$

$I = \frac{F}{4\pi} = \frac{4934.8}{4\pi} = 392.69$ ∴ 392[cd]

## 08 완전 확산 평판 광원의 축 최대 광도가 $I$[cd]일 때의 전광속[lm]은?

① $\frac{I}{\pi}$
② $\pi I$
③ $2\pi I$
④ $4\pi I$

해설 평판 $F = \pi I$

## 09 반사율 41[%], 흡수율 13[%]인 종이의 투과율은?

① 59[%]
② 46[%]
③ 87[%]
④ 77[%]

해설 $\rho + \tau + \alpha = 100$[%]

투과율 $\tau = 100 - 41 - 13 = 46$ [%]

05 ③ 06 ③ 07 ③ 08 ② 09 ② Answer

**10** 어떤 종이가 반사율 50[%], 흡수율 20[%]이다. 여기에 1,200[lm]의 광속을 비추어볼 때 투과 광속[lm]은?

① 36　　② 96
③ 360　　④ 960

해설 $\tau = 1 - 0.5 - 0.2 = 0.3$
$F_\tau = \tau F = 0.3 \times 1{,}200 = 360$ [lm]

**11** 100[W] 백열전구의 광속은 1,570[lm]이다. 이때 효율[lm/W]은?

① 14.7　　② 15.7
③ 16.7　　④ 17.7

해설 전등효율 $\eta = \dfrac{F}{P} = \dfrac{1{,}570}{100} = 15.7$ [lm/W]

**12** 100[W] 전구를 우유색 구형 글로브에 넣었을 경우 우유색 유리의 반사율을 40[%], 투과율은 50[%]라고 할 때 글로브의 효율[%]은 약 얼마인가?

① 20　　② 40
③ 50　　④ 83

해설 글로브 효율 $\eta = \dfrac{\tau}{1-\rho} \times 100 = \dfrac{0.5}{1-0.4} \times 100 = 83[\%]$

**13** 어떤 유리판에 1,000[lm]을 조사하여 700[lm]이 반사되고 250[lm]이 투과하였다. 이 유리의 흡수율[%]은?

① 5　　② 10
③ 15　　④ 20

해설 $F = Fe + F_\tau + F_\alpha$
$F_\alpha = 1{,}000 - 700 - 250 = 50$ [lm]
흡수율 $\alpha = \dfrac{F_\alpha}{F} = \dfrac{50}{1{,}000} \times 100 = 5[\%]$

Answer ➡ 10 ③　11 ②　12 ④　13 ①

**14** 전등 효율이 14[lm/W]인 100[W] 백열전구의 구면 광도[cd]는 얼마인가?

① 95[cd] ② 105.2[cd]
③ 111.5[cd] ④ 120[cd]

해설 $\eta = \frac{F}{P}$, $F = \eta \times P = 14 \times 100 = 1{,}400$[lm]

$I = \frac{F}{4\pi} = \frac{1{,}400}{4\pi} = 111.5$[cd]

**15** 전등효율이 15[lm/W]인 백열전구 100[W]의 구면 광도는 몇 [cd]인가?

① 612 ② 519
③ 372 ④ 119

해설 $I = \frac{1{,}500}{4\pi} = 119$[cd]

**16** 그림과 같이 점광원으로부터 원뿔 밑면까지의 거리가 4[m]이고 밑면의 반지름이 3[m]인 원형 면의 평균 조도가 100[lx]라면 이 점광원의 평균 광도[cd]는?

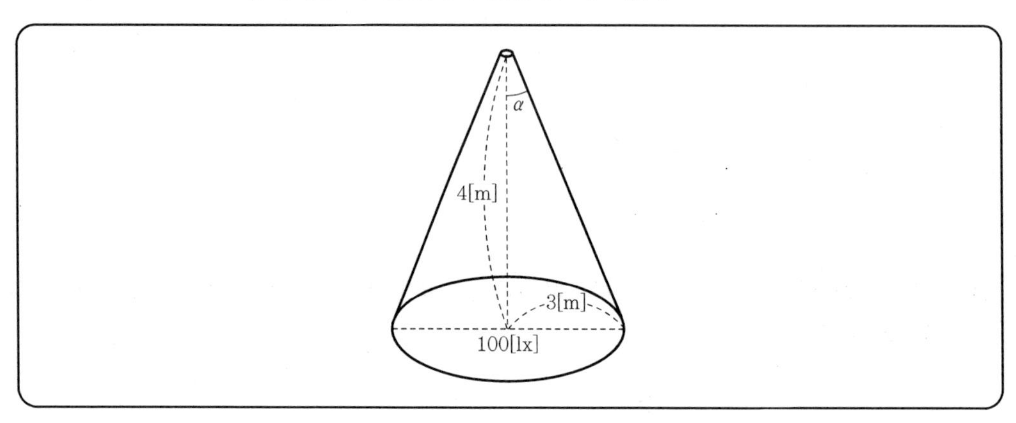


① 225 ② 250
③ 2,250 ④ 2,500

해설 $I = \frac{F}{\omega} = \frac{E \times S}{2\pi(1-\cos\theta)} = \frac{100 \times (\pi \times 3^2)}{2\pi\left(1 - \frac{4}{5}\right)} = 2{,}250$[cd]

14 ③ 15 ④ 16 ③ Answer

**17** 각 방향의 동일 광도를 지름 3[m]의 원탁 중심 바로 위 2[m]에 놓고 탁상 평균 조도를 200[lx]로 하려면 광원의 광도[cd]는 얼마로 하면 되겠는가?

① 110
② 1,125
③ 1,150
④ 1,200

해설 $I=\frac{F}{\omega}=\frac{200\times(\pi\times1.5^2)}{2\pi\left(1-\frac{2}{2.5}\right)}=1{,}125[\text{cd}]$

**18** 조도는 광원으로부터의 거리와 어떠한 관계가 있는가?

① 거리에 비례한다.
② 거리에 반비례한다.
③ 거리의 제곱에 반비례한다.
④ 거리의 제곱에 비례한다.

해설 $E=\frac{I}{l^2}\,[\text{lx}]$

조도는 거리의 제곱에 반비례한다.

**19** 중심광도 360,000[cd]의 투광기에서 60[m]의 거리에 있는 간판을 비치고 있다. 간판의 광중심의 조도[lx]는?

① 6,000
② 600
③ 360
④ 100

해설 $E=\frac{I}{l^2}=\frac{360{,}000}{60^2}=100[\text{lx}]$

**20** 3[m] 떨어진 점의 조도가 200[lx]였다면 이 방향의 광도[cd]는?

① 1,800
② 2,000
③ 2,500
④ 3,000

해설 $E=\frac{I}{l^2}$

$I=El^2=200\times3^2=1{,}800[\text{cd}]$

Answer 17 ② 18 ③ 19 ④ 20 ①

## 21

책상 면에서 1[m] 떨어진 곳에 전구가 있다. 그 책상 면과 전구 사이에 1장의 유리판을 넣었을 때의 조도는 책상 면에서 전구를 10[cm] 접근시켜 얻었다. 그 유리판은 빛의 몇 [%]를 투과시키는가?

① 81[%] ② 92[%]
③ 95[%] ④ 97.5[%]

해설

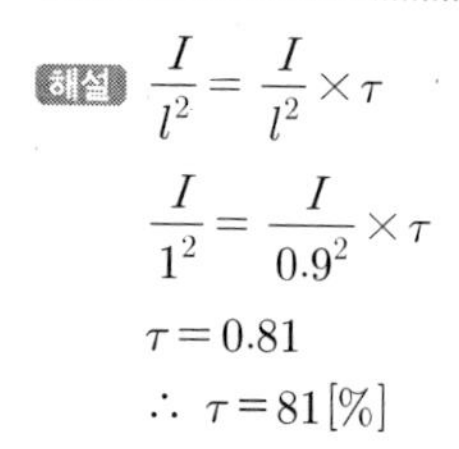

$\frac{I}{l^2} = \frac{I}{l^2} \times \tau$

$\frac{I}{1^2} = \frac{I}{0.9^2} \times \tau$

$\tau = 0.81$

$\therefore \tau = 81[\%]$

## 22

지표상 6[m]의 높이에 백열 전등을 장치하여 가로 조명을 하는 경우에 전등 바로 아래로부터 8[m] 떨어진 P점의 법선 조도[lx]는?(단, 전등의 P점을 향하는 방향의 광도는 50[cd]이다.)

① 0.2 ② 0.3
③ 0.4 ④ 0.5

해설 $E = \frac{I}{l^2} = \frac{50}{10^2} = 0.5$ [lx]

## 23

1개의 점광원에 의한 직사 조도에서 수평면 조도와 수직면 조도가 똑같은 점은 어디인가?

① $\theta = 45°$ 되는 점 ② $\theta = 90°$ 되는 점
③ $\theta = 0°$ 되는 점 ④ $\theta = 60°$ 되는 점

해설 $E_{h} = E_{v}$ 같으므로

$\cos\theta = \sin\theta$

$\therefore \theta = 45°$일 때

21 ① 22 ④ 23 ① Answer

**24** 그림과 같은 간판을 비추는 광원이 있다. 간판 면상 P점의 조도를 200[lx]로 하려면 광원의 광도[cd]는?(단, P점은 광원 L을 포함하고 간판의 직각인 면상에 있으며 또 간판의 기울기는 직선 LP와 30°이고 LP 간은 1[m]이다.)

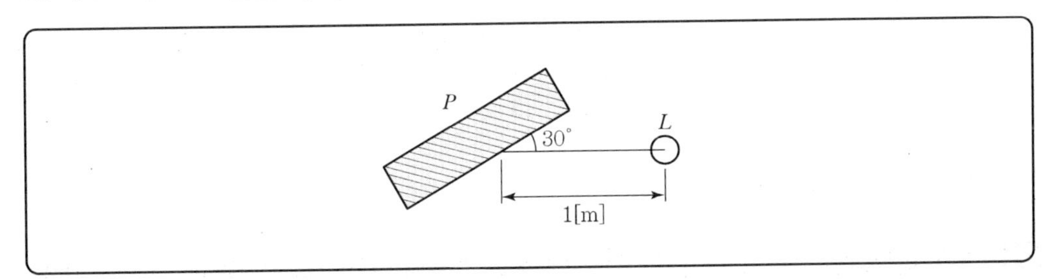


① 400 ② 200
③ 100 ④ 50

해설 간판 P점 위에 생긴 조도

$$E_P = \frac{I}{l^2}\cos\theta$$

$$I = \frac{E_P \cdot l^2}{\cos\theta} = \frac{200\times 1^2}{\cos 60°} = \frac{200}{\frac{1}{2}} = 400[\text{cd}]$$

**25** 눈부심을 일으키는 주요 원인이 아닌 것은?

① 시선 부근에 광원이 있을 때
② 광원과 배경 사이의 휘도 대비가 클 때
③ 눈에 들어오는 광속이 너무 많을 때
④ 광원의 휘도가 너무 적을 때

해설 눈부심은 휘도이므로 휘도가 클 때 눈부심이 크다.

**26** 눈부심을 일으키는 램프의 휘도의 한계는 얼마인가?

① 0.5[cd/cm²] 이하 ② 1.0[cd/cm²] 이하
③ 3.0[cd/cm²] 이하 ④ 5.0[cd/cm²] 이하

해설 눈부심을 느끼는 한계휘도 $B = 0.5[\text{cd/cm}^2]$ 이하이다.

Answer ➲ 24 ① 25 ④ 26 ①

**27** 지름 3[cm], 길이 1.2[m]인 관형 광원의 직각 방향의 광도를 504[cd]라고 하면 이 광원 표면 위의 휘도[sb]는?

① 5.6
② 4.4
③ 2.6
④ 1.4

해설 $B=\dfrac{I}{S}=\dfrac{504}{3\times120}=1.4\,[\mathrm{sb}]$

**28** 완전 확산성인 지름 20[cm]의 외구 속에 광도 100[cd]의 전구를 넣었을 때, 외구 표면의 휘도를 구하면?(단, 외구의 흡수율은 10[%]이고, 외구 내면의 반사는 없는 것으로 한다.)

① 0.287[cd/cm²]
② 0.312[cd/cm²]
③ 0.47[cd/cm²]
④ 0.527[cd/cm²]

해설 $B=\dfrac{I}{S}\times\tau=\dfrac{100}{\pi\times10^2}\times0.9=0.287\,[\mathrm{cd/cm^2}]$

**29** 150[W] 가스입 전구를 반지름 20[cm], 투과율 80[%]인 구의 내부에서 점등시켰을 때 구의 평균 휘도[cd/cm²]를 구하면?(단, 구의 반사는 무시하고, 전구의 광속은 2,400[lm]이다.)

① 1.52
② 0.48
③ 0.12
④ 0.03

해설 $B=\dfrac{I}{S}\times\tau=\dfrac{\frac{2,400}{4\pi}}{\pi\times20^2}\times0.8=\dfrac{2,400}{4\pi^2\times20^2}\times0.8=0.12\,[\mathrm{cd/cm^2}]$

**30** 휘도 $B$[Sb], 반지름 $r$[cm]인 등휘도 완전 확산성 구 광원의 전광속 $F$[lm]는 얼마인가?

① $4r^2B$
② $\pi r^2B$
③ $\pi^2r^2B$
④ $4\pi^2r^2B$

해설 $F=4\pi I=4\pi\cdot B\cdot S$
$=4\pi\cdot B\cdot\pi r^2=4\pi^2r^2B\,[\mathrm{lm}]$

27 ④ 28 ① 29 ③ 30 ④ Answer

**31** 반지름 20[cm]인 완전 확산성 반구를 사용하여 평균 휘도가 0.4[cd/cm²]인 천장등을 가설하려고 한다. 기구 효율을 0.8이라 하면 약 몇 [lm]의 광속이 나오는 전등을 사용하면 되는가?

① 약 1,980
② 약 3,950
③ 약 7,900
④ 약 10,530

해설 $R=\dfrac{F}{S}\times\eta$

$$F=\frac{R\cdot S}{\eta}=\frac{0.4\pi\times2\pi\times20^2}{0.8}=3{,}950\,[\mathrm{lm}]$$

**32** 완전 확산면에서는 어느 방향에서도 (　　)가 같다. 괄호 안에 알맞은 것은?

① 광도
② 조도
③ 휘도
④ 광속

해설 완전 확산면은 어느 방향에서나 눈부심(휘도)이 같은 면이다.

$R=\pi B,\ R=\rho E,\ R=\tau E$

$\rho+\tau+\alpha=1$ 이면, $E=\pi B$ 이다.

**33** 완전 확산면의 휘도 $B$와 광속 발산도 $R$의 관계는?

① $R=4\pi B$
② $R=B/\pi$
③ $R=\pi B$
④ $R=\pi^2 B$

해설 완전 확산면에서 발광면적당 발산되는 빛의 양 : $R=\pi B$[rlx]

**34** 하늘의 휘도가 일정하여 $B$[cd/m²]라 하면 지표면상의 조도[lx]는?

① $B$
② $\pi B$
③ $\dfrac{B}{\pi}$
④ $2\pi B$

해설 $E=\dfrac{I}{r^2}=\dfrac{B\cdot\pi r^2}{r^2}=\pi B\,[\mathrm{lx}]$

Answer 31 ② 32 ③ 33 ③ 34 ②

**35** 휘도가 $B$인 무한히 넓은 등휘도 완전 확산성 천장 바로 아래 $h$인 거리에 있는 점의 수평조도는?

① $\frac{B}{h^2}$ ② $\frac{B}{h}$

③ $\pi B$ ④ $\frac{\pi B}{h}$

해설 완전 확산면은 어느 방향에서나 눈부심이 같은 면이다.

예 $R = \frac{F}{S}$ 인데 구 광원일 때

$$R = \frac{4\pi I}{4\pi r^2} = \frac{4\pi B \cdot S}{4\pi r^2} = \frac{B \cdot \pi r^2}{r^2} = \pi B \text{ 이다.}$$

**36** 반사율 80[%]인 완전 확산성의 종이를 100[lx]의 조도로 비쳤을 때 종이의 휘도[cd/m²]를 구하면?

① 25 ② 30

③ 37 ④ 45

해설 $B = \frac{\rho E}{\pi} = \frac{0.8 \times 100}{\pi} = 25.46\,[\text{cd/m}^2]$

**37** 다음 설명 중 잘못된 것은?

① 조도의 단위는 [lx]=[lm/m²]이다.
② 광속발산도 단위 [lm/m²]를 [radient lux]라 하여 [lx]로 표시한다.
③ 광도의 단위는 [lm/sterad]로 [candela]라 하여 [cd]로 표시한다.
④ 휘도보조단위는 [cd/cm²]를 사용하고 [Stilb]라 하여 [Sb]로 표시한다.

해설 [lm/m²] =[rlx]

**38** 반사율 $\rho$, 투과율 $\tau$, 반지름 $r$인 완전 확산성 구형 글로브의 중심 광도 $I$의 점광원을 켰을 때, 광속 발산도는?

① $\frac{\rho I}{r^2(1-\rho)}$ ② $\frac{4\pi\rho I}{r^2(1-\tau)}$

③ $\frac{\tau I}{r^2(1-\rho)}$ ④ $\frac{\rho\pi I}{r^2(1-\rho)}$

35 ③ 36 ① 37 ② 38 ③ Answer

해설 전광속 $F=4\pi I$, 글로브를 투과하는 광속 $F_\tau$는 글로브 면에 처음 $F$, 다음에 $\rho F$, 다음에 $\rho^2 F \cdots$ 와 같이 투사되어 있으므로

$$F_\tau = \tau F + \tau\rho F + \tau\rho^2 F + \tau\rho^3 F + \cdots$$

$$= \tau F(1+\rho+\rho^2+\rho^3+\cdots) = \frac{\tau F}{1-\rho} = \frac{\tau \cdot 4\pi I}{1-\rho}$$

광속 발산도 $R$은

$$\therefore\ R = \frac{R\tau}{S} = \frac{\dfrac{\tau \cdot 4\pi I}{1-\rho}}{4\pi r^2} = \frac{\tau I}{r^2(1-\rho)}$$

**39** 투과율 85[%]의 유리를 4장 밀착시켰을 때 전체 투과율은 몇 [%] 정도인가?

① 35　② 52
③ 70　④ 90

해설 $\tau_o = 0.85^4 = 0.52$

**40** 2,000[cd]의 점광원으로부터 4[m] 떨어진 점에서 광원에 수직한 평면상으로 1/50초간 빛을 비추었을 때의 노출[lx · s]은?

① 2.5　② 3.7
③ 5.7　④ 6.3

해설 $E_t = Et = \dfrac{I}{l^2} \times t$

$$= \frac{2{,}000}{4^2} \times \frac{1}{50} = 2.5\,[\mathrm{lx \cdot s}]$$

**41** 길이 2[m]인 장형 광도계로 10[cd]의 표준등에서 90[cm]인 곳에 광도계 두부가 있을 때 측광 평형이 얻어졌다면 피측 전구의 광도[cd]는?

① 약 7　② 약 8
③ 약 12　④ 약 15

해설 $\dfrac{10}{0.9^2} = \dfrac{I'}{1.1^2}$

$$I' = \frac{10}{0.92} \times 1.1^2 = 15\,[\mathrm{cd}]$$

Answer 39 ②　40 ①　41 ④

**42** 반지름 $a$, 휘도 $B$인 완전 확산성 구면 광원의 중심에서 $h$ 되는 거리의 점에서 이 광원의 중심으로 향하는 조도는 얼마인가?

① $\pi B$　　② $\dfrac{\pi Ba^2}{h^2}$

③ $\pi Ba^2 h$　　④ $\dfrac{\pi Ba}{h}$

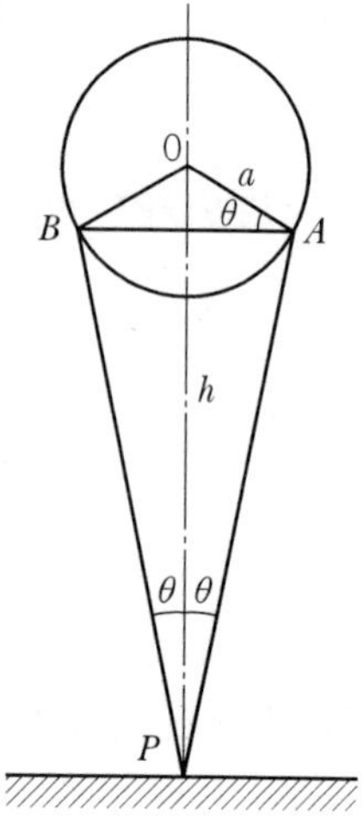


그림에서 점 P의 조도 $E_h$는

$E_h = \pi B \sin^2\theta$

$\sin\theta = \dfrac{a}{h}$

$\therefore E_h = \dfrac{\pi Ba^2}{h^2}$

**43** 반지름 50[cm], 휘도 1,000[cd/m²]인 완전 확산성 구면 광원의 중심으로부터 2.5[m] 되는 거리의 점에서 이 광원의 중심으로 향하는 조도는?

① 125.6[lx]　　② 175.2[lx]

③ 200[lx]　　④ 215.6[lx]

해설 $E_P = \dfrac{\pi B^2}{h^2} = \dfrac{\pi \times 1{,}000 \times 0.5^2}{2.5^2} = 125.6\,[\text{lx}]$

42 ② 43 ① Answer

**44** 그림과 같이 반구형 천장이 있다. 그 반지름은 2[m], 휘도는 80[cd/m$^2$]이고 균일하다. 이때 4[m] 거리에 있는 바닥의 중앙점의 조도[lx]는 얼마인가?

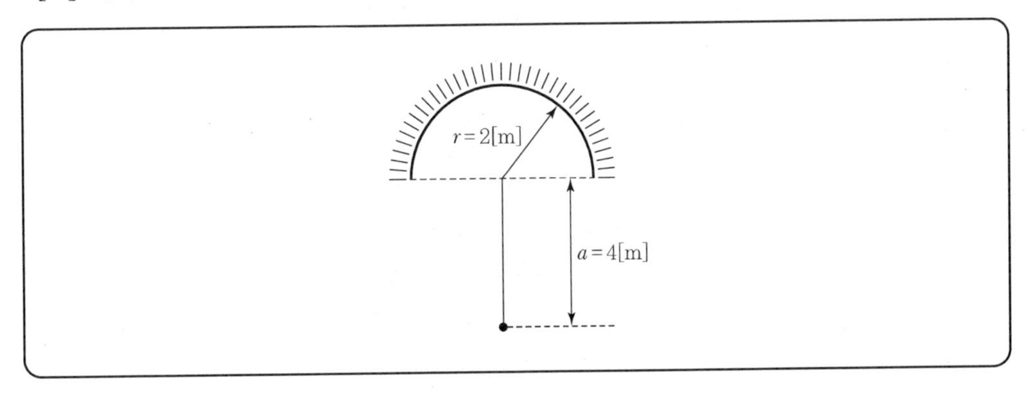


① 약 50.24
② 약 71.52
③ 약 167.48
④ 약 224.70

해설 반구형 천장 $E_P = \dfrac{\pi B r^2}{a^2 + r^2}$

$$= \frac{\pi \times 80 \times 2^2}{4^2 + 2^2} = 50.24\ [\text{lx}]$$

**45** 루소 선도에서 전광속 $F$와 루소 선도의 면적 $S$ 사이에는 어떠한 관계가 성립하는가?(단, $a$ 및 $b$는 상수이다.)

① $F = \dfrac{a}{S}$
② $F = aS$
③ $F = aS + b$
④ $F = aS^2$

해설 $F = \dfrac{2\pi}{r} \times S = aS\,[\text{lm}]$

Answer 44 ① 45 ②

**46** 루소 선도가 그림과 같이 표시되는 광원의 하반구 광속은 얼마인가?

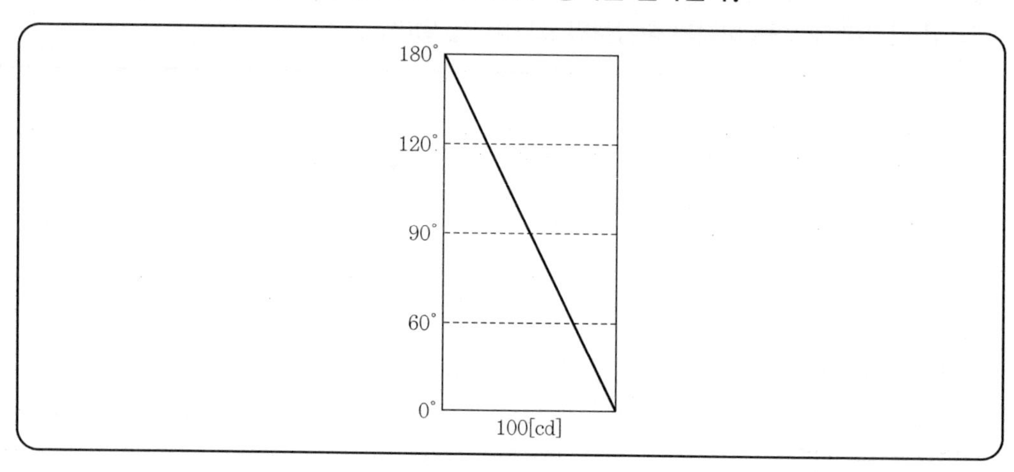


① 471　　② 940
③ 1,880　　④ 7,500

해설 하반구 전광속 $F = 628$[lm]

하반구의 사다리꼴 광속 $F = 628 \times \dfrac{3}{4} = 471$[lm]

**47** 루소 선도가 그림과 같이 표시되는 광원의 상반구 광속[lm]을 구하면?(단, 이 그림에서 곡선 $BC$는 4분원이다.)

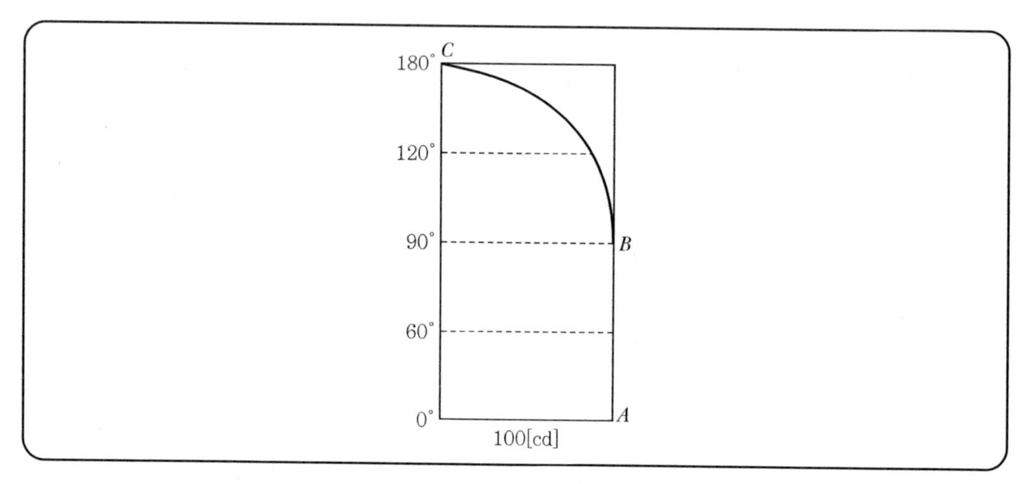


① 약 1,250　　② 약 628
③ 약 493　　④ 약 418

46 ①　47 ③ Answer

**해설** 상반구 면적 $S=\dfrac{\pi r^2}{4}$ 이므로

$$F=\frac{2\pi}{r}\times\frac{\pi r^2}{4}=\frac{\pi^2\cdot r}{2}=\frac{\pi^2\times 100}{2}=50\pi^2=493\,[\text{lm}]$$

## 48 루소 선도가 다음 그림과 같은 광원의 배광곡선의 식을 구하면?

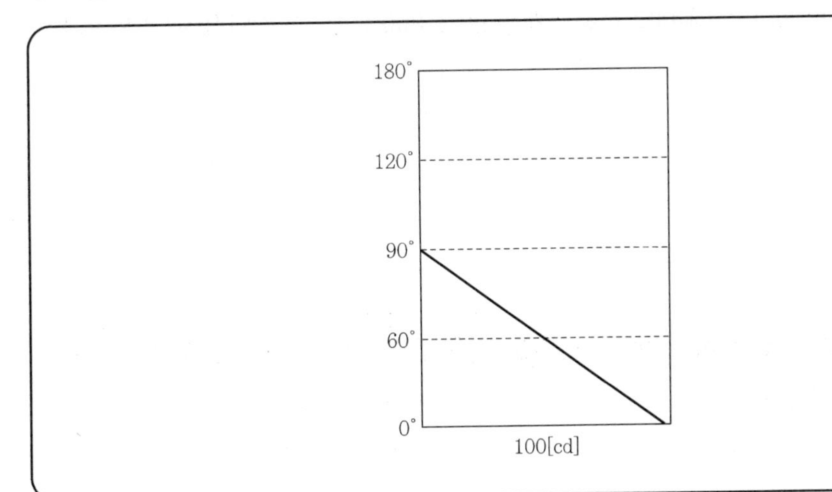


① $I_\theta=100\cos\theta$

② $I_\theta=50(1+\cos\theta)$

③ $I_\theta=\dfrac{2\theta}{\pi}\cdot 100$

④ $I_\theta=\dfrac{\pi-2\theta}{\pi}\cdot 100$

**해설** $\theta$ 방향의 광도를 $I_\theta$ 라고 하면 루소 선도에서 $\dfrac{I_\theta}{100}=\dfrac{r\cos\theta}{r}$

$\therefore\ I_\theta=100\cos\theta$

배광곡선은 100을 반지름으로 하는 횡축에 접하는 원이다.

## 49 발광 현상에서 복사에 관한 법칙이 아닌 것은?

① 스테판-볼츠만 법칙

② 빈의 변위법칙

③ 입사각의 코사인 법칙

④ 플랑크의 법칙

**해설** 입사각의 코사인 법칙은 조도 법칙이다.

Answer 48 ① 49 ③

**50** 온도 $T$[K]의 흑체의 단위표면적으로부터 단위시간에 복사되는 전복사에너지[W]는?

① 그 절대온도에 비례한다. ② 그 절대온도에 반비례한다.
③ 그 절대온도의 4승에 비례한다. ④ 그 절대온도의 4승에 반비례한다.

해설 스테판-볼츠만의 법칙 : $W=\sigma T^4$ [W/cm²]

**51** 온도가 3,000[K] 되는 흑체의 전복사에너지는 1,000[K]일 때 값의 몇 배가 되는가?

① 3 ② 9
③ 21 ④ 81

해설 $W \propto \left(\frac{3,000}{1,000}\right)^4 = 81$배

**52** 흑체에서 최대 분광 복사가 일어나는 파장 $\lambda_m$은 절대 온도에 반비례한다. 이 법칙은?

① 스테판-볼츠만의 법칙 ② 빈의 변위법칙
③ 플랑크의 복사법칙 ④ 램버트의 코사인 법칙

해설 $\lambda_m \propto \frac{1}{T}$

**53** 3,300[K]에서 흑체의 최대 파장[$\mu$m]은?

① 0.517 ② 0.628
③ 0.724 ④ 0.876

해설 $\lambda_m = \frac{b}{T} = \frac{2,896}{3,300} = 0.876$ [$\mu$m]

**54** 온도 방사에 관한 플랑크의 식 $E(\lambda, T) = \frac{C_1}{\lambda^5} \cdot \frac{1}{e^{c_2/\lambda_t}-1}$ [W/cm² · $\mu$m]는 무엇을 나타내는가?

① 방사 발산도 ② 최대 복사속에 대한 파장
③ 분광 복사속 발산도 ④ 단위 시간당 방사 에너지

해설 **플랑크의 복사법칙** : 분광 복사속의 발산도를 나타낸다.(광고온계의 측정원리)

50 ③ 51 ④ 52 ② 53 ④ 54 ③ Answer

## 55 다음 광원 중 루미네선스에 의한 발광현상을 이용하지 않는 것은?

① 형광등　　② 수은등
③ 백열전구　　④ 네온전구

해설 온도복사(백열등) : 온도를 높이면 백열상태가 되어 여러 가지 파장이 전자파로 복사되는 현상

## 56 파이로 루미네선스를 이용한 것은?

① 텔레비전 영상　　② 수은등
③ 형광등　　④ 발염 아크등

해설 파이로 루미네선스(Pyro Luminescence)는 알칼리 금속, 알칼리 토금속 등의 증발하기 쉬운 원소 또는 염류를 알코올 램프의 불꽃 속에 넣을 때 발광하는 현상을 말하며, 이것은 화합물의 분석과 발염 아크등에 이용된다.

## 57 황산소다, 황산칼리 등이 용액에서 결정하는 순간에 발광하는 현상을 무엇이라 하는가?

① 열 루미네선스　　② 생물 루미네선스
③ 결정 루미네선스　　④ 화학 루미네선스

해설 루미네선스 : 온도 복사를 제외한 모든 발광현상
㉠ 형광 : 자극을 작용하는 동안만 발광
㉡ 인광 : 자극이 없어진 후에도 수 분 내지 수 시간 발광 지속

㉢ 종류
- 전기 루미네선스 : 네온관등, 수은등
- 복사 루미네선스 : 형광등
- 파이로 루미네선스 : 발염 아크등
- 열 루미네선스 : 금강석, 대리석, 형석
- 생물 루미네선스 : 야광충(반딧불)
- 결정 루미네선스 : 황산소다, 황산칼리

## 58 서클라인(완형) 형광등은 다음 중 어떤 루미네선스를 이용한 것인가?

① 전기 루미네선스　　② 복사 루미네선스
③ 열 루미네선스　　④ 음극선 루미네선스

해설 어떤 물질에 광선, 자외선, X선과 같은 단파장의 복사에너지를 조사하면 이 물질 중의 분자 또는 원자가 그중 어떤 파장의 복사에너지를 흡수하여 일부 또는 전부를 장파장의 빛으로 발산하는 것을 복사 루미네선스라 하며 형광등의 발광은 형광을 이용한 것이다.

Answer ➲ 55 ③　56 ④　57 ③　58 ②

**59** 일반적으로 발광되는 파장은 발광시키기 위하여 가한 원복사의 파장보다 길다는 법칙은?

① 플랑크의 법칙
② 스테판-볼츠만의 법칙
③ 스토크스의 법칙
④ 빈의 변위법칙

해설 스토크스 법칙
발광되는 파장은 발광시키기 위하여 가한 파장보다 길다.

**60** 방전 개시 전압을 나타내는 법칙은?

① 스토크스의 법칙
② 패닝의 법칙
③ 파센의 법칙
④ 톰슨의 법칙

해설 방전 개시 전압은 일정한 전극 금속과 기체의 조합에서는 압력과 관의 길이의 곱에만 관계된다. 이 관계를 파센(Paschen)의 법칙이라 한다.

**61** 백열전구는 다음의 어느 원리를 이용한 것인가?

① 온도 복사
② 루미네선스
③ 대류
④ 전도

해설 온도 복사
온도를 높이면 백열상태가 되어 여러 가지 파장이 전자파로 복사되는 현상

**62** 백열전구의 도입선 중 봉합부에 밀착되는 선의 재료는?

① 니켈강에 동을 피복한 선
② 구리선
③ 알루미늄-마그네슘 합금선
④ 텅스텐

해설

| 명칭 | 재료 |
|---|---|
| 봉합부 도입선 | 니켈강에 구리 피복(듀밋선) |
| 베이스 | 황동판 |
| 외부 도입선 | 동선 |
| 내부 도입선 | 니켈, 니켈도금철 |
| 앵커 | 몰리브덴선 |
| 이중 필라멘트 | 텅스텐 |

59 ③ 60 ③ 61 ① 62 ① Answer

## 63 앵커(지지선)는 어느 선을 사용하는가?

① 몰리브덴선 ② 듀밋선
③ 강철선 ④ 구리선

해설

| 명칭 | 재료 |
|---|---|
| 봉합부 도입선 | 니켈강에 구리 피복(듀밋선) |
| 베이스 | 황동판 |
| 외부 도입선 | 동선 |
| 내부 도입선 | 니켈, 니켈도금철 |
| 앵커 | 몰리브덴선 |
| 이중 필라멘트 | 텅스텐 |

## 64 다음 중 전구의 외부 도입선으로 쓰이는 재료는?

① 백금선 ② 철선
③ 동선 ④ 몰리브덴선

해설

| 명칭 | 재료 |
|---|---|
| 봉합부 도입선 | 니켈강에 구리 피복(듀밋선) |
| 베이스 | 황동판 |
| 외부 도입선 | 동선 |
| 내부 도입선 | 니켈, 니켈도금철 |
| 앵커 | 몰리브덴선 |
| 이중 필라멘트 | 텅스텐 |

## 65 다음 중 전구의 내부 도입선(가스봉입전구)으로 쓰이는 재료는?

① 동선 ② 텅스텐선
③ 듀밋선 ④ 니켈도금철

해설

| 명칭 | 재료 |
|---|---|
| 봉합부 도입선 | 니켈강에 구리 피복(듀밋선) |
| 베이스 | 황동판 |
| 외부 도입선 | 동선 |
| 내부 도입선 | 니켈, 니켈도금철 |
| 앵커 | 몰리브덴선 |
| 이중 필라멘트 | 텅스텐 |

Answer ➲ 63 ① 64 ③ 65 ④

## 66 필라멘트 재료의 구비조건에 해당되지 않는 것은?

① 융해점이 높을 것
② 고유저항이 작을 것
③ 높은 온도에서 증발이 적을 것
④ 선팽창계수가 작을 것

해설 필라멘트의 구비요건
- 융해점이 높을 것
- 고유저항이 클 것
- 높은 온도에서 증발이 적을 것
- 선팽창계수가 작을 것
- 전기저항의 온도계수가 플러스일 것

## 67 가스를 넣은 전구에서 질소 대신 아르곤을 쓰는 이유는?

① 값이 싸다.
② 열의 전도율이 크다.
③ 열의 전도율이 작다.
④ 비열이 작다.

해설 가스 손실을 적게 하려면 필라멘트의 열이 가스에 전달되지 않도록 한다.

## 68 가스입 전구에 아르곤 가스를 넣을 때 질소를 봉입하는 이유는?

① 대류작용 촉진
② 아크 방지
③ 대류작용 억제
④ 흑화 방지

해설 아르곤 가스는 아크전압이 낮아 아크 발생이 쉬우므로 질소를 봉입하여 아크 발생을 억제한다.

## 69 텅스텐 필라멘트 전구에서 2중 코일의 주목적은?

① 수명을 길게 한다.
② 광색을 개선한다.
③ 휘도를 줄인다.
④ 배색을 개선한다.

해설 2중 코일의 사용 목적 : 열손실을 줄이고 수명을 길게 한다.

## 70 진공 전구에 사용되는 게터는?

① 적린
② 질화바륨
③ 바륨
④ 숯

해설
- 진공 전구 30[W] 이하 : 적린 게터
- 진공 전구 40[W] 이상 : 질화바륨 게터

66 ② 67 ③ 68 ② 69 ① 70 ① Answer

## 71 진공 전구에 적린 게터(Getter)를 사용하는 이유는?

① 광속을 많게 한다.
② 전력을 적게 한다.
③ 효율을 좋게 한다.
④ 수명을 길게 한다.

해설 게터(Getter) 삽입 이유
- 수명을 길게 하기 위해
- 흑화를 방지하기 위해

## 72 백열전구의 흑화 원인에 해당되지 않는 것은?

① 필라멘트의 온도 높은 것
② 필라멘트의 증발 비율이 큰 것
③ 배기의 불량
④ 선팽창계수가 작을 것

해설 선팽창계수가 작을 것 → 필라멘트의 구비요건

## 73 필라멘트 지지선이 많고, 또 그 구조를 내진형으로 하여 선박, 철도, 차량 등 진동이 많은 장소에 쓰는 전구는?

① 관형 전구
② 내진 전구
③ 표준 전구
④ 캡 전구

해설 내진 전구
필라멘트의 지지선이 많고 구조를 내진형으로 하며 선박, 철도, 차량 등 진동이 많은 장소에 설치

## 74 소켓의 수용구 크기 중에서 사인 전구에 사용되는 수용구 크기는?

① E17
② E26
③ E39
④ E10

해설
- E-10 : 장식용과 회전등으로 사용되는 작은 전구용
- E-12 : 세형 수금 소켓으로 배전반 표시등
- E-17 : 사인 전구용
- E-26 : 250[W] 이하의 병형 전구용
- E-39 : 300[W] 이상의 대형 전구용

Answer 71 ④ 72 ④ 73 ② 74 ①

**75** 다음에서 전구의 시험에 해당되지 않는 것은?

① 구조 시험 ② 초특성 시험
③ 동정 특성 시험 ④ 점등 시험

해설 전구의 시험
구조 시험, 초특성 시험, 동정 특성 시험

**76** 백열전구의 일종으로 백열전구에 비하여 소형이며 발생 광속이 크고 배광의 제어가 쉽다. 광학계 조명기구와 조합하여 원거리 대상물 조명에 좋다. 점등시 전구의 외피온도는 250[℃] 정도로 주의를 요하며 사용 중 이동을 삼가야 하는 전구는?

① 사진용 전구 ② 할로겐 전구
③ 적외선 전구 ④ 영사용 전구

해설 할로겐 전구
- 백열전구에 비해 소형이며 발생 광속이 크고 배광 제어가 쉽다.
- 연색성이 좋고 흑화가 거의 발생하지 않는다.

**77** 광원 중 램프 효율이 가장 좋지 않은 것은?

① 백열전구 ② 수은 램프
③ 형광 램프 ④ 메탈 할로이드 램프

해설 효율이 큰 순서
저압 나트륨등 > 메탈 할로이드 램프 > 형광 램프 > 수은 램프 > 백열전구

**78** 고휘도 램프는?

① 전구 ② 탄소 아크등
③ 고압 수은등 ④ 형광등

해설 탄소 아크등의 용도
휘도가 큰 점광원을 얻으므로 영사기, 투광기 등의 광원으로 사용

75 ④ 76 ② 77 ① 78 ② Answer

**79** 광질과 특색이 고휘도이고 광색은 적색 부분이 비교적 많은 편이며 배광 제어가 용이하고 흑화가 거의 일어나지 않는 전등은?

① 수은등
② 형광등
③ 할로겐 램프
④ 나트륨등

해설 배광 제어가 용이하고 흑화의 원인이 되는 텅스텐의 증발을 막기 위해 유리구 내에 할로겐 원소(F, Cl, Br 등)를 봉입한다.

**80** 다음 중에서 방전등이 아닌 것은?

① 나트륨등
② 크세논등
③ 형광등
④ EL등

해설 EL 램프
유전체 램프(면광원 램프)

**81** 광원 중에서 가장 시력이 좋고 정밀한 일을 하는 데 적합한 것은?

① 고출력형 형광등
② 백열전등
③ 나트륨등
④ EL등

해설 고출력형 형광등
눈부심이 적고, 효율이 좋으므로 광원 중에서 가장 시력이 좋고 정밀한 일을 하는 데 적합하다.

**82** 형광등의 형광체로 사용되지 않는 것은?

① $CaWO_3$
② $ZnSiO_3$
③ $CdBO_3$
④ $NaSO_4$

해설 형광체의 광색
- 텅스텐산 칼슘($CaWO_4$) : 청색
- 텅스텐산 마그네슘($MgWO_4$) : 청백색
- 규산 아연($ZnSiO_3$) : 녹색(효율 최대)
- 규산 카드뮴($CdSiO_2$) : 주광색
- 붕산 카드뮴($CdB_2O_5$) : 다홍색

Answer 79 ③ 80 ④ 81 ① 82 ④

## 83 형광 방전등 중 가장 효율이 높은 색은?

① 백색
② 적색
③ 녹색
④ 황색

해설 형광 방전등 효율이 큰 순서
녹색 > 백색 > 주광색 > 적색

## 84 형광등의 점등회로 방식이 아닌 것은?

① 글로우 스타트 방식
② 루소 스타트 방식
③ 래피드 스타트 방식
④ 전자 스타트 방식

해설 형광등 점등회로 방식은 글로우 스타트, 래피드 스타트, 전자 스타트, 순시 기동 등이 있다.

## 85 주광색 형광등의 색온도[K]는?

① 3,500
② 4,500
③ 6,500
④ 7,500

해설 형광등의 색온도
- 주광색 : 5,700~7,100[K]
- 백색 : 3,900~4,500[K]

## 86 형광 방전등의 효율이 가장 좋으려면 주위온도는 몇 [℃]가 가장 적당한가?

① 10
② 25
③ 40
④ 60

해설 형광 방전등 온도
- 효율이 최대가 되는 주위온도 : 25[℃]
- 효율이 최대가 되는 관벽온도 : 40[℃]

## 87 형광등에 아르곤을 봉입하는 이유는?

① 연색성을 개선한다.
② 효율을 개선한다.
③ 역률을 개선한다.
④ 방전을 용이하게 한다.

83 ③ 84 ② 85 ③ 86 ② 87 ④ Answer

해설 아르곤을 봉입하는 이유
방전 개시 전압을 용이하게 하기 위해 수 [mmHg]의 아르곤을 봉입한다.

**88** 형광 램프의 동정특성에서 광속은 어느 때 측정한 값을 말하는가?

① 제조 직후
② 점등 100시간 후
③ 점등 500시간 후
④ 점등 1,000시간 후

해설 • 동정특성 : 점등 500시간 후
• 초특성 : 점등 100시간 후

**89** 방전등의 전압전류특성은 마이너스이므로 이것을 일정전압의 전원에 연결하면 전류가 급속히 증대되어 방전등을 파괴한다. 이것을 방지하기 위하여 필요한 장치는?

① 점등관
② 콘덴서
③ 안정기
④ 초크 코일

해설 안정기의 역할
초기 램프의 점등에 필요한 방전 개시(점등)를 유도하며, 점등 후에는 램프에 안정적인 전압과 전류를 공급함으로써 점등을 유지해 준다.

**90** 20[W] 주광색 형광등은 820[lm]의 광속을 복사하지만 그 안정기의 전력은 5[W]이다. 종합 효율은?

① 56.2[lm/W]
② 42.5[lm/W]
③ 32.8[lm/W]
④ 22[lm/W]

해설 종합효율 $\eta = \dfrac{F}{P_1 + P_2} = \dfrac{820}{20+5} = \dfrac{820}{25} = 32.8$ [lm/W]

**91** 나트륨등의 효율이 큰 이유는?

① 단색광
② 루미네선스
③ 냉음극
④ 복사에너지의 대부분이고, D선이 비시감도가 좋다.

Answer 88 ③ 89 ③ 90 ③ 91 ④

**해설** 나트륨등(N)

㉠ 특징

- 투시력이 좋다.(안개 낀 지역, 터널 등에 사용)
- 단색 광원으로 옥내 조명에 부적당하다.(순황색을 띤다.)
- 효율이 좋다.(80~150[lm/W])
- D선(5,890~5,896[Å])을 광원으로 이용한다.

㉡ 효율이 최대인 이유

- 복사에너지가 대부분이고 D선은 비시감도가 좋다.
- D선 : 복사에너지의 76[%]를 차지한다.
- 비시감도 : D선의 76.5[%]를 차지한다.

## 92 나트륨등의 효율은 어떤 범위가 가장 적당한가?

① 20~125[lm/W]
② 25~55[lm/W]
③ 80~150[lm/W]
④ 50~85[lm/W]

**해설** 램프의 효율(실용상 효율)

- 나트륨 램프 : 80~150[lm/W]
- 메탈 할로이드 램프 : 75~105[lm/W]
- 형광 램프 : 48~80[lm/W]
- 수은 램프 : 35~55[lm/W]
- 할로겐 램프 : 20~22[lm/W]
- 백열전구 램프 : 7~22[lm/W]

## 93 방전등의 일종으로서 효율이 대단히 좋으며, 광색은 순황색이고 연기나 안개 속을 잘 통과하며 대비상이 좋은 램프는?

① 수은등
② 형광등
③ 나트륨등
④ 옥소전구

**해설** 나트륨등(N)

㉠ 특징

- 투시력이 좋다.(안개 낀 지역, 터널 등에 사용)
- 단색 광원으로 옥내 조명에 부적당하다.(순황색을 띤다.)
- 효율이 좋다.(80~150[lm/W])
- D선(5,890~5,896[Å])을 광원으로 이용한다.

㉡ 효율이 최대인 이유

- 복사에너지가 대부분이고 D선은 비시감도가 좋다.
- D선 : 복사에너지의 76[%]를 차지한다.
- 비시감도 : D선의 76.5[%]를 차지한다.

92 ③ 93 ③ Answer

**94** 나트륨등의 이론 효율[lm/W]은 약 얼마인가?

① 255 ② 300
③ 395 ④ 500

해설 나트륨등(N)의 이론 효율
$\eta = 680 \times 0.76 \times 0.765 ≒ 395$[lm/W]

**95** 고압 수은등의 효율[lm/W] 중 가장 적합한 것은?

① 10 ② 40
③ 60 ④ 100

해설 수은등(H)
수은 증기 중의 방전을 이용하며, 발광관을 고온으로 유지하기 위해 2중관(발광관+외관)을 사용한다.
㉠ 종류
- 저압 수은등 : 0.01[mmHg]
- 고압 수은등 : 1기압 정도
- 초고압 수은등 : 10~200기압

㉡ 특성
- 저압 수은등 : 스펙트럼 에너지 파장은 2,537[Å]이다.
- 고압 수은등 : 소형이며, 광속이 크므로 널리 사용되고, 효율이 50[lm/W]로 좋다.
- 초고압 수은등 : 증기압이 10기압 이상으로 휘도가 크다.

**96** 수은 증기압 $10^{-2}$[mmHg]에서 방전할 경우 발생하는 스펙트럼의 최대 에너지 파장[Å]은?

① 5,791 ② 4,358
③ 3,663 ④ 2,537

해설 저압 수은등의 증기압이 $10^{-2}$[mmHg]인 경우 파장은 2,537[Å]이다.

Answer 94 ③ 95 ③ 96 ④

**97** 고압 수은등은 발광관과 외관의 2중관으로 되어 있다. 외관이 필요한 이유는?

① 발광관을 고온으로 유지하기 위하여
② 발광관을 기계적으로 보호하기 위하여
③ 배광을 개선하기 위하여
④ 점등 전압을 저하시키기 위하여

해설 고압 수은등은 발광관의 온도를 고온으로 유지하기 위해 2중관으로 되어 있다.

**98** 등기구의 표시 중 H자 표시가 있는 것은 무슨 등인가?

① 백열등 ② 형광등
③ 수은등 ④ 나트륨등

해설 ① 백열등 : R ② 형광등 : FL
③ 수은등 : H ④ 나트륨등 : N

**99** 다음 중 네온관등의 발광에 이용하는 것은?

① 음극 글로우 ② 부글로우
③ 양극 광막 ④ 양광주

해설 네온관등의 발광 원리
양광주(가늘고 긴 유리관의 양단에 전극을 봉입하고 수 [mmHg]의 불활성 가스를 방전에 이용한 냉음극 방전등)

**100** 투명 네온관등에 네온 가스를 봉입하였을 때 가장 적당한 방전의 색은?

① 등색 ② 황색
③ 등적색 ④ 백색

해설 봉입 가스와 발광색

| 봉입 가스 | 유리관 색 | 관등의 색 |
|---|---|---|
| 네온 | 투명 | 등적색 |
| 아르곤+수은 | 투명 | 청색 |
| 헬륨 | 투명 | 백색 |
| 아르곤 | 투명 | 고동색 |

97 ① 98 ③ 99 ④ 100 ③ Answer

## 101 네온 전구의 용도는?

① 표시용 ② 살균용
③ 조명용 ④ 전열용

해설 네온 전구
㉠ 발광 원리 : 음극 글로우(부글로우)
㉡ 봉입 압력 : 수십 [mmHg]
- 전극 : Fe(철)
- 방전을 쉽게 하기 위하여 바륨, 세륨, 마그네슘을 바른다.

㉢ 용도
- 소비전력이 적으므로 배전반의 파일럿, 종야등에 적합
- 음극만이 빛나므로 직류의 극성 판별용에 이용
- 일정 전압에서 점화하므로 검전기 교류 파고치의 측정에 쓰임

## 102 네온 전구의 특징이 아닌 것은?

① 소비전력이 크다. ② 잔광성이 없다.
③ 광도와 전류가 비례한다. ④ 역률이 좋다.

해설 네온 전구
㉠ 발광 원리 : 음극 글로우(부글로우)
㉡ 봉입 압력 : 수십 [mmHg]
- 전극 : Fe(철)
- 방전을 쉽게 하기 위하여 바륨, 세륨, 마그네슘을 바른다.

㉢ 용도
- 소비전력이 적으므로 배전반의 파일럿, 종야등에 적합
- 음극만이 빛나므로 직류의 극성 판별용에 이용
- 일정 전압에서 점화하므로 검전기 교류 파고치의 측정에 쓰임

## 103 직류 극성을 판별하는 데 이용되는 것은?

① 형광등 ② 수은등
③ 네온 전구 ④ 나트륨등

해설 네온 전구
㉠ 발광 원리 : 음극 글로우(부글로우)
㉡ 봉입 압력 : 수십 [mmHg]
- 전극 : Fe(철)
- 방전을 쉽게 하기 위하여 바륨, 세륨, 마그네슘을 바른다.

Answer ➡ 101 ① 102 ① 103 ③

ⓒ 용도
- 소비전력이 적으므로 배전반의 파일럿, 종야등에 적합
- 음극만이 빛나므로 직류의 극성 판별용에 이용
- 일정 전압에서 점화하므로 검전기 교류 파고치의 측정에 쓰임

## 104 반간접 조명의 설계에서 등고란 무엇인가?

① 피조면에서의 등기　　② 바닥면에서 등기
③ 피조면에서 천장　　④ 바닥면에서 천장

**해설** 등고
- 직접 조명 : 피조면에서 등기
- 반간접 조명 : 피조면에서 천장

## 105 전반 조명의 특색은?

① 효율이 좋다.　　② 충분한 조도를 얻을 수 있다.
③ 휘도가 낮다.　　④ 작업 시 등의 위치를 옮기지 않아도 된다.

**해설** 전반 조명은 모든 곳을 균일하게 조명하므로 등의 위치를 옮기지 않아도 된다.

## 106 다음 장소 중에서 실리적 명시 조명에 적합하지 않은 곳은?

① 사무실　　② 교실
③ 요리점　　④ 공장

**해설**
- 실리적 조명 : 물체의 보임, 장시간의 작업에 피로를 적게 주는 조명(사무실, 교실, 공장, 병원)
- 장식적 조명 : 심리적 분야의 경우 단시간의 작업 오락(음식점, 다방, 극장)

## 107 빛을 아래쪽에 확산 복사시키며 또는 눈부심을 적게 하는 조명기구는?

① 루버　　② 반사불
③ 투광기　　④ 글로브

**해설** 조명기구 : 반사기, 전등갓, 글로브, 루버, 투광기
※ 루버 : 빛을 아래쪽으로 확산시키며 눈부심을 적게 하는 조명기구

104 ③　105 ④　106 ③　107 ① Answer

## 108 천장 높이가 15[m] 이상의 공장 조명에 적합한 조명기구는?

① 배조형
② 강조형
③ 집조형
④ 투광형

해설 ① 배조형 : 5[m] 이하
② 강조형 : 5~10[m] 이하
③ 집조형 : 10~15[m] 이하
④ 투광형 : 15[m] 이상

## 109 직접 조명기구의 하향 광속 비율은?

① 10~40[%]
② 40~60[%]
③ 60~90[%]
④ 90~100[%]

해설 조명기구 배광에 의한 분류

| 조명방식 | 하향 광속[%] | 상향 광속[%] |
|---|---|---|
| 직접 조명 | 90~100 | 0~10 |
| 반직접 조명 | 60~90 | 10~40 |
| 전반 확산 조명 | 40~60 | 40~60 |
| 반간접 조명 | 10~40 | 60~90 |
| 간접 조명 | 0~10 | 90~100 |

## 110 반직접 조명에서 하향 광속의 배광은 몇 [%]인가?

① 0~30
② 30~60
③ 60~90
④ 90~100

해설 조명기구 배광에 의한 분류

| 조명방식 | 하향 광속[%] | 상향 광속[%] |
|---|---|---|
| 직접 조명 | 90~100 | 0~10 |
| 반직접 조명 | 60~90 | 10~40 |
| 전반 확산 조명 | 40~60 | 40~60 |
| 반간접 조명 | 10~40 | 60~90 |
| 간접 조명 | 0~10 | 90~100 |

Answer 108 ④ 109 ④ 110 ③

**111** 옥내 전반조명에서 바닥면의 조도를 균일하게 하기 위하여 등간격은 등높이의 얼마가 적당한가?(단, 등간격 $S$, 등높이 $H$이다.)

① $S \leq 0.5H$ ② $S \leq H$
③ $S \leq 1.5H$ ④ $S \leq 2H$

해설 등간격
- 등기구 간격 : $S \leq 1.5H$
- 벽면의 간격 : $S_W \leq 0.5H$(벽측을 사용하지 않는 경우)

**112** 방의 폭이 $X$[m], 길이가 $Y$[m], 작업면으로부터 광원까지의 높이가 $H$[m]일 때 실지수 $K$는?

① $K = \dfrac{H(X+Y)}{XY}$ ② $K = \dfrac{Y(X+Y)}{XH}$
③ $K = \dfrac{XY}{H(X+Y)}$ ④ $K = \dfrac{X(X+Y)}{YH}$

해설 실지수(Room Index)는 빛의 이용에 대한 방 크기의 척도로 이용된다.

**113** 조명률의 결정에 관계가 없는 것은?

① 실지수 ② 조명기구의 종류
③ 감광 보상률 ④ 실내의 반사면의 반사율

해설 조명률은 방지수, 조명기구의 종류, 실내면(천장, 벽, 바닥 등)의 반사율에 따라서 달라진다.

**114** 광원의 연색성이 좋은 순으로 바르게 배열한 것은?

① 크세논등, 백색형광등, 형광수은등, 나트륨등
② 백색형광등, 형광수은등, 나트륨등, 크세논등
③ 형광수은등, 나트륨등, 크세논등, 백색형광등
④ 나트륨등, 크세논등, 백색형광등, 형광수은등

해설 ㉠ 연색성
- 물체가 광원에 의해 조명될 때 그 물체의 색의 보임을 정하는 광원의 성질
- 자연광에 가깝게 표현하는지 나타내는 특성

㉡ 연색성이 큰 순서
크세논등 > 백색형광등 > 형광수은등 > 나트륨등

111 ③ 112 ③ 113 ③ 114 ① Answer

**115** 1,000[lm]을 복사하는 전등 10개를 100[m²]의 실에 설치하였다. 0.5, 감광 보상률을 1.5라고 하면 실의 평균 조도는 약 얼마인가?

① 50[lx]
② 33.3[lx]
③ 75[lx]
④ 150[lx]

해설 조도 $E=\dfrac{NFU}{SD}$

여기서, $N$ : 등수, $F$ : 광속, $U$ : 조명률
$S$ : 면적, $D$ : 감광 보상률

$\therefore\ E=\dfrac{10\times 1{,}000\times 0.5}{100\times 1.5}=33.3\,[\mathrm{lx}]$

**116** 폭 20[m]의 도로 중앙에 6[m]의 높이로 간격 24[m]마다 400[W]의 수은 전구를 가설할 때 조명률 0.25, 감광 보상률을 1.3이라 하면 도로면의 평균 조도[lx]는 얼마인가?(단, 400[W] 수은 전구의 전광속은 23,000[lm]이다.)

① 약 18.4
② 약 9.2
③ 약 4.6
④ 약 46

해설 $E=\dfrac{NFU}{SD}\,[\mathrm{lx}]$

면적 $S=a\times b=20\times 24=480\,[\mathrm{m}^2]$

$\therefore\ E=\dfrac{1\times 23{,}000\times 0.25}{480\times 1.3}=9.2\,[\mathrm{lx}]$

**117** 폭이 15[m]이고, 무한히 긴 도로의 양쪽에 간격 20[m]를 두고 무수한 가로등을 점등할 때 한 등의 전광속이 3,000[lm]이고, 그 45[%]가 도로 전면에 투사된다면 도로면의 평균 조도[lx]는?

① 20
② 18
③ 9
④ 4.5

해설 양쪽 $S=\dfrac{15\times 20}{2}=150\,[\mathrm{m}^2]$

$E=\dfrac{NFU}{SD}=\dfrac{1\times 3{,}000\times 0.45}{150\times 1}=9\,[\mathrm{lx}]$

Answer ➔ 115 ② 116 ② 117 ③

**118** 평균 구면 광도 100[cd]의 전구 5개를 지름 4[m]의 원형의 실내에 점등하고 있다. 전광속의 50[%]가 유효하게 이용된다고 하면, 이 방의 평균 조도는 약 얼마가 되는가?

① 40[lx] ② 150[lx]
③ 250[lx] ④ 300[lx]

해설 $E=\dfrac{NFU}{SD}=\dfrac{5\times 4\pi\times 100\times 0.5}{\pi\times 2^2\times 1}=250\text{ [lx]}$

**119** 방의 가로가 10[m], 세로 20[m]일 때 조명률은 0.5이라 한다. 방의 평균 수평면 조도를 200[lx]로 하기 위해서는 형광등(2등용 40[W])을 몇 등 사용하여야 하는가?(단, 40[W] 형광등 한 등당의 전광속은 3,000[lm], 감광 보상률은 1.8로 한다.)

① 18대 ② 24대
③ 36대 ④ 50대

해설 $N=\dfrac{E\cdot SD}{FU}\times\dfrac{1}{2}$

$=\dfrac{200\times 200\times 1.8}{3{,}000\times 0.5}\times\dfrac{1}{2}=24\text{ [대]}$

**120** 폭 24[m]인 가로의 양쪽에 20[m] 간격으로 지그재그식으로 등주를 배치하여 가로상의 평균 조도를 5[lx]로 하려고 한다. 각 등주상에 몇 [lm]의 전구가 필요한가?(단, 가로면에서의 광속 이용률은 25[%]이다.)

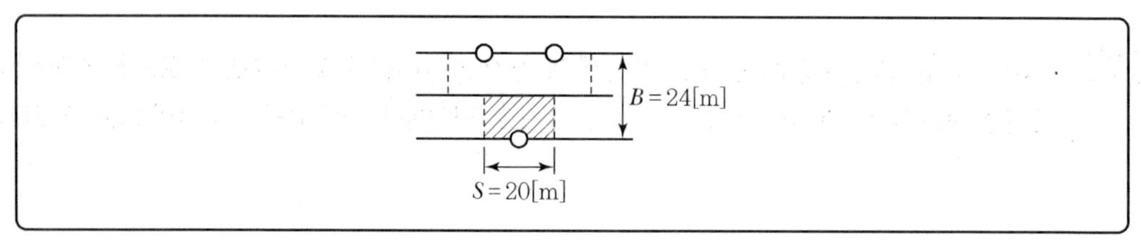


① 3,600 ② 4,200
③ 4,800 ④ 5,400

해설 $F=\dfrac{ESD}{UN}=\dfrac{5\times 240\times 1}{0.25\times 1}=4{,}800\text{ [lm]}$

118 ③ 119 ② 120 ③ Answer

**121** 건물의 비상용 설비 조도를 15[lx] 유지하려고 한다. 등기구의 보수율이 0.75라고 할 때 초기 조도는 얼마인가?

① 10 ② 20
③ 30 ④ 40

**해설** 초기 조도 $= \dfrac{15}{0.75} = 20[\text{lx}]$

**122** 지름 2[m]인 작업면의 중심 직상 1[m]의 높이에서 각 방향의 광도가 100[cd] 되는 광원 1개로 조명할 때의 조명률[%]을 구하면?

① 약 50 ② 약 30
③ 약 20 ④ 약 15

**해설** 조명률$= \dfrac{\text{피조명 광속}}{\text{전광속}}[\text{lx}]$

$$U = \frac{F}{F_o} = \frac{2\pi(1-\cos\theta)I}{4\pi I}$$

$$= \frac{200\pi\left(1-\dfrac{1}{\sqrt{2}}\right)}{400\pi} \times 100 \fallingdotseq 15[\%]$$

Answer 121 ② 122 ④

Chapter

# 02 전열공학



## 1 전열계산 및 발열체 설계

### 1. 전열, 전기회로의 비교

| 전기 | | | 전열 | | | 공업용 |
|---|---|---|---|---|---|---|
| 명칭 | 기호 | 단위 | 명칭 | 기호 | 단위 | 단위 |
| 전압 | $V$ | [V] | 온도차 | $\theta$ | [K] | [℃] |
| 전류 | $I$ | [A] | 열류 | $I$ | [W] | [kcal/h] |
| 저항 | $R$ | [Ω] | 열저항 | $R$ | [C/W] | [℃ · h/kcal] |
| 전기량 | $Q$ | [C] | 열량 | $Q$ | [J] | [kcal] |
| 전도율 | $K$ | [℧/m] | 열전도율 | $K$ | [W/m · deg] | [kcal/h · m · deg] |
| 정전용량 | $C$ | [F] | 열용량 | $C$ | [J/C] | [kcal/℃] |

* 기본사항

1[kcal] : 1[kg]의 물을 1[℃] 가열하는 데 필요한 열량

1[J]=0.2389[cal]
1[cal]=4.2[J]
1[BTU]=0.252[kcal]
1[kWh]=860[kcal]

### 2. 열류 : $I$[W]

$$I=\frac{\theta}{R}\left(R=\rho\frac{l}{A}=\frac{l}{KA}\right)\text{이므로}$$

여기서, $K$ : 열전도율, $A$ : 단면적

$$I=\frac{\theta}{\frac{l}{KA}}=\frac{KA\theta}{l}[\mathrm{W}]$$

여기서, $\theta$ : 온도차, $l$ : 길이

(열류는 양단의 온도차가 클수록, 단면적이 넓을수록 크며 길이가 작을수록 작다.)

① **열전도율** : $K = \dfrac{Il}{A\theta}$ [W/m · deg]

② **열저항** : $R = \dfrac{\theta}{I}$ [℃/W]

트랜지스터 : $R = \dfrac{T_j - T_a}{P_c}$

여기서, $T_j$ : 접합온도
$T_a$ : 주위온도
$P_c$ : 컬렉터 손실

### 3. 열량 : $Q$[J]

① $Q = c \cdot \theta$ [J]

여기서, $C$ : 열용량
$\theta$ : 온도차($T - T_0$)

② 열용량 $C = \dfrac{Q}{\theta}$ [J/℃]

여기서, $C = c \cdot m$ (비열×질량)

* 열용량은 열량에 비례하고 온도차에 반비례한다.

③ $Q = c \cdot m(T - T_0)$[cal]

단위가 [cal]이면 질량은 [g]

단위가 [kcal]이면 질량은 [kg]

④ $Q = 0.24I^2Rt$ [cal]

여기서, $I$ : 전류[Å]
$R$ : 저항[Ω]
$t$ : 시간[sec]

⑤ $Q = 860\eta Pt$ [kcal]

여기서, $P$ : 전력[kW]
$t$ : 시간[h]
$\eta$ : 효율

단, 잠열이 1[kg]인 물을 수증기로 변환 시 539[kcal] 필요

$Q = m[c(T - T_0) + q]$[kcal]

⑥ $Q = 860\eta \cdot Pt = c \cdot m(T - T_0)$ [kcal]

- 소비전력 $\therefore P = \dfrac{c \cdot m(T - T_0)}{860\eta \cdot t}$ [kW]
- 효율 $\therefore \eta = \dfrac{c \cdot m(T - T_0)}{860P \cdot t} \times 100$ [%]
- 시간 $\therefore t = \dfrac{c \cdot m(T - T_0)}{860P \cdot t}$ [h]

⑦ $Q = m \cdot H$ [kcal]

여기서, $m$ : 질량[kg]
$H$ : 발열량[kcal]

### 4. 관계식

$Q = 860\eta \cdot P \cdot t$ 에서

$$Q \propto P \propto V^2 \propto \frac{1}{R} \propto \frac{1}{l} \propto A \propto d^2$$

관계가 성립한다.

$R = \rho \dfrac{l}{A}$ 에서 $R \propto l$ $\therefore R \propto \dfrac{1}{A}$

$A = \dfrac{\pi d^2}{4}$ $A \propto d^2$

## 2 전열의 기초

### 1. 전기 가열의 특징

① 매우 높은 온도를 얻을 수 있다.
② 내부 가열을 할 수 있다.
③ 조작이 용이하고 작업환경이 좋다.
④ 열효율이 높다.

### 2. 열의 전달

① **전도** : 물체를 구성하는 분자의 열운동에 의하여 열에너지가 전해지는 현상
② **대류** : 기체나 액체의 유동에 의한 전달
③ **복사** : 적외선, 빛 등의 복사에너지에 의한 전달

### 3. 전기 가열의 방식

1) **저항 가열** : 전류에 의한 옴손(줄열)을 이용

① **직접** : 도전성의 피열물에 직접 전류를 통하여 가열

② **간접** : 저항체(발열체)로부터 열의 방사, 전도, 대류에 의해서 피열물에 전달하여 가열하는 방식

③ **열량** : $Q = 0.24\, I^2 R \cdot t$[cal]

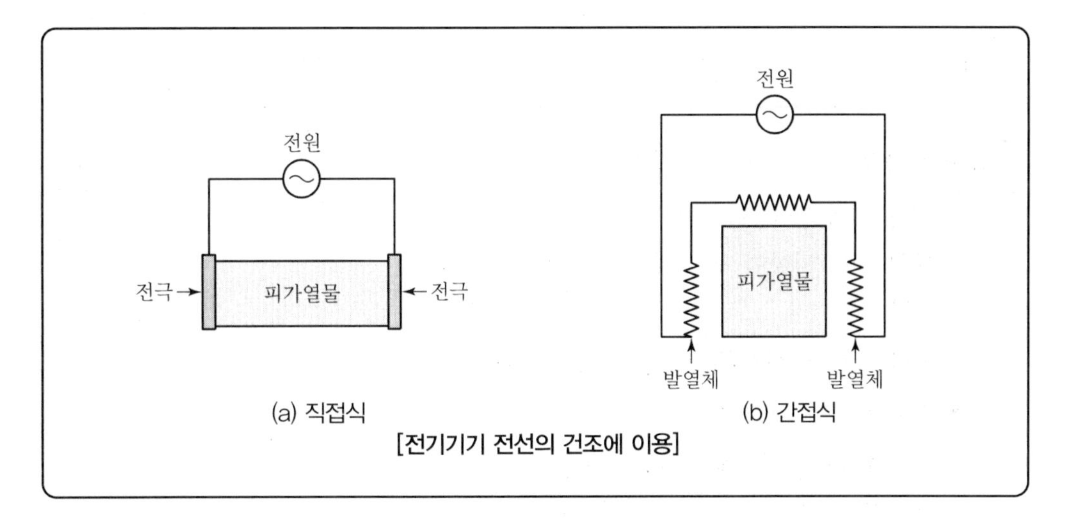


(a) 직접식　(b) 간접식

[전기기기 전선의 건조에 이용]

| | | |
|---|---|---|
| 직접 저항로 | 흑연화로 | • 전원 : 상용주파 단상교류<br>• 열효율이 가장 높다. |
| | 카바이드로 | • 전원 : 상용주파 3상 교류<br>• 반응식 : $CaO + 3C \rightleftarrows CaC_2 + CO$ |
| | 카보런덤로 | |
| | 알루미늄 전해로 | |
| | 제철로 | |
| 간접 저항로 | 염욕로 | 형태가 복잡하게 생긴 금속제품을 균일하게 가열 |
| | 크립톨로(탄소립로) | |
| | 발열체로 | |

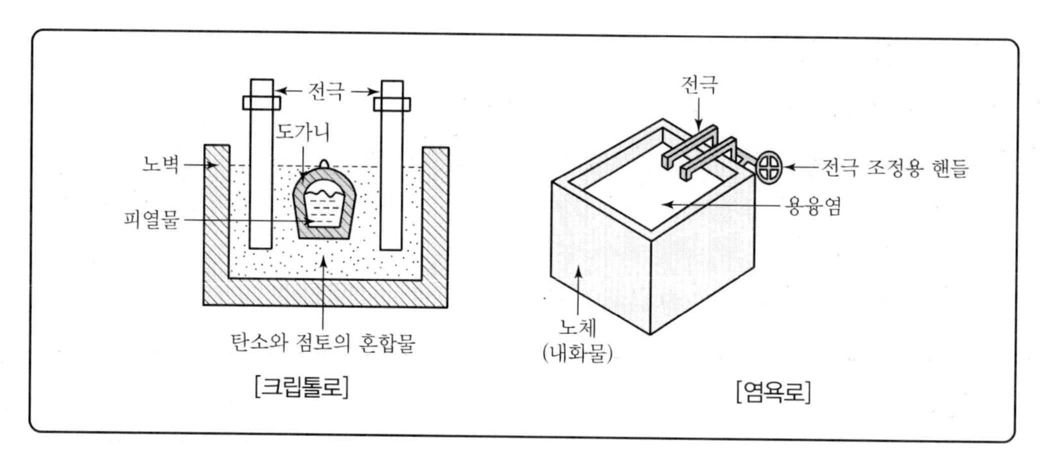


2) 아크 가열 : 전극 사이에 발생하는 고온의 아크열을 이용

① **전극** : 흑연전극, 탄소전극

② **특징** : 고유저항이 가장 적다.(인조흑연전극)

③ **효율** : 70~80

④ **열량** : $Q = 0.24I^2Rt \times 10^{-3}$[kcal]

*** 전기로의 전극 고유저항**

- 인조흑연전극 : 0.0005~0.0012 [Ω · cm]
- 고급천연전극 : 0.0009~0.0033 [Ω · cm]
- 천연흑연전극 : 0.003~0.0076 [Ω · cm]
- 무정형 탄소전극 : 0.005~0.008 [Ω · cm]

*** 전극 재료의 구비요건**

- 불순물이 적고 산화 및 소모가 적을 것
- 고온에서 기계적 강도가 크고 열팽창률이 작을 것
- 열전도율이 작고 도전율이 커서 전류밀도가 클 것

⑤ 아크로

| 저압 아크로 | • 직접 : 에루식 제강로(전원 : 상용주파 3상 교류)<br>• 간접 : 요동식 아크로 |
|---|---|
| 고압 아크로 | 포오링(Pauling)로, 비르켈란-아이데(Birkeland-Eyde)로, 센헬로 |

3) 유도 가열

교번자기장 내에 놓여진 유도성 물체에 유도된 와류손과 히스테리시스손을 이용하여 가열

예 금속의 표면 열처리, 반도체 정련

**＊ 유도로**

- 저주파 : 50~60[Hz]
- 고주파 : 1~10[kHz] 단, 소형로에서는 400[kHz]로 이용

  ↓

  고주파 유도 가열의 전원 : 전동 발전기, 불꽃캡식 발전기, 진공관 발진기

### 4) 유전 가열

유전체손 이용

예 목재의 건조, 접착, 비닐막의 접착

① 유전 가열의 특징

| | |
|---|---|
| 장점 | • 열이 유전체손에 의하여 피열물 자신에 발생하므로, 가열이 균일하다.<br>• 온도 상승 속도가 빠르고, 속도가 임의 제어된다. |
| 단점 | • 전 효율이 고주파 발진기의 효율(50~60[%])에 의하여 억제되고, 회로 손실도 가해지므로 양호하지 못하다.<br>• 설비비가 고가이다. |

② 유전체손 : $P_c = \frac{5}{9} E^2 f \varepsilon_s \tan\delta \times 10^{-12}$[W/cm²]

③ 사용 주파수 : 1~200[MHz]

④ 유도 가열과 유전 가열의 공통점 : 직류 전원은 사용 불가능

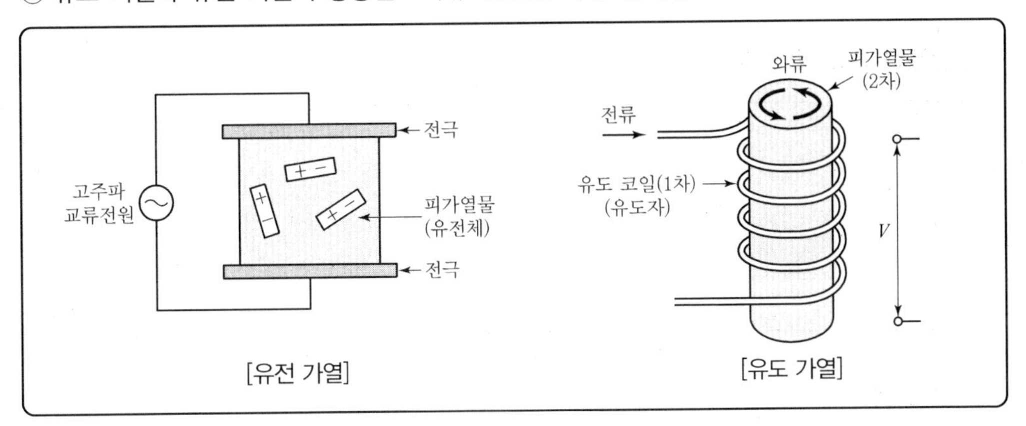


[유전 가열] [유도 가열]

### 5) 적외선 가열

열원의 방사열에 의하여 피조물을 가열하여 건조

예 적외선 전구의 복사건조(방직, 염색, 도장, 수지공업)

① 필라멘트의 온도 : 2,200~2,500[K]

② 수명 : 5,000[h] 이상

③ 특징

- 공산품 표면 건조에 적당하고 효율이 좋다.
- 구조와 조작이 간단하다.
- 건조 재료의 감시가 용이하고 청결하며 안전하다.
- 유지비가 싸고 설치가 간단하다.

* 초음파 응용 → 접합, 용접, 가공
* 고주파 건조 → 내부 가열

## 3 전열 재료

### 1. 발열체에 필요한 조건

① 내열성이 클 것
② 내식성이 클 것
③ 적당한 고유저항을 가질 것
④ 압연성이 풍부하며 가공이 쉬울 것
⑤ 가격이 쌀 것
⑥ 저항온도계수가 +로서 그 값이 작을 것
⑦ 선팽창계수가 작을 것

### 2. 발열체의 종류 및 온도

| 구분 | 종류 | 온도 |
|---|---|---|
| 금속 발열체 | 니크롬선 | • 1종 : 1,100[℃]<br>• 2종 : 900[℃] |
| | 철크롬선 | • 1종 : 1,200[℃]<br>• 2종 : 1,100[℃] |
| 비금속 발열체 | 탄화규소 발열체 : 1,400[℃] (주성분 : SiC(카보런덤)) | |

### 3. 온도 측정

1) **저항온도계** : 브리지식 온도계(측정범위 −200~500[℃])

① **재료** : Pt, Ni, Cu
② **반도체** : 서미스터

2) **열전온도계** : 제베크 효과를 이용

* 제베크 효과 : 종류가 다른 두 금속에 온도차를 주면 기전력이 발생하는 현상

| 열전쌍 | 온도사용범위[℃] | 최고온도[℃] |
|---|---|---|
| 구리－콘스탄탄(보통 열전대 사용) | －200~400 | 400 |
| 철－콘스탄탄 | －200~700 | 700 |
| 크로멜－알루멜 | －200~1,000 | 1,000 |
| 백금－백금로듐(공업용으로 널리 사용) | 0~1,400 | 1,400 |

3) 압력형 온도계 : 온도변화에 따른 부르동관 내의 압력의 변화를 이용하여 온도를 측정

* Pinch Off Effect

- 용융체와 강전류
- 재료 : 인청동

4) 방사(복사)고온계

① 스테판－볼츠만 법칙 이용 : $W=\sigma T^4(\sigma=5.67\times10^{-8}[\mathrm{W/m^2\cdot deg^4}])$

② 특징
- 온도를 직독할 수 있다.
- 피측온물에서 떨어진 위치에서 온도를 기록할 수 있다.
- 온도의 측정범위가 900~4,000[℃] 정도로 넓다.
- 측정기구 : 밀리볼트미터

5) 광고온도계

① 플랑크의 방사법칙 이용

② 특징
- 복사고온계에 비하여 강도가 높다.
- 피측온물의 크기가 지름 0.1[mm] 정도로 작은 경우에도 측정할 수 있다.

## 4 전기 용접

### 1. 저항 용접

① 점 용접(Spot Welding) : 필라멘트, 열전대 용접에 이용

② 돌기 용접(Projection Welding)

③ 이음매 용접(심 용접, Seam Welding)

④ 맞대기 용접

⑤ 충격 용접 : 고유저항이 작고 열전도율이 큰 것에 사용(경금속 용접)

### 2. 아크 용접(Gas : 아르곤, 헬륨)

① 탄소 아크 용접
② 금속 아크 용접
③ 원자 수소 용접

**＊ 특성**

수하 특성(누설 변압기, 직류 타여자 차동 복권 발전기)
↓
부하전류가 증가하면 전압은 급격히 감소

### 3. 특수 용접(불활성 가스 용접, Gas : He, Ar, $H_2$)

① 알루미늄 용접
② 마그네슘 용접

**＊ 용접 비파괴 검사**

- 자기 검사
- $\gamma$선 투과 시험
- 육안에 의한 외관검사
- X선 투과 시험
- 초음파 탐상기 시험

## 5 각종 효과

① **제베크 효과(Seebeck Effect)** : 서로 다른 금속을 접속(열전대)하고 접속점에 서로 다른 온도를 유지하면 기전력이 생겨 일정한 방향으로 전류가 흐른다.

② **펠티에 효과(Peltier Effect)** : 서로 다른 금속에서 다른 쪽 금속으로 전류를 흘리면 열의 발생 또는 흡수가 일어난다.

③ **톰슨 효과(Thomson Effect)** : 동종의 금속에서 각부의 온도가 다르면 그 부분에서 열의 발생 또는 흡수가 일어난다.

④ **홀 효과(Hole Effect)** : 전류가 흐르고 있는 도체에 자계를 가하면 도체 측면에 정부의 전하가 나타나 전위차가 발생한다.

⑤ **핀치 효과(Pinch Effect)** : 도체에 직류를 인가하면 전류와 수직 방향으로 원형 자계가 생겨 전류에 구심력이 작용하여 도체 단면이 수축하면서 도체 중심 쪽으로 전류가 몰린다.

⑥ **볼타 효과(접촉전기)** : 도체와 도체, 유전체와 유전체, 유전체와 도체를 접촉시키면 전자가 이동하여 양 · 음으로 대전된다.

# Chapter 02 실·전·문·제



## 01 열회로의 열량은 전기회로의 무엇에 상당한가?

① 전류
② 전압
③ 전기량
④ 열저항

해설 열량이란, 1[kg]의 물을 14.5[℃]에서 15.5[℃]까지 1[℃] 가열하는 데 필요한 열량을 말하며, 전류와 열류의 대응표는 다음과 같다.

| 전기회로 | 전기 | 전압 | 전기량 | 전류 | 도전율 | 저항 | 정전용량 |
|---|---|---|---|---|---|---|---|
| 열회로 | 열 | 온도차 | 열량 | 열류 | 열전도율 | 열저항 | 열용량 |

## 02 열회로의 온도차는 전기회로의 무엇에 상당하는가?

① 정전용량
② 저항
③ 전류
④ 전압

해설 열량이란, 1[kg]의 물을 14.5[℃]에서 15.5[℃]까지 1[℃] 가열하는 데 필요한 열량을 말하며, 전류와 열류의 대응표는 다음과 같다.

| 전기회로 | 전기 | 전압 | 전기량 | 전류 | 도전율 | 저항 | 정전용량 |
|---|---|---|---|---|---|---|---|
| 열회로 | 열 | 온도차 | 열량 | 열류 | 열전도율 | 열저항 | 열용량 |

## 03 1[BTU]는 몇 [kcal]인가?

① 0.252
② 0.035
③ 4.18
④ 3.968

해설 물 1[lb]를 1[°F] 높이는 데 필요한 열량을 1[BTU]라 한다.
1[kcal]=3.968[BTU]
1[BTU]=0.252[kcal]=252[cal]

## 04 다음 중 설명이 틀린 것은?

① $1[J]=0.2389\times10^{-3}[kcal]$
② 1[kWh]=860[kcal]
③ 1[BTU]=0.252[kcal]
④ 1[kcal]=3.968[J]

해설 1[kcal]=4,200[J]

Answer 01 ③ 02 ④ 03 ① 04 ④

## 05 200[W]는 몇 [cal/s]인가?

① 약 0.2389
② 약 0.8621
③ 약 47.78
④ 약 71.67

해설 200[W]=200[J/s]=200×0.2389[cal/s]
=47.78[cal/s]

## 06 다음의 용어 중에서 열류의 공업 단위는?

① [kcal]
② [h · m · ℃/kcal]
③ [℃ · h/kcal]
④ [kcal/h]

해설

| 구분 | 표준단위 | 공업단위 |
|---|---|---|
| 열류 | [W] | [kcal/h] |
| 열전도율 | [W/m · deg] | [kcal/h · m · deg] |
| 열저항 | [℃/W] | [℃ · h/kcal] |
| 열용량 | [J/℃] | [kcal/℃] |

## 07 열전도율을 표시하는 단위는?

① [J/kg · deg]
② [W/m² · deg]
③ [W/m · deg]
④ [J/m² · deg]

해설

| 구분 | 표준단위 | 공업단위 |
|---|---|---|
| 열류 | [W] | [kcal/h] |
| 열전도율 | [W/m · deg] | [kcal/h · m · deg] |
| 열저항 | [℃/W] | [℃ · h/kcal] |
| 열용량 | [J/℃] | [kcal/℃] |

## 08 직경 20[cm], 길이 1[m]의 탄소전극의 열저항[열Ω] 값은?(단, 전극의 고유저항은 3.14 [열Ω · cm]이다.)

① 0.5
② 1
③ 2
④ 3

05 ③ 06 ④ 07 ③ 08 ② Answer

해설 $R = \rho \dfrac{l}{A} = 3.14 \times \dfrac{100}{\pi \times 10^2} = 1$ [열Ω]

**09** 지름 30[cm], 길이가 1.5[m]인 탄소 전극의 열저항[열Ω] 값은 약 얼마인가?(단, 전극의 고유 저항은 2.5[열Ω · cm]이다.)

① 0.73 ② 0.43
③ 0.53 ④ 0.63

해설 $R = 2.5 \times \dfrac{150}{\pi \times 15^2} = 0.53$ [열Ω]

**10** 어떤 트랜지스터의 접합(Junction) 온도 $T_j$의 최대 정격값이 75[℃], 주위온도 $T_a = 25$[℃]일 때의 컬렉터 손실 $P_c$의 최대 정격값을 10[W]라고 할 때의 열저항[℃/W]은?

① 5 ② 50
③ 7.5 ④ 0.2

해설 $R = \dfrac{\theta}{I} = \dfrac{75 - 25}{10} = 5$ [℃/W]

**11** 15[℃]의 물 1[L]를 1기압에서 비등시키는 데 필요한 열량은 얼마인가?

① 70[kcal] ② 75[kcal]
③ 85[kcal] ④ 90[kcal]

해설 $Q = c \cdot m(T - T_o)$
$= 1 \times 1(100 - 15) = 85$ [kcal]

**12** 아크 용접에서 전극 간 전압 30[V], 전류 200[A]이면 매초 발생하는 열량[kcal/s]은?

① 1.44 ② 24.4
③ 14.4 ④ 2.40

해설 매시간당의 발열량 $Q$는
$Q = 0.24 I^2 Rt \times 10^{-3} = 0.24\, VIt \times 10^{-3}$
$= 0.24 \times 30 \times 200 \times 1 \times 10^{-3} = 1.44$[kcal/s]

Answer ➲ 09 ③ 10 ① 11 ③ 12 ①

**13** 1.2[L]의 물을 15[℃]로부터 75[℃]까지 10분간에 가열시키려면 전열기의 용량[W]은?(단, 효율은 70[%]이다.)

① 520[W]
② 620[W]
③ 720[W]
④ 1,028[W]

해설 $P=\dfrac{C(T_2-T_1)}{860t\eta}=\dfrac{1.2(75-15)}{860\times\dfrac{1}{6}\times 0.7}=0.72\,[\mathrm{kW}]=720[\mathrm{W}]$

**14** 80[℃]의 물 1,000[L]가 있다. 전열기로 2시간 동안 이 물을 100[℃]까지 온도를 올리는 데 필요한 전력은 몇 [kW]인가?(단, 전열기의 효율은 95[%]라 한다.)

① 약 11.5
② 약 12.2
③ 약 13.5
④ 약 14.2

해설 $P=\dfrac{1\times 1{,}000\times(100-80)}{860\times 0.95\times 2}=12.2\,[\mathrm{kW}]$

**15** 15[℃]의 물 4[L]를 용기에 넣고 1[kW]의 전열기로 90[℃]로 가열하는 데 30분이 소요되었다. 장치의 효율[%]은?(단, 증발이 없는 경우 $q=0$ 이다.)

① 70
② 50
③ 40
④ 30

해설 $\eta=\dfrac{1\times 4(90-15)}{860\times 1\times\dfrac{30}{60}}\times 100=70[\%]$

**16** 전력 4[kW]를 사용하여 1시간에 20,000[kcal]의 가열을 할 때 이 열펌프의 효율(COP)은 얼마나 되는가?

① 0.17
② 1.7
③ 0.58
④ 5.8

해설 $\eta=\dfrac{Q}{860Pt}=\dfrac{20{,}000}{860\times 4\times 1}=5.8$

13 ③ 14 ② 15 ① 16 ④ Answer

**17** 효율 80[%]의 전열기로 1[kWh]의 전력을 소비하였을 때 10[L]의 물의 온도를 약 몇 [℃] 상승시킬 수 있는가?

① 30[℃] ② 50[℃]
③ 70[℃] ④ 90[℃]

해설 $\theta = \dfrac{860 \cdot \eta Pt}{c \cdot m}$

$= \dfrac{860 \times 0.8 \times 1}{1 \times 10} = 70\,[℃]$

**18** 1기압하에서 20[℃]의 물 6[L]를 4시간 동안에 증발시키려면 몇 [kW]의 전열기가 필요한가? (단, 전열기의 효율은 80[%]이다.)

① 약 1.34 ② 약 15.4
③ 약 154 ④ 약 61

해설 $P = \dfrac{m[c(T - T_0) + q]}{860\eta t} = \dfrac{6[1(100-20)+539]}{860 \times 0.8 \times 4} = 1.34[\mathrm{kW}]$

**19** 8,600[kcal/kg]의 석탄 10[kg]에서 나오는 열량을 용량 50[kW]의 전열기를 사용하는 데 필요한 시간[h]은?

① 2 ② 4
③ 5 ④ 7

해설 $t = \dfrac{m \cdot H}{860P} = \dfrac{10 \times 8{,}600}{860 \times 50} = 2\,[\mathrm{h}]$

**20** 발열량 5,700[kcal/kg]의 석탄을 150[t] 소비하여 200,000[kWh]를 발전하였을 때의 발전소의 효율은 약 몇 [%]인가?

① 10 ② 20
③ 30 ④ 40

해설 발전소의 효율 $\eta = \dfrac{\text{전기}}{\text{열}} = \dfrac{200{,}000}{\dfrac{5{,}700 \times 150 \times 10^3}{860}} = 0.2$ ∴ 20[%]

Answer 17 ③ 18 ① 19 ① 20 ②

**21** 100[V], 500[W]의 전열기를 90[V]에서 1시간 사용할 때의 발생 열량[kcal]은?

① 348　② 425
③ 450　④ 500

해설 $P' = 500 \times \left(\frac{90}{100}\right)^2 = 405\,[\text{W}]$

$Q' = 860P't = 860 \times 0.405 \times 1 = 348\,[\text{kcal}]$

**22** 500[W]의 전열기를 정격 상태에서 1시간 사용 시 발생 열량[kcal]은?

① 430　② 520
③ 610　④ 860

해설 $Q = 860Pt = 860 \times 0.5 \times 1 = 430\,[\text{kcal}]$

**23** 전열기에서 전열선의 지름이 20[%] 감소하면 발열량은 몇 [%] 증감하는가?

① 25[%] 감소　② 26[%] 증가
③ 36[%] 감소　④ 36[%] 증가

해설 $H \propto d^2 = 0.8^2 = 0.64$

∴ 36% 감소

**24** 전열기에서 발열선의 지름이 1[%] 감소하면 저항 및 발열량은 몇 [%] 증감되는가?

① 저항 2[%] 증가, 발열량 2[%] 감소
② 저항 2[%] 증가, 발열량 2[%] 증가
③ 저항 2[%] 증가, 발열량 4[%] 감소
④ 저항 4[%] 증가, 발열량 4[%] 감소

해설 $R \propto \frac{1}{d^2} = \frac{1}{0.99^2} = 1.02$ ∴ 2% 증가

$H \propto d^2 = 0.99^2 = 0.98$ ∴ 2% 감소

21 ① 22 ① 23 ③ 24 ① Answer

**25** 500[W]의 전열기가 있다. 장시간 사용하여 발열선의 지름이 균일하게 5[%] 감소되고, 수리에 의하여 그 길이가 10[%] 감소하였을 때의 [W]수는 얼마나 되는가?

① 550[W]
② 528[W]
③ 501[W]
④ 484[W]

해설 $P' = 500 \times \frac{0.95^2}{0.9} = 501$ [W]

**26** 전기 가열의 특징에서 잘못된 것은?

① 조작이 어렵다.
② 내부 가열이 가능하다.
③ 온도조절이 용이하다.
④ 열효율이 높다.

해설 전기 가열의 특징
- 높은 온도를 얻을 수 있다.
- 내부 가열이 가능하다.
- 열효율이 높다.
- 온도조절이 용이하다.
- 조작이 용이하다.
- 제품 품질이 균일하다.

**27** 저항체(발열체)로부터의 열을 방사, 전도, 대류에 의해서 피열물에 전달하여 가열하는 방식은?

① 간접 저항 가열
② 직접 저항 가열
③ 아크 가열
④ 직접 아크 가열

해설 저항 가열 : 전류에 의한 옴손(줄열)을 이용
- 직접 : 도전성의 피열물에 직접 전류를 통하여 가열하는 방식
- 간접 : 저항체(발열체)로부터 열의 방사, 전도, 대류에 의해서 피열물에 전달하여 가열하는 방식
- 열량 : $Q = 0.24 I^2 R \cdot t$ [cal]

**28** 전기기기 전선의 건조에 사용되는 가열 방식은?

① 적외선 가열
② 저항 가열
③ 유전 가열
④ 유도 가열

Answer ➔ 25 ③ 26 ① 27 ① 28 ②

**29** 전류에 의한 옴손을 이용하여 가열하는 방식을 무엇이라 하는가?

① 저항 가열 ② 유전 가열
③ 유도 가열 ④ 아크 가열

해설 저항 가열 : 전류에 의한 옴손을 이용하여 가열하는 방식

**30** 저항 가열은 어떠한 원리를 이용한 것인가?

① 아크손 ② 유전체손
③ 줄손 ④ 히스테리시스손

**31** 흑연화로는 다음 어느 것에 속하는가?

① 유도로 ② 아크로
③ 간접 저항로 ④ 직접 저항로

해설

| 직접 저항로 | 흑연화로 | • 전원 : 상용주파 단상교류<br>• 열효율이 가장 높다. |
|---|---|---|
| | 카바이드로 | • 전원 : 상용주파 3상 교류<br>• 반응식 : $CaO + 3C \rightleftarrows CaC_2 + CO$ |
| | 카보런덤로 | |
| | 알루미늄 전해로 | |
| | 제철로 | |

**32** 카바이드의 제조 방식에 적합한 가열 방식은 어느 것인가?

① 유전 가열 ② 유도 가열
③ 간접 저항 가열 ④ 직접 저항 가열

해설

| 직접 저항로 | 흑연화로 | • 전원 : 상용주파 단상교류<br>• 열효율이 가장 높다. |
|---|---|---|
| | 카바이드로 | • 전원 : 상용주파 3상 교류<br>• 반응식 : $CaO + 3C \rightleftarrows CaC_2 + CO$ |
| | 카보런덤로 | |
| | 알루미늄 전해로 | |
| | 제철로 | |

29 ① 30 ③ 31 ④ 32 ④ Answer

**33** 다음 전기로 중 열효율이 가장 좋은 것은?

① 흑연화로 ② 유도로
③ 제강로 ④ 니크롬선 발열체

해설 직접 저항로 방식(흑연화로, 카보런덤로 등)이 열효율이 가장 높다.

**34** 흑연화로, 카보런덤로, 카바이드로의 가열 방식은?

① 아크로 ② 유전 가열
③ 간접 가열 저항로 ④ 직접 가열 저항로

해설

| 직접 저항로 | 흑연화로 | • 전원 : 상용주파 단상교류<br>• 열효율이 가장 높다. |
|---|---|---|
| | 카바이드로 | • 전원 : 상용주파 3상 교류<br>• 반응식 : $CaO + 3C \rightleftarrows CaC_2 + CO$ |
| | 카보런덤로 | |
| | 알루미늄 전해로 | |
| | 제철로 | |

**35** 다음 그림은 일반적으로 15~30[V], 1,000[A] 정도의 탭변압기를 사용하며 사용온도는 1,000~2,000[℃] 정도를 쉽게 얻을 수 있는 노이다. 이것은 무슨 노인가?

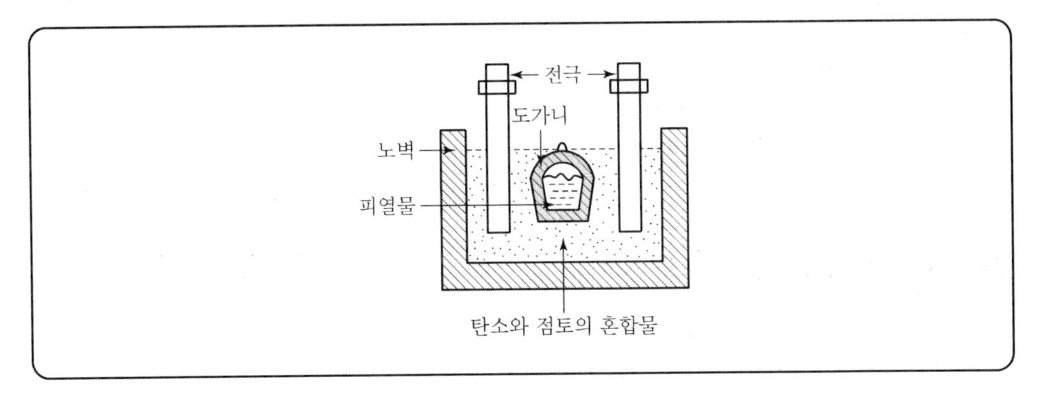


① 염욕로(Saltbath Furnace) ② 카보런덤로(Carborundum Furnace)
③ 크립톨로(Cryptole Furnace) ④ 탐만로(Tamman Furnace)

해설 탄소와 점토의 혼합물을 크립톨이라고 한다.

Answer ➲ 33 ① 34 ④ 35 ③

## 36 형태가 복잡하게 생긴 금속 제품을 균일하게 가열하는 데 가장 적합한 가열 방식은?

① 적외선 가열 ② 염욕로
③ 직접 저항로 ④ 유도 가열

**해설** 간접 저항로
- 염욕로 : 형태가 복잡하게 생긴 금속제품을 균일하게 가열
- 크립톨로
- 발열체로

## 37 다음 중 간접식 저항로에 속하지 않는 것은?

① 흑연화로 ② 발열체로
③ 탄소립로(크립톨로) ④ 염욕로

**해설** 간접 저항로
- 염욕로 : 형태가 복잡하게 생긴 금속제품을 균일하게 가열
- 크립톨로
- 발열체로

## 38 흑연 전극을 사용한 전기로의 가열 방식은?

① 아크 가열 ② 저주파 유도 가열
③ 유전 가열 ④ 고주파 유도 가열

**해설** 아크 가열
- 3상 교류전원을 공급하면 전극으로부터 아크를 발생시켜 가열하는 방식
- 전극 종류 : 인조흑연전극, 천연흑연전극

## 39 전극 재료의 구비조건이 잘못된 것은?

① 열전도율이 작고 도전율이 커서 전류밀도가 클 것
② 고온에서도 기계적 강도가 작고 열팽창률이 클 것
③ 성형이 용이하고 값이 쌀 것
④ 불순물이 적고 산화 및 소모가 적을 것

**해설** 전극 재료의 구비요건
- 불순물이 적고 산화 및 소요가 적을 것
- 고온에서 기계적 강도가 크고 열팽창률이 작을 것

36 ② 37 ① 38 ① 39 ② Answer

- 열전도율이 작고 도전율이 커서 전류밀도가 클 것
- 성형이 유리하며 값이 쌀 것
- 피열물에 의한 화학반응이 일어나지 않고 침식이 되지 않을 것

## 40 전기로에 사용하는 전극 중 주로 제강, 제선용 전기로에 사용되며 고유저항이 가장 작은 것은?

① 인조 흑연 전극
② 고급 천연 흑연 전극
③ 천연 흑연 전극
④ 무정형 탄소 전극

해설 ① 인조 흑연 전극 : 0.0005~0.0012 [Ω · cm]
② 고급 천연 흑연 전극 : 0.0009~0.0033 [Ω · cm]
③ 천연 흑연 전극 : 0.0030~0.0076 [Ω · cm]
④ 무정형 탄소 전극 : 0.005~0.008 [Ω · cm]

## 41 아크로와 관계없는 것은?

① 센헬로
② 포오링로
③ 페로알로이드
④ 비르켈란-아이데로

해설 페로알로이드 : 직접 저항로

## 42 제강용 아크로의 전원은?

① 직류
② 고주파 단상 교류
③ 상용 주파수 단상 교류
④ 상용 주파수 3상 교류

해설 아크로

|  |  |
|---|---|
| 저압 아크로 | • 직접 : 에루식 제강로(전원 : 상용 주파수 3상 교류)<br>• 간접 : 요동식 아크로 |
| 고압 아크로 | 포오링(Pauling)로, 비르켈란-아이데(Birkeland-Eyde)로, 센헬로 |

## 43 고온 발생에 적당하며, 효율, 역률 등이 저항로 유도로의 중간 정도로서 전극 성분이 제품에 혼입되기 쉽고 제철, 제강, 공중 질소 고정 합금의 용해에 쓰이는 로는?

① 저항로
② 아크로
③ 유도로
④ 고주파 유도로

Answer 40 ① 41 ③ 42 ④ 43 ②

**44** 유도 가열은 다음 중 어떤 원리를 이용한 것인가?

① 줄열 ② 히스테리시스손
③ 유전체손 ④ 아크손

해설 1) 유도 가열 : 교번자기장 내에 놓인 유도성 물체에 유도된 와류손과 히스테리시스손을 이용하여 가열
㉠ 용도 : 제철, 제강, 금속의 표면 열처리
㉡ 유도로
• 저주파 : 50~60[Hz]
• 고주파 : 1~10[kHz] 단, 소형로에서는 400[kHz]로 이용
㉢ 고주파 유도 가열의 전원 : 전동 발전기, 불꽃캡식 발전기, 진공관 발진기

2) 유전 가열 : 유전체손 이용
㉠ 용도 : 목재의 건조, 접착, 비닐막의 접착
㉡ 특징
• 열이 유전체손에 의하여 피열물 자신에 발생하므로, 가열이 균일하다.
• 온도 상승 속도가 빠르고, 속도가 임의 제어된다.

**45** 유도 가열의 용도는?

① 목재의 합판 ② 금속의 용접
③ 금속의 표면 처리 ④ 목재의 건조

**46** 고주파 유도 가열에 쓰이는 주파수는?

① 5~20[kHz] ② 5~20[MHz]
③ 50~220[kHz] ④ 0.5~2[MHz]

**47** 와전류손과 히스테리시스손에 의한 가열 방식과 관계있는 것은?

① 아크 가열 ② 유도 가열
③ 저항 가열 ④ 유전 가열

**48** 불꽃 간극식 고주파 발생 장치가 수은 20~80[kHz], 3~40[kW]의 정도로 가열하는 장치는?

① 유전 가열 ② 유도 가열
③ 적외선 가열 ④ 자외선 가열

44 ② 45 ③ 46 ① 47 ② 48 ② Answer

**49** 강재의 표면 담금질에 보통 사용하는 가열 방식은?

① 저항 가열 ② 아크 가열
③ 유전 가열 ④ 유도 가열

**50** 강철의 표면 열처리에 가장 적합한 가열 방법은?

① 간접 저항 가열 ② 직접 아크 가열
③ 고주파 유도 가열 ④ 유전 가열

**51** 표면 가열에 적합한 방식은 어느 것인가?

① 유전 가열 ② 유도 가열
③ 적외선 가열 ④ 초음파 가열

**52** 도체에 고주파 전류를 통하면 전류가 표면에 집중하는 현상이고, 금속의 표면 열처리에 이용하는 효과는?

① 표피 효과 ② 톰슨 효과
③ 핀치 효과 ④ 제베크 효과

**53** 교번 전계 중에서 절연성 피열물에 생기는 유전체 손실에 의한 가열 방식은?

① 아크 가열 ② 유도 가열
③ 저항 가열 ④ 유전 가열

해설 • 유도 가열 : 유도자에 교류를 통하면 도전성 피열물에 과전류가 발생하여 가열
• 유전 가열 : 교번자계 중에 있는 절연성 피열물에 생기는 유전체손으로 가열

**54** 유도 가열과 유전 가열의 성질이 같은 것은?

① 도체만을 가열한다. ② 선택 가열이 가능하다.
③ 직류를 사용할 수 없다. ④ 절연체만을 가열한다.

해설 유도 가열 및 유전 가열은 직류전원 사용이 불가능하다.

Answer 49 ④ 50 ③ 51 ② 52 ① 53 ④ 54 ③

## 55 다음 유전 가열의 특징을 나타낸 것 중 맞지 않는 것은?

① 열이 유전체손에 의하여 피열물 자신에 발생하므로 가열이 균일하다.
② 표면의 소손, 균열이 없다.
③ 온도 상승 속도가 빠르고 속도가 임의 제어된다.
④ 반도체의 정련, 단결정의 제조 등 특수 열처리가 가능하다.

해설 유전 가열

㉠ 장점
- 열이 유전체손에 의하여 발생하므로 가열이 균일하다.
- 표면의 소손 및 균열이 없다.
- 주파수에 의해 선택적 가열이 가능하고 가열시간이 단축된다.

㉡ 단점
- 고주파 전원이 필요하고 설비가 고가이다.
- 효율이 낮고 통신장애가 발생할 수 있다.

㉢ 적용법 : 목재의 건조, 목재의 접착, 비닐막의 접착

## 56 목재 건조에 적합한 가열 방식은?

① 저항 가열　② 적외선 가열
③ 유전 가열　④ 유도 가열

해설 유전 가열의 적용
- 목재의 건조
- 목재의 접착
- 비닐막의 접착

## 57 다음 중 고주파 유전 가열에 부적당한 것은?

① 목재의 건조　② 목재의 접착
③ 비닐막의 접착　④ 금속의 표면 처리

해설 고주파 유전 가열
- 내부 가열에 의한 건조
- 목재의 건조, 접착, 비닐막 가공

55 ④　56 ③　57 ④ Answer

## 58 유전 가열의 특징을 나타낸 것 중 옳지 않은 것은?

① 온도 상승 속도가 빠르고 제어가 용이하다.
② 반도체의 정련, 단결정의 제조 등 특수 열처리가 가능하다.
③ 표면의 소손, 균열이 없다.
④ 효율이 좋지 못하여 50~60[%] 정도이다.

해설 유전 가열

㉠ 장점
- 열이 유전체손에 의하여 발생하므로 가열이 균일하다.
- 표면의 소손 및 균열이 없다.
- 주파수에 의해 선택적 가열이 가능하고 가열시간이 단축된다.

㉡ 단점
- 고주파 전원이 필요하고 설비가 고가이다.
- 효율이 낮고 통신장애가 발생할 수 있다.

㉢ 적용법 : 목재의 건조, 목재의 접착, 비닐막의 접착

## 59 유전 가열에 관한 사항으로 관계되지 않는 것은?

① 급속 가열 가능
② 균일 가열 가능
③ 온도 제어 용이
④ 열전 효과의 이용

해설 유전 가열

㉠ 장점
- 열이 유전체손에 의하여 발생하므로 가열이 균일하다.
- 표면의 소손 및 균열이 없다.
- 주파수에 의해 선택적 가열이 가능하고 가열시간이 단축된다.

㉡ 단점
- 고주파 전원이 필요하고 설비가 고가이다.
- 효율이 낮고 통신장애가 발생할 수 있다.

㉢ 적용법 : 목재의 건조, 목재의 접착, 비닐막의 접착

Answer ➲ 58 ② 59 ④

## 60 고주파 유전 가열에 쓰이는 주파수로 가장 적당한 것은?

① 0.5[kHz]~1.0[MHz]
② 1[kHz]~1.5[MHz]
③ 1[MHz]~200[MHz]
④ 200[MHz]~1,000[MHz]

해설 주파수 범위
- 목재의 건조, 합판의 접착, 고주파 사용 주파수 : 5~30[MHz]
- 섬유, 종이, 비닐의 건조 : 30~80[MHz]
- 의료용 기기 : 10~150[MHz]

## 61 유전 가열에서 피열물 내의 소비전력은 어느 것에 비례하는가?

① $\varepsilon \cdot \tan\delta \cdot E^2$
② $\varepsilon \cdot \tan\delta \cdot E$
③ $\dfrac{\tan\delta}{\varepsilon}E^2$
④ $\dfrac{\tan\delta}{\varepsilon}E$

해설
- 유전체손 : $P_e = \dfrac{5}{9}E^2 f \varepsilon_s \tan\delta \times 10^{-12}$[W/cm²]
- 사용 주파수 : 1~200[MHz]

## 62 방직, 염색의 건조에 적합한 가열 방식은?

① 적외선 가열
② 전열 가열
③ 고주파 유전 가열
④ 고주파 유도 가열

해설 적외선 가열
- 방식 : 열원의 방사열로 피조물을 가열하여 건조
- 용도 : 적외선 전구의 복사건조(방직, 염색, 도장, 수지공업)

## 63 내부 가열에 적당한 전기 건조 방식은?

① 전열 건조
② 고주파 건조
③ 적외선 건조
④ 자외선 건조

해설 고주파 유전 가열
- 내부 가열에 의한 건조
- 목재의 건조, 접착, 비닐막 가공

60 ③ 61 ① 62 ① 63 ② Answer

**64** 적외선 건조에 대한 설명으로 틀린 것은?

① 표면 건조 시 효율이 좋다.
② 대류열을 이용한다.
③ 건조 재료의 감시가 용이하고 청결 안전하다.
④ 유지비가 적고 많은 장소가 필요하지 않다.

해설 적외선 건조의 특징
- 공산품의 표면 건조에 적당하고 효율이 좋다.
- 구조가 간단하고 조작이 간편하다.
- 건조 재료의 감시가 용이하고 청결 안전하다.
- 유지비가 싸고 설치장소가 절약된다.
- 적외선 전구에 의한 복사열을 이용한다.

**65** 적외선 가열의 특징이 아닌 것은?

① 신속하고 효율이 좋다.
② 표면 가열이 가능하다.
③ 구조는 적외선 전구를 배열하는 것으로 매우 간단하다.
④ 조작이 복잡하여 온도 조절이 어렵다.

해설 적외선 전구의 특징
- 표면이 균일하게 건조할 수 있다.
- 구조가 간단하다.
- 열손실이 적으며 시간 단축이 가능하다.
- 감시 제어가 용이하고 청결하며 안전하다.

**66** 자동차, 기타 차량 공업, 기계 및 전기 기계 기구, 기타의 금속 제품의 도장을 건조하는 데 이용되는 가열은?

① 저항 가열
② 고주파 가열
③ 유도 가열
④ 적외선 가열

해설 적외선 건조는 두께가 얇은 재료에 적합하고, 주로 섬유, 도장 관계에 많이 사용된다.

Answer 64 ② 65 ④ 66 ④

## 67 적외선 건조의 용도가 아닌 것은?

① 도장 건조
② 비닐막의 접착
③ 섬유 공업에서 응용
④ 인쇄 잉크의 건조

해설 적외선 건조의 용도
- 방직(섬유공업에서 응용)
- 도장 건조, 인쇄 잉크의 건조
- 수지 가공

※ 비닐막 접착 : 유전 가열이다.

## 68 전자빔 가열의 특징이 아닌 것은?

① 고융점 재료 및 금속박 재료의 용접이 쉽다.
② 진공 중에서 가열이 가능하다.
③ 에너지의 밀도나 분포를 자유로이 조절할 수 있다.
④ 신속하고 효율이 좋으며 표면 가열이 가능하다.

해설 전자빔 가열 : 전자빔이 물체와 충돌할 때 발생하는 열에너지를 이용하여 가열하는 것
- 고융점 재료 및 금속박 재료의 용접이 쉽다.
- 진공 중에서 가열이 가능하다.
- 에너지의 밀도나 분포를 자유로이 조절할 수 있다.

## 69 저항 발열체의 구비조건이 아닌 것은?

① 팽창계수가 클 것
② 적당한 저항값을 가질 것
③ 내식성이 클 것
④ 내열성이 클 것

해설 발열체에 필요한 조건
- 내열성이 클 것
- 내식성이 클 것
- 적당한 고유저항을 가질 것
- 압연성이 풍부하며 가공이 쉬울 것
- 선팽창계수가 작을 것
- 저항온도계수가 +로서 그 값이 작을 것

## 70 다음 발열체 중 최고 사용온도가 가장 높은 것은?

① 니크롬 제1종
② 니크롬 제2종
③ 철-크롬 제1종
④ 탄화규소 발열체

67 ② 68 ④ 69 ① 70 ④ Answer

해설 발열체의 종류

| 금속 발열체 | 니크롬선 | • 1종 : 1,100[℃] | • 2종 : 900[℃] |
|---|---|---|---|
| | 철 니크롬선 | • 1종 : 1,200[℃] | • 2종 : 1,100[℃] |
| 비금속 발열체 | 탄화규소 발열체 : 1,500[℃] | | |

※ 주성분 : 카보런덤(SiC)

## 71 두 도체 또는 반도체의 폐회로에서 두 접합점의 온도차로서 전류가 생기는 현상은?

① 홀(Hall) 효과
② 광전 효과
③ 제베크(Seebeck) 효과
④ 펠티에(Peltier) 효과

해설
• 제베크 효과 : 종류가 다른 두 금속에 온도차를 주면 기전력이 발생하는 현상
• 펠티에 효과 : 종류가 다른 두 접합부에 전류를 흘리면 열의 발생 또는 흡수가 일어나는 현상

## 72 열전온도계의 원리는?

① 핀치 효과
② 제만 효과
③ 제베크 효과
④ 톰슨 효과

해설 열전온도계

| 펠티에 효과 | 다른 종류의 금속체 접합부에 전류를 흘리면 온도차가 발생하여 열을 흡수 또는 발생하는 현상 |
|---|---|
| 제베크 효과 | 서로 다른 두 금속체에 온도차를 주면 기전력이 발생하는 현상 |
| 열전쌍 | • 구리－콘스탄탄(보통 열전대)<br>• 철－콘스탄탄<br>• 크로멜－알루멜<br>• 백금－백금로듐(사용온도가 최고, 공업용 열전대) |

※ 열전대 보호관 : 석영유리

## 73 공업용 온도계로서 가장 높은 온도를 측정할 수 있는 것은?

① 백금－백금로듐
② 크로멜－알루멜
③ 철－콘스탄탄
④ 동－콘스탄탄

Answer 71 ③ 72 ③ 73 ①

해설

| 열전대 | 사용범위[℃] | 최고온도 |
|---|---|---|
| 백금－백금로듐 | 0~1,400 | 1,400 |
| 크로멜－알루멜 | －200~1,000 | 1,000 |
| 철－콘스탄탄 | －200~700 | 700 |
| 구리－콘스탄탄 | －200~400 | 400 |

## 74 보통 사용되는 열전대의 조합은?

① 구리－콘스탄탄
② 크롬－콘스탄탄
③ 비스무스－백금
④ 크로멜－알루멜

해설 보통으로 쓰이는 열전대의 조합에는 구리－콘스탄탄, 철－콘스탄탄, 크로멜－알루멜, 백금－백금로듐 등이 있다.

## 75 금속 재료 중 용융점(熔融點)이 제일 높은 것은?

① 백금(Pt)
② 이리듐(Ir)
③ 몰리브덴(Mo)
④ 텅스텐(W)

해설 금속 재료의 용융점
① 백금(Pt) : 1,755[℃]
② 이리듐(Ir) : 2,350[℃]
③ 몰리브덴(Mo) : 2,620[℃]
④ 텅스텐(W) : 3,370[℃]

## 76 다음은 관계 깊은 것들끼리 짝지은 것이다. 잘못 짝지은 것은?

① 핀치 효과－유도로
② 형광등－스토크스 정리
③ 표면 가열－표피 효과
④ 열전온도계－톰슨 효과

해설 열전온도계
제베크 효과 또는 펠티에 효과

74 ① 75 ④ 76 ④ Answer

**77** **동종 금속의 접점에 전류를 통하면 전류방향에 따라 열을 발생하거나 흡수하는 현상은?**

① 표피 효과　　② 톰슨 효과
③ 제베크 효과　　④ 핀치 효과

해설 • 제베크 효과(Seebeck Effect) : 서로 다른 금속을 접속(열전대)하고 접속점에 서로 다른 온도를 유지하면 기전력이 생겨 일정한 방향으로 전류가 흐른다.
• 펠티에 효과(Peltier Effect) : 서로 다른 금속에서 다른 쪽 금속으로 전류를 흘리면 열의 발생 또는 흡수가 일어난다.
• 톰슨 효과(Thomson Effect) : 동종의 금속에서 각부의 온도가 다르면 그 부분에서 열의 발생 또는 흡수가 일어난다.
• 홀 효과(Hole Effect) : 전류가 흐르고 있는 도체에 자계를 가하면 도체 측면에 정부의 전하가 나타나 전위차가 발생한다.
• 핀치 효과(Pinch Effect) : 도체에 직류를 인가하면 전류와 수직 방향으로 원형 자계가 생겨 전류에 구심력이 작용하여 도체 단면이 수축하면서 도체 중심 쪽으로 전류가 몰린다.
• 볼타 효과(접촉전기) : 도체와 도체, 유전체와 유전체, 유전체와 도체를 접촉시키면 전자가 이동하여 양 · 음으로 대전된다.

**78** **전구의 필라멘트 용접, 열전대 접점의 용접에 적합한 용접 방법은?**

① 아크 용접　　② 점 용접
③ 심(Seam) 용접　　④ 산소 용접

해설 저항 용접
• 점 용접(Spot Welding) : 필라멘트, 열전대 용접에 이용
• 돌기 용접(Projection Welding)
• 이음매 용접(심 용접, Seam Welding)
• 맞대기 용접
• 충격 용접 : 고유저항이 작고 열전도율이 큰 것에 사용(경금속 용접)

**79** **다음은 유니언 멜트(Union Melt) 용접의 장점을 표시한 것이다. 적당하지 않은 것은?**

① 용접부의 성질이 좋다.　　② 용접속도가 빠르다.
③ 비철금속의 용접에 적당하다.　　④ 용접부 외관이 깨끗하다.

해설 유니언 멜트 용접
• 유니언 카바이드사가 개발
• 탄소강, 합금강, 비철합금 등의 용접에 이용
• 용접부의 성질이 우수하며 용접속도가 빠르다.
• 용접부 외관이 깨끗하다.
• 비철금속에는 부적당하다.

Answer ➲ 77 ② 78 ② 79 ③

**80** 다음 중 아크 용접에 속하는 것은?

① 맞대기 용접 ② 원자 수소 용접
③ 점 용접 ④ 이음매 용접

해설 아크 용접(Gas : 아르곤, 헬륨)
- 탄소 아크 용접
- 금속 아크 용접
- 원자 수소 용접

**81** 다음 중 아크의 전압-전류 특성은?

①
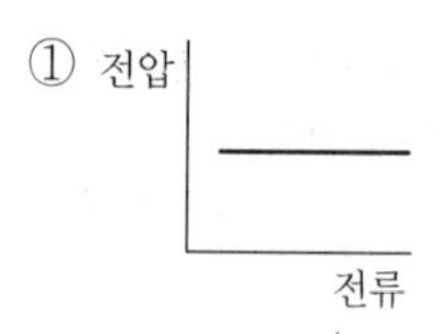


②
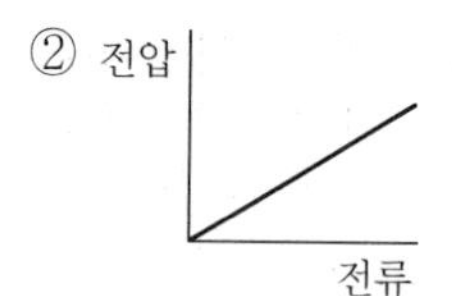


③
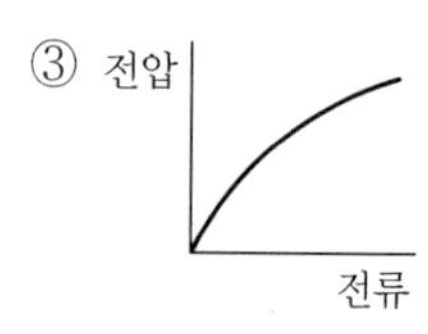


④
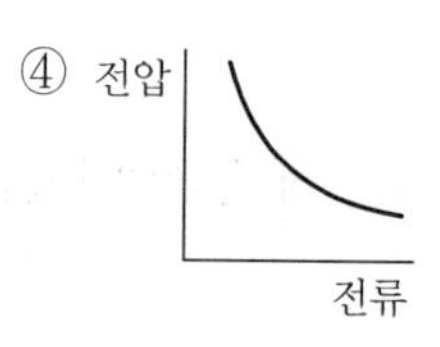


해설 아크 용접의 원리
- 수하 특성을 이용
- 부하전류 증가 시 전압이 급격히 떨어진다.

**82** 용접 변압기의 무부하 2차 전압[V]이 가장 적당한 범위는?

① 50[V] 이하 ② 50[V]~100[V]
③ 100[V]~150[V] ④ 150[V]~200[V]

해설
- 정격전압 : 28~40[V]
- 최고 무부하 전압 : 95[V] 이하

**83** 아크 용접에 쓰이는 가스는?

① 산소 ② 질소
③ 수소 ④ 아르곤

80 ② 81 ④ 82 ② 83 ④ Answer

해설 아크 용접 시 사용 가스 : 아르곤, 헬륨

**84** 불활성 가스 아크 용접에 사용되지 않는 가스는?

① 산소 ② 헬륨
③ 아르곤 ④ 수소

해설 특수 용접(불활성 가스 용접, Gas : He, Ar, $H_2$)
- 알루미늄 용접
- 마그네슘 용접

**85** 알루미늄, 마그네슘의 용접에 가장 적당한 용접 방법은?

① 저항 용접 ② 유니언 멜트 용접
③ 원자 수소 용접 ④ 불활성 가스 용접

해설 불활성 가스 용접은 용접용 전극의 주위에서 아르곤이나 헬륨을 분출시켜서 아크 부분을 공기로부터 차단하고 용제(Flux)를 전혀 사용하지 않고 용접하는 방법이다.

**86** 용접부의 비파괴 검사에 필요 없는 것은?

① 고주파 검사 ② X선 검사
③ 자기 검사 ④ 초음파 검사

해설 현재 실시되고 있는 비파괴 시험
- 용접부 외관 검사
- 자기 검사
- X선 또는 $\gamma$선 투과 시험
- 초음파 시험

**87** 반도체에 광이 조사되면 전기저항이 감소되는 현상은?

① 열전능 ② 광전 효과
③ Seebeck 효과 ④ Hall 효과

해설 광전 효과
반도체가 빛을 받으면 저항이 작아지거나 전기를 발생하는 현상

Answer 84 ① 85 ④ 86 ① 87 ②

## 88 확산(Diffusion) 현상으로 틀린 것은?

① 기체입자의 밀도에 차이가 있으면 열운동에 의하여 밀도가 작은 쪽에서 큰 쪽으로 입자가 이동하는 현상이다.
② 온도가 높을수록 확산이 용이하다.
③ 입자 상호 간의 충돌 빈도가 클수록 확산이 어렵다.
④ 열평형이란 드리프트와 확산작용이 동시에 발생하는 경우이다.

해설 확산
열 운동에 의해 밀도가 큰 쪽에서 작은 쪽으로 이동하는 현상

## 89 열 절연 재료로 사용되지 않는 것은?

① 운모　② 석면
③ 탄화 실리콘　④ 자기

해설 열 절연 재료
- 운모
- 석면
- 자기

88 ①　89 ③ Answer

Chapter 03

# 전기 철도



## 1 전기 철도의 종류 및 궤도

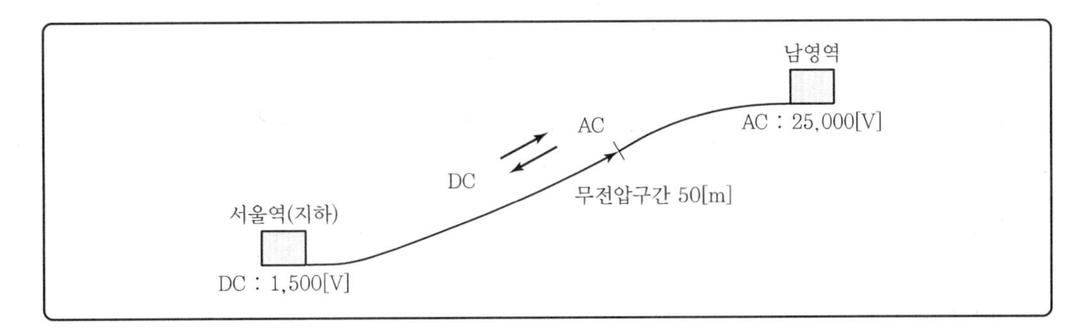


### 1. 부설지역에 의한 분류

① 시가 철도
② 도시 고속 철도 : 고속도 대용량(서울 지하철)
③ 근교 철도
④ 도시간 철도

### 2. 궤도의 구조

#### 1) 궤간

① 레일과 레일의 간격
② **표준궤간** : 1,435[mm]
③ **광궤** : 표준궤간보다 넓은 궤간
④ **협궤** : 표준궤간보다 좁은 궤간

#### 2) 레일

① 차량을 지탱한다.
② 운전 저항을 감소시킨다.

#### 3) 침목

차량 하중을 분산시킨다.

### 4) 도상(자갈)

① 소리를 경감시킨다.

② 배수를 원활하게 한다.

### 5) 유간

온도 변화에 따른 레일의 신축성 때문에 이음 장소에 간격을 둔 것

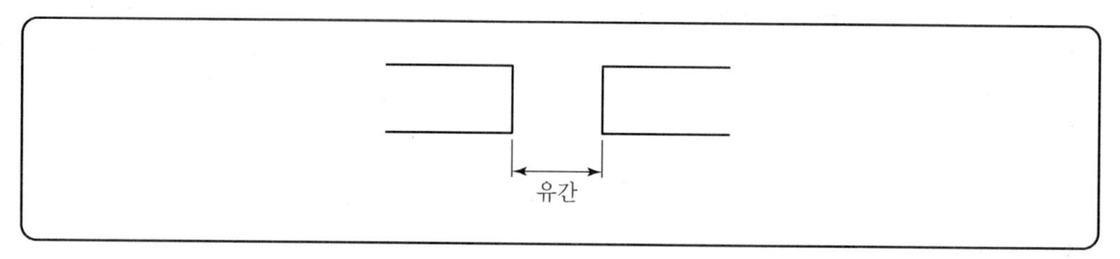


### 6) 슬랙(Slack)

곡선 시 표준궤간보다 조금 넓혀 주는 것(차륜의 플랜지와 레일 사이의 마찰을 피하기 위함)

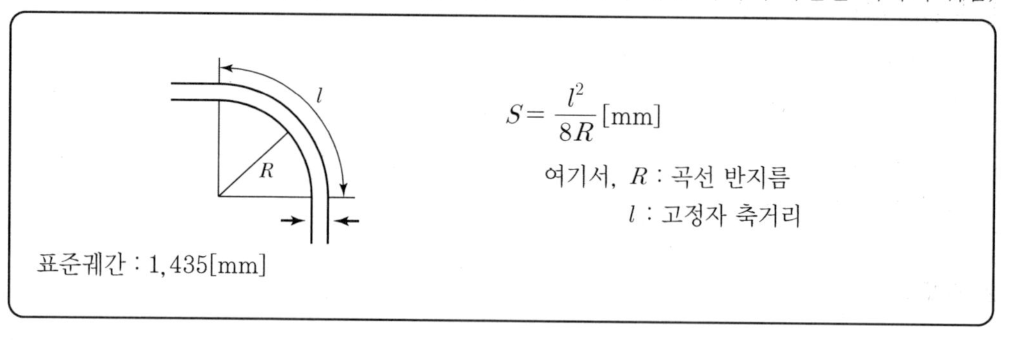


$$S = \frac{l^2}{8R} \text{[mm]}$$

여기서, $R$ : 곡선 반지름

$l$ : 고정자 축거리

## 3. 곡선과 구배

### 1) 고도(Cant)

운전의 안전성 확보를 위하여 곡선 시 안쪽 레일보다 바깥쪽 레일을 조금 높게 하는 것

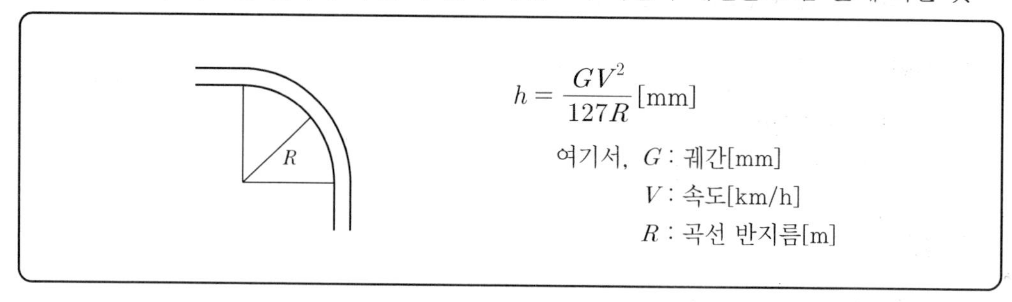


$$h = \frac{GV^2}{127R} \text{[mm]}$$

여기서, $G$ : 궤간[mm]

$V$ : 속도[km/h]

$R$ : 곡선 반지름[m]

2) 구배저항

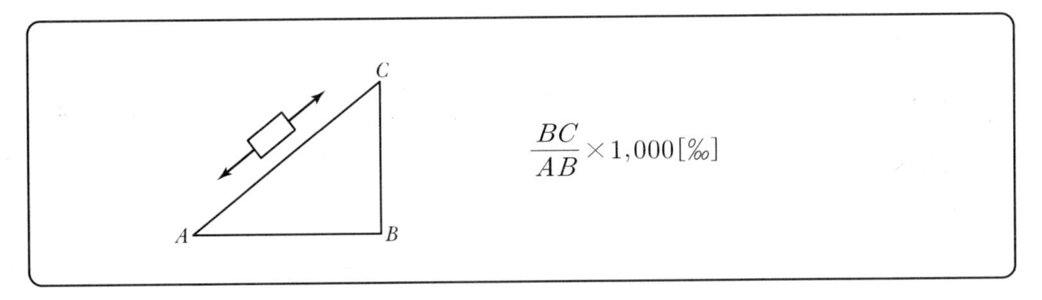


$$\frac{BC}{AB} \times 1{,}000[‰]$$

## 4. 선로의 분기

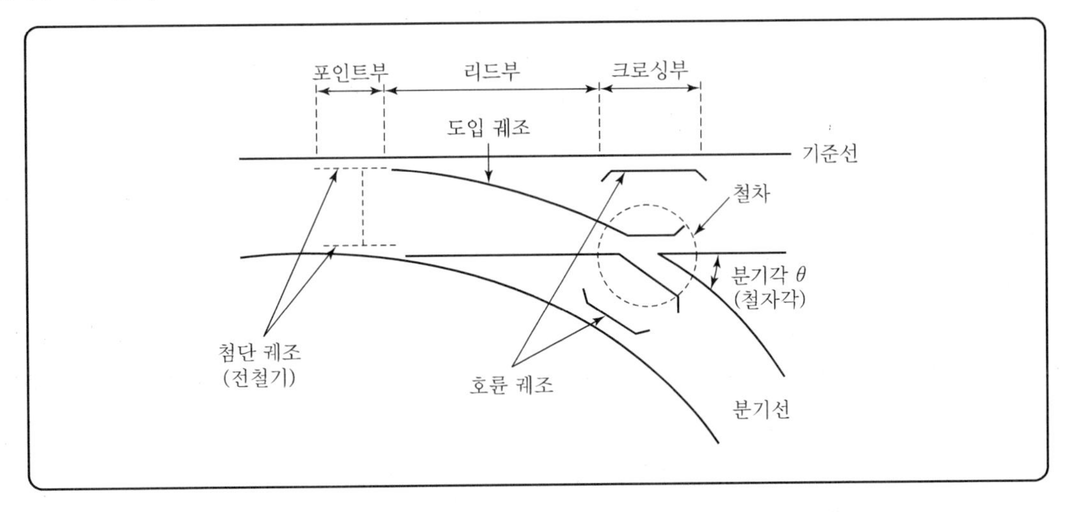


① **복진지** : 궤도가 열차 진행 방향으로 이동하는 것을 막는 것

② **도입궤조** : 첨단레일과 철차 사이를 연결한 원곡선 레일

③ **호륜레일** : 분기개소에 보조적으로 설치하는 레일(차륜의 탈선을 막기 위해 분기 반대쪽 레일에 설치)

- 설치장소 : 분기개소, 철차가 있는 곳

  * 설치 불가능 지역 : 고도를 갖는 곳

④ **종곡선** : 수평궤도에서 경사궤도로 변화하는 부분

⑤ **완화곡선** : 직선궤도에서 곡선궤도로 이용하는 곳

⑥ **본드의 저항 측정** : 밀리볼트계로 궤도의 저항과 비교 측정

⑦ **레일 본드** : 레일과 레일 사이를 접속시키는 연동선

⑧ **크로스 본드**

- 좌우 레일의 전압 분포를 균일하게 연결
- 귀선(레일)의 누설전류 감소를 위해 양 궤도 사이를 연결한 것

## 2 전기운전설비 및 전기차량

### 1. 운전설비

#### 1) 구성

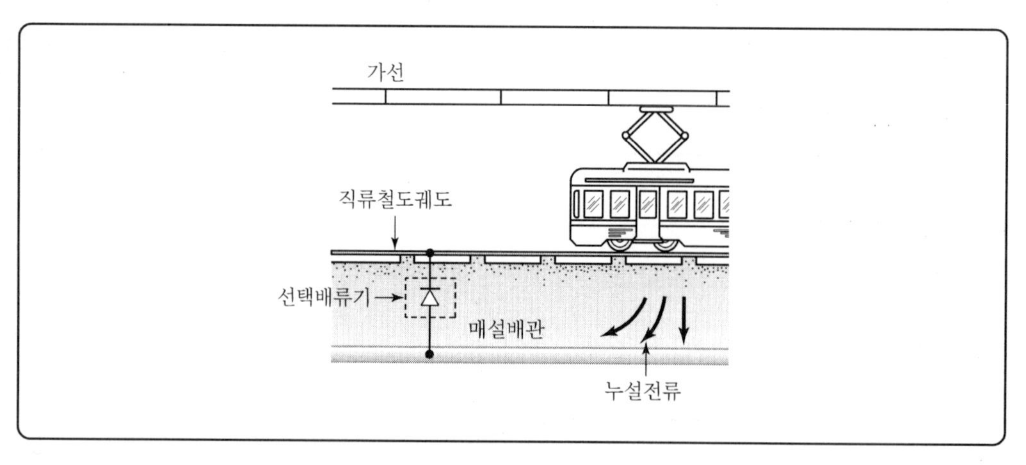


#### 2) 레일의 전식

① **레일의 전식** : 레일의 접속부분의 저항이 높으면 레일에 흐르는 전류의 일부가 대지로 누설하여 부근의 수도관, 가스관, 전력 케이블 등의 지중 금속 매설물을 통해 흐르기 때문에 전해 작용이 일어나는 부식

② **일어나는 곳** : 지중관로의 전위가 높고 전류가 유출되는 곳

③ **전식 방지법**
- 레일 본드 시설이나 보조귀선을 설치한다.
- 변전소 간격을 좁힌다.
- 귀선을 부극성으로 한다.
- 귀선의 극성을 정기적으로 바꾼다.
- 대지에 대한 레일의 절연저항을 크게 한다.

④ **귀선 궤도에서의 누설전류 경감대책**
- 레일을 따라 보조귀선 설치
- 레일 본드 설치(귀선저항을 작게 한다.)
- 크로스 본드 설치
- 귀선을 부(−)극성으로 한다.

## 2. 자동신호설비

① Moter

- 직류 : 직류 직권 전동기(DC : 1,500[V])
- 교류 : 단상 정류자 전동기(AC : 25,000[V])

② 3상 전력 → 단상 전력
변압기 결선 : 스콧 결선(T결선)

③ **흡상 변압기** : 전자유도 경감용 변압기

④ **임피던스 본드** : 폐쇄구간을 열차가 통과 시 귀선전류를 흐르게 하고 신호전류는 흐르지 못하게 한 회로

⑤ **용접 본드(레일 본드)** : 레일 사이를 전기적으로 접속시킨 연동선(신호 불필요)

⑥ **폐색장치** : 선로의 각 구간에 두 열차 이상 진입하지 못하도록 하기 위하여 설치한 장치

## 3. 전차선의 조가법

### 1) 직접 조가법(Direct Suspension)

① 아연 도금한 강연선을 이어(트롤리선을 잡는 금속)로 지지

② 스팬선을 사용

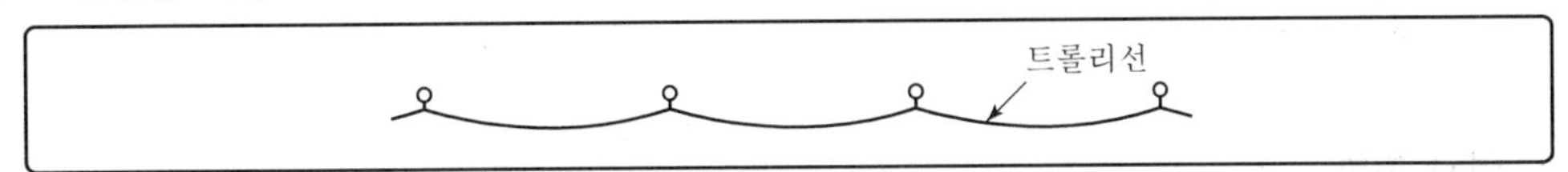


### 2) 커티너리 가선식

① 고속도 전기 철도에 적합하다.

② 종류

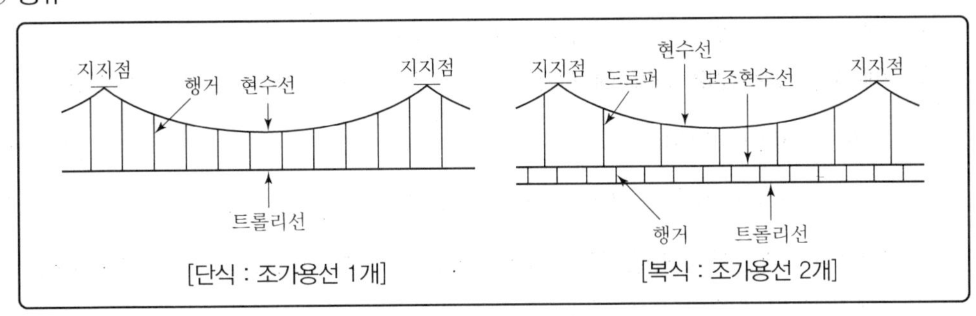


[단식 : 조가용선 1개] [복식 : 조가용선 2개]

### 3) 전기집전장치

① **트롤리봉(Trolley Pole)** : 접촉압력 7~11[kg]

② **궁형 집전자(Bow Collector, 뷰겔(Bugel) Collecter)** : 압력 5.5[kg]

③ **팬터그래프(Pantograph Collector)** : 고속도, 대용량, 압력 5~11[kg]

4) 이선시간

주행 중 급전장치와 트롤리선의 접촉이 떨어지는 것

① **소이선** : 수십 분의 일초(습동판의 진동)

② **중이선** : 수 분의 일초(경점의 충격)

③ **대이선** : 1~2초간

## 3 견인 전동차 및 열차 운전

### 1. 주 전동기 요구 조건

① 기동토크가 클 것(직류 직권 전동기, 교류 단상 정류자 전동기)

② 올라가는 구배에서 과부하되지 않고 토크 저하가 적을 것

③ 병렬 운전이 가능하고 전동기 상호 불평형이 적을 것

④ 넓은 범위에 걸쳐 능률이 높을 것

⑤ 단자 전압이 변화하여도 전류의 변화가 적을 것

**예** 전차용 전동기 대수를 2배로 한 이유

- 제어 효율 개선
- 속도 증감

### 2. 열차 저항

열차가 기동할 때 또는 주행할 때 열차 진행 방향과 반대 방향으로 저항력이 작용하는데, 이때의 저항을 열차 저항이라 한다.

① **출발 저항** : 열차가 정지상태에서 출발할 경우 존재하는 저항

② **주행 저항** : 베어링 부분의 기계적 마찰, 공기저항 등

③ **구배 저항(오르막길을 오를 때 저항)** : 경사저항으로서 운전 시 중력에 의해 발생하는 저항

$$R_g = W \cdot \tan\theta [\text{kg}]$$

여기서, $W$ : 하중 [ton], $\tan\theta$ : 기울기[‰]

④ **곡선 저항** : 원심력에 의해 바퀴와 레일 사이에 마찰이 증가하여 회전수 차에 의한 미끄럼 현상에 따른 마찰 저항이 생긴다.

$$R_C = \frac{600 \sim 800}{r} [\text{kg}]$$

여기서, $r$ : 곡선 반지름[m]

⑤ 가속 저항 : 가속에 필요한 힘과 반대 방향이 되는 힘을 하나의 저항으로 계산(관성계수를 고려한 경우)

- 전동차 $R_a = 31a[\text{kg}]$
- 객차 $R_a = 30a[\text{kg}]$

## 3. 견인력

### 1) 최대 견인력

$$F_m = 1{,}000\mu w\ [\text{kg}]$$

여기서, $\mu$ : 점착계수
$w$ : 동륜상 무게[ton]

* 최대구배 $= \dfrac{\text{최대 견인력}}{\text{전기 기관차 전 하중}}$

### 2) 가속력의 힘

$$F_a = 31aw\ [\text{kg}]$$

## 4. 전동기 용량

$$P = \frac{FV}{367} \times \frac{1}{N \cdot \eta}\ [\text{kW}]$$

여기서, $F$ : 견인력[kg]　　$V$ : 속도[km/h]
$N$ : 주 전동기 수　　$\eta$ : 기어장치 효율

## 5. 속도

### 1) 평균속도

$$\text{평균속도} = \frac{\text{주행거리}}{\text{주행시간}}$$

### 2) 표정속도

$$\text{표정속도} = \frac{\text{주행거리}}{\text{주행시간} + \text{정차시간}}$$

$$v = \frac{(n-1)L}{(n-2)t + T}$$

① 표정속도를 높이는 방법

• 정차시간을 짧게

• 주행시간을 짧게(가 · 감속도를 크게)

② 열차의 경제 운전 방법 : 타성에 의해서 가는 것

3) 직류 전동기의 속도 제어

$$N = K\frac{V - I_a(R_a + R_s)}{\phi}$$

① 직렬 저항 제어

• 전기자 회로에 저항을 삽입시켜 속도를 저하하는 방식

• 직 · 병렬 제어법과 병용하여 사용한다.

• 효율이 나쁘다.

② 계자 제어

계자전류를 조절하여 속도를 제어하는 방식

③ 직 · 병렬 제어

• 정격이 같은 2배수의 전동기를 직 · 병렬로 접속

• 전동기에 인가되는 전압을 조정하여 속도를 제어하는 방식

• 전압 제어의 일종으로 제어 효율을 개선하고 소비전력을 감소

④ 메타다인 제어

직류 정전류 제어법으로 정류자가 있는 전기자를 구비한 회전기이다.

⑤ 초퍼 제어

• 사이리스터를 이용한 입력 전압을 제어하는 방식

• 고전압 대용량 차량에 사용된다.

4) 전기 제동

① 발전 제동 : 구동용 전동기를 발전기로 사용하여 발생된 전력을 차량의 저항기의 열로 변환하여 제동하는 방식

② 회생 제동 : 발전기에서 발생된 전력을 전원 측으로 공급하는 제동 방식으로 산악지대의 전기 철도에 채용된다.

5) 열차의 자동제어 목적

① 안전성 향상 ② 열차밀도 증가 ③ 운전속도 향상

④ 경제성 향상 ⑤ 운전 조작의 단순화

# Chapter 03 실·전·문·제



**01** 표준궤간의 넓이[mm]는?

① 1,235 ② 1,345
③ 1,245 ④ 1,435

해설 궤간
- 레일과 레일의 간격
- 표준궤간 : 1,435[mm]
- 광궤 : 표준궤간보다 넓은 궤간
- 협궤 : 표준궤간보다 좁은 궤간

**02** 궤조의 파상 마모를 일으키기 쉬운 것은?

① 탄성 도상 ② 비탄성 도상
③ 큰 궤조 ④ 작은 궤조

해설 콘크리트 도상과 같이 비탄성적인 딱딱한 도상 부분에서 파상 마모가 일어나기 쉽다.

**03** 곡선부에서 원심력 때문에 차체가 외측으로 넘어지려는 것을 막기 위하여 외측 궤조를 약간 높여 준다. 내외 궤조 높이의 차를 무엇이라고 하는가?

① 가이드 레일 ② 슬랙
③ 고도 ④ 확도

해설 차량이 원심력 때문에 외측으로 넘어지려고 하므로 고도를 주어 차량의 중량의 일부를 구심력으로 하여 원만하게 곡선 운동을 이루게 한다.

**04** 궤도의 확도(Slack)는?(단, 곡선 반지름 $R$[m], 고정 자축 거리 $l$[m]이다.)

① $\frac{l^2}{5R}$ ② $\frac{l^2}{R}$
③ $\frac{l^2}{8R}$ ④ $\frac{l^2}{2.5R}$

Answer 01 ④ 02 ② 03 ③ 04 ③

**해설** 열차가 곡선 부분을 달릴 때에는 차륜의 플랜지와 레일 사이에 심한 마찰이 생기므로 이것을 완화하기 위하여 궤간을 넓혀 횡압을 줄이고 있다. 이 확대한 넓이를 슬랙이라 한다.

$$S=\frac{l^2}{8R}\,[\text{mm}]$$

**05** 궤간을 $G$[mm], 열차의 평균속도를 $V$[km/h], 곡선반경을 $R$[m]라고 하면, 고도 $h$[m]는 어떻게 표시되는가?

① $h=\dfrac{GV^2}{127R}$ ② $h=\dfrac{GV^2R}{127}$

③ $h=\dfrac{127R}{GV^2}$ ④ $h=\dfrac{127G}{V^2}$

**06** 궤간이 1[m]이고, 반지름이 1,270[m]의 곡선 궤도를 64[km/h]로 주행하는 데 적당한 고도[mm]는?

① 13.4 ② 15.8

③ 18.6 ④ 25.4

**해설** $G=1[\text{m}]=1{,}000[\text{mm}]$, $R=1{,}270[\text{m}]$, $V=64[\text{km/h}]$이므로

$$h=\frac{GV^2}{127R}=\frac{1{,}000\times 64^2}{127\times 1{,}270}=25.4\,[\text{mm}]$$

**07** 철도 선로의 곡선부에서 안쪽 레일과 바깥쪽 레일에 높이의 차를 둔다. 이것을 무엇이라 하는가?

① 슬랙 ② 퍼밀리지

③ 캔트 ④ 유간

**해설** 고도(Cant)

- 곡선 시 안쪽 레일보다 바깥쪽 레일을 조금 높여 주는 것
- 이유 : 운전의 안전성을 확보하기 위하여

05 ① 06 ④ 07 ③ Answer

## 08 곡선 궤도에 있어 고도의 최대한을 두는 이유는?

① 시설이 곤란하기 때문에
② 운전 속도를 제한하기 위하여
③ 운전의 안전을 확보하기 위하여
④ 타고 있는 사람의 기분을 좋게 하기 위하여

해설 고도(Cant)
- 곡선 시 안쪽 레일보다 바깥쪽 레일을 조금 높여 주는 것
- 이유 : 운전의 안전성을 확보하기 위하여

## 09 고도가 10[mm]이고 반지름이 1,000[m]인 곡선 궤도를 주행할 때 열차가 낼 수 있는 최대 속도는?(단, 궤간은 1,435[mm]로 한다.)

① 약 29.75
② 약 38.46
③ 약 49.68
④ 약 196.0

해설
- 고도 : $h = \dfrac{GV^2}{127R}$ [mm]
- 속도 : $V = \sqrt{\dfrac{127R \cdot h}{G}} = \sqrt{\dfrac{127 \times 1{,}000 \times 10}{1{,}435}} = 29.75$ [km/h]

## 10 궤도의 곡선 부분에서 고도를 갖지 못하는 곳은?

① 철차가 있는 곳
② 교량의 부분
③ 건널목
④ 터널 내

해설 철차(분기)가 있는 곳은 안쪽 레일과 바깥쪽 레일의 높이의 차이가 있으면 안 된다.

## 11 직선 궤도에서 호륜 궤조를 설치하지 않으면 안 되는 곳은?

① 교량의 위
② 고속도 운전 구간
③ 병용 궤도
④ 분기개소

해설 호륜 궤조
- 분기개소에 보조적으로 설치하는 레일
- 분기가 있는 곳은 궤조가 중단되므로 원활하게 유도하기 위하여 반대 궤조 쪽에 호륜 궤조(Guard Rail)를 설치한다.

Answer ➡ 08 ② 09 ① 10 ① 11 ④

## 12 도입 궤조(Lead Rail)는?

① 직선 궤조에서 곡선 궤조로 변화하는 부분의 궤조
② 역 내로 도입되는 부분의 궤조
③ 전철기와 철차 사이를 연결하는 곡선 궤조
④ 직선 궤조에서 경사 궤조로 도입되는 부분의 궤조

해설 도입 궤조는 전철기(Point)와 철차(Crossing) 사이를 연결하는 곡선 궤조이다.

## 13 종곡선(Vertical Curve)은?

① 곡선이 변화하는 부분을 말한다.
② 수평 궤도에서 경사 궤도로 변화하는 부분
③ 직선 궤도에서 곡선 궤도로 변화하는 부분
④ 곡선이 심히 변화하는 부분

해설 종단 구배가 변화하는 궤도의 2점 간에 삽입하는 곡선을 종곡선이라 한다.

## 14 우리나라 전기 철도에 주로 사용하는 집전장치는?

① 트롤리봉
② 집전자
③ 팬터그래프
④ 뷰겔

해설 전기집전장치
- 트롤리봉
- 궁형 집전자(뷰겔)
- 팬터그래프(가장 많이 사용) : 고속도, 대용량, 압력 5~11[kg]

## 15 궤조를 직류 전차선 전류의 귀로로 사용할 때에는 폐색 구간의 경계를 귀로 전류가 흐르게 하여야 하는데 이와 같은 목적을 이루기 위하여 각 구간의 경계는 무엇으로 연결하여야 하는가?

① 열차 단락 감도
② 궤도 회로
③ 임피던스 본드
④ 연동 장치

해설 궤조를 직류 전차선 전류의 귀로로 사용할 때 폐색 구간의 경계를 귀로 전류가 흐르게 하기 위하여 각 구간의 경계를 임피던스 본드로 연결한다.

12 ③ 13 ② 14 ③ 15 ③ Answer

**16** **전차를 원활하게 운전하기 위하여 사용하는 보안법 중 임피던스 본드를 사용하는 방법은?**

① 시간표식 ② 표권식(Ticket System)
③ 전기 통표식 ④ 자동 폐쇄식

해설 궤조를 직류 전차선 전류의 귀로로 사용할 때 폐색 구간의 경계를 귀로 전류가 흐르게 하기 위하여 각 구간의 경계를 임피던스 본드로 연결한다.

**17** **열차의 충돌을 방지하기 위하여 열차 간의 일정한 간격을 확보하기 위한 설비는?**

① 폐색장치 ② 연동장치
③ 전철장치 ④ 제동장치

해설 **폐색장치**
선로의 각 구간에 두 열차 이상 진입하지 못하도록 하기 위하여 설치한 장치

**18** **레일 본드와 관계가 없는 것은?**

① 진동 방지 ② 동연선
③ 전기저항 저하 ④ 전압강하 저하

해설 **레일 본드**
레일 사이를 전기적으로 접속시킨 연동선

**19** **본드(Bond)의 전기저항 측정 방법은?**

① 전류계와 밀리볼트계로 측정한다. ② 밀리볼트계로 궤도의 저항과 비교 측정한다.
③ 표준 저항과 비교 측정한다. ④ 궤도의 누설전류와 비교 측정한다.

해설 본드의 전기저항 측정 방법은 레일과 레일 사이에는 레일 본드의 도체로 접속하고 저항 측정은 궤도의 저항과 비교 측정한다.

**20** **변전소의 간격을 작게 하는 이유는?**

① 건설비가 적게 든다. ② 효율이 좋다.
③ 전압강하가 적다. ④ 전식이 적다.

Answer 16 ④ 17 ① 18 ① 19 ② 20 ③

해설 변전소 간격을 작게 하는 이유
- 전압강하가 적다.
- 전력손실이 적다.

## 21 직류 급전 방식에서 정극(正極)을 접속하는 곳은?

① 부급전선 ② 귀선
③ 급전선 ④ 조가선

해설 직류 급전 방식에서 정극(+)은 급전선에, 부극(−)은 레일(궤도)에 접속한다.

## 22 전철에서 전식 방지를 위한 시설로 적당치 않은 것은?

① 레일에 본드를 실시한다. ② 변전소 간격을 좁힌다.
③ 도상의 배수가 잘 되게 한다. ④ 귀선을 부극성으로 한다.

해설 전식 방지법
- 레일 본드 시설이나 보조귀선을 설치한다.
- 변전소의 간격을 좁힌다.
- 귀선을 부극성으로 한다.
- 귀선의 극성을 정기적으로 바꾼다.
- 대지에 대한 레일의 절연저항을 크게 한다.

## 23 전식 방지법이 아닌 것은?

① 극성을 정기적으로 바꿔주어야 한다.
② 변전소 간격을 짧게 한다.
③ 대지에 대한 레일의 절연저항을 크게 한다.
④ 귀선저항을 크게 하기 위해 레일에 본드를 시설한다.

해설 전식 방지법
- 레일 본드 시설이나 보조귀선을 설치한다.
- 변전소의 간격을 좁힌다.
- 귀선을 부극성으로 한다.
- 귀선의 극성을 정기적으로 바꾼다.
- 대지에 대한 레일의 절연저항을 크게 한다.

21 ③ 22 ③ 23 ④ Answer

## 24 귀선의 누설전류에 의한 전식이 일어나는 곳은?

① 지중 관로에 전류가 들어가는 곳
② 궤조에서 전류가 나오는 곳
③ 지중 관로에서 전류가 유출하는 곳
④ 궤조에 전류가 유입하는 곳

**해설** 귀선로의 전기저항이 높고 누설전류가 증가 시 나타나는 현상
㉠ 직류급전방식 : 전식이 발생
• 전식이 발생하는 곳 : 지중관로 전위가 높고 전류가 유출되는 곳
㉡ 교류급전방식 : 통신선 등의 전자유도 발생

## 25 전기 철도에서 귀선 궤조에서의 누설전류를 경감하는 방법과 관련이 없는 것은?

① 보조귀선
② 크로스 본드
③ 귀선의 전압강하 감소
④ 귀선을 정(+) 극성으로 조절

**해설** 누설전류 경감대책
• 레일을 따라 보조귀선을 설치
• 레일 본드 설치(귀선의 저항을 줄인다.)
• 크로스 본드 설치
• 귀선의 극성을 부(−) 극성으로 조절

## 26 교류 전철에서 유도 장해를 경감할 목적으로 하는 흡상 변압기의 약호는?

① PT　② CT
③ BT　④ AT

**해설** 흡상 변압기
• BT(Booster Transformer)
• 권수비가 1 : 1인 단권 변압기
• 통신선로 유도장애를 경감하는 방식
• 1차 측은 전차선에, 2차 측은 부급전선에 직렬 접속
• 전류의 크기는 같고 방향은 반대

Answer 24 ③　25 ④　26 ③

**27** **흡상 변압기에 대한 설명이 아닌 것은?**

① 권수비가 1 : 1이다.
② 단권 변압기가 사용되기도 한다.
③ 전압 방식에 무관하게 사용한다.
④ 인근 통신선에 유도장애 방지용이다.

해설 흡상 변압기
- BT(Booster Transformer)
- 권수비가 1 : 1인 단권 변압기
- 통신선로 유도장애를 경감하는 방식
- 1차 측은 전차선에, 2차 측은 부급전선에 직렬 접속
- 전류의 크기는 같고 방향은 반대

**28** **단상 교류식 전기 철도에서 전압 불평형을 경감하는 데 쓰이는 것은?**

① 흡상 변압기
② 단권 변압기
③ 크로스 결선
④ 스콧 결선

해설 스콧 결선 방식
단상 변압기 2대를 사용해서 3상 전원을 2상으로 변환하여 3상 전원을 평형이 되도록 하는 방식

**29** **자동 신호에 사용하는 궤도 변압기에서 고저압 혼촉 방지 장치는?**

① 금속성 이격판
② 방전 간격
③ 피뢰기
④ 저압 측 1단 접지

해설 궤도(선로) 변압기의 고저압 혼촉 방지 장치는 금속성 이격판을 설치한다.

**30** **50[kg]의 궤조 단선 궤조의 특성 저항, 누설 계수를 구하면?(단, 궤조 2개 병렬로 본드를 포함한 저항은 0.01839[Ω/km], 누설 저항은 1[Ω/km]로 한다.)**

① $\delta = 0.1356$, $\alpha = 0.1356$
② $\delta = 0.0891$, $\alpha = 0.0489$
③ $\delta = 1.0415$, $\alpha = 2.0431$
④ $\delta = 2.0819$, $\alpha = 2.4321$

해설
- 특성저항 $\delta = \sqrt{0.01839 \times 1} = 0.1356[\Omega]$
- 누설계수 $\alpha = \sqrt{0.01839/1} = 0.1356[\Omega]$

27 ③ 28 ④ 29 ① 30 ① Answer

**31** 급전선의 급전 분기 장치의 설치 방식이 아닌 것은?

① 스팬선식
② 암식
③ 커티너리식
④ 브래킷식

해설 급전 분기 설치 방식
스팬선식, 암식, 브래킷식
※ 커티너리식 : 조가 방식의 일종이다.

**32** 교류 급전 방식이 아닌 것은?

① 직접 급전 방식
② 주변압기 방식
③ 흡상 변압기 방식
④ 단권 변압기 방식

해설
• 직류 급전 방식 : 가공 단선식, 가공 복선식, 제3궤조식
• 교류 급전 방식 : 직접 급전 방식, 흡상 변압기 방식, 단권 변압기 방식

**33** 가공 전차선로에서 보조 조가선을 사용하는 가선 방식은?

① 사조식
② 콤파운드 커티너리
③ 헤비 심플 커티너리
④ 심플 커티너리

해설 보조 조가선을 사용하는 가선 방식 : 콤파운드 커티너리 방식

**34** 집전장치 팬터그래프에 대한 설명 중 맞는 것은?

① 고전압 고속도 가공단선식 전차선에 쓰이며 최대 집진량은 5,000[A]
② 고전압 저속도 가공 전차선에 쓰이며 최대 집진량은 3,000[A]
③ 알루미늄 접촉판으로 접촉압 5.5[kg]의 습동 접촉자
④ 동 접촉판으로 접촉압 11[kg]의 습동 접촉자

해설 팬터그래프
• 현재 우리나라에서 사용 중인 집전장치
• 고전압 · 대용량에 적합
• 습동판의 압력 : 5~11[kg]
• 가선 방식 : 커티너리 방식

Answer 31 ③ 32 ② 33 ② 34 ④

**35** 전기 철도에서 집전장치인 팬터그래프(Pantograph)의 습동판의 압력은 대략 어느 정도인가?

① 1~5[kg]
② 5~11[kg]
③ 20~25[kg]
④ 30~35[kg]

해설 전차선과 접촉 압력(습동판의 압력)

- 트롤리봉 : 7~11[kg]
- 뷔겔 집전기 : 5.5[kg]
- 팬터그래프 : 5~11[kg]

**36** 집전장치에 대한 설명 중 틀린 것은?

① 트롤리봉은 트롤리선과 각도를 35°~45° 정도로 유지한다.
② 뷔겔은 가공단선식 트롤리선의 집전장치이다.
③ 뷔겔 집전장치는 곡선부의 전차선을 반드시 정연한 곡선 모양으로 할 필요가 있다.
④ 팬터그래프를 사용할 때는 커티너리식 트롤리선을 가설해야 한다.

해설 뷔겔 집전자는 곡선부의 전차선을 반드시 곡선 모양으로 할 필요가 없다.

**37** 팬터그래프가 경점 등의 충격에 따라 불연속으로 발생되는 것은?

① 소이선
② 대이선
③ 중이선
④ 이선율

해설 집전장치의 이선시간

- 소이선 : 수십 분의 1초(습동판의 진동)
- 중이선 : 수 분의 1초(경점의 충격)
- 대이선 : 1~2초간

**38** 전차선(트롤리선)의 전기적 마모 방지법이 아닌 것은?

① 동합금선을 사용한다.
② 집전자를 크게 한다.
③ 크레파이트를 전차선에 바른다.
④ 집전전류를 일정하게 한다.

해설 집전자를 크게 하면 마모가 커진다.

35 ② 36 ③ 37 ③ 38 ② Answer

## 39 단상 교류식 전기 철도에서 통신선에 미치는 유도 장해를 경감하기 위하여 쓰이는 것은?

① 흡상 변압기
② 단권 변압기
③ 스콧 결선
④ 크로스 본드

해설 교류급전 회로에 의하여 통신선에 유도되는 장해에는 정전유도에 의한 것이 있는데 전자유도에 의한 것은 간단히 제거할 수 없으나 이를 경감시키는 목적에는 흡상 변압기를 이용한다.

## 40 흡상 변압기는?

① 전원의 불평형을 조정하는 변압기이다.
② 궤도용 신호 변압기이다.
③ 전기 기관차의 보조 변압기이다.
④ 전자유도 경감용 변압기이다.

해설 흡상 변압기
전자유도 경감용 변압기

## 41 단상 전철에서 3상 전원의 평형을 위한 방법은?

① T결선으로 변압기를 접속한다.
② 각 구간의 열차를 균등하게 배치한다.
③ 발전기의 전압 변동률을 작게 한다.
④ 열차의 차량을 적게 접속한다.

해설 3상 전력에서 단상 전력을 얻는 결산
스콧 결선(T결선), 우드브리지 방식, 메이어 결선 방식

## 42 회생 제동 구간에 적당한 변전소의 직류 변환 장치는?

① 회전 변류기
② 수은 정류기
③ 전동 발전기
④ 인버터

해설 회전 변류기
- 교류를 직류로 바꾸기 위해 사용하는 회전 전기기계
- 회생 제동 구간에 적용한다.

Answer ➲ 39 ① 40 ④ 41 ① 42 ①

Engineer Electric Work

## 43 전철 전선로 가선 방식에서 스팬선이 사용되는 것은?

① 급전선　　② 제3레일
③ 직접 가선식　　④ 커티너리 가선식

해설 직접 조가법(Direct Suspension)
- 아연 도금한 강연선을 애자로 지지
- 전차선을 스팬선 또는 빔 등의 지지점에 직접 고정하는 구조에서 사용

## 44 그림과 같은 전동차선의 조가법은?

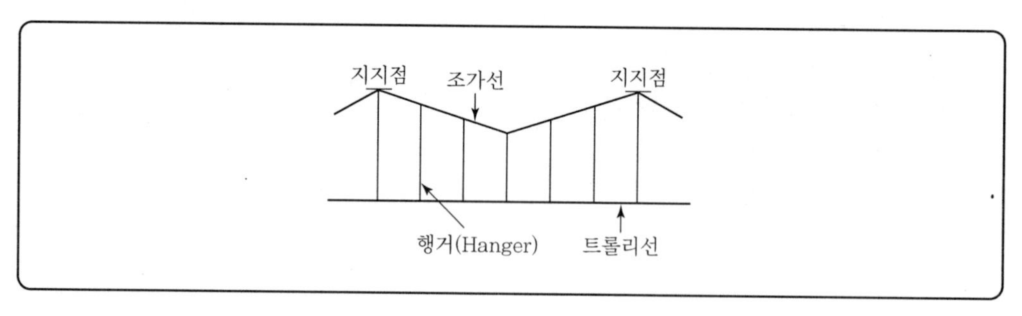


① 직접 조가선　　② 단식 커티너리식
③ 변형 Y형 단식 커티너리식　　④ 복식 커티너리식

해설 단식 커티너리 조가방식
조가선과 전차선의 2조로 구성하고 커티너리는 고속도 내기가 적합하다.

## 45 30[t]의 전차가 30/1,000의 구배를 올라가는 데 필요한 견인력[kg]은?(단, 열차 저항은 무시한다.)

① 90　　② 100
③ 900　　④ 9,000

해설 $R_g = 30 \times 10^3 \times \dfrac{30}{1,000} = 900\ [\mathrm{kg}]$

## 46 중량 100[t]의 전기 기관차가 1/100의 경사를 내려갈 때의 경사에 대한 가속력[kg]은?

① 10　　② 100
③ 1,000　　④ 1,500

43 ③　44 ②　45 ③　46 ③ Answer

해설 $R_q = 100 \times 10^3 \times \frac{1}{100} = 1,000$[kg]

**47** 열차의 자중이 100[t]이고 동륜상의 중량이 90[t]인 기관차의 최대 견인력[kg]은?(단, 레일의 부착계수는 0.2로 한다.)

① 15,000 ② 16,000
③ 18,000 ④ 21,000

해설 최대 견인력 $F_m = 1,000 \times 0.2 \times 90 = 18,000$ [kg]

**48** 중량 80[t]의 전동차에 2.5[km/h/s]의 가속도를 주는 데 필요한 힘은 얼마인가?(단, 1톤에 필요한 힘 $f_a$는 $31 \times A$[kg/h]이다.)

① 4,200 ② 3,200
③ 6,200 ④ 5,200

해설 $F_a = 31aw = 31 \times 2.5 \times 80 = 6,200$ [kg]

**49** 열차의 곡선 저항에 대한 설명 중 옳은 것은?

① 열차의 중량에 반비례한다. ② 열차의 속도에 비례한다.
③ 궤간에 반비례한다. ④ 궤조 곡선의 반지름에 반비례한다.

해설 곡선 저항은 곡선의 반지름에 반비례한다.

**50** 일정한 가속도 2[km/h/s]로 가속될 때의 10[s] 후의 주행 거리[m]는?

① 28 ② 180
③ 280 ④ 580

해설 $a = 2[\text{km/h/s}] = \frac{2,000}{3,600}[\text{m/s}^2]$

$$\therefore S = \frac{1}{2}at^2 = \frac{1}{2} \times \frac{2,000}{3,600} \times 10^2 \fallingdotseq 28[\text{m}]$$

Answer ➲ 47 ③ 48 ③ 49 ④ 50 ①

**51** 전차를 시속 100[km/h]로 운전하려 할 때 전동기의 출력이 얼마나 필요한가?(단, 치차 요율 $\eta=97[\%]$, 차륜상의 견인력은 400[kg]이다.)

① 95　　② 100
③ 110　　④ 112

**해설** $P=\dfrac{FV}{367\eta}=\dfrac{400\times100}{367\times0.97}=112.36[\text{kW}]$

**52** 총 중량이 30[t]이고 전동기 4대를 가진 전동차가 20[‰]의 직선궤도를 올라가고 있다. 지금 속도 30[km/h], 가속도 1[km/h/s]라면 각 전동기의 출력[kW]은 약 얼마인가?(단, 열차 저항은 6[kg/t], 기어장치 효율은 0.95로 한다.)

① 25　　② 37
③ 43　　④ 51

**해설** 전동기의 출력 : $P=\dfrac{FV}{367N\cdot\eta}$

$F$(견인력)=(주행저항+경사저항+가속저항)×총 중량
$=[6+20+(31\times1)]\times30=1{,}710[\text{kg}]$

$P=\dfrac{1{,}710\times30}{367\times4\times0.95}\fallingdotseq37[\text{kW}]$

**53** 표정속도의 정의는?(단, $L$ : 정거장 간격, $t$ : 정차 시간, $n$ : 정거장 수, $T$ : 전 주행 시간이다.)

① $\dfrac{L}{(t+T)}$　　② $\dfrac{nL}{(nt+T)}$
③ $\dfrac{(n-1)L}{(nt+T)}$　　④ $\dfrac{(n-1)L}{(n-2)t+T}$

**해설** 표정속도$=\dfrac{\text{이동거리}}{\text{운전시간}+\text{정차시간}}$

51 ④　52 ②　53 ④ Answer

**54** 전차 운전에서 속도를 변화시키지 않고 표정속도를 크게 하려면 다음 중 어떤 방법이 좋은가?

① 가속도와 감속도를 크게 한다.
② 가속도를 크게 하고, 감속도를 작게 한다.
③ 가속도를 작게 하고, 감속도를 크게 한다.
④ 가속도와 감속도를 작게 한다.

해설 표정속도를 높이는 방법
- 정차시간을 짧게
- 주행시간을 짧게(가 · 감속도를 크게)

**55** 전차의 표정속도를 높이기 위한 수단은?

① 최대 속도를 높게 한다.
② 정차 시간을 짧게 한다.
③ 가속도를 크게 한다.
④ 제동도를 높인다.

해설 표정속도를 높이는 방법
- 정차시간을 짧게
- 주행시간을 짧게(가 · 감속도를 크게)

**56** 전기 철도의 속도 제어법으로 쓰이지 않는 방법은?

① 저항 제어법
② 계자 분로법
③ 직 · 병렬법
④ 브리지 변환법

해설 속도 제어법
- 저항 제어법
- 직 · 병렬 제어법(직렬에서 병렬로 바꾸는 것을 트리지션이라 한다.)
- 메타다인법 : 직류 정전류 제어법
- 계자 제어법

**57** 대용량 고전압의 차량에 쓰이고 최근에는 고성능의 노면 전차에 이용하고 있는 방식은?

① 직접 제어 방식
② 간접 제어 방식
③ 직류 초퍼 제어
④ 탭 절환 제어

해설 초퍼 제어 방식
- 저항이 필요하지 않아서 손실($I^2R$)이 없다.
- 무접점이므로 접점 소모에 따른 접촉 불량이 없다.
- 평활 리액터가 필요하다.

Answer 54 ① 55 ② 56 ④ 57 ③

## 58 차륜과 제륜자와의 마찰계수는?

① 제동시간이 경과하면 증가한다.
② 제동압력이 증가하면 감소한다.
③ 제륜자 접촉면의 온도에 관계없다.
④ 열차의 중량에 관계가 있다.

해설 마찰계수는 차륜, 제륜자의 재질, 접촉면의 온도, 제동시간, 온도의 영향과 관계가 일정치 않으며 제륜자는 압력이 증가하면 마찰계수가 감소한다.

## 59 기동토크가 크며 입력 변동이 적고 전차용 전동기로 적당한 전동기는?

① 직권형
② 분권형
③ 화동 복권형
④ 차동 복권형

해설 직류 직권 전동기
토크($T$)는 부하전류($I$)의 제곱에 비례하므로 기동토크가 커서 전차용 전동기에 적합하다.

## 60 전기 철도에서 전력 회생 제동법을 채용하는 것이 가장 유리한 것은?

① 시가지 전차
② 지하철
③ 평지의 간선 전기 철도
④ 산악 지대의 전기 철도

해설 전력 소비량은 1/40의 구배에서 약 30[%] 정도 절약된다.

## 61 그림과 같은 회로는 전력 회생 제동의 여자 방식에서 다음 중 어느 방식에 해당되는가?

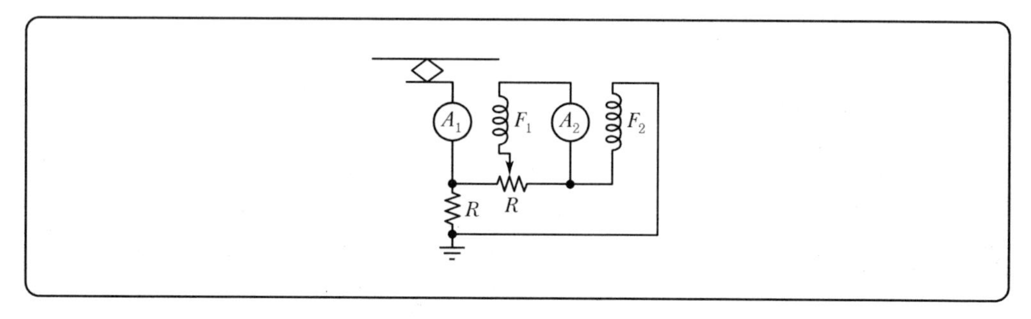


① 주 전동기로 여자하는 방식
② 트롤리선으로 여자하는 방식
③ 전동 발전기로 여자하는 방식
④ 축전지로 여자하는 방식

해설
- 회생 제동 : 발전기에서 발생된 전력을 전원 측으로 공급하는 여자 방식
- 여자 방식 : 주 전동기로 여자하는 방식

58 ② 59 ① 60 ④ 61 ① Answer

**62** 전차용 전동기의 사용 대수를 2의 배수로 하는 이유는?

① 균일한 중량의 증가  ② 제어 효율 개선
③ 고장에 대비  ④ 부착 중량의 증가

해설 전차용 전동기의 사용 대수를 2의 배수로 하는 이유
- 직 · 병렬 제어법으로 전동기의 단자 전압을 바꾸어 속도를 제어
- 제어 효율을 개선하고 소비전력을 감소

**63** 겨울에 전차의 비전력 소비량이 커지는 것은?

① 열차 운행의 무질서  ② 전압강하의 증대
③ 여객 중량의 증가  ④ 열차 저항의 증가

해설 열차 운행의 무질서를 제외하고 모두 비전력 소비량 증가 원인이 된다. 그러나 겨울에는 회전부의 윤활유 경화로 출발 시 특히 열차 저항이 증가된다.

**64** 전동차가 동일 구역 간을 운행할 때 운전 시간 $t$와 소비전력량[Wh] 사이의 관계를 옳게 표시한 것은?

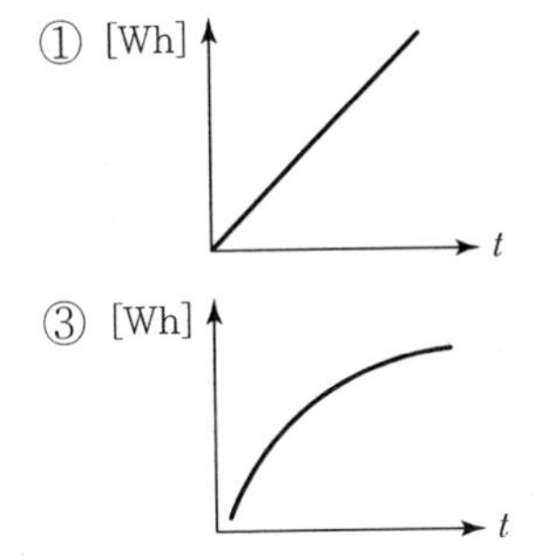


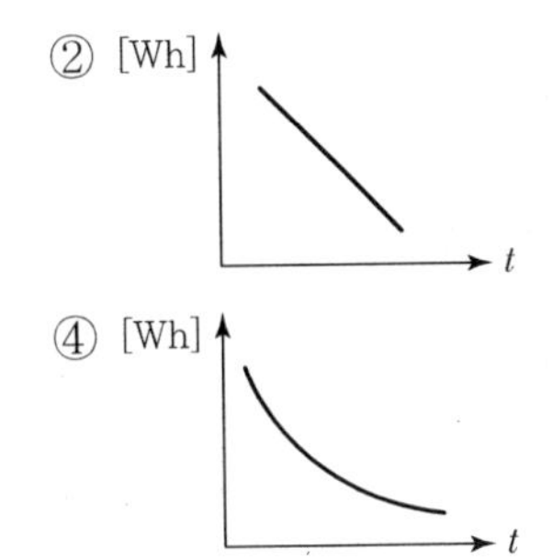


해설 시간에 따라 누적 전력량은 증가되나 증가율은 점차 감소하게 된다.

**65** 동력 방식으로 최근에 와서 복식 개별운전이 증가하고 있는데 그 이유가 되지 않는 것은?

① 기계의 구성이 간단하다.  ② 동력 전달 장치가 생략된다.
③ 정밀 운전이 된다.  ④ 총 설비용량이 적어진다.

Answer ➔ 62 ② 63 ④ 64 ③ 65 ④

**해설** 복식 개별 운전 방식

㉠ 장점
- 기계의 구성이 간단하다.
- 동력 전달 장치가 생략된다.
- 정밀 운전을 할 수 있다.

㉡ 단점 : 총 설비용량이 증가한다.

**66** **전기 철도의 전기 제동에서 주 전동기를 발전기로 쓰고 차량의 운동에너지를 전기 에너지로 변환하여 저항기에 의하여 열에너지로 방사하는 제동을 무엇이라 하는가?**

① 전력 회생 제동　② 발전 제동
③ 전자 제동　④ 저항 제동

**해설** 발전 제동
- 전동기를 발전기로 작용시켜 저항기를 통하여 열에너지를 소비하는 방식
- 제륜자의 마모가 없고 차륜을 가열하지 않는다.

**67** **전철 전동기에 감속 기어를 사용하는 이유는?**

① 동력 전달을 위해　② 전동기의 소형화
③ 역률의 개선　④ 가격 저하

**해설** 전동기를 소형화하는 이유
- 동일 출력이면 전동기 속도가 높아질수록 작은 회전력으로 충분하다.
- 전동기를 제한된 용적을 가진 대차에 매달려면 소형일수록 유리하다.

**68** **공기 제동 장치에서 제동 작용의 늦음이 없고, 또 강력하므로 2방 이상의 정열차 운전에 사용되는 장치는?**

① 직류 공기 제동　② 전자 공기 제동
③ 자동 공기 제동　④ 발전 공기 제동

**해설** 자동 공기 제동 방식
- 열차 전장에 브레이크 관을 관통시키고 각 차량에 제어 밸브와 보조 공기관을 설치
- 브레이크 관 내에 공기압을 감압시켜 제동하는 방식
- 급속감압을 할 수 있고 열차 분리 등의 경우 자동으로 브레이크가 작동
- 브레이크 관 압력의 증감에 따라 브레이크력을 조절 가능

66 ② 67 ② 68 ③ Answer

**69** 열차의 자동 제어 목적이 아닌 것은?

① 운전 조작의 단순화　　② 경제성 향상
③ 열차밀도의 감소　　④ 운전속도의 향상

해설 열차밀도 증가

**70** 전차용 전동기에 보극을 설치하는 이유는?

① 역회전 방지　　② 정류 개선
③ 섬락 방지　　④ 불꽃 방지

해설 전차용 전동기에 보극 설치 이유
- 역회전 방지
- 정류 개선

※ 정류 개선도 중요하나 역회전 방지가 우선이다.

**71** 메타다인(Metadyne) 제어법이란?

① 직류 정전류 제어법　　② 직류 정전압 제어법
③ 정속도 제어법　　④ 정출력 제어법

해설 메타다인 제어법
직류 정전류 제어법으로 정류자가 있는 전기자를 구비한 회전기이다.

Answer 69 ③　70 ①　71 ①

# Chapter 04 전기 화학



## 1 패러데이(Faraday)의 법칙(전기 분해의 법칙)

① 석출량은 통과한 전기량에 비례한다.

② 같은 양의 전극에서 석출된 물질의 양은 그 물질의 화학당량에 비례한다.

③ 석출량

- $W = KQ = KIt\,[\mathrm{g}]$
- $K$ : 전기화학당량 $= \dfrac{\text{화학당량}}{96{,}500}\,[\mathrm{g/C}]$

  (전기화학당량 : 1[A] 전류가 1초 동안 흘렀을 때 전극에 석출되는 원소의 질량)

- 화학당량$= \dfrac{\text{원자량}}{\text{원자가}}$

④ 이온화 경향이 큰 순서 : K > Ca > Na > Mg

## 2 1차 전지와 2차 전지

- 1차 전지(건전지)
- 2차 전지(축전기)

### 1. 1차 전지

#### 1) 르클랑셰(망간전지) : 보통 건전지

① 전해액 : $NH_4Cl$

② 감극제 : $MnO_2$

③ 양극 : 탄소봉

④ 음극 : 아연용기

#### 2) 공기 전지

① 전해액 : $NH_4Cl$

② 감극제 : $O_2$

③ 특성

- 전압 변동률과 자체 방전이 작고 오래 저장할 수 있으며 가볍다.
- 방전용량이 크고 처음 전압은 망간전지에 비하여 약간 낮다.

3) 표준 전지

① 종류 : 웨스턴 카드뮴 전지, 클라크 전지

② 양극 : Hg(수은)

③ 음극 : Cd(카드뮴)

④ 감극제 : $Hg_2SO_4$

4) 수은 건전지

① 전해액 : KOH(수산화칼륨)

② 감극제 : HgO(산화수은)

③ 음극 : Zn(아연)

④ 특징

- 기전력 1.3[V]로 전압의 안정성이 좋다.
- 전압강하가 적고 방전용량이 크다.

⑤ 용도 : 보청기, 휴대용 카메라, 휴대용 소형라디오, 휴대용 계산기

5) 물리 전지

① 반도체 PN 접합면에 태양광선이나 방사선을 조사해서 기전력을 얻는 방식

② 종류

- 태양 전지
- 원자력 전지

6) 국부작용 및 분극작용

① 국부작용 : 불순물로 자체 방전

- 방지법 : 수은 도금, 순수 금속

② 분극작용 : 수소가 음극제에 둘러싸여 기전력이 저하되는 현상

- 방지법 : 감극제 사용($MnO_2$, HgO, $O_2$)

## 2. 2차 전지

재충전하여 사용할 수 있는 전지

1) 납축전지(충전용량 : 10[Ah])

① 양극(+) : $PbO_2$

* 계속 방전 시 : $PbSO_4$

② 음극(−) : Pb

③ 전해액 : $H_2SO_4$(묽은 황산)

④ 전해액의 비중 : 1.2~1.3

⑤ 공칭전압 : 2[V]

⑥ 특징 : 효율이 좋고 단시간에 대전류 공급 가능

⑦ 종류 : 클래드식, 페이스트식

⑧ 반응식

$$PbO_2 + 2H_2SO_4 + Pb \rightleftarrows PbSO_4 + 2H_2O + PbSO_4$$

* 납축전지가 용량이 감퇴되는 이유 : 극판의 황산화

2) 알칼리 축전지(충전 용량 : 5[Ah])

① 양극 : $Ni(OH)_3$

② 음극

- 에디슨식 : Fe
- 융그너식 : Cd

③ 공칭전압 : 1.2[V]

④ 충전전압 : 1.35~1.33[V]

⑤ 특징 : 수명이 길고 운반진동에 강하며 급충방전에 견디고 다소 용량이 감소하여도 못 쓰게 되지 않음

⑥ 종류 : 포켓식, 소결식

- AMH : 고율방전용 급방전형
- AL : 완방전형
- AHH : 초고율방전용 초초급 방전형
- AH-S : 고율방전용 초급방전형

3) 용어

① 전기 도금 : 전기 분해에 의하여 음극에 금속을 석출시키는 것(양극에 구리막대, 음극에 은막대를 두고 전기를 가하면 은막대가 구리색을 띠는 현상)

② 전기 주조 : 전기 도금을 계속하여 두꺼운 금속층을 만든 후 원형을 떠서 그대로 복제
예 활자의 제조, 공예품 복제, 인쇄용 판면

③ 전해 정련 : 불순물에서 순금속을 채취 예 구리(전기동)

④ 전기 영동 : 액체 속에 미립자를 넣고 전압을 가하면 입자가 양극을 향하여 이동하는 현상

⑤ 전해 연마 : 금속을 양극으로 전해액 중에서 단시간 전류를 통하면 금속 표면이 먼저 분해되어 거울과 같은 표면을 얻는 것 예 터빈 날개

⑥ 전해 채취 : 주로 산을 사용하여 금속만을 녹여서 전기 분해하여 금속을 석출
예 알루미늄 제조

⑦ 전해 침투 : 예 전해 콘덴서, 재생고무 등의 제조

# Chapter 04 실·전·문·제



**01** 전기 분해에 의하여 전극에 석출되는 물질의 양은 전해액을 통과하는 총 전기량에 비례하고 또 그 물질의 화학당량에 비례하는 법칙은?

① 암페어(Ampere)의 법칙 ② 패러데이(Faraday)의 법칙
③ 톰슨(Thomson)의 법칙 ④ 줄(Joule)의 법칙

해설 물질의 석출량은 통과한 전기량에 비례하며, 같은 전기량에서 석출되는 물질의 양은 그 물질의 화학당량$\left(=\frac{\text{원자량}}{\text{원자가}}\right)$에 비례한다. 따라서 $Q=It$이므로

$\therefore\ W=KQ=KIt$

**02** 전기 분해에서 패러데이의 법칙은 어느 것이 적합한가?(단, $Q$[C] : 통과한 전리량, $W$[g] : 석출된 물질의 양, $E$[V] : 전압을 각각 나타낸다.)

① $W=K\frac{Q}{E}$ ② $W=\frac{1}{R}Q=\frac{1}{R}$
③ $W=KQ=KIt$ ④ $W=KEt$

해설 물질의 석출량은 통과한 전기량에 비례하며, 같은 전기량에서 석출되는 물질의 양은 그 물질의 화학당량$\left(=\frac{\text{원자량}}{\text{원자가}}\right)$에 비례한다. 따라서 $Q=It$이므로

$\therefore\ W=KQ=KIt$

**03** 동의 원자량은 63.54이고 원자가가 2라면 화학당량은?

① 21.85 ② 31.77
③ 41.85 ④ 52.65

해설 화학당량 $=\frac{\text{원자량}}{\text{원자가}}=\frac{63.54}{2}=31.77$

**04** 다음 금속 중 이온화 경향이 큰 것은?

① K ② Zn
③ Au ④ Fe

Answer 01 ② 02 ③ 03 ② 04 ①

해설 이온화 경향이 큰 순서 : K > Ca > Na > Mg

## 05 전기 화학에서 양이온이 되는 것은?

① $H_2$ ② $SO_4$
③ $NO_3$ ④ OH

해설
- 양이온 : 금속이나 수소
- 음이온 : 산기나 수산기

## 06 망간 건전지의 전해액은?

① $NH_4Cl$ ② NaOH
③ $CuSO_2$ ④ $MnO_2$

해설 르클랑셰(망간전지) : 보통 건전지
- 전해액 : $NH_4Cl$
- 감극제 : $MnO_2$
- 양극 : 탄소봉
- 음극 : 아연용기

## 07 르클랑셰 전지의 전해액은?

① $H_2SO_4$ ② $CuSO_4$
③ $NH_4Cl$ ④ KOH

해설 르클랑셰(망간전지) : 보통 건전지
- 전해액 : $NH_4Cl$
- 감극제 : $MnO_2$
- 양극 : 탄소봉
- 음극 : 아연용기

## 08 전지의 분극 작용에 의한 전압강하를 방지하기 위하여 사용되는 감극제는?

① $H_2O$ ② $H_2SO_4$
③ $CdSO_4$ ④ $MnO_2$

해설 감극제의 종류는 각기 알맞는 전해액과 조합해서 1,000여 종이나 되지만 실용되고 있는 것은 $MnO_2$, HgO, CuO와 같은 금속 산화물 또는 AgCl, CuCl과 같은 금속 염이다.

05 ① 06 ① 07 ③ 08 ④ Answer

**09** 자체 방전이 적고 오래 저장할 수 있으며 사용 중에 전압 변동률이 비교적 작은 것은?

① 보통 건전지　② 공기 건전지
③ 내한 건전지　④ 적층 건전지

해설 공기전지
㉠ 전해액 : $NH_4Cl$
㉡ 감극제 : $O_2$
㉢ 특성
- 전압 변동률과 자체 방전이 적고 오래 저장할 수 있으며 가볍다.
- 방전용량이 크고 처음 전압은 망간전지에 비하여 약간 낮다.

**10** 현재 표준 전지로 사용되고 있는 것은?

① 다니엘 전지　② 클라크 전지
③ 카드뮴 전지　④ 태양열 전지

해설 표준 전지
- 종류 : 웨스턴(카드뮴) 전지, 클라크 전지
- 양극 : Hg(수은)
- 음극 : Cd(카드뮴)
- 감극제 : $Hg_2SO_4$

**11** 표준 전지에 쓰이는 것이 아닌 것은?

① $CdSO_4$　② Cd
③ CdS　④ $Hg_2SO_4$

해설 CdS은 광전 소자로 이용되며, 소형이며 견고하고 사용이 간편하므로 널리 사용된다.

**12** 태양광선이나 방사선을 조사해서 기전력을 얻는 전지를 태양 전지, 원자력 전지라고 하는데, 이것은 다음 어느 부류의 전지에 속하는가?

① 1차 전지　② 2차 전지
③ 연료 전지　④ 물리 전지

Answer ➲ 09 ② 10 ③ 11 ③ 12 ④

해설 물리 전지

- 반도체 PN 접합면에 태양광선이나 방사선을 조사해서 기전력을 얻는 방식
- 종류 : 태양 전지, 원자력 전지

## 13 전지의 국부작용을 방지하는 방법은?

① 감극제 ② 완전 밀폐
③ 니켈 도금 ④ 수은 도금

해설 분극작용 및 국부작용

㉠ 국부작용
- 불순물에 의하여 자체 방전
- 방지법 : 수은 도금, 순수 금속

㉡ 분극작용
- 수소가 음극제에 둘러싸여 기전력이 저하되는 현상
- 방지법 : 감극제 사용($MnO_2$, $HgO$, $O_2$)

## 14 전지에서 자체 방전 현상이 일어나는 것은 다음 중 어느 것과 가장 관련이 있는가?

① 전해액 농도 ② 전해액 온도
③ 이온화 경향 ④ 불순물 혼합

해설 분극작용 및 국부작용

㉠ 국부작용
- 불순물에 의하여 자체 방전
- 방지법 : 수은 도금, 순수 금속

㉡ 분극작용
- 수소가 음극제에 둘러싸여 기전력이 저하되는 현상
- 방지법 : 감극제 사용($MnO_2$, $HgO$, $O_2$)

## 15 전해액에서 도전율은 다음 중 어느 것에 의하여 증가되는가?

① 전해액의 고유저항 ② 전해액의 유효 단면적
③ 전해액의 농도 ④ 전해액의 빛깔

해설
- 전해액도 하나의 도체이므로 $R=\rho\frac{l}{s}$ 이 성립한다.
- 도전율 $K=\frac{1}{\rho}$ 이므로 전해액도 농도에 따라 결정된다.

13 ④ 14 ④ 15 ③ Answer

## 16 건전지와 감극제의 연결이 옳게 표현된 것은?

① 보통 건전지 $-MnO_3$
② 공기 건전지 $-NaOH$
③ 표준 건전지 $-Cuo$
④ 수은 건전지 $-HgO$

해설 ① $MnO_2$
② $O_2$
③ $Hg_2SO_4$

## 17 2차 전지에 속하는 것은?

① 적층전지
② 내한전지
③ 공기전지
④ 자동차용 전기

해설 2차 전지(충전용 전지)의 종류
- 납축전지
- 알칼리 축전지(니켈-카드뮴 전지)
- 자동차용 전지

## 18 납축전지가 충 · 방전할 때의 화학 방정식은?

① $Pb + 2H_2SO_4 + Pb \rightleftarrows PbSO_4 + 2H_2 + PbSO_4$

② $2PbO + 3H_2SO_4 + Pb \rightleftarrows 2PbSO_4 + 2H_2O + H_2 + PbSO_4$

③ $PbO_2 + 2H_2SO_4 + Pb \rightleftarrows PbSO_4 + 2H_2O + PbSO_4$

④ $2PbO_2 + 4H_2SO_4 + 2PbO \rightleftarrows 3PbSO_4 + 4H_2O + O_2 + PbSO_4$

해설 납축전지(충전용량 : 10[Ah])
- 양극(+) : $PbO_2$
  ↳ 계속 방전 시 : $PbSO_4$
- 음극(−) : $Pb$
- 전해액 : $H_2SO_4$(묽은 황산)
- 전해액의 비중 : 1.2~1.3
- 공칭전압 : 2[V]
- 특징 : 효율이 좋고 단시간에 대전류 공급 가능
- 반응식 : $PbO_2 + 2H_2SO_4 + Pb \rightleftarrows PbSO_4 + 2H_2O + PbSO_4$

Answer ➲ 16 ④ 17 ④ 18 ③

**19** 다음 식은 납축전지의 기본 화학 반응식이다. 방전 후 생성되는 부산물을 ( ) 안에 채우면?

$$Pb + 2H_2SO_4 + PbO_2 \rightleftarrows 2PbSO_4 + (\quad)$$

① $2H_2O$　　② $HO$
③ $2H_2O_2$　　④ $2HO_2$

해설 납축전지의 반응식
$Pb + 2H_2SO_4 + PbO_2 \rightleftarrows 2PbSO_4 + 2H_2O$

**20** 납축전지의 양극 재료는?

① $Pb(OH)_2$　　② $Pb$
③ $PbSO_4$　　④ $PbO_2$

해설 납축전지(충전용량 : 10[Ah])
- 양극(+) : $PbO_2$
  - ↳ 계속 방전 시 : $PbSO_4$
- 음극(−) : Pb
- 전해액 : $H_2SO_4$(묽은 황산)
- 전해액의 비중 : 1.2~1.3
- 공칭전압 : 2[V]
- 특징 : 효율이 좋고 단시간에 대전류 공급 가능
- 반응식 : $PbO_2 + 2H_2SO_4 + Pb \rightleftarrows PbSO_4 + 2H_2O + PbSO_4$

**21** 납축전지의 방전이 끝나면 그 양극(+극)은 어느 물질로 되는지 다음에서 적당한 것을 고르면?

① $Pb$　　② $PbO$
③ $PbO_2$　　④ $PbSO_4$

해설 납축전지(충전용량 : 10[Ah])
- 양극(+) : $PbO_2$
  - ↳ 계속 방전 시 : $PbSO_4$
- 음극(−) : Pb
- 전해액 : $H_2SO_4$(묽은 황산)
- 전해액의 비중 : 1.2~1.3
- 공칭전압 : 2[V]
- 특징 : 효율이 좋고 단시간에 대전류 공급 가능
- 반응식 : $PbO_2 + 2H_2SO_4 + Pb \rightleftarrows PbSO_4 + 2H_2O + PbSO_4$

19 ①　20 ④　21 ④ Answer

## 22 납축전지가 충분히 방전했을 때 양극판의 빛깔은 무슨 색인가?

① 황색 ② 청색

③ 적갈색 ④ 회백색

해설 • 충분히 충전 시 : 양극판은 적갈색, 음극판은 회백색
• 충분히 방전 시 : 양극판은 회백색, 음극판은 회백색

## 23 연축전지의 공칭전압 및 공칭용량으로 알맞는 것은?

① 연축전지의 공칭전압 및 공칭용량은 2.0[V], 5시간율[Ah]

② 연축전지의 공칭전압 및 공칭용량은 2.0[V], 6시간율[Ah]

③ 연축전지의 공칭전압 및 공칭용량은 2.0[V], 10시간율[Ah]

④ 연축전지의 공칭전압 및 공칭용량은 1.32[V], 10시간율[Ah]

해설 • 연축전지 : 2.0[V], 10[Ah]
• 알칼리 축전지 : 1.2[V], 5[Ah]

## 24 연축전지의 방전 전류 $I$[A]와 방전 시간 $T$[h]의 관계 실험식은?

① $I^{1.5}T=$일정 ② $IT^2=$일정

③ $\dfrac{T}{I^{1.5}}=$일정 ④ $\dfrac{I^2}{T}=$일정

해설 $I^n T=$일정
여기서, $n=1.3\sim1.7$

## 25 페이스식 연축전지의 설명 중 옳지 못한 것은?

① 고율 방전이 뛰어나다.

② 국내에서 생산 가능하여 가격이 저렴하며 경제적이다.

③ 수명이 약간 짧다.

④ 공칭전압은 2[V]와 1.2[V] 두 종류가 있다.

해설 • 연축전지 : 2[V]
• 알칼리 축전지 : 1.2[V]

Answer ➔ 22 ④ 23 ③ 24 ① 25 ④

Engineer Electric Work

## 26 납축전지의 충전 후 비중은?

① 1.8 이하
② 1.2~1.3
③ 1.4~1.5
④ 1.5 이상

해설 납축전지의 전해액의 비중은 1.2~1.3이다.

## 27 축전지의 충전 방식 중 전지의 자기 방전을 보충함과 동시에 상용 부하에 대한 전력 공급은 충전기가 부담하도록 하되, 충전기가 부담하기 어려운 일시적인 대전류 부하는 축전지로 하여금 부담케 하는 충전 방식은?

① 보통 충전
② 과부하 충전
③ 세류 충전
④ 부동 충전

해설 부동 충전 방식
전지의 자기 방전을 보충함과 동시에 상용 부하에 대한 전력 공급은 충전기가 부담하도록 하되, 충전기가 부담하기 어려운 일시적인 대전류 부하는 축전지로 하여금 부담케 하는 충전 방식

## 28 알칼리 축전지 1셀의 공칭전압[V]은 얼마인가?

① 1.2[V]
② 1.4[V]
③ 1.8[V]
④ 2.0[V]

해설 알칼리 축전지(충전용량 : 5[Ah])
㉠ 양극 : $Ni(OH)_3$
㉡ 음극 : • 에디슨식 : Fe
　　　　• 융그너식 : Cd
㉢ 공칭전압 : 1.2[V]
㉣ 충전전압 : 1.33~1.35[V]
㉤ 특징 : 수명이 길고 운반진동에 강하며 급충방전에 견디고 다소 용량이 감소하여도 사용할 수 있음

## 29 알칼리 축전지의 양극에 쓰이는 재료는?

① 수산화니켈
② 카드뮴
③ 철
④ 납

해설 • 양극 : 수산화니켈($Ni(OH)_3$)
• 음극 : 카드뮴(Cd)

26 ② 27 ④ 28 ① 29 ① Answer

## 30 알칼리 축전지의 공칭용량은 얼마인가?

① 2[Ah]
② 4[Ah]
③ 5[Ah]
④ 10[Ah]

해설
- 납축전지 : 공칭전압 2.0[V/셀], 공칭용량 10[Ah]
- 알칼리 축전지 : 공칭전압 1.2[V/셀], 공칭용량 5[Ah]

## 31 최근 알칼리 축전지의 사용이 증가되고 있는데 그 중요 장점의 하나는?

① 효율이 좋다.
② 수명이 길다.
③ 양극은 $PbO_2$를 쓴다.
④ 무겁다.

## 32 알칼리 축전지의 특징 중 잘못된 것은?

① 전지의 수명이 길다.
② 광범위한 온도에서 동작하고 특히 고온에서 특성이 좋다.
③ 구조상 운반진동에 견딜 수 있다.
④ 급격한 충 · 방전, 높은 방전율에 견디며 다소 용량이 감소되어도 사용 불능이 되지 않는다.

## 33 다음은 가장 관계가 깊은 것끼리 짝지어 놓은 것이다. 잘못된 것은?

① 식염의 전해 - 격막법
② 알루미늄 전해 - 알루미늄 양극의 작용
③ 알루미늄의 양극 처리 - 전해 콘덴서의 제조
④ 연료전지 - 산수소전지

해설 알루미늄의 전해 - 알루미늄 음극의 작용

## 34 공기 습전기의 내부 화학 반응식은?

① $Zn + 3NaOH + O \rightarrow Na_2ZnO_2 + H_2O$
② $2Zn + 2NaOH + H_2O \rightarrow Na_2ZnO_2 + O$
③ $Zn + 2NaOH + O \rightarrow Na_2ZnO_2 + H_2O$
④ $Zn + NaOH + O \rightarrow Na_2ZnO_2 + H_2O$

Answer 30 ③ 31 ② 32 ② 33 ② 34 ③

해설 $Zn + 2NaOH + O \rightarrow Na_2ZnO_2 + H_2O$
(아연) (가성소다) (산소) (아연소다) (물)

**35** **황산 용액에 양극으로 구리막대, 음극으로 은막대를 두고 전기를 통하면 은막대는 구리색이 난다. 이를 무엇이라고 하는가?**

① 전기 도금
② 이온화 현상
③ 전기 분해
④ 분극 작용

해설 전기 도금
전기 분해에 의하여 음극으로 금속을 석출시키는 것(양극에 구리막대, 음극에 은막대를 두고 전기를 가하면 은막대가 구리색을 띠는 현상)

**36** **전기 도금에 관한 설명 중 틀린 것은?**

① 전원은 5~6[V] 또는 10~12[V]의 직류를 사용한다.
② 직류 발전기를 사용하는 데 있어서 수하 특성이 있는 발전기를 사용한다.
③ 전류밀도가 다르더라도 도금 상태는 일정하다.
④ 표면의 산화물이나 기름을 없애기 위해 화학적으로 세척해야 한다.

해설 전류밀도가 일정해야 도금 상태가 일정하다.

**37** **전기 도금을 계속하여 두꺼운 금속층을 만든 후 원형을 떼어서 그대로 복제하는 방법을 무엇이라 하는가?**

① 전기 도금
② 전주
③ 전해 정련
④ 전해 연마

해설 용어
- 전기 도금 : 전기 분해에 의하여 음극으로 금속을 석출시키는(양극에 구리막대, 음극에 은막대를 두고 전기를 가하면 은막대가 구리색을 띠는 현상)
- 전기 주조 : 전기 도금을 계속하여 두꺼운 금속층을 만든 후 원형을 떠서 그대로 복제
  예 활자의 제조, 공예품 복제, 인쇄용 판면
- 전해 정련 : 불순물에서 순금속을 채취 예 구리(전기동)
- 전기 영동 : 액체 속에 미립자를 넣고 전압을 가하면 입자가 양극을 향하여 이동하는 현상
- 전해 연마 : 금속을 양극으로 전해액 중에서 단시간 전류를 통하면 금속 표면이 먼저 분해되어 거울과 같은 표면을 얻는 것 예 터빈 날개

35 ① 36 ③ 37 ② Answer

• 전해 채취 : 주로 산을 통해 금속만을 녹여서 전기 분해하여 금속 석출 예 알루미늄 제조
• 전해 침투 : 예 전해 콘덴서, 재생고무 등의 제조

**38** 전해 정련 방법으로 얻을 수 있는 물질은?

① 망간 ② 구리
③ 철 ④ 납

해설 전해 정련
전기분해를 이용하여 순수한 금속만을 석출하여 정제하는 것(구리, 주석, 니켈, 안티몬)

**39** 액체 속에 미립자를 넣고 전압을 가하면 많은 입자가 양극을 향해서 이동하는 현상을 무엇이라 하는가?

① 정전 현상 ② 전기 영동
③ 정전 선별 ④ 비산 현상

**40** 전기 분해로 제조되는 것은?

① 암모니아 ② 카바이드
③ 알루미늄 ④ 철

해설 보크사이트($Al_2O_3$가 60[%] 함유된 광석)를 용해하여 순수한 산화알루미늄을 만든 후 빙정석을 넣고 1,000[℃]로 전기 분해하여 순도 99.8[%] 알루미늄을 제조한다.

**41** 다음의 산성 및 염기성 물질 중에서 분해 전압이 가장 작은 것은?

① $H_2SO_4$ ② $ZnSO_4$
③ $AgNO_3$ ④ $NH_4OH$

해설 분해 전압
① $H_2SO_4$ : 1.67[V] ② $ZnSO_4$ : 2.55[V]
③ $AgNO_3$ : 1.04[V] ④ $NH_4OH$ : 1.74[V]

Answer 38 ② 39 ② 40 ③ 41 ③

## 42 은 분류기는 무엇이 표준인가?

① 중량 ② 저항
③ 전류 ④ 전압

해설 은 분류기는 1시간 동안에 전류를 통과시켜서 4.025[g]의 은이 석출되었을 때의 전류를 1[A]로 기준한 것이다.

즉, $I=\dfrac{4.025}{0.001118\times 3{,}600}=1\,[\mathrm{A}]$

42 ③ Answer

# 05 자동제어 및 전력용 반도체



## 1 자동제어

### 1. 제어계

1) **개회로** : 부정확하고 신뢰성은 없으나 설치비가 저렴

2) **폐회로** : 피드백 제어계 → 꼭 필요한 장치 : 입력과 출력을 비교하는 장치

3) 특성

① 정확성 증가
② 대역폭 증가

4) 피드백 제어계의 용어

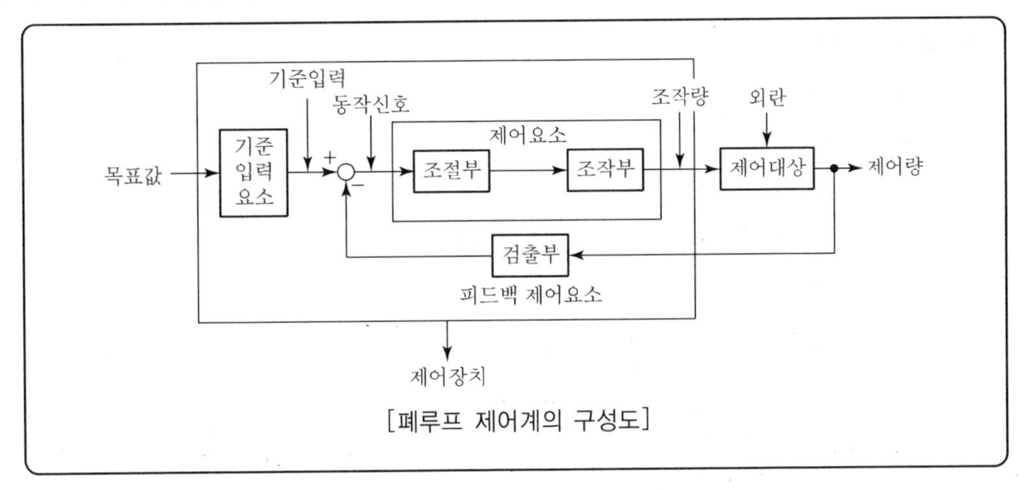

[폐루프 제어계의 구성도]

① **제어량** : 제어된 제어대상의 양(출력량)

예 회전수

② **조작량** : 제어를 수행하기 위하여 제어대상에 가하는 양

③ **검출부** : 제어대상으로부터 제어량을 검출(열전온도계)

④ **제어요소**

- 조절부+조작부
- 동작신호를 조작량으로 변화시킴

## 2. 자동제어의 분류

### 1) 제어량에 의한 분류

① **서보 기구** : 방위, 자세, 위치 등의 기계적 변위를 제어량으로 하는 제어계

② **프로세스 제어** : 농도, 유량, 액위, 압력, 온도 등 공업 프로세스의 상태량으로 하는 제어계

③ **자동 조정** : 전압, 속도, 주파수, 장력 등을 제어량으로 하여 일정하게 유지하는 것

### 2) 목표치에 의한 분류

① **정치 제어** : 목표치가 시간에 관계없이 일정할 경우(프로세스 제어, 자동 조정)

② **추치 제어** : 목표치가 시간에 따라 변화할 경우

- 추종 제어 : 목표치가 임의의 시간적 변위

  예 대공포의 포신 제어, 추적레이더, 공작기계(선반)

- 프로그램 제어 : 목표치가 미리 정해진 시간적 변위

  예 열차의 무인 제어, 무조종사의 엘리베이터 제어

- 비율 제어 : 목표치가 다른 어떤 양에 비례

### 3) 제어 동작에 의한 분류

① 연속 제어

- 비례 동작(P 동작)

  $$Y = K \cdot Z(t)$$

  여기서, $Y$ : 조작량, $K$ : 비례감도, $Z(t)$ : 동작신호

- 비례 적분 동작(PI 동작)

  $$y(t) = K\left[Z(t) + \frac{1}{T_i}\int Z(t)\,dt\right]$$

  여기서, $T_i$ : 적분시간

- 비례 적분 미분 동작(PID 동작)

  $$y(t) = K\left[Z(t) + \frac{1}{T_i}\int Z(t)\,dt + Td\frac{d}{dt}Z(t)\right]$$

② **불연속 동작** : ON－OFF 제어(샘플치 제어)

예 전기 냉장고

## 2 전력용 반도체

### 1. 다이오드(Diode)

1) 접합형 다이오드 → PN 접합(정류 작용)

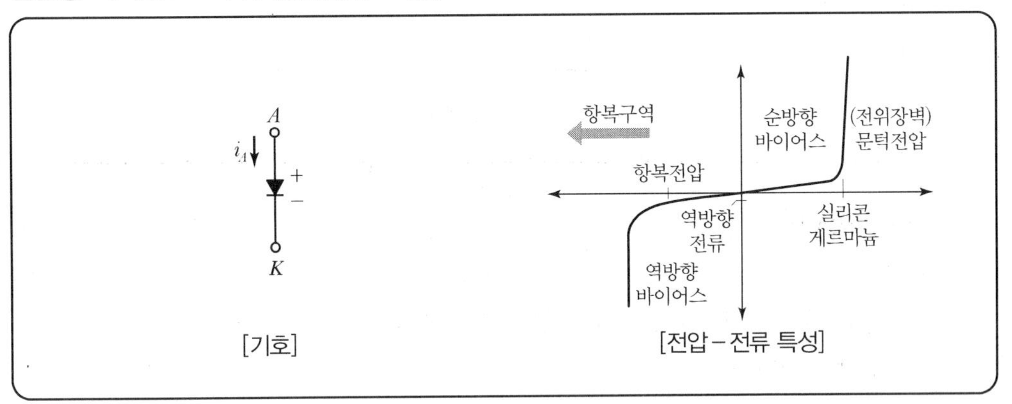


[기호] [전압 – 전류 특성]

① 순바이어스된 경우의 효과
- 전위 장벽이 낮아진다.
- 공간 전하 영역의 폭이 좁아진다.
- 전장이 약해진다.(이온화 감소)

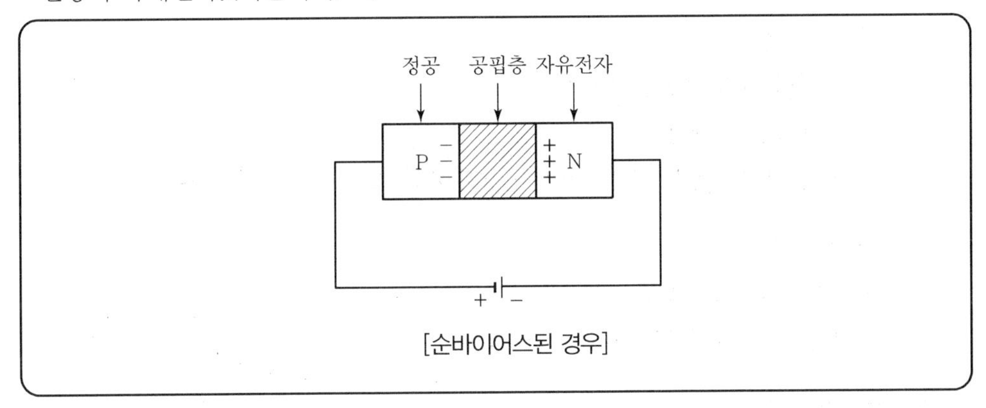


[순바이어스된 경우]

② 역바이어스된 경우의 효과
- 전위 장벽이 높아진다.
- 공간 전하 영역의 폭이 넓어진다.
- 전장이 강해진다.

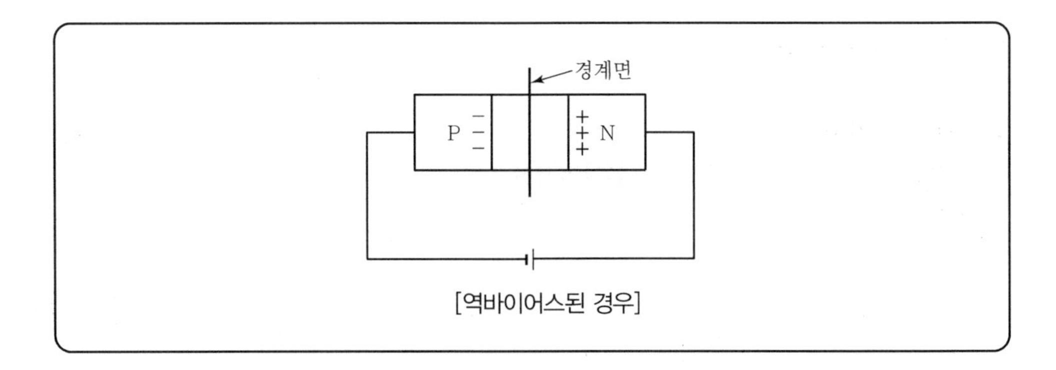

[역바이어스된 경우]

### 2) 제너 다이오드

① 목적

- 전원 전압을 안정하게 유지(정전압 정류 작용)
- 전압 조정기 사용

② 효과

㉠ Cut-in Voltage

- 순방향에 전류가 현저히 증가하기 시작하는 전압
- 제너 항복이 발생하면 전압은 일정하나 전류가 급격히 상승한다.

㉡ 파괴 원인

- 제너 파괴(접합층이 좁다.)
- 애벌란시 파괴
- 줄 파괴 : 역바이어스 전압이 증대하면 마침내 접합이 파괴

③ 접속

- 직렬 : 과전압으로부터 보호
- 병렬 : 과전류로부터 보호

### 3) 가변 용량 다이오드

### 4) 발광 다이오드(LED)

### 5) 터널 다이오드

발진 작용, 스위치 작용, 증폭 작용을 한다.

## 2. 트랜지스터(Transistor)

### 1) 종류

① PNP형 : 이미터(순), 컬렉터(역)

② NPN형 : 이미터(역), 컬렉터(순)

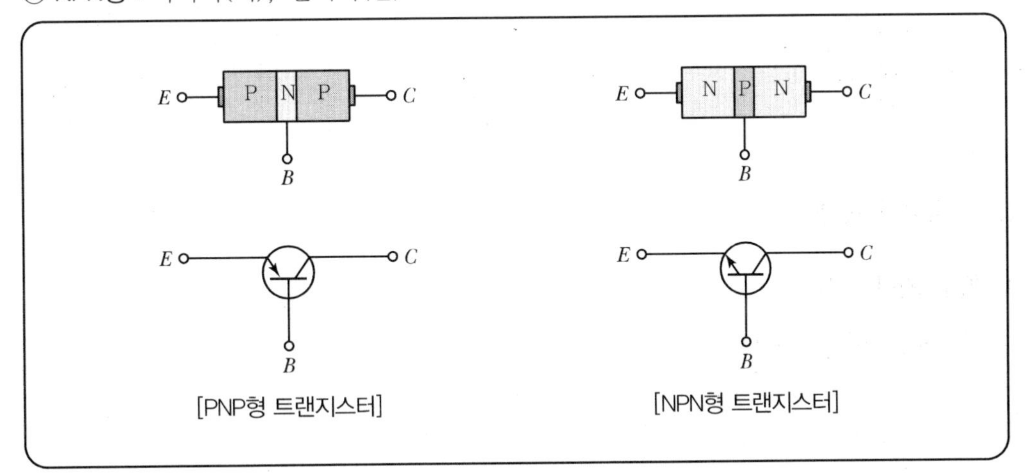


[PNP형 트랜지스터] [NPN형 트랜지스터]

### 2) 접지방식

① 이미터 접지 : 전류 증폭이 크다.

② 베이스 접지

③ 컬렉터 접지

### 3) 최대 정격 : 온도, 전압, 전류

### 4) 열 폭주

컬렉터 손실로 트랜지스터 파괴

### 5) 펀치 스루(Punch Through)

컬렉터 역바이어스가 증가하면 베이스의 중성 영역이 없어지는 현상

## 3. 광전 소자

### 1) 광전 현상

① Phototransistor(광트랜지스터)

② Sola Battery(태양 전지)

③ CdS 광도전체

2) 발광 소자

① 고유 전계 발광 소자(EL) : ZnS의 반도체 분말을 플라스틱이나 글라스 유전체에 넣고 전계를 가하면 발광

② 발광 Diode(LED)

- GaAs
- GaAsP
- GaP

## 3 특수반도체

### 1. 특수 저항 소자

1) 서미스터(Thermistor)

① 열 의존도가 큰 반도체를 재료로 사용한다.

② 온도계수는 (−)를 갖고 있다.

③ 온도 보상용으로 사용한다.

### 2. 배리스터(Varistor)

1) 전압에 따라 저항치가 변화하는 비직선 저항체

2) 용도

① 서지 전압에 대한 회로 보호용

② 비직선적인 전압 전류 특성을 갖는 2단자 반도체 장치

### 3. 사이리스터(Thyristor, 속도 제어 : 주파수, 위상, 전압)

1) PN 접합을 3개 이상 내장하여 ON → OFF(OFF → ON) 전환하는 장치

2) 종류

① PNPN 다이오드(쇼클리 다이오드)

㉠ 순방향 바이어스시킨 경우

- $J_1 J_3$ : 정방향
- $J_2$ : 역방향

㉡ 두 가지 안정 상태(OFF 영역 · ON 영역)

㉢ 날카로운 부성 저항 특징

② SCR(Silicon Controlled Rectifier)

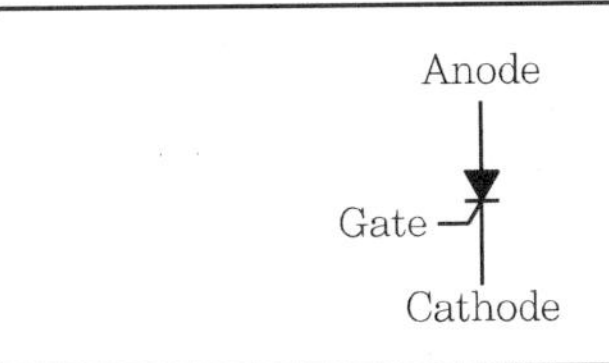


- 단일 방향성 3단자 소자
- 역저지 3극 사이리스터

㉠ 게이트 작용 : 통과 전류 제어 작용

㉡ 이온 소멸시간이 짧다.

㉢ 게이트 전류에 의해서 방전 개시 전압을 제어할 수 있다.

㉣ PNPN 구조로서 부성(−) 저항 특성이 있다.
- ON → 저항 낮음
- OFF → 저항 높음

㉤ 사이러트론과 비슷한 기능을 한다.

㉥ 소형이면서 대전력용
- ON → OFF : 전원 전압을 음(−)으로 한다.
- Turn On 상태 : 게이트 전류에 의해서 ON · OFF가 된다.
- 브레이크 오버 전압 : 제어 정류기의 게이트가 도전 상태로 들어가는 전압

③ SCS(Silicon Controlled Switch)
- 단방향 4단자 소자
- P → SCR 겸용 사이리스터, N → SCR 겸용 사이리스터
- LASCS : 빛에 의해 동작

④ SSS(Silicon Symmetrical Switch)
- 쌍방향 2단자 소자
- OFF → ON 상태 : 브레이크 오버 전압 이상의 펄스를 함
- 조광 제어, 온도 제어에 이용
- SCR의 역병렬 구조
- 트리거 소자로 이용

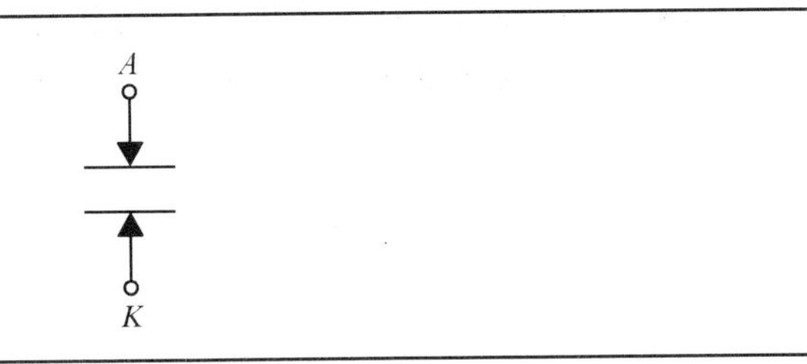

⑤ TRIAC(Triode Switch for Ac)

- 쌍방향 3단자 소자
- SCR 역병렬 구조와 같음
- 교류 전력을 양극성 제어함
- 과전압에 의한 파괴가 안 됨
- (포토커플러+트라이액) : 교류 무접점 릴레이 회로 이용

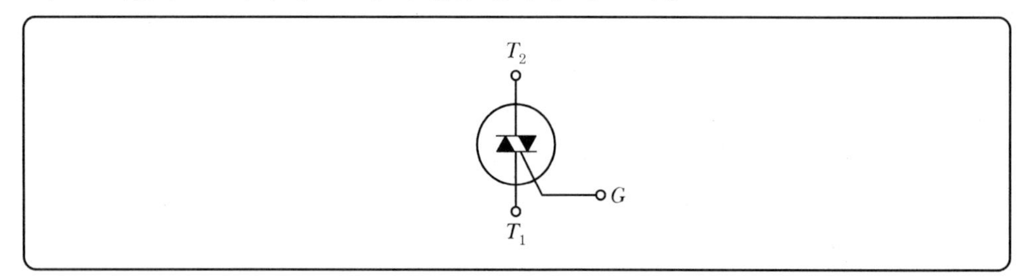


⑥ DIAC(Diode AC Switch)

- 쌍방향 2단자 소자
- 소용량 저항 부하의 AC 전력 제어

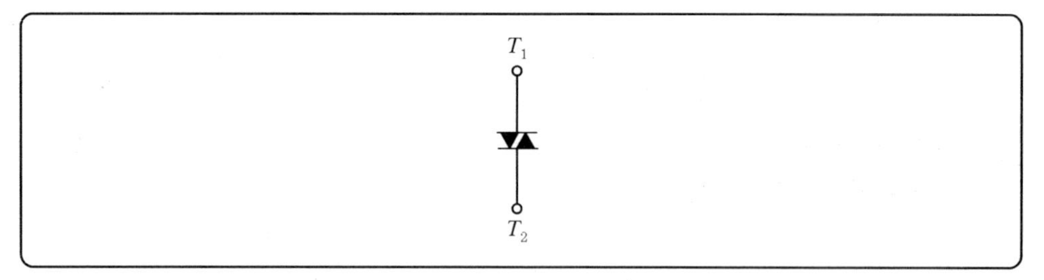


⑦ PUT(Programmable Unjunction Transistor) : 타이머 소자로 이용

⑧ GTO(Gate Turn Off Thyristor)

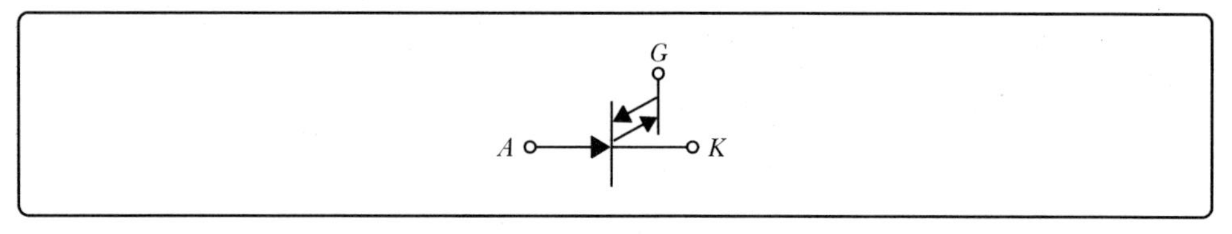


* 자기소호기능 : 게이트에 흐르는 전류를 점호할 때의 반대 방향의 전류를 흐르게 함으로써 임의의 GTO를 소호시킬 수 있다.

## 4 각종 소자

### 1. 각종 반도체 소자의 비교

#### 1) 방향성

① 쌍방향(양방향) 소자 : TRIAC, DIAC, SSS

② 단방향(역저지) 소자 : SCR, LASCR, GTO, SCS

#### 2) 단자(극)수

① 2단자 소자 : Diode, DIAC, SSS

② 3단자 소자 : SCR, LASCR, GTO

③ 4단자 소자 : SCS

### 2. 각종 소자의 기능

① UJT, DIAC, PUT : 트리거(펄스 발생) 회로에 사용

② 제너 다이오드 : 정전압 정류회로

③ 배리스터 : 과도전압, 이상전압에 대한 회로 보호용

④ 버랙터 다이오드 : 정전용량이 전압에 따라 변화하는 소자

# Chapter 05 실·전·문·제



**01** 피드백 제어계에서 꼭 있어야 할 장치는?

① 응답속도를 빠르게 하는 장치　② 안정도를 좋게 하는 장치
③ 입력과 출력을 비교하는 장치　④ 제어대상

해설 피드백 제어계
입력과 출력을 비교하여 오차를 자동적으로 정정하게 하는 제어 방식

**02** 동작 신호를 만드는 부분을 무엇이라고 하는가?

① 조작부　② 검출부
③ 조절부　④ 제어부

해설 제어요소
- 조절부 : 동작신호를 만듦
- 조작부 : 서보 모터 기능

**03** 서보 모터(Servo Motor)는 서보 기구에서 주로 어느 부의 기능을 말하는가?

① 검출부　② 제어부
③ 비교부　④ 조작부

해설 서보 모터
전기자 지름을 작게 하여 관성을 줄이고 전기자 길이를 길게 하여 큰 회전력을 얻으며, 서보 기구는 주로 조작부의 역할을 한다.

**04** 자동 제어 분류에서 제어량에 의한 분류가 아닌 것은?

① 서보 기구　② 프로세스 제어
③ 자동 조정　④ 정치 제어

해설 제어량에 의한 분류
- 서보 기구 : 방위, 자세, 위치 등의 기계적 변위를 제어량으로 하는 제어계
- 프로세스 제어 : 농도, 유량, 액위, 압력, 온도 등, 공업 프로세스의 상태량으로 하는 제어계
- 자동 조정 : 전압, 속도, 주파수, 장력 등을 제어량으로 하여 일정하게 유지하는 것

01 ③　02 ③　03 ④　04 ④ Answer

**05** 제어량이 온도, 압력, 유량 및 액면 등과 같은 일반공업량일 때의 제어는?

① 프로그램 제어 ② 프로세스 제어
③ 시퀀스 제어 ④ 추종 제어

해설 제어량에 의한 분류
- 서보 기구 : 방위, 자세, 위치 등의 기계적 변위를 제어량으로 하는 제어계
- 프로세스 제어 : 농도, 유량, 액위, 압력, 온도 등 공업 프로세스의 상태량으로 하는 제어계
- 자동 조정 : 전압, 속도, 주파수, 장력 등을 제어량으로 하여 일정하게 유지하는 것

**06** 피드백 제어 중 물체의 위치, 방위, 자세 등의 기계적 변위를 제어량으로 하는 것은?

① 서보 기구 ② 프로세스 제어
③ 자동 조정 ④ 프로그램 제어

해설 제어량에 의한 분류
- 서보 기구 : 방위, 자세, 위치 등의 기계적 변위를 제어량으로 하는 제어계
- 프로세스 제어 : 농도, 유량, 액위, 압력, 온도 등 공업 프로세스의 상태량으로 하는 제어계
- 자동 조정 : 전압, 속도, 주파수, 장력 등을 제어량으로 하여 일정하게 유지하는 것

**07** 전압, 속도, 주파수, 장력에 관계되는 제어는?

① 자동 조정 ② 추종 제어
③ 프로세스 제어 ④ 피드백 제어

해설 제어량에 의한 분류
- 서보 기구 : 방위, 자세, 위치 등의 기계적 변위를 제어량으로 하는 제어계
- 프로세스 제어 : 농도, 유량, 액위, 압력, 온도 등 공업 프로세스의 상태량으로 하는 제어계
- 자동 조정 : 전압, 속도, 주파수, 장력 등을 제어량으로 하여 일정하게 유지하는 것

**08** 자동제어에서 검출장치로 직류 발전기(소형)를 적용하였다. 이것은 다음 중 어느 검출인가?

① 유량의 검출 ② 온도의 검출
③ 위치의 검출 ④ 속도의 검출

해설
- 프로세스 : 유량, 온도
- 서보 : 위치

Answer ➲ 05 ② 06 ① 07 ① 08 ④

## 09 목적물의 변화에 추종하여 목표값이 변할 경우의 제어는?

① 프로그램 제어　　② 추종 제어
③ 비율 제어　　④ 정치 제어

해설 ㉠ 정치 제어 : 목표치가 시간에 관계없이 일정할 경우(프로세스 제어, 자동 조정)
㉡ 추치 제어 : 목표치가 시간에 따라 변화할 경우
- 추종 제어 : 목표치가 임의의 시간적 변위
  예 대공포의 포신 제어, 추적 레이더, 공작기계(선반)
- 프로그램 제어 : 목표치가 미리 정해진 시간적 변위
  예 열차의 무인 제어, 무조종사의 엘리베이터 제어
- 비율 제어 : 목표치가 다른 어떤 양에 비례

## 10 산업 로봇의 무인 운전을 위한 제어는?

① 추종 제어　　② 비율 제어
③ 프로그램 제어　　④ 정치 제어

해설 ㉠ 정치 제어 : 목표치가 시간에 관계없이 일정할 경우(프로세스 제어, 자동 조정)
㉡ 추치 제어 : 목표치가 시간에 따라 변화할 경우
- 추종 제어 : 목표치가 임의의 시간적 변위
  예 대공포의 포신 제어, 추적 레이더, 공작기계(선반)
- 프로그램 제어 : 목표치가 미리 정해진 시간적 변위
  예 열차의 무인 제어, 무조종사의 엘리베이터 제어
- 비율 제어 : 목표치가 다른 어떤 양에 비례

## 11 임의의 시간적 변화를 하는 목표치에 제어량을 추치시키는 것을 목적으로 하는 제어는?

① 추종 제어　　② 비율 제어
③ 프로그램 제어　　④ 정치 제어

해설 ㉠ 정치 제어 : 목표치가 시간에 관계없이 일정할 경우(프로세스 제어, 자동 조정)
㉡ 추치 제어 : 목표치가 시간에 따라 변화할 경우
- 추종 제어 : 목표치가 임의의 시간적 변위
  예 대공포의 포신 제어, 추적 레이더, 공작기계(선반)
- 프로그램 제어 : 목표치가 미리 정해진 시간적 변위
  예 열차의 무인 제어, 무조종사의 엘리베이터 제어
- 비율 제어 : 목표치가 다른 어떤 양에 비례

09 ② 10 ③ 11 ① Answer

**12** 대공포의 포신 제어는?

① 정치 제어 ② 추종 제어
③ 비율 제어 ④ 프로그램 제어

해설 추종 제어 : 목표치가 임의의 시간적 변위 예 대공포의 포신 제어, 추적 레이더, 공작기계(선반)

**13** 제어계의 각 부에 전달되는 모든 신호가 시간의 연속함수인 궤환 제어계는?

① 연속 데이터 제어계 ② 릴레이형 제어계
③ 간헐형 제어계 ④ 개회로 제어계

해설
- 연속 데이터 제어계 : 각부에 전달되는 모든 신호가 시간의 연속함수인 제어계
- 릴레이형 제어계 : ON-OFF 제어계

**14** 적분시간 1[s], 비례감도 2인 비례 적분 동작을 하는 제어계가 있다. 이 제어계에 동작 신호 $Z(t)=t$를 주었을 때 조작량은?(단, $t=0$일 때 조작량 $y(t)$의 값은 0으로 한다.)

① $t^2+2t$ ② $t^2+4t$
③ $t^2+5t$ ④ $t^2+6t$

해설 조작량 $y(t)=K\left[Z(t)+\frac{1}{T}\int Z(t)\,dt\right]=2\left[t+\frac{1}{1}\int t\,dt\right]=2\left[t+\frac{t^2}{2}\right]=t^2+2t$

**15** 어떤 제어계에서 위상 여유(Phase Margin) $\phi_m$이 $\phi_m > 0$의 관계를 만족할 때는 어떤 상태인가?

① 안정 ② 저속 진동
③ 불안정 ④ 불규칙 진동

해설
- 위상 여유의 크기가 1일 때 그 위상이 180°에 가까워지는 여유
- 위상 여유가 $\phi_m > 0$일 때 안정된 제어계를 나타낸다.

**16** 터널 다이오드의 응용 예가 아닌 것은?

① 증폭 작용 ② 발진 작용
③ 개폐 작용 ④ 정전압 정류 작용

해설 정전압 정류 작용 : 제너 다이오드

Answer 12 ② 13 ① 14 ① 15 ① 16 ④

## 17 PN 접합 다이오드에서 Cut－in Voltage란?

① 순방향에서 전류가 현저히 증가하기 시작하는 전압이다.
② 순방향에서 전류가 현저히 감소하기 시작하는 전압이다.
③ 역방향에서 전류가 현저히 감소하기 시작하는 전압이다.
④ 역방향에서 전류가 현저히 증가하기 시작하는 전압이다.

해설 Cut－in Voltage
순방향에 전류가 현저히 증가하기 시작하는 전압

## 18 PN 접합형 Diode는 어떤 작용을 하는가?

① 발진 작용　② 증폭 작용
③ 정류 작용　④ 교류 작용

해설 PN 접합형 다이오드는 순방향으로만 전류가 흐르는 특성(정류)이 있다.

## 19 권선비가 1 : 3인 전원 변압기를 통하여 100[V]의 교류 입력이 전파 정류되었을 때 출력전압의 평균치는?

① 약 300[V]　② 약 637[V]
③ 약 270[V]　④ 약 423[V]

해설 권수비가 1 : 3이면 출력전압이 300[V]이다.
정류전압(평균값) $V_a = 0.9V = 0.9 \times 300 = 270$[V]

## 20 단상정류로 직류 전압 100[V]를 얻으려면 반파정류의 경우에 변압기의 2차 권선 상전압 $V_s$를 얼마로 하여야 하는가?

① 약 122[V]　② 약 200[V]
③ 약 80[V]　④ 약 222[V]

해설 $V_a = 0.45V_s$(단상반파)

$$V_s = \frac{100}{0.45} = 222\text{[V]}$$

여기서, $V_a$ : 직류전압
$V_s$ : 상전압

17 ① 18 ③ 19 ③ 20 ④ Answer

**21** 220[V]의 교류 전압을 전파 정류하여 순저항 부하에 직류 전압을 공급하고 있다. 정류기의 전압 강하가 10[V]로 일정할 때 부하에 걸리는 직류 전압의 평균값은?

① 220[V] ② 198[V]
③ 188[V] ④ 99[V]

해설 단상전파

평균값 $V_a = \frac{2\sqrt{2}}{\pi}V - e_a = (0.9 \times 220) - 10 = 188[V]$

**22** 트랜지스터의 스위칭 시간에서 턴 오프 시간은?

① 하강시간 ② 상승시간+지연시간
③ 축적시간+하강시간 ④ 축적시간

해설 TR(트랜지스터)의 턴 오프 시간
축적시간과 하강시간을 합산한 시간을 말한다.

**23** 서미스터(Thermistor)의 설명으로 잘못된 것은?

① 부(−)의 온도계수를 갖고 있다.
② 정(+)의 온도계수를 갖고 있다.
③ 다른 전자장치의 온도 보상을 위하여 사용한다.
④ 열의 의존도가 큰 반도체를 서미스터의 재료로 사용한다.

해설 서미스터
- 열 의존도가 큰 반도체를 재료로 사용한다.
- 온도계수는 (−)를 갖고 있다.
- 온도 보상용으로 사용한다.

**24** 배리스터의 주된 용도는?

① 서지 전압에 대한 회로 보호용 ② 온도 보상
③ 출력 전류 조절 ④ 전압 증폭

해설 배리스터(Varistor)
- 전압에 따라 저항치가 변화하는 비직선 저항체
- 용도 : 서지 전압에 대한 회로 보호용 · 비직선적인 전압 전류 특성을 갖는 2단자 반도체 장치

Answer 21 ③ 22 ③ 23 ② 24 ①

## 25 배리스터(Varistor)란?

① 비직선적인 전압-전류 특성을 갖는 2단자 반도체 장치이다.
② 비직선적인 전압-전류 특성을 갖는 3단자 반도체 장치이다.
③ 비직선적인 전압-전류 특성을 갖는 4단자 반도체 장치이다.
④ 비직선적인 전압-전류 특성을 갖는 리액턴스 소자이다.

해설 배리스터(Varistor)
- 전압에 따라 저항치가 변화하는 비직선 저항체
- 용도 : 서지 전압에 대한 회로 보호용 · 비직선적인 전압 전류 특성을 갖는 2단자 반도체 장치

## 26 사이리스터(Thyristor)의 응용에 대한 설명으로 잘못된 것은?

① 위상이 제어에 의해 AC 전력 제어를 할 수 있다.
② AC 전원에서 가변 주파수의 AC 변환이 가능하다.
③ DC 전력의 증폭인 컨버터가 가능하다.
④ 위상 제어에 의해 제어 정류, 즉 AC를 가변 DC로 변환할 수 있다.

해설 사이리스터 응용
위상 제어, 정지 스위치, 인버터 초퍼, 타이머 회로, 트리거 회로, 카운터, 과전압 보호

## 27 다음은 사이리스터를 이용하여 얻을 수 있는 결과들이다. 적당하지 않은 것은?

① 교류 전력 제어
② 주파수 변환
③ 직류 위상 변환
④ 직류 전압 변환

해설 직류는 위상이 없으므로 변환되지 않는다.

## 28 다음은 SCR에 대한 설명이다. 적당한 것은?

① 증폭기능을 갖는 단일방향성의 3단자 소자
② 정류기능을 갖는 단일방향성의 3단자 소자
③ 제어기능을 갖는 쌍방향성의 3단자 소자
④ 스위칭 기능을 갖는 쌍방향성의 3단자 소자

해설 SCR
- 정류기능
- 단방향 3단자
- 소형이면서 대전력용

25 ① 26 ③ 27 ③ 28 ② Answer

**29** 다음 그림의 통칭은?

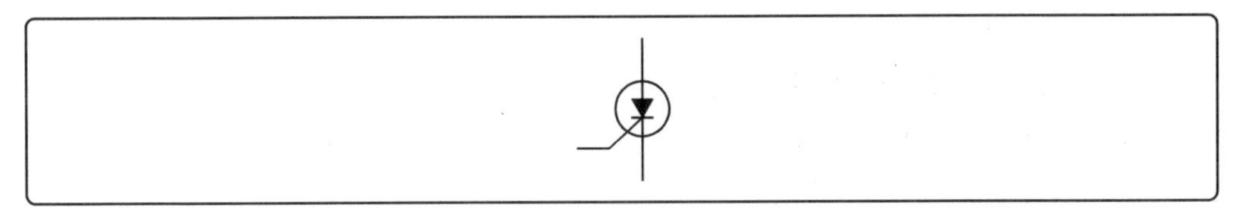

① SSS ② PUT
③ SCR ④ DIAC

**30** 실리콘 제어 정류기(SCR)의 전압 대 전류 특성과 비슷한 소자는?

① 사이러트론(Thyratron) ② 마그네트론(Magnetron)
③ 클라이스트론(Klystron) ④ 다이너트론(Dynatron)

해설 SCR(Silicon Controlled Rectifier)

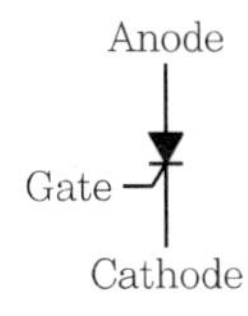


- 게이트 작용 : 통과 전류 제어 작용
- 이온 소멸시간이 짧다.
- 게이트 전류에 의해서 방전 개시 전압을 제어할 수 있다.
- PNPN 구조로서 부성(−) 저항 특성이 있다.
- 사이러트론과 기능이 비슷하다.

**31** SCR을 사용할 경우 올바른 전압 공급 방법은?

① 애노드 ⊖전압, 캐소드 ⊕전압, 게이트 ⊕전압
② 애노드 ⊖전압, 캐소드 ⊕전압, 게이트 ⊖전압
③ 애노드 ⊕전압, 캐소드 ⊖전압, 게이트 ⊕전압
④ 애노드 ⊕전압, 캐소드 ⊖전압, 게이트 ⊖전압

Answer 29 ③ 30 ① 31 ③

**32** 도전 상태(ON 상태)에 있는 SCR을 차단 상태(OFF 상태)로 하기 위한 방법으로 알맞은 것은?

① 게이트 전류를 차단시킨다.
② 게이트 역방향 바이어스를 인가시킨다.
③ 양극 전압을 음으로 한다.
④ 양극 전압을 더 높게 한다.

**33** SCR에 대한 설명이 잘못된 것은?

① SCR은 순방향으로 부성 저항을 가지고 있다.
② OFF 상태의 저항은 매우 낮다.
③ ON 상태에서는 PN 접합의 순방향과 마찬가지로 낮은 저항을 나타낸다.
④ SCR은 실리콘의 PNPN 4층으로 되어 있다.

해설 SCR은 OFF 상태에서 저항이 매우 높아 도통되지 않는다.

**34** 역저지 3극 사이리스터의 통칭은?

① SSS　　② SCS
③ LASCR　　④ TRIAC

해설 ① SSS : 양방향 2단자
② SCS : 역저지 4단자
③ LASCR : 역저지 3단자
④ TRIAC : 양방향 3단자

**35** 다음 사이리스터 중 3단자 사이리스터가 아닌 것은?

① SCR　　② GTO
③ LASCR　　④ SCS

해설 SCS(Silicon Controlled Switch) : 단방향(역저지) 4단자 소자

**36** 위상 제어용에 사용되는 것은?

① DIAC　　② UJT
③ SCR　　④ SBS

32 ③　33 ②　34 ③　35 ④　36 ③ Answer

해설 위상 제어
파형이 작아지면 전력이 작아지고 파형의 위치(위상)를 바꾸어 줌으로써 교류를 제어하는 것

**37** 소형이면서 대전력용 정류기로 사용하는 것은?

① 게르마늄 정류기 ② SCR
③ 수은 정류기 ④ 셀렌 정류기

해설 SCR은 소형 경량이고 수명이 길며 다른 소자에 비해 효율이 높고 고속동작이 용이하다.

**38** SCR의 턴온(Turn On) 시 20[A]의 전류가 흐른다. 게이브 전류를 반으로 줄이면 애노드의 전류[A]는?

① 5 ② 10
③ 20 ④ 40

해설 SCR이 일단 ON 되면 전류 제어 기능이 없다.

**39** 핀치 오프(Pinch Off) 전압을 설명한 것 중 옳은 것은?

① 드레인(Drain) 전류가 0[A]일 때 게이트(Gate)와 드레인 사이의 전압
② 드레인 전류가 0[A]일 때 드레인과 소스(Source) 사이의 전압
③ 드레인 전류가 0[A]일 때 게이트와 소스 사이의 전압
④ 드레인 전류가 흐르고 있을 때 드레인과 소스 사이의 전압

해설 핀치 오프 전압
FET에서 일어나는 현상으로 게이트와 소스 사이에 역전압을 증가시키며 드레인 전류가 0[A] 될 때의 전압

**40** 고전압 · 대전력 정류기로서 가장 적당한 것은?

① 회전 변류기 ② 수은 정류기
③ 전동 발전기 ④ 베르토로

해설 고전압 · 대전력 정류기로 수은 정류기를 사용한다.

Answer 37 ② 38 ③ 39 ③ 40 ②

## 41 SCS(Silicon Controlled SW)의 특징이 아닌 것은?

① 게이트 전극이 2개이다.
② 직류 제어 소자이다.
③ 쌍방향으로 대칭적인 부성 저항 영역을 갖는다.
④ AC의 ⊕, ⊖ 전파 기간 중 트리거용 펄스를 얻을 수 있다.

해설 SCS는 단일 방향성 4단자 소자이다.

## 42 어느 쪽 게이트에서든 게이트 신호를 인가할 수 있고 역저지 4극 사이리스터로 구성된 것은?

① SCS ② GTO
③ PUT ④ DIAC

해설 SCS는 Gate 전극이 2개이며 어느 쪽 게이트에서든 게이트 신호를 인가할 수 있다.

## 43 다음 사이리스터 소자 중 게이트에 의한 턴온을 이용하지 않는 소자는?

① SSS(Silicon Symmetrical Switch)
② SCR(Silicon Controlled Rectifire)
③ GTO(Gate Turn Off)
④ SCS(Silicon Controlled Switch)

해설 SSS는 $T_1$, $T_2$를 가지고 있으며 게이트가 없어 게이트에 의한 턴온을 할 수 없다.

## 44 TRIAC에 대하여 옳지 않은 것은?

① 역병렬 2개로 보통 SCR과 유사하다.
② 쌍방향성 3단자 사이리스터이다.
③ AC 전력의 제어용이다.
④ DC 전력의 제어용이다.

해설 TRIAC(Triode Switch for AC)
- 쌍방향 3단자 소자
- SCR 역병렬 구조와 동일
- 교류 전력을 양극성으로 제어
- 과전압에 의한 파괴가 안 됨
- 포토커플러+트라이액 : 교류 무접점 릴레이회로 이용

41 ③ 42 ① 43 ① 44 ④ Answer

**45** 다음 사이리스터 중 3단자 형식이 아닌 것은?

① SCR ② GTO
③ DIAC ④ TRIAC

해설 DIAC : 쌍방향 2단자

**46** 어떤 정류회로에서 부하 양단의 평균 전압이 2,000[V]이고 맥동률은 2[%]이다. 출력에 포함된 교류분 전압의 크기[V]는?

① 60 ② 50
③ 40 ④ 30

해설 $맥동률 = \frac{교류분}{직류분}$

$교류분 = 직류분 \times 맥동률 = 2,000 \times 0.02 = 40[V]$

**47** 그림과 같은 PUT를 사용한 2단자 발진회로가 있다. 이 회로에서 진성 스탠드 오프 비(Stand Off Ratio)를 결정하는 소자는?

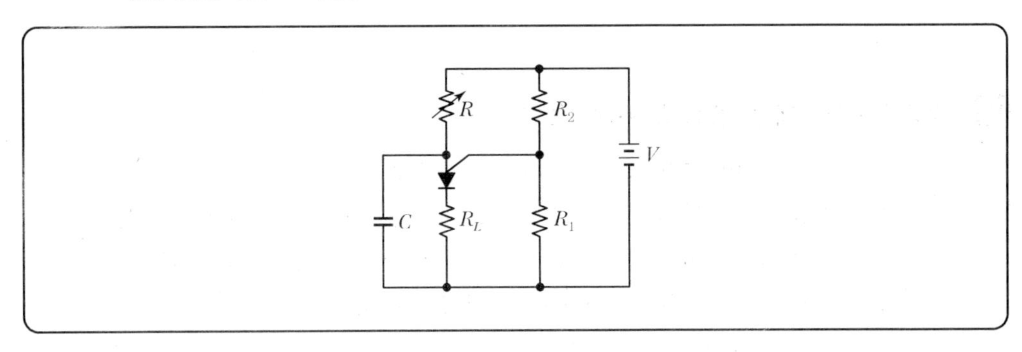


① $C$ ② $R_1$
③ $R_1$, $R_2$ ④ $R$

해설 $\eta = \frac{R_1}{R_1 + R_2}$

Answer 45 ③ 46 ③ 47 ③

## 48 전기집진기는 어떠한 것을 이용한 것인가?

① 정전기력　② 자기력
③ 만유인력　④ 전자기력

해설 전기집진기
기체 중에 부유하는 고체형 미립자를 전기적으로 제거 또는 채집하는 장치로서 정전기력을 이용한다.

## 49 정전기력을 이용하지 않는 장치는?

① 정전도장장치　② 정전 선별기
③ 전기집진장치　④ X선 장치

해설 ㉠ 정전기력 이용 장치
- 정전도장장치
- 정전 선별기
- 전기집진장치

㉡ X선 발생장치
- 고전압 발생장치
- 고전압 정류장치
- X선 가열장치

## 50 전기집진기에 대한 설명으로 옳은 것은?

① 교류 고전압에 의한 부성 코로나를 이용한 것이다.
② 직류 고전압에 의해 방전 전극의 부성 코로나 방전을 따르는 공기 전리이다.
③ 직류 고전압 방전을 따르며 부극성 집진 전극에 의해 양이온을 흡수한다.
④ 교류 고전압 방전에 의해 충격 이온을 얻어 집진한다.

해설 전기집진기
코로나 방전에 의해서 분진에 음이온화의 대전을 발생시켜서, 이것을 양극에 포집하려고 하는 원리에 입각한 것이다. 시멘트공장의 배기나, 또는 화력발전소의 매연 등을 집진할 때 사용되고 있다.

48 ①　49 ④　50 ③ Answer

# 전동기 응용



## 1 전동기 동력학 기초

* 전동기의 장단점

- 장점 : 종류 다양, 취급 용이, 제어 간단 정밀, 진동과 소음이 적다.
- 단점 : 외관만으로 고장난 곳을 찾기 어렵다.

### 1. 회전운동에너지 : $W$[J]

| | | |
|---|---|---|
| 뉴턴의 제2법칙 | $W=\frac{1}{2}m\cdot v^2$[J] | $v=r\cdot\omega$[m/s] |
| | $W=\frac{1}{2}mr^2\cdot\omega^2$ | $J=mr^2$[kg · m²] |
| | $W=\frac{1}{2}J\cdot\omega^2$[J] | $J$ : 관성 모멘트$=\frac{GD^2}{4}$ |
| | $W=\frac{1}{2}\cdot\frac{1}{4}GD^2\cdot\omega^2=\frac{1}{8}GD^2\cdot\omega^2$[J] | |

① 운동에너지 계산식

$\omega=2\pi n=\frac{2\pi N}{60}$ 이므로

$W=\frac{1}{8}GD^2\left(2\pi\times\frac{N}{60}\right)^2=\frac{GD^2N^2}{730}$[J]이다.

② 회전속도가 ($n_2\rightarrow n_1$)로 감속될 때 방출에너지

$$W=\frac{GD^2}{730}(n_2{}^2-n_1{}^2)[\mathrm{J}]$$

③ 관성 모멘트 : $J=\frac{GD^2}{4}$[kg · m²]

플라이휠(Flywheel) : $GD^2=4J$[kg · m²]

여기서, $GD^2$ : 회전체의 속도 변동을 줄이기 위해 회전 에너지를 축적해 두기 위한 판

## 2. 토크(회전력) : $T$[kg · m][N · m](효율과 무관하다.)

① $T = \dfrac{P_m}{\omega} = \dfrac{P_m}{2\pi n}$ [N · m]

여기서, $P_m$ : 2차 출력[W], $n$ : 회전수[rps]

$$T = \frac{P_m}{2\pi \dfrac{N}{60}} \times \frac{1}{9.8} = \frac{60}{2\pi \times 9.8} \times \frac{P_m}{N} = 0.975 \times \frac{P_m}{N} \text{[kg · m]}$$

$\therefore\ T = 0.975 \times \dfrac{P_m}{N}$ [kg · m]　　$\therefore\ P_m$ [W]

$T = 975 \times \dfrac{P_m}{N}$ [kg · m]　　$\therefore\ P_m$ [kW]

② 토크 이너셔비 : $\dfrac{T(\text{토크})}{J(\text{관성 모멘트})}$

③ 전동기 가속 상태 : $T - (T_L + T_B) - J\dfrac{dT}{d\omega} > 0$

전동기 감속 상태 : $T - (T_L + T_B) - J\dfrac{dT}{d\omega} < 0$

$\therefore\ J\dfrac{dT}{d\omega} > T - (T_L + T_B)$

④ 안전운전조건 : $\left(\dfrac{dT}{d\omega}\right)_L > \left(\dfrac{dT}{d\omega}\right)_M$

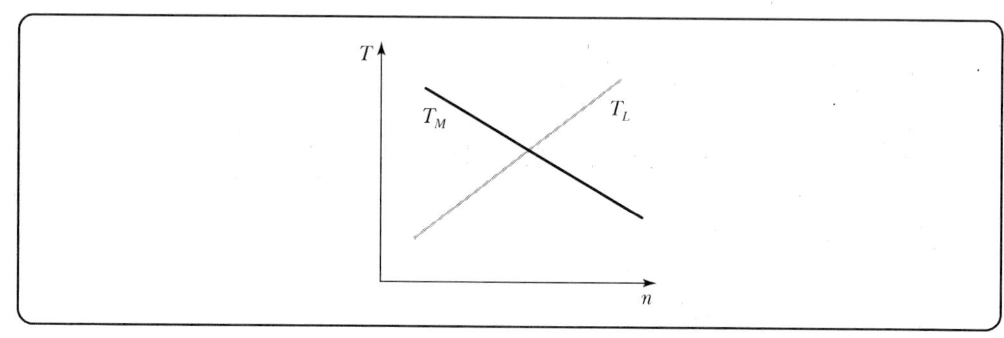

## 2 전동기의 선정

### 1. 전동기 입력

① 직류 : $P = VI$[W]

② 교류

- 단상 : $P = VI\cos\theta$
- 3상 : $P = \sqrt{3}\ VI\cos\theta$ [W]

### 2. 전동기 온도 상승

$$T = \frac{P_L}{h \cdot s}[℃]$$

여기서, $P_L$ : 손실

$h$ : 발열계수

$s$ : 방열면적

| 종별 | B | E | A | Y |
|---|---|---|---|---|
| 온도[℃] | 130 | 120 | 105 | 90 |

### 3. 전동기 정격

① 연속 정격

② 단시간 정격(수문의 개폐장치)

③ 반복 정격(엘리베이터)

## 3 전동기 제어

### 1. 종류

직류 : 속도 조정이 간단하고 정밀한 속도 제어

① 직권(변속도) 특성 : 토크가 증가하면 속도가 저하되는 특성

- 기동토크가 크다. $\left(T \propto I^2 \propto \frac{1}{N^2}\right)$ : 전기 기관차, 기중기
- 직류, 교류에 이용

② 분권(정속도) 특성 : 토크가 변화하여도 속도가 크게 변하지 않는 특성

- 정속도 특성 : $P \propto T$
- 자기 기동이 어렵다.

③ 복권

• 가동

• 차동

**＊ 교류**

• 전원을 자유롭게 얻을 수 있고 주조가 견고하며 가격이 염가이다.
• 농형 유도 전동기 · 브러시를 사용하지 않는다.
• 10[kW] 이하 크레인에 사용

**＊ 특수 농형**

• 기동이 빈번한 부하
• 동기속도 이상 회전이 불가능
• 동기 전동기 : 효율이 가장 높고 속도 변동률이 0이며, 자기 기동이 어렵다.
• 단상 유도 전동기 : 속도 변동이 크고 효율이 낮다.(가정용에 이용)

**＊ 기동토크가 큰 순서**

반발 기동형 > 반발 유도형 > 콘덴서 기동형 > 분상 기동형 > 셰이딩 코일형

**＊ 속도 변동률이 큰 순서**

단상 유도 전동기 > 농형 유도 전동기 > 권상형 유도 전동기 > 동기 전동기

## 2. 유도 전동기의 기동법

### 1) 권선형 기동법

2차 저항기동(기동저항기법) : 비례 추이 원리 이용
(2차 외부저항을 증가할수록 기동 시 토크는 증가하고 기동전류는 작게 된다.)

### 2) 농형 기동법

① 전전압 기동(직입기동) : 5[Hp] 이하 소용량

**＊ 전전압 기동 시 기동전류가 전부하전류의 6배**

② 감전압 기동

㉠ Y－△ 기동(5～15[kW])〈Y기동, △운전〉

Y기동 시에는 △기동 시에 비하여 전압이 $\frac{1}{\sqrt{3}}$로 감소

- 기동전류가 $\frac{1}{3}$배 감소
- 기동 시 토크도 $\frac{1}{3}$배 감소

㉡ 리액터 기동(15[kW] 이상) : 리액터에 의한 전압강하방식

㉢ 기동보상기법(15[kW] 이상) : 강압용 단권 변압기 3대를 Y결선하여 감전압 기동하는 방식(Tap : 50[%], 65[%], 80[%])

## 3. 제동법

### 1) 발전 제동

① 운동에너지를 전기에너지로 변환

② 자체 저항이 소비되면서 제동

### 2) 회생 제동

① 유도 전압을 전원 전압보다 높게 하여 제동하는 방식

② 발전 제동하여 발생된 전력을 선로로 되돌려 보냄

③ 전원 : 회전 변류기를 이용

④ 장소 : 산악지대의 전기 철도용

### 3) 역전(역상) 제동

① 일명 플러깅이라 함

② 3상 중 2상을 바꾸어 제동

③ 속도를 급격히 정지 또는 감속시킬 때

### 4) 와전류 제동

① 구리의 원판을 자계 내에 회전시켜 와전류에 의해 제동

② 전기 동력계법에 이용

### 5) 기계 제동

전동기에 붙인 제동화에 전자력으로 가압

## 4. 속도 제어

1) 직류 전동기 : $N = K\dfrac{V - I_a R_a}{\phi}$

① 저항 제어 : 전류 제한이 목적이므로 효율이 낮고 전력 손실이 크다.

② 전압 제어

㉠ 워드 레오너드 방식 : 10 : 1 범위까지

㉡ 일그너 방식 : 부하가 수시로 변하는 데 사용

- 플라이휠 이용
- 가변속도 대용량 제관기
- 제철용 압연기

㉢ 초퍼 제어 방식 : 대형 전기 철도

③ 계자 제어 : 미세 제어

2) 교류 전동기

① 주파수 제어

㉠ Pot Moter

- 인견 공장에서 이용
- 회전수 : 6,000~10,000[rpm]
- 농형 유도 전동기

㉡ 선박의 전기 추진

② 극수 변환

- 극수를 바꾸어 속도 변환 : $N_s = \dfrac{120f}{P}$[rpm]
- 승강기, 송풍기, 펌프, 목공기계, 공작기계

③ 전압 제어 : 토크의 전압 2승에 비례, $T \propto V^2$

④ 2차 저항 제어 : 비례 추이 원리를 이용

* 슬립 $S = \dfrac{N_s - N}{N_s}$

여기서, $N_s$ : 동기속도

$N$ : 회전속도

## 4 전동력 응용의 실제

### 1. 펌프

$$P = \frac{9.8KQH}{\eta}[\text{kW}]$$

여기서, $K$ : 여유계수, $Q$ : 양수량[m$^3$/sec], $H$ : 높이

$$P = \frac{9.8KQH}{\eta \cdot 60} = \frac{KQH}{6.12\eta}[\text{kW}]$$

여기서, $Q$ : 양수량[m$^3$/분]

### 2. 기중기 · 권상기 · 엘리베이터

$$P = \frac{W \cdot V}{6.12\eta} \times K \times F[\text{kW}]$$

여기서, $W$ : 권상하중[ton], $V$ : 권상속도[m/분], $K$ : 여유계수
$F$ : 평형률(엘리베이터에서 적용), $\eta$ : 효율

### 3. 송풍기

$$P = \frac{KQH}{6,120\eta}[\text{kW}]$$

여기서, $K$ : 여유계수, $Q$ : 풍량[m$^3$/분]
$H$ : 풍압[mmAq], $\eta$ : 효율

## 5 전동기 형식

① **방수형** : 지정 조건에서 1~3분 동안 주수하여도 물이 침입할 수 없는 구조
② **방식형** : 부식성의 산 · 알칼리 또는 유해가스가 존재하는 장소에서 실용상 지장 없이 사용할 수 있는 구조
③ **내산형** : 바닷바람이나 염분이 많은 곳에 적당한 구조
④ **방폭형** : 폭발성 가스가 존재하는 곳에 사용할 수 있는 구조
⑤ **방적형** : 낙하하는 물방울 또는 이 물체가 직접 전동기 내부로 침입할 수 없는 구조

# Chapter 06 실·전·문·제

**01** 전동기 동력의 우수한 점에 해당하지 않는 것은?

① 취급이 용이하고, 제어가 간단하며, 정밀하게 된다.
② 외관만으로는 고장 난 곳을 찾기 어렵다.
③ 전동기의 종류가 많다.
④ 진동, 소음이 적고 청결하다.

해설 고장 난 곳을 찾기 어려운 것은 단점이다.

**02** 권상기는 다음 동력 중 어느 것에 속하는가?

① 마찰 동력
② 축적된 에너지 동력
③ 유체 동력
④ 가속 동력

**03** 플라이휠의 사용과 관계가 없는 것은?

① 첨두 부하값이 감소한다.
② 최대 토크가 작아진다.
③ 전류의 동요가 감소된다.
④ 효율이 좋아진다.

해설 플라이휠은 회전에너지를 축적하였다가 부하 변동에 대응하는 것으로 효율과 무관하다.

**04** 관성 모멘트가 150[kg · m²]인 회전체의 $GD^2$은?

① 150
② 450
③ 600
④ 900

해설 $GD^2 = 4J = 4 \times 150 = 600$[kg · m²]

01 ② 02 ② 03 ④ 04 ③ Answer

**05** 유도 전동기를 기동하여 각속도 $\omega_s$에 이르기까지 회전자에서의 발열 손실 $Q$[J]를 나타낸 식은?(단, $J$는 관성 모멘트이다.)

① $\frac{1}{2}J\omega_s t$　② $\frac{1}{2}J\omega_s{}^2$

③ $\frac{1}{2}J\omega_s$　④ $\frac{1}{2}J\omega_s{}^2 t$

해설 $W=\frac{1}{2}mv^2=\frac{1}{2}mr^2\omega^2=\frac{1}{2}J\omega^2$　$(J=\frac{1}{4}GD^2)$

$=\frac{1}{8}GD^2\omega^2[\text{J}]$

**06** 회전체의 축세 효과가 $GD^2$일 때 이 회전체에서 갖는 에너지를 식으로 나타내면?(단, $\omega$는 회전 각속도이다.)

① $\frac{1}{2}GD^2\omega^2$　② $\frac{1}{4}GD^2\omega^2$

③ $\frac{1}{8}GD^2\omega^2$　④ $\frac{1}{12}GD^2\omega^2$

해설 $W=\frac{1}{2}mv^2=\frac{1}{2}mr^2\omega^2=\frac{1}{2}J\omega^2$　$(J=\frac{1}{4}GD^2)$

$=\frac{1}{8}GD^2\omega^2[\text{J}]$

**07** $GD^2=150[\text{kg}\cdot\text{m}^2]$의 플라이휠이 1,200[rpm]으로 회전하고 있을 때 축적 에너지는 약 몇 [J]인가?

① 296,000　② 148,000

③ 79,000　④ 39,000

해설 $W=\frac{GD^2\cdot N^2}{730}=\frac{150\times 1{,}200^2}{730}=296{,}000[\text{J}]$

Answer 05 ② 06 ③ 07 ①

**08** 200[kg · m²]의 $GD^2$을 갖고 있는 플라이휠을 전동기에 직결하여 운전하고 있을 때, 부하가 급격히 증가하여 회전속도 1,500[rpm]에서 1,450[rpm]으로 저하하였다. 이 플라이휠이 방출하는 운동에너지는 대략 얼마인가?

① 30,000[J] ② 40,410[J]
③ 50,510[J] ④ 60,000[J]

해설 $W = \frac{GD^2}{730}({n_2}^2 - {n_1}^2) = \frac{200}{730}(1{,}500^2 - 1{,}450^2) = 40{,}410\,[\mathrm{J}]$

**09** 전동기 부하를 운전할 때 운전이 안전하기 위해서 전동기 및 부하의 각속도($\omega$) – 토크($T$) 특성에 만족해야 할 조건은?(단, $M$, $L$은 각각 전동기, 부하를 표시한다.)

① $\left(\frac{dT}{d\omega}\right)_M > \left(\frac{dT}{d\omega}\right)_L$ ② $\left(\frac{dT}{d\omega}\right)_M = \left(\frac{dT}{d\omega}\right)_L$

③ $\left(T\frac{d\omega}{dT}\right)_M > \left(T\frac{dT}{d\omega}\right)_L$ ④ $\left(\frac{dT}{d\omega}\right)_L > \left(\frac{dT}{d\omega}\right)_M$

해설 • 안정 운전 조건 : $\left(\frac{dT}{d\omega}\right)_L > \left(\frac{dT}{d\omega}\right)_M$

• 불안정 운전 조건 : $\left(\frac{dT}{d\omega}\right)_L < \left(\frac{dT}{d\omega}\right)_M$

**10** 안정한 정상운전의 조건은?(단, 부하 토크 $L$, 전동기 토크 $M$이다.)

①
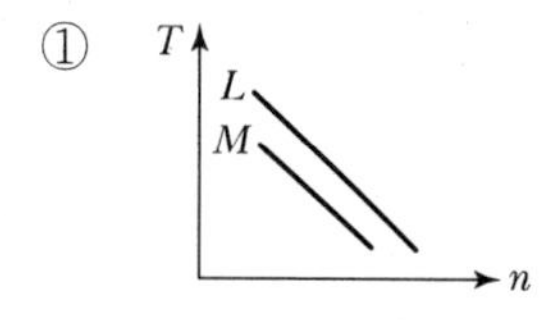


②
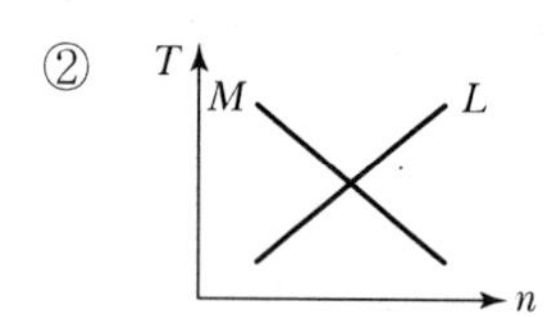


③
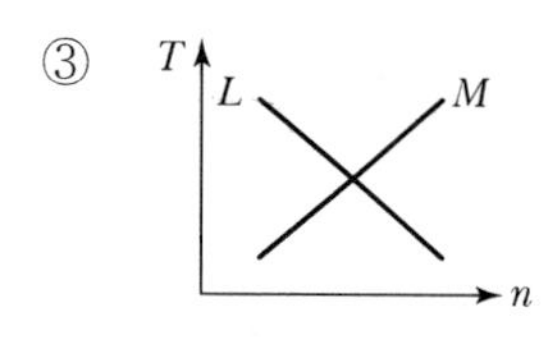


④
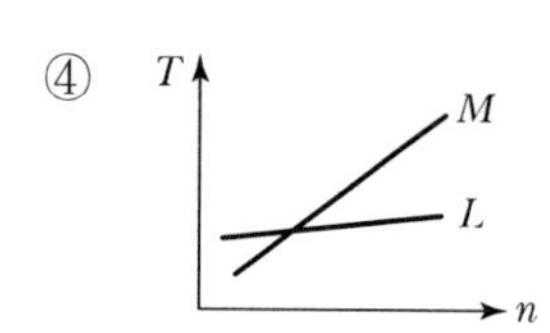


해설 안정된 정상운전 조건
속도가 상승함에 따라 전동기 토크보다 부하 토크가 크게 되는 특성이어야 한다.

08 ② 09 ④ 10 ② Answer

**11** 전동기 축으로 환산한 합성 관성 모멘트를 $J$, 각속도를 $\omega$, 전동기의 발생 토크를 $T$, 부하 토크를 $T_L$, 마찰 및 기타에 소요되는 토크를 $T_B$라고 할 때 전동기의 감속 상태를 표시하는 식은?

① $J\frac{d\omega}{dt} < T-(T_L+T_B)$
② $J\frac{d\omega}{dt} = T-(T_L+T_B)$
③ $J\frac{d\omega}{dt} > T-(T_L+T_B)$
④ $J\frac{d\omega}{dt} = \alpha T-(T_L+T_B)$

해설 $T-\left(T_L+T_B+J\frac{d\omega}{dt}\right)>0$이면 가속 상태

$T-\left(T_L+T_B+J\frac{d\omega}{dt}\right)<0$이면 감속 상태

$T-\left(T_L+T_B+J\frac{d\omega}{dt}\right)=0$일 때는 일정 속도

**12** 전동기의 열시정수는?

① 온도가 상승할 때나 냉각할 때나 일정하다.
② 열시정수가 크면 온도 상승이 빨라진다.
③ 온도가 상승할 때와 냉각할 때 차이가 있다.
④ 단시간 과부하에 견디지 못한다.

**13** 직류 직권 전동기는 다음의 어느 부하에 적당한가?

① 정토크 부하
② 정속도 부하
③ 정출력 부하
④ 변출력 부하

해설 전동기 종류
㉠ 직권 전동기
- 기동토크가 크다.
- 전기 기관차, 기중기
- 직류, 교류에 이용
- $T \propto I^2 \propto \frac{1}{N^2}$

㉡ 분권 전동기
- 정속도 특성($P \propto T$)
- 자기 기동이 어렵다.

Answer 11 ③ 12 ① 13 ③

## 14 직류 직권 전동기의 용도는?

① 펌프용 ② 압연기용
③ 전기 철도용 ④ 송풍기용

해설 전동기 종류
㉠ 직권 전동기
- 기동토크가 크다.
- 전기 기관차, 기중기
- 직류, 교류에 이용
- $T \propto I^2 \propto \dfrac{1}{N^2}$

㉡ 분권 전동기
- 정속도 특성($P \propto T$)
- 자기 기동이 어렵다.

## 15 기동토크가 큰 특성을 가지는 전동기는?

① 직류 분권 전동기 ② 직류 직권 전동기
③ 3상 농형 유도 전동기 ④ 3상 동기 전동기

해설 전동기 종류
㉠ 직권 전동기
- 기동토크가 크다.
- 전기 기관차, 기중기
- 직류, 교류에 이용
- $T \propto I^2 \propto \dfrac{1}{N^2}$

㉡ 분권 전동기
- 정속도 특성($P \propto T$)
- 자기 기동이 어렵다.

## 16 토크가 증가하면 가장 급격히 속도가 감소하는 전동기는?

① 직류 직권 전동기 ② 직류 분권 전동기
③ 직류 분권 전동기 ④ 3상 유도 전동기

해설 직류 직권 전동기 : $T \propto \dfrac{1}{N^2}$

14 ③ 15 ② 16 ① Answer

**17** 교류, 직류를 모두 사용할 수 있는 전동기는?

① 동기 전동기　② 직권 전동기
③ 콘덴서 기동 전동기　④ 히스테리시스 전동기

해설
- 직권 전동기 : 교류, 직류 사용 가능
- 교류 전용 전동기 : 동기 전동기, 콘덴서 전동기, 히스테리시스 전동기

**18** 다음 전동기(직류) 중에서 브러시가 없는 것은?

① 분권 전동기　② 직권 전동기
③ 타여자 전동기　④ 무정류자 전동기

해설 브러시 : 정류 작용

**19** 직권 정류자 전동기는 다음에 분류하는 전동기 중 어디에 속하는가?

① 정속도 전동기　② 다속도 전동기
③ 가감속도 전동기　④ 변속도 전동기

해설 직권 정류자 전동기
- 직권 전동기의 특성과 비슷
- 토크가 증가하면 속도가 저하되는 특성

**20** 다음 중 분권 전동기의 특성은?

① 출력 $P$는 토크 $\tau$에 비례한다.　② 출력 $P$는 속도 $n$에 비례한다.
③ 출력 $P$는 토크 $\tau$에 역비례한다.　④ 출력 $P$는 속도 $n$에 역비례한다.

해설 분권 전동기
- 정속도 특성($P \propto T$)
- 자기 기동이 어렵다.

**21** 기동기용으로 사용되지 않는 전동기는?

① 직류 직권 전동기　② 직류 분권 전동기
③ 교류 농형 유도 전동기　④ 교류 권선형 3상 유도 전동기

Answer 17 ②　18 ④　19 ④　20 ①　21 ②

해설 직류 분권 전동기
기동토크가 작기 때문에 기동기용으로 사용되지 않는다.

**22** 부하에 관계없이 회전수가 일정하며, 몇 단계로 회전수를 바꾸는 전동기로서 직류 분권 및 타여자 전동기, 농형 유도 전동기는 어떤 속도 전동기에 속하는가?

① 정속도 전동기
② 변속도 전동기
③ 다단속도 전동기
④ 가감속도 전동기

해설 정속도 전동기
- 부하에 관계없이 회전수가 일정
- 종류 : 직류 분권, 타여자, 농형 유도 전동기

**23** 농형 유도 전동기의 기동에 있어 다음 중 옳지 않은 방법은?

① 전전압 기동
② 단권 변압기에 의한 기동
③ Y－△ 기동
④ 2차 저항에 의한 기동

해설 2차 저항 기동
권선형 유도 전동기

**24** 기동이 빈번한 경우에 적당한 전동기는 어느 것인가?

① 권선형 유도 전동기
② 보통 유도 전동기
③ 특수 농형 유도 전동기
④ 초동기 전동기

**25** 다음 단상 유도 전동기 중 기동토크가 가장 큰 것은?

① 분상 기동 전동기
② 콘덴서 기동 전동기
③ 콘덴서 전동기
④ 반발 기동 전동기

해설 단상 유도 전동기의 기동토크가 큰 순서
반발 기동형 > 반발 유도형 > 콘덴서 기동형 > 분상 기동형 > 셰이딩 코일형

22 ① 23 ④ 24 ③ 25 ④ Answer

## 26 기동토크가 가장 작은 전동기는?

① 반발 기동형 ② 반발 유도형
③ 분상 기동형 ④ 콘덴서 기동형

해설 단상 유도 전동기의 기동토크가 큰 순서
반발 기동형 > 반발 유도형 > 콘덴서 기동형 > 분상 기동형 > 셰이딩 코일형

## 27 반발 전동기의 속도 조정에 편리한 방법은?

① 2차 저항을 이용한다. ② 전압을 조정한다.
③ 권선 방법을 변경한다. ④ 브러시를 이동한다.

해설 반발 전동기
정류자와 브러시가 있어 주축에 대한 브러시의 위치각을 이동함으로써 발생 토크가 가변되어 속도가 변화된다.

## 28 다음 중 속도 변동률이 가장 큰 전동기는?

① 단상 유도 전동기 ② 권선형 유도 전동기
③ 3상 농형 유도 전동기 ④ 3상 동기 전동기

해설 전동기의 속도 변동률이 큰 순서
단상 전동기>농형 전동기>권상형 전동기>동기 전동기

## 29 유도 전동기의 기동법이 아닌 것은?

① Y-△ 기동법 ② 기동보상기법
③ 기동 권선법 ④ 저항 기동법

해설 유도 전동기의 기동법
- 농형 : 직입기동, Y-△ 기동, 감압기동(단권 변압기, 1차 저항 리액터)
- 권선형 : 2차 저항 기동

## 30 선박의 전기 추진에 많이 사용되는 속도 제어 방식은?

① 극수 변환 제어 방식 ② 전원 주파수 제어 방식
③ 2차 저항 제어 방식 ④ 크래머 제어 방식

Answer ➲ 26 ③ 27 ④ 28 ① 29 ③ 30 ②

**해설** 전원 주파수 제어 방식
발전기의 구동용 원동기 속도를 바꾸어 전원 주파수를 변환시켜 전동기 속도를 제어하는 방식

## 31 2차 저항 제어를 하는 권선형 유도 전동기의 속도 특성은?

① 가감 정속도 특성　② 가감 변속도 특성
③ 다단 변속도 특성　④ 다단 정속도 특성

**해설** 2차 저항 제어
비례추이를 이용하는 방식으로 2차 저항을 변화하면 슬립도 변화하여 속도를 가감 변속하는 방식

## 32 인견 공업에 쓰이는 포트 모터의 속도 제어에는 어느 것이 가장 좋은가?

① 주파수 변환에 의한 제어　② 극수 변환에 의한 제어
③ 일차의 회전에 의한 제어　④ 저항에 의한 제어

**해설** 포트 모터(Pot Motor)
- 인조견사를 감아 구동하는 전동기
- 회전속도 : 6,000~10,000[rpm] 고속운전
- 속도 제어 : 주파수 변환에 의한 제어
- 농형 유도 전동기

## 33 유도 전동기의 속도 제어법 중에서 인버터를 사용하면 가장 효과적인 것은?

① 극수 변환법　② 슬립 변환법
③ 주파수 변환법　④ 인가 전압 변화법

**해설** 주파수 변환법
인버터를 이용한 속도 제어법

## 34 가장 속도가 빠른 전동기를 필요로 하는 것은?

① 엘리베이터　② 제지 권취기
③ 침목기　④ 포트 모터

**해설** 포트 모터는 6,000~10,000[rpm]의 고속 회전을 한다.

31 ② 32 ① 33 ③ 34 ④ Answer

**35** **전동기의 전기자 전원을 끊고 전동기를 발전기로 동작시키며 회전운동에너지로 발생하는 전력을 그 단자에 접속한 저항에 열로 소비시키는 제동 방법은?**

① 단상 제동 ② 발전 제동
③ 회생 제동 ④ 역상 제동

해설 발전 제동
전동기의 전기자를 전원에서 끊고 전동기를 발전기로 동작시키며 회전운동에너지로 발생하는 전력을 그 단자에 접속한 저항에 열로 소비시켜 제동하는 방법

**36** **전동기를 발전기로 운전시키고 유도 전압을 전원 전압보다 높게 하여 발생 전력을 전원에 변환하는 방식의 제동은?**

① 발전 제동 ② 와전류 제동
③ 역상 제동 ④ 회생 제동

해설 회생 제동
- 유도 전압을 전원 전압보다 높게 하여 제동하는 방식
- 발전 제동하여 발생된 전력을 선로로 되돌려 보냄
- 전원 : 회전 변류기 이용
- 장소 : 산악지대의 전기 철도용

**37** **3상 유도 전동기를 급속히 정지 또는 감속시키거나 과속을 급히 막을 수 있는 제동방법은?**

① 와전류 제동 ② 역상 제동
③ 회생 제동 ④ 발전 제동

해설 역전(역상) 제동
- 일명 플러깅이라 한다.
- 3상 중 2상을 바꾸어 제동한다.
- 속도를 급격히 정지 또는 감속시킬 때 사용한다.

**38** **3상 유도 전동기의 플러깅(Plugging)이란?**

① 플러그를 사용하여 전원에 연결하는 방법
② 운전 중 2선의 접속을 바꾸고 상회전을 바꿔 제동하는 방법
③ 단상 상태로 기동할 때 일어나는 현상
④ 고정자와 회전자의 상수가 일치하지 않을 때 일어나는 현상

Answer ➲ 35 ② 36 ④ 37 ② 38 ②

**해설** 역전(역상) 제동
- 일명 플러깅이라 한다.
- 3상 중 2상을 바꾸어 제동한다.
- 속도를 급격히 정지 또는 감속시킬 때 사용한다.

## 39 3상 유도 전동기의 회전 방향을 반대로 하기 위한 방법으로 옳은 것은?

① A, B, C상의 기동 권선의 접속을 바꾸어 준다.
② A, B, C상 중에서 어느 두 상의 접속을 바꾸어 준다.
③ 기동 권선은 그대로 둔다.
④ 내부 결선을 다시 해야 한다.

**해설** 회전 방향을 역전하는 방법
3상 중 두 상의 접속을 바꾸어 준다.

## 40 전동기의 기계 제동이란?

① 전동기에 붙인 제동화에 전자력으로 가압하는 방법
② 와전류손으로 회전체의 에너지를 소비시키는 방법
③ 전동기를 발전 제동하여 발생된 전력을 선로에 되돌려 보내는 방법
④ 전동기의 기동력을 저항으로써 소비시키는 방법

**해설** 기계 제동
마찰에 의한 제동으로 전동기에 붙인 제동화에 전자력으로 가압하는 방법

## 41 전동기 제동 방법에 쓰이지 않는 것은?

① 마찰 제동　② 계자 제동
③ 와전류 제동　④ 발전 제동

**해설** 전동기 제동법
- 마찰 제동(기계 제동)
- 발전 제동
- 회생 제동
- 역상 제동
- 와전류 제동
- 단상 제동

39 ② 40 ① 41 ② Answer

## 42 엘리베이터에 사용되는 전동기의 종류는?

① 직류 직권 전동기 ② 동기 전동기
③ 단상 유도 전동기 ④ 3상 유도 전동기

**해설** 엘리베이터에 사용되는 전동기의 특성
- 기동토크가 크고 소음이 적어야 한다.
- 회전부분의 관성 모멘트가 작아야 한다.(기동정지가 빈번하기 때문)
- 가속도 변화 비율이 일정해야 한다.
- 3상 유도 전동기가 주로 사용된다.

## 43 워드 레오너드 방식은 다음의 어떤 것에 쓰이는가?

① 동기 전동기의 속도 제어 ② 유도 전동기의 속도 제어
③ 직류 전동기의 속도 제어 ④ 교류 정류자 전동기의 속도 제어

**해설** 전동기 속도 제어

직류 전동기 $N = k\dfrac{V - I_a R_a}{\phi}$

1) 저항 제어 : 효율이 낮고 전력 손실이 크다.
   ㉠ 이유 : 전류 제한 목적

2) 전압 제어
   ㉠ 워드 레오너드 방식
   ㉡ 일그너 방식 : 부하가 수시로 변하는 데 사용
      - 플라이휠 이용
      - 가변속도 대용량 제관기
      - 제철용 압연기
   ㉢ 초퍼 제어 방식 : 대형 전기 철도
   ㉣ 계자 제어 : 미세 제어

## 44 일그너(Ilgner) 장치의 속도 특성과 사용처는?

① 정속도 소용량 탈곡기 ② 고속도 소용량 압연기
③ 가변속도 중용량 크레인 ④ 가변속도 대용량 제관기

**해설** 전동기 속도 제어

직류 전동기 $N = k\dfrac{V - I_a R_a}{\phi}$

1) 저항 제어 : 효율이 낮고 전력 손실이 크다.
   ㉠ 이유 : 전류 제한 목적

Answer ➲ 42 ④ 43 ③ 44 ④

2) 전압 제어
㉠ 워드 레오너드 방식
㉡ 일그너 방식 : 부하가 수시로 변하는 데 사용
- 플라이휠 이용
- 가변속도 대용량 제관기
- 제철용 압연기

㉢ 초퍼 제어 방식 : 대형 전기 철도
㉣ 계자 제어 : 미세 제어

## 45 전원으로 일그너 방식을 사용하는 것은?

① 냉동용 가스 압축기
② 제철용 압연기
③ 제지용 초지기
④ 시멘트 공장용 분쇄기

**해설** 전동기 속도 제어

직류 전동기 $N = k\frac{V - I_a R_a}{\phi}$

1) 저항 제어 : 효율이 낮고 전력 손실이 크다.
㉠ 이유 : 전류 제한 목적

2) 전압 제어
㉠ 워드 레오너드 방식
㉡ 일그너 방식 : 부하가 수시로 변하는 데 사용
- 플라이휠 이용
- 가변속도 대용량 제관기
- 제철용 압연기

㉢ 초퍼 제어 방식 : 대형 전기 철도
㉣ 계자 제어 : 미세 제어

## 46 계자 자속을 일정히 하고 전기자 회로에 직렬로 가변저항을 접속하여 전기자에 걸리는 전압을 변화시켜 속도를 제어하는 방법으로 속도를 정격속도보다 낮은 범위에서 제어하는 데에 사용하는 제어법은?

① 저항 제어법
② 계자 제어법
③ 전압 제어법
④ 기동 제어법

**해설** 저항 제어법
외부에 직렬로 저항을 넣고 이 저항을 가감하여 단자 전압 $V$를 변화시켜 속도를 제어하는 방법

45 ② 46 ① Answer

**47** 전동 발전기 혹은 정지형 인버터에서 2차 전력을 전원에 변환하는 방식의 전동기 속도 제어 방식은?

① 일그너 방식　　② 세르비스 방식
③ 크래머 방식　　④ 워드 레오너드 방식

해설 • 세르비스 방식 : 2차 전력을 전원에 반환하는 방식
• 크래머 방식 : 2차 전력을 기계적 동력으로 바꾸어 이용하는 방식

**48** 전동기의 진동이 생기는 원인에 해당되지 않는 것은?

① 회전기의 정격 및 동력 불평형
② 베어링의 불평등
③ 회전자 철심의 자기 상실의 불평등
④ 고조파 자계에 의한 동력의 평형

해설 고조파 자계에 의한 것은 자기적 불평형이다.

**49** 크레인(Crance)용 전동기에 필요한 특성으로 다음 중 옳은 것은?

① 플라이휠 효과가 크고 최대 토크가 클 것
② 플라이휠 효과가 크고 최대 토크가 작을 것
③ 플라이휠 효과가 작고 최대 토크가 작을 것
④ 플라이휠 효과가 작고 최대 토크가 클 것

해설 크레인용 전동기에 필요한 특성
기동, 정지, 역전이 빈번하고, 정확한 위치에 정지해야 하므로 플라이휠 효과(관성 효과)가 작아야 하며 기동토크가 커야 한다.

**50** 플라이휠 효과를 이용한 운전 방식의 전동기는?

① 부스터 방식　　② 일그너 방식
③ 셀비어스 방식　　④ 크래머 방식

해설 일그너 방식
• 부하가 수시로 변화하는 데 사용(플라이휠 이용)
• 용도 : 가변속도 대용량 제관기, 제철용 압연기

Answer ➊ 47 ② 48 ④ 49 ④ 50 ②

## 51 유도 전동기의 토크는?

① 단자 전압에 무관계
② 단자 전압의 제곱에 비례
③ 단자 전압의 1/2승에 비례
④ 단자 전압의 3승에 비례

해설 유도 전동기의 토크 : $T \propto V^2$

## 52 유도 전동기의 단자 전압이 정격전압보다 낮아졌을 경우 전동기의 특성으로 옳지 않은 것은?

① 전부하 시의 온도 상승이 낮아진다.
② 전부하 시의 효율이 떨어진다.
③ 슬립이 증가한다.
④ 최대 토크가 감소한다.

해설 단자 전압이 정격전압보다 낮을 경우

- 토크 감소
- 효율 감소
- 슬립 증가
- 온도 상승

## 53 다음 중 전동기의 과부하 보호 장치로 쓰이는 것은?

① 과전류 계전기
② 과속도 계전기
③ 온도 계전기
④ 열동 계전기

해설 열동 계전기(THR) : 과부하 보호 장치에 쓰인다.

## 54 전기기기에서 E종 절연물을 사용한 전동기의 허용 최고 온도[℃]는?

① 90
② 130
③ 120
④ 155

해설
- B종 : 130[℃]
- E종 : 120[℃]
- A종 : 105[℃]
- Y종 : 90[℃]

## 55 전동기를 보호하기 위하여 사용하는 것으로서 시동 전류에 의하여 녹아 끊어지지 않게 한 퓨즈는?

① 미니 퓨즈
② 플러그 퓨즈
③ 통형 퓨즈
④ 시간 지연 퓨즈

해설 시간 지연(Time Lag) 퓨즈는 전동기의 보호에 사용되는 것으로서 시동 전류에 의하여 녹아 끊어지지 않도록 된 것으로 규정된 과전류 영역에 대해 용단 시간을 특별히 증대시킨 퓨즈이다.

51 ② 52 ① 53 ④ 54 ③ 55 ④ Answer

**56** 전동기의 절연 종별에서 일반적 저압 전동기는 E종, 고압 전동기는 B종을 채택하는데 B종 절연의 허용 최고 온도[℃]는?

① 90 ② 130
③ 120 ④ 155

해설
- B종 : 130[℃]
- E종 : 120[℃]
- A종 : 105[℃]
- Y종 : 90[℃]
- F종 : 155[℃]
- H종 : 180[℃]

**57** 산, 알칼리 또는 유해 가스가 존재하는 장소에 사용하는 전동기는?

① 방적형 전동기 ② 방수형 전동기
③ 방부형 전동기 ④ 방폭형 전동기

해설 습기나 수분이 많은 곳은 방적형, 방수형이 적합하고 화학공장 등과 같이 부식성 가스가 많은 곳은 방부형이 적합하다.

**58** 조풍에 견디는 전동기의 형식은?

① 내수형 ② 내산형
③ 방수형 ④ 내습형

해설 조풍(바닷바람)은 염분이 많으므로 내산형이 적합하다.

**59** 양수량 $Q$[m²/min], 총 양정 $H$[m], 펌프 효율 $\eta$의 경우 양수 펌프용 전동기의 출력[kW]은? (단, $K$는 비례 상수이다.)

① $K\frac{QH}{\eta}$ ② $\frac{W\sqrt{V}}{K\eta}$
③ $\frac{KV^2}{K\eta}$ ④ $\frac{WV^3}{K\eta}$

해설 펌프용 전동기의 출력

$$P = \frac{9.8\,QH}{\eta} = K\frac{QH}{\eta}\,[\text{kW}]$$

Answer ⇨ 56 ② 57 ③ 58 ② 59 ①

**60** 지하수 개발을 위해 시추한 결과 시추공 1개당 1시간에 12[m³]의 지하수가 솟아나왔다. 이것을 높이 5[m]의 지상 탱크로 퍼올리려고 한다면 5[kW]의 전동기로 시간당 몇 분씩 운전하면 되는가?(단, 펌프의 효율은 75[%]이고 손실계수는 1.1이다.)

① 1　　② 3
③ 4　　④ 6

**해설** 펌프 동력 $P=\dfrac{9.8QHK}{\eta}$[kW]

$Q=\dfrac{P\cdot\eta}{9.8HK}$　　$Q=\dfrac{12}{60t}$ [m³/s]

$\dfrac{12}{60t}=\dfrac{P\cdot\eta}{9.8HK}$

$\therefore\ t=\dfrac{9.8HK\times 12}{P\cdot\eta\times 60}=\dfrac{9.8\times 5\times 1.1\times 12}{5\times 0.75\times 60}=2.87$[분]

**61** 높이 10[m]인 곳에 있는 용량 100[m³]의 수조를 만수시키는 데 필요한 전력량은 몇 [kWh]인가?(단, 전동기 및 펌프의 종합 효율은 80[%], 전 손실수두는 2[m]로 한다.)

① 1.5　　② 2.4
③ 3.2　　④ 4.1

**해설** 총 양정 $H=10+2=12$[m]
일량 $W=9.8QH$[kJ]
1[kWh]=860[kcal]=3,600[kJ]
$\eta=0.8$
$\therefore$ 소요 전력량 $W=\dfrac{9.8QH}{3{,}600\cdot\eta}=\dfrac{9.8\times 100\times 12}{3{,}600\times 0.8}=4.1$[kWh]

**62** 양수량 5[m³/min], 전양정 10[m]인 양수용 펌프 전동기의 용량[kW]은 약 얼마인가?(단, 펌프 효율 $\eta$ = 85 [%]이고, 설계상 여유계수 $K$ = 1.1로 한다.)

① 6.60　　② 7.66
③ 9.01　　④ 10.61

**해설** $P=\dfrac{KQH}{6.12\eta}=\dfrac{1.1\times 5\times 10}{6.12\times 0.85}=10.61$[kW]

60 ② 61 ④ 62 ④ Answer

**63** 권상 중량 $W$[t], 권상 속도 $V$[m/분]의 천장 주행 기중기의 기동용 전동기의 소요 용량[kW]은?(단, $K$는 비례 상수이고, $\eta$는 기중기 효율이다.)

① $\dfrac{WV}{K\eta}$　　② $\dfrac{W\sqrt{V}}{K\eta}$

③ $\dfrac{WV^2}{K\eta}$　　④ $\dfrac{WV^2}{\eta}$

해설 $P=\dfrac{W \cdot V}{K \cdot \eta}$[kW]

여기서, $K=6.12$

**64** 권상 하중 10[t], 권상 속도 8[m/min]의 천장 권상기의 권상용 전동기의 소요 동력[kW]은 얼마나 되겠는가?(단, 권상 장치의 효율은 70[%]이다.)

① 약 7　　② 약 12

③ 약 19　　④ 약 28

해설 $P=\dfrac{10\times 8}{6.12\times 0.7}=18.67$ [kW]

**65** 기중기로 150[t]의 하중을 2[m/min]의 속도로 권상시킬 때 필요한 전동기의 용량[kW]을 구하면?(단, 기계 효율은 70[%]이다.)

① 50　　② 60

③ 70　　④ 80

해설 $P=\dfrac{150\times 2}{6.12\times 0.7}=70$ [kW]

**66** 12층 건물에 엘리베이터 적재 무게 800[kg], 승강 속도 50[m/min]을 설치할 때 전동기의 용량[kW]은?(단, 효율은 80[%]이다.)

① 8　　② 9

③ 12　　④ 16

해설 $P=\dfrac{0.8\times 50}{6.12\times 0.8}=8.16$ [kW]

Answer 63 ① 64 ③ 65 ③ 66 ①

**67** 5층 빌딩에 설치된 적재 중량 1,000[kg]의 엘리베이터를 승강속도 50[m/min]로 운전하기 위한 전동기의 출력[kW]은?(단, 평형률은 0.5이다.)

① 4[kW] ② 6[kW]
③ 8[kW] ④ 10[kW]

해설 $P=\dfrac{1\times 50}{6.12\times 1}\times 0.5=4\,[\mathrm{kW}]$

**68** 5층 건물인 백화점에 설치된 적재 중량 1[t]의 엘리베이터의 승강 속도를 30[m/min]으로 할 때 전동기의 이론 출력은 약 몇 [HP]가 되겠는가?

① 약 1 ② 약 3
③ 약 5 ④ 약 7

해설 $P=\dfrac{1\times 30}{6.12\times 1}\times \dfrac{1}{0.746}=6.57\,[\mathrm{HP}]$

**69** 어느 엘리베이터의 정원은 8명이다. 한 사람의 무게를 62[kg], 운전속도 100[m/min]라고 할 때 필요한 동력은 몇 [PS]인가?(단, 엘리베이터의 자중은 무시한다.)

① 14.02 ② 15
③ 11.02 ④ 15.4

해설 $P=\dfrac{W\cdot V}{6.12\eta}=\dfrac{(62\times 8)\times 10^{-3}\times 100}{6.12\times 1}=8.1\,[\mathrm{kW}]$

$1[\mathrm{PS}]=0.736[\mathrm{kW}]$

$1[\mathrm{kW}]=\dfrac{1}{0.736}[\mathrm{PS}]$

$\therefore\ P=8.1\times \dfrac{1}{0.736}\fallingdotseq 11.02[\mathrm{PS}]$

**70** 다음 (  ) 안에 맞는 것이 순서대로 나열된 것은?

| 송풍기의 운전에 요하는 동력은 (  )과 (  )의 적에 의하여 결정되는 것이며 (  )은 회전수에 비례하고 (  )은 (  )의 제곱에 비례한다. |
|---|

① 풍량, 풍압, 풍압, 풍량, 회전수 ② 풍량, 풍압, 풍량, 풍압, 회전수
③ 풍압, 풍압, 풍량, 회전수, 풍량 ④ 풍압, 풍량, 풍량, 회전수, 풍압

67 ① 68 ④ 69 ③ 70 ② Answer

해설 $P=\dfrac{KQH}{6.120\eta}$

풍량 $Q\propto N$, 풍압 $H\propto N^2$

**71** 풍량 $Q=170[\text{m}^3/\text{min}]$, 전풍압 $H=50[\text{mmAq}]$의 축류 팬(Fan)을 구동하는 전동기의 소요 동력[kW]은?(단, 팬의 효율 = 75[%], 여유계수 $K=1.35$이다.)

① 2
② 2.5
③ 3.5
④ 4.5

해설 $P=\dfrac{KQH}{6{,}120\eta}=\dfrac{1.35\times170\times50}{6{,}120\times0.75}=2.5[\text{kW}]$

**72** 다음 곡선은 전동기의 부하로서의 기계적 특성을 표시한 것이다. 이 중 송풍기, 펌프의 속도-토크 곡선은?

①
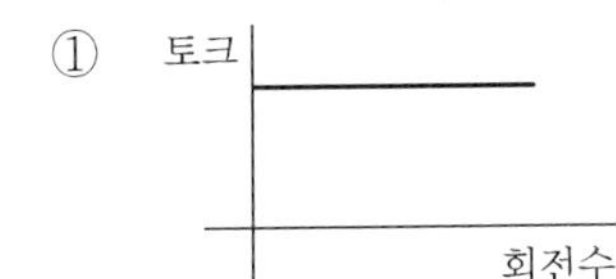


②
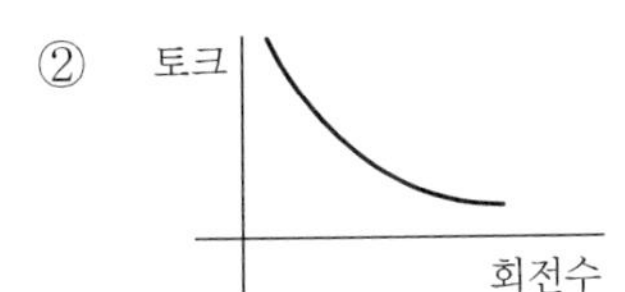


③
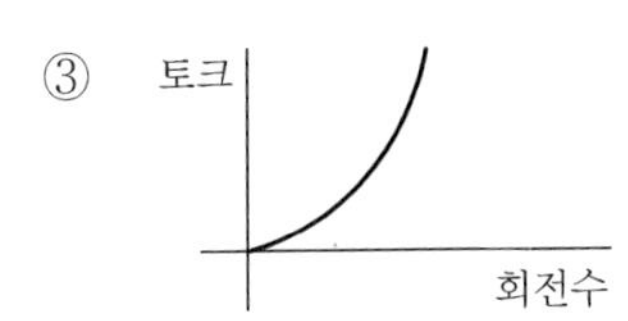


④
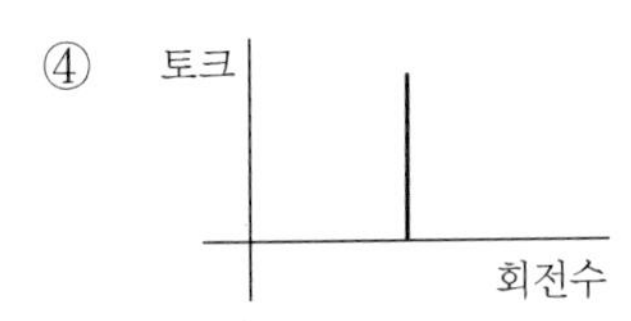


해설 • 풍량 : $Q\propto N$
• 풍압 : $H\propto N^2$
• 동력 : $P\propto N^3$
• 토크 : $T\propto N^2$

∴ 송풍기 토크 $T\propto N^2$

**73** 3상 교류 전동기의 입력을 표시하는 식은?

① $EI\cos\theta$
② $2EI\cos\theta$
③ $EI$
④ $\sqrt{3}\,EI\cos\theta$

해설 전동기의 입력
• 단상 교류 : $P=VI\cos\theta[\text{W}]$
• 3상 교류 : $P=\sqrt{3}\,VI\cos\theta[\text{W}]$

Answer ➲ 71 ② 72 ③ 73 ④

ENGINEER ELECTRIC WORK

# 공사재료

2 PART

# 01 전선 및 케이블



## 1 전선의 조건 및 구분

### 1. 전선의 구비조건

① 도전율이 크고 고유저항(저항률)이 작을 것
② 기계적 강도가 클 것
③ 내구성이 좋을 것
④ 가요성이 높을 것
⑤ 시공 및 보수의 취급이 용이할 것
⑥ 비중이 낮을 것
⑦ 가격이 저렴할 것
⑧ 인장강도가 클 것

### 2. 전선의 선정조건

① 허용전류
② 전압강하
③ 기계적 강도

## 2 전선의 구분과 구성

### 1. 단선과 연선

1) 단선 : 전선의 단면이 1개의 도체로 된 전선

① 지름은 [mm]로 표시
② 최소 0.1[mm]~최대 12[mm], 총 42종

2) 연선 : 여러 개의 단선을 합쳐 꼬아서 단선의 가요성을 높인 전선

① 단면적은 $[mm^2]$로 표시
② 최소 $0.9[mm^2]$~최대 $1,000[mm^2]$, 총 26종

Engineer Electric Work

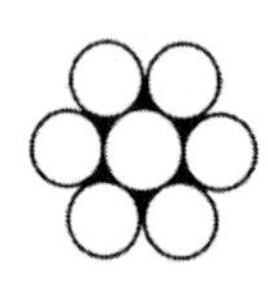

- 소선 총 수 $N=3n(n+1)+1$[개]
- 바깥지름 $D=(2n+1)d$[mm]
- 총 단면적 $A=aN=(\pi d^2/4)\times N$[mm$^2$]

여기서, $n$ : 전선층수, $d$ : 소선지름, $a$ : 소선단면적

### 2. 경동선과 연동선

① 경동선 : 인장강도가 커서 송 · 배전용 가공전선로에 사용－고유저항 $\rho=1/55$[Ω · mm$^2$/m]

② 연동선 : 전기저항이 작고 부드러워 옥내배선용에 사용－고유저항 $\rho=1/58$[Ω · mm$^2$/m]

### 3. 강심알루미늄전선(ACSR)

22.9[kV] 중성선(32~95[mm$^2$]), 154[kV], 345[kV]에서 사용

## 3 전선의 종류

### 1. 평각 구리선(나선)

피복이 없는 나선으로 전기기계기구의 전선에 사용한다.

* 나전선 사용장소

- 전기로용 전선
- 저압접촉전선
- 전선의 피복절연물이 부식하는 장소에 시설하는 전선
- 취급자 이외의 자가 출입할 수 없도록 설비한 장소
- 버스 덕트 공사
- 라이팅 덕트 공사

① 1호 평각 구리선 : 경질

② 2호 평각 구리선 : 반경질

③ 3호 평각 구리선 : 연질

④ 4호 평각 구리선 : 연질로서 에지와이어(Edge Wire)로 구부려서 쓰는 것

## 2. 절연전선

### 1) 고무절연전선(RB)

① 1,000[V] 이하의 옥내용 전기회로에 사용

② 순고무 30[%] 이상 함유한 고무혼합물을 피복으로 입힌 전선

### 2) HFIX : 450/750[V] 저독성 난연 폴리올레핀 절연전선

### 3) 폴리에틸렌 절연전선(IE)

1,000[V] 이하 내식성, 내약품성을 요구하는 곳에 사용

### 4) 플루오르수지 절연전선

① 1,000[V] 이하 사용, 테플론(Teflon)이라 하며 합성수지로 절연 피복한 전선

② 내열성이 우수하며, 기계적 강도가 크고, 흡수성이 없으며, 화학적으로도 안전

### 5) 옥외용 비닐절연전선(OW)

① 옥외 가공선로에 사용

② 피복의 두께가 제일 얇고, 옥내용으로는 사용 불가

③ 전선의 색은 회색

### 6) 인입용 비닐절연전선(DV)

① 1,000[V] 이하 가공인입선으로 사용

② 전선의 색은 흑, 녹, 청색 등 3가지

### 7) 형광등 전선(FL)

형광 방전등의 관등회로 전압 1,000[V] 이하에 사용

### 8) 네온전선

네온 관등회로의 고압 측에 쓰이는 전선으로 7.5[kV], 15[kV]용 2종류가 있다.

[네온전선의 규격 KSC 3308]

| 전압별 | 기호 | 명칭 |
|---|---|---|
| 7.5[kV] 또는 15[kV] | N-RV | 7.5[kV] 또는 15[kV]용 고무 비닐 네온전선 |
| | N-RC | 7.5[kV] 또는 15[kV]용 고무 클로로프렌 네온전선 |
| | N-EV | 7.5[kV] 또는 15[kV]용 고무 폴리에틸렌 비닐 네온전선 |

※ 읽는 방법 N : 네온, R : 고무, V : 비닐, C : 클로로프렌, E : 폴리에틸렌

9) IEC 절연전선

| 약호 | 명칭 |
|---|---|
| NR | 450/750[V] 일반용 단심 비닐절연전선 |
| NF | 450/750[V] 일반용 유연성 단심 비닐절연전선 |
| NRI(70) | 300/500[V] 기기 배선용 단심 비닐절연전선(70[℃]) |
| NFI(70) | 300/500[V] 기기 배선용 유연성 단심 비닐절연전선(70[℃]) |
| NRI(90) | 300/500[V] 기기 배선용 단심 비닐절연전선(90[℃]) |
| NFI(90) | 300/500[V] 기기 배선용 유연성 단심 비닐절연전선(90[℃]) |

## 3. 코드

전등이나 전기기계기구에 부착하기 위해 연선으로 만들어 가요성을 증대시키고 피복이 대체로 두꺼워 이동용으로 만들었다.

＊ 종류

- 고무코드
- 비닐코드
- 금사코드 : 전기이발기, 전기면도기, 헤어드라이기
- 캡타이어 코드 : 옥내 교류 300[V] 이하 소형 전기기구에 사용

## 4. 케이블

절연전선을 지중에 포설하면 토양의 열저항으로 절연물이 손상되거나, 전선 사이로 물이 침투하며, 전식이 발생하는데, 이를 방지하고자, 고무, 비닐 등으로 외장을 만들고 이중으로 절연을 강화하였다. 기계적으로는 납이나 강대, 강선 등으로 보호한 전선이며, 모두 연선으로 구성되어 있다.

＊ 케이블을 기호로 읽는 방법

- C : 가교 폴리에틸렌
- V : 비닐
- E : 폴리에틸렌
- R : 고무
- B : 부틸고무
- N : 클로로프렌

### 1) 캡타이어 케이블

① 구조

주석 도금한 연동선의 연선을 심선으로 하고 종이 또는 면사 등을 감고 그 주위를 30[%] 이상의 고무탄화수소(천연고무)를 포함하는 혼합물을 균일한 두께로 피복한 것이다.

② 종류

- 제1종 : 전기공사로 사용하지 않음
- 제2종 : 제1종보다 고무질이 좋은 것으로 피복
- 제3종 : 3중으로 고무피복이 되어 있고 중간에 면포 테이프를 끼워 강도를 보강
- 제4종 : 제3종과 같이 만드나 각 심선 사이에 고무를 채워서 더욱 튼튼하게 만듦

③ 공칭 단면적 : 최소 0.75[mm$^2$]~최대 100[mm$^2$]

④ 캡타이어 케이블의 선심 색깔 : 단심에서 5심까지 있다.

- 단심 : 흑
- 2심 : 흑, 백
- 3심 : 흑, 백, 적 또는 흑, 백, 녹
- 4심 : 흑, 백, 적, 녹
- 5심 : 흑, 백, 적, 녹, 황

⑤ 사용장소 : 광산, 공장, 농사, 의료, 수중무대

### 2) 비닐절연 비닐외장 케이블(VV)

저압에서 사용(0.6/1[kV])

### 3) 폴리에틸렌절연 비닐외장 케이블(EV)

① 3[kV] 이하 고압에서 사용

② 전기적 특성은 우수하나 열에 비교적 약하다.

### 4) 가교폴리에틸렌절연 비닐외장 케이블(CV)

① 저 · 고 · 특고압 모두 사용, 전력 케이블의 대표적인 전선

② EV 케이블에 비하여 내열성, 내약품성, 기계적 특성 및 전기적 특성이 우수하다.

③ 연속 최고온도는 90[℃]이다.

### 5) 부틸고무절연 클로로프렌외장 케이블(BN)

사용전압(3~22[kV]), 내열성이 우수함

### 6) CD 케이블(콤바인 덕트케이블)

고압용으로 지중에 직접매설 가능

### 7) 미네랄 인슐레이션 케이블(MI)

① 기계적 강도가 크고 충격과 변형에 강하며, 내염성, 내열성이 매우 우수하여 연소되는 일이 없다.

② 문화재, 박물관 등의 전기공사용으로 사용된다.

③ 저압 케이블

### 8) 강대 개장 연피 케이블

지중전선로의 직접매설식으로 가장 많이 사용

### 9) 주트권 연피 케이블

지중전선로의 직접매설식으로 사용

### 10) 특고압 케이블

22.9[kV−Y] 계통은 CNCV−W 케이블(수밀형) 또는 TR CNCV−W(트리억제형)을 사용하여야 한다. 다만, 전력구, 공동구, 덕트, 건물 구내 등 화재의 우려가 있는 장소에서는 FR CNCO−W(난연) 케이블을 사용하는 것이 바람직하다.

### 11) 플렉시블 시스 케이블

① 용도 : 저압 옥내배선용(고압 사용 불가능)

② 형식 및 구조

| 형식 | 구조 | 주요 용도 |
|---|---|---|
| AC | 심선에 고무 절연선을 사용한 것 | 건조한 곳의 노출 및 은폐 배선용 |
| ACT | 심선에 비닐 절연전선을 사용한 것 | |
| ACV | 주트를 감고 절연 콤파운드를 먹인 것 | 공장용, 상점용 |
| ACL | 외자 밑에 연피가 있는 것 | 습기, 물기 또는 기름이 있는 곳 |

12) 전력 케이블의 구분

① 지(Paper) 케이블

㉠ 솔리드(Solid) 케이블

- 벨트지 케이블
- H지 케이블
- SL지 케이블

㉡ 압력형 케이블

- 저가스압 케이블
- OF 케이블
- POF 케이블
- 플랫(Flat) 케이블

② 고무, 플라스틱 케이블

- CV 케이블
- EV 케이블
- BN 케이블

# Chapter 01 실·전·문·제



**01** **전선 재료로서 구비할 조건 중 틀린 것은?**

① 도전율이 클 것
② 접속이 쉬울 것
③ 내식성이 작을 것
④ 가요성이 풍부할 것

해설 전선 재료의 구비 조건
- 도전율이 클 것
- 기계적 강도가 클 것(인장강도가 클 것)
- 가요성 및 내식성이 클 것
- 내구성이 크고 비중이 작을 것

**02** **절연 재료의 구비조건이 아닌 것은?**

① 절연저항이 클 것
② 유전체 손실이 클 것
③ 절연내력이 클 것
④ 기계적 강도가 클 것

해설 절연 재료의 구비조건
- 절연저항 및 절연내력이 클 것
- 유전체 손실이 작을 것
- 기계적 강도가 클 것
- 화학적으로 안정할 것

**03** **다음의 전선 중 도전율이 가장 우수한 것은?**

① 연동선
② 경동선
③ 경알루미늄
④ 고순도 알루미늄

해설 %도전율
- 연동선 : 100[%]
- 경동선 : 94.8[%]
- 알루미늄선 : 60[%]

**04** **37/3.2[mm]인 경동 연선의 바깥지름[mm]은?**

① 22.4
② 20.4
③ 14.4
④ 12.4

01 ③ 02 ② 03 ① 04 ① Answer

해설 소선 37가닥은 3층 소선이므로 $n=3$
연선의 지름 $D=(2n+1)d=(2\times3+1)\times3.2=7\times3.2=22.4$[mm]

## 05 0.75[mm²] 코드의 소선 구성은?

① 30/0.16
② 30/0.18
③ 50/0.16
④ 50/0.18

해설 소선의 구성 표시 : 소선수(본)/소선의 지름[mm]
단면적 $S=$소선수$\times$(반지름)$^2\times3.14=30\times\left(\frac{0.18}{2}\right)^2\times3.14=0.76302$[mm$^2$]

## 06 초고압 송전선으로 가장 적합한 재료는?

① 중공 연선
② 단선
③ 연선
④ 쌍금속선

해설 초고압 송전에서는 코로나 방전을 방지하기 위해 복도체나 중공 연선을 사용한다.
※ 중공 연선 : 내부를 비우고 외경을 키운 전선

## 07 소형 슬리브를 사용하여 2.5[mm²]의 전선을 종단접속하는 경우 적절한 심선의 수는 몇 본 정도인가?

① 2~4
② 4~5
③ 5~6
④ 6~7

해설 종단겹침용 슬리브의 최대 사용 전류 및 사용 가능한 전선 조합(예)

| 형(호칭) | 최대 사용 전류[A] | 전선 접속 수 | | |
|---|---|---|---|---|
| | | 2.5[mm²] | 4.0[mm²] | 6.0[mm²] |
| 소 | 20 | 2가닥 | – | – |
| | | 3~4가닥 | 2가닥 | – |
| 중 | 30 | 5~6가닥 | 3~4가닥 | 2가닥 |
| 대 | 30 | 7가닥 | 5가닥 | 3가닥 |

Answer 05 ② 06 ① 07 ①

**08** 전선의 기호 중 NR은 어떤 종류인가?

① 전기기기용 고무 절연전선
② 전기기기용 비닐 절연전선
③ 1,000[V] 형광등 전선
④ 450/750[V] 일반용 단심 비닐 절연전선

해설 NR은 450/750[V] 일반용 단심 비닐 절연전선이다.

**09** 인입선용 자재 적용에서 옥외 전용선은 OW전선을 사용하는데, 인입선 전용에는 어떤 전선을 사용하는가?

① FL전선
② PDC전선
③ NR전선
④ DV전선

해설 ① FL전선 : 형광 방전등용 비닐 전선
② PDC전선 : 6/10[kV] 고압 인하용 가교 폴리에틸렌 절연전선
③ NR전선 : 450/750[V] 일반용 단심 비닐 절연전선
④ DV전선 : 인입용 비닐 절연전선

**10** 저압 가공전선에 사용되는 것으로서 경동선에 염화 비닐을 피복한 것으로 450/750[V] 일반용 단심 비닐 절연전선에 비하여 피복이 얇고 손상하기 쉬우므로 취급하는 데 주의를 하여야 하는 전선은?

① NR전선
② AL-OC전선
③ OW전선
④ HR전선

해설 ① NR전선 : 450/750[V] 일반용 단심 비닐 절연전선
② AL-OC전선 : 옥외용 알루미늄도체 가교 폴리에틸렌 절연전선
③ OW전선 : 옥외용 비닐 절연전선
④ HR전선 : 내열성 고무 절연전선

**11** 다음 전선의 표시 기호를 위에서부터 순서대로 표시한 것은?

- 옥외용 비닐 절연전선
- 폴리에틸렌 절연 비닐 시스 케이블
- 450/750[V] 일반용 단심 비닐 절연전선
- 0.6/1[kV] 비닐 절연 비닐 시스 케이블

08 ④ 09 ④ 10 ③ 11 ① Answer

① OW, EV, NR, VV
② NR, DV, OW, VV
③ OW, VV, NR, DV
④ NR, OW, EV, VV

해설
- OW : 옥외용 비닐 절연전선
- EV : 폴리에틸렌 절연 비닐 시스 케이블
- NR : 450/750[V] 일반용 단심 비닐 절연전선
- VV : 0.6/1[kV] 비닐 절연 비닐 시스 케이블

## 12 절연전선 피복 표면에 15[kV] N-RV의 기호는?

① 15[kV] 고무 폴리에틸렌 네온전선
② 15[kV] 고무 비닐 네온전선
③ 15[kV] 형광등 전선
④ 15[kV] 폴리에틸렌 비닐 네온전선

## 13 지선으로 사용되는 전선의 종류는?

① 강심 알루미늄선
② 아연도금철선
③ 경동선
④ 알루미늄선

해설 지선의 시설(KEC 331.11)
소선의 지름 2.6[mm] 이상인 금속선을 사용한 것일 것. 다만, 소선의 지름이 2[mm] 이상인 아연 도강연선으로서 소선의 인장강도가 0.68[kN/mm$^2$] 이상인 것을 사용하는 경우에는 그러하지 아니하다.

## 14 22.9[kV-Y] 3상 4선식 중성선 다중접지방식의 특별 고압 가공전선로에 있어서 중성선이 ACSR일 때 최소 굵기는 32[mm$^2$] 이상으로 하여야 하며, 최대 굵기는 몇 [mm$^2$]로 하여야 하는가?

① 95
② 99
③ 102
④ 108

해설 ACSR의 22.9[kV-Y] 중성선의 굵기
- 최소 : 32[mm$^2$]
- 최대 : 95[mm$^2$]

Answer 12 ② 13 ② 14 ①

## 15 ACSR선의 재료로만 된 것은?

① 주석, 구리
② 강, 구리
③ 구리, 알루미늄
④ 강, 알루미늄

해설 ACSR(강심 알루미늄 연선)
- 기계적 강도 : 강선 또는 강연선
- 도전성 : Al선

## 16 다음 중 솔리드 케이블이 아닌 것은?

① 벨트 케이블
② SL케이블
③ H케이블
④ OF케이블

해설 솔리드 케이블(Solid Cable)
- 벨트 케이블 : 10[kV] 이하 사용
- H케이블 : 30[kV] 정도 고압 송배전용
- SL케이블 : 10~30[kV]급 도시 송배전용
- OF케이블(Oil Filled Cable) : 솔리드 케이블의 단점을 보완한 것으로, 케이블 중에 기름 통로를 만들어 1[kg/cm$^2$]의 유압으로 케이블 속의 압력이 항상 대기압 이상으로 유지되도록 하며 사용온도가 높아 송전용량이 증대한다.

## 17 20~30[kV] 정도의 송배전선용으로 사용되는 케이블은?

① SL케이블
② H케이블
③ OF케이블
④ 벨트 케이블

해설 ① SL케이블 : 20~30[kV]
② H케이블 : 10~30[kV]
③ OF케이블 : 60[kV] 이상
④ 벨트 케이블 : 10[kV] 이하

## 18 전력 케이블의 종류에서 종이 절연 케이블이 아닌 것은?

① CV 케이블
② 벨트지 케이블
③ H지 케이블
④ SL지 케이블

해설 CV 케이블
가교 폴리에틸렌 절연 비닐 시스 케이블

15 ④ 16 ④ 17 ① 18 ① Answer

**19** 케이블의 약호 표시 중 EE가 뜻하는 것은?

① 천연고무 절연 비닐 시스 케이블
② 폴리에틸렌 절연 비닐 시스 케이블
③ 폴리비닐 절연 폴리에틸렌 시스 케이블
④ 폴리에틸렌 절연 폴리에틸렌 시스 케이블

해설 • EV : 폴리에틸렌 절연 비닐 시스 케이블
• EE : 폴리에틸렌 절연 폴리에틸렌 시스 케이블

**20** 캡타이어 케이블의 외피 절연 재료로 많이 사용되고 있는 것은?

① GR－M(neoprene)
② 폴리에틸렌
③ PVC
④ 천연고무

해설 고무 절연 캡타이어 케이블은 주석 도금한 연동 연선을 종이 테이프로 감거나 무명실로 감은 위에 순고무 30[%] 이상을 함유한 고무 혼합물로 피복하고 내수성, 내산성, 내알칼리성, 내유성을 가진 질긴 고무 혼합물로 다시 피복한 것이다.

**21** 다음 중 명칭과 약호가 잘못된 것은?

① CVV－캡타이어 케이블
② DV－인입용 비닐 절연전선
③ H－경동선
④ OW－옥외용 비닐 절연전선

해설 CVV 전선 : 0.6/1[kV] 비닐 절연 비닐 시스 제어 케이블

**22** 특별고압 수전설비 결선도에서 22.9[kV－Y] 자중 인입선으로 침수의 우려가 있는 경우에는 어떤 케이블을 사용하는 것이 바람직한가?

① N－EV 전선
② CV 케이블
③ N－RC 전선
④ CNCV－W 케이블(수밀형)

**23** CN/CV 기호는 22.9[kV] 가교 폴리에틸렌 절연 비닐 시스 동심 중성선형 전력 케이블이다. 기호에서 CN의 의미는?

① 동심 중성선
② 비닐(PVC) 시스
③ 폴리에틸렌(PE) 시스
④ 가교 폴리에틸렌(XLPE) 절연

Answer 19 ④ 20 ④ 21 ① 22 ④ 23 ①

## 24 가교 폴리에틸렌 절연전선의 최고 허용 온도는?

① 약 60[℃]
② 약 70[℃]
③ 약 80[℃]
④ 약 90[℃]

해설 최고 허용 온도
- PVC(염화비닐) : 70[℃]
- 가교 폴리에틸렌(XLPE) : 90[℃]

## 25 케이블의 종류 중 연피가 없는 케이블은?

① 연피 케이블
② 강대 시스 케이블
③ 주트 시스 케이블
④ MI 케이블

해설 MI Cable(Mineral Insulation Cable)은 무기 절연 Cable이다.

## 26 플렉시블 시스 케이블에서 습기나 기름이 있는 곳에 사용되는 형식은?

① AC
② ACT
③ ACV
④ ACL

해설 ① AC : 심선에 고무 절연선을 사용한 것(건조한 곳의 노출 및 은폐 배선용)
② ACT : 심선에 비닐 절연전선을 사용한 것(건조한 곳의 노출 및 은폐 배선용)
③ ACV : 주트를 감고 절연 콤파운드를 먹인 것(공장용, 상점용)
④ ACL : 시스 밑에 연피가 있는 것(습기, 물기 또는 기름이 있는 곳에 사용)

## 27 내열성 및 내수성이 우수하고 난연성인 관계로 연소성이 없어 열에 대한 강한 장점이 있는 대신에 기름이나 알칼리 등에 의하여 경화를 일으키는 점이 결점인 전력 케이블은?

① EV케이블
② CV케이블
③ VV케이블
④ BL케이블

해설
- EV케이블 : 폴리에틸렌 절연 비닐 시스 케이블
- CV케이블 : 가교 폴리에틸렌 절연 비닐 시스 케이블
- VV케이블 : 비닐 절연 비닐 시스 케이블

24 ④ 25 ④ 26 ④ 27 ② Answer

## 28 CV케이블과 EV케이블에 대한 설명 중 잘못된 것은?

① CV케이블의 도체 최고 허용 온도는 연속 90[℃]이고 단락 시(1초 이내)는 약 230[℃]이다.
② CV케이블보다 EV케이블의 허용 전류가 낮다(적음).
③ EV케이블의 도체 최고 허용 온도는 연속 75[℃]이고 단락 시(1초 이내)는 약 140[℃]이다.
④ 내연성이 높은 EV케이블의 약점을 보완한 것이 CV케이블이다.

**해설** EV케이블의 약점은 내연성이 낮기 때문에 CV케이블은 이 점을 개량한 것이다.

## 29 지중 인입선의 경우 22.9[kV-Y] 계통에서는 어떤 케이블을 사용하는가?

① CNCV-W 케이블
② EV 케이블
③ CD-C 케이블
④ VV 케이블

**해설** 22.9[kV-Y] 계통에서는 CNCV-W(수밀형) 케이블을 사용한다.

## 30 테이블 탭을 사용할 경우의 코드의 단면적은 얼마 이상으로 되어야 하는가?

① 0.5[$mm^2$]
② 0.75[$mm^2$]
③ 1.25[$mm^2$]
④ 20[$mm^2$]

**해설** 테이블 탭은 단면적 1.25[$mm^2$] 이상의 코드를 사용하고 플러그를 부착시키며 길이는 3[m] 이하로 한다.

## 31 4심 캡타이어 케이블 심선의 색별은?

① 흑, 백, 적, 청
② 흑, 백, 적, 황
③ 흑, 백, 적, 녹
④ 흑, 백, 적, 회

**해설** 캡타이어 케이블의 색
- 1심 : 흑
- 2심 : 흑, 백
- 3심 : 흑, 백, 적
- 4심 : 흑, 백, 적, 녹
- 5심 : 흑, 백, 적, 녹, 황

Answer ➲ 28 ④ 29 ① 30 ③ 31 ③

**32** 아크 용접기의 2차 측 전선의 굵기에서 2차 전류가 100[A] 이하일 때 접속용 케이블 또는 기타의 케이블에는 몇 [$mm^2$] 재료를 써야 하는가?

① 6 ② 16
③ 25 ④ 35

해설 2차 전류가 100[A] 이하일 때는 16[$mm^2$], 150[A] 이하일 때는 25[$mm^2$]의 것을 사용한다.

**33** 배전선로용 AL-OC 전선의 설명이다. 옳은 것은?

① 옥외용 알루미늄 도체 가교 폴리에틸렌 절연전선이다.
② 알루미늄 도체 폴리에틸렌 절연전선이다.
③ 알루미늄 도체 고무 절연전선이다.
④ 알루미늄 도체 클로로프렌 절연전선이다.

해설 AL-OC 옥외용 알루미늄 도체로서 가교 폴리에틸렌으로 절연되어 있다.

**34** 고체 무기물 절연 재료가 아닌 것은?

① 목재 ② 유리
③ 석면 ④ 운모

해설 고체 무기물 절연 재료
유리, 석면, 운모

**35** 다음 중 콘덴서로 주로 사용하는 것은?

① 산화티탄 자기 ② 장석 자기
③ 알루미나 자기 ④ 스티어타이트 자기

해설 산화티탄 자기
- 주성분은 $TiO_2$(이산화티탄)
- 고주파용 콘덴서에 사용
- 공진회로의 공진 주파수의 온도 보상용

32 ② 33 ① 34 ① 35 ① Answer

## 36 다음 재료 중 저항률이 가장 큰 것은?

① 백금
② 텅스텐
③ 납
④ 마그네슘

해설 저항률[$\mu\Omega \cdot cm$]
- 납 : 21.9
- 텅스텐 : 5.48
- 백금 : 10.5
- 마그네슘 : 4.34

## 37 내마모성이 가장 좋은 에나멜선은?

① 폴리 비닐 포르말선
② 폴리에스테르선
③ 폴리우레탄선
④ 유성 에나멜선

해설 폴리 비닐 포르말선
피막이 매우 강인하여 내유성, 내마모성이 우수하다.

## 38 회전기의 정류자 및 슬립링과 브러시 사이의 관계와 같이 서로 슬립 접촉으로 전류가 흐르게 되는 경우가 있다. 이런 경우에 필요한 성질이 아닌 것은?

① 접촉저항이 너무 크지 않을 것
② 마멸이 클 것
③ 마찰이 작을 것
④ 기계적 충격에 견딜 것

해설 정류자용 브러시에 필요한 성질
- 적당한 접촉저항을 가질 것
- 정류자와 잘 접촉하여 마찰저항이 작고 마멸이 작을 것
- 기계적 강도가 클 것
- 내열성이 클 것

## 39 액체 절연 재료의 구비조건이 아닌 것은?

① 열팽창계수가 작을 것
② 비열, 열전도율이 클 것
③ 절연내력, 절연저항이 클 것
④ 인화점이 높고 응고점이 낮을 것

해설 액체 절연 재료의 구비조건
- 비열 및 열전도율이 크고 점도가 낮을 것
- 절연내력 및 절연저항이 클 것
- 인화점이 높고 응고점이 낮을 것
- 아크로 인한 열화가 적을 것

Answer 36 ③ 37 ① 38 ② 39 ①

## 40 절연 재료에 있어서 직접적인 열화의 가장 큰 원인은?

① 유전손　　② 이온 도전성
③ 온도 상승　　④ 자외선

해설 • 열화 : 절연체가 외부적, 내부적 영향에 따라 화학적, 물리적 성질이 나빠지는 현상
• 절연 재료의 직접적인 열화 원인은 온도상승이다.

## 41 자심 재료의 성질 중 구비조건이 틀린 것은?

① 투자율이 크다.
② 히스테리시스손이 작다.
③ 작은 자장의 변화에도 큰 자속밀도의 변화가 있을 것
④ 저항률이 작을 것

해설 자심 재료의 구비조건
• 투자율이 클 것
• 저항률이 클 것
• 포화자속밀도가 클 것
• 잔류자기가 크고 보자력이 작을 것
• 기계적, 전기적 충격에 대하여 안정할 것

## 42 전기기기의 자심 재료의 구비조건으로 옳지 않은 것은?

① 보자력 및 잔류자기가 클 것　　② 투자율이 클 것
③ 포화자속밀도가 클 것　　④ 고유저항이 클 것

해설 영구자석
보자력 및 잔류자기가 클 것

## 43 고온 및 내유성이 강한 절연 테이프는 어느 것인가?

① 자기용 압착 테이프　　② 면 테이프
③ 고무 테이프　　④ 리노 테이프

해설 리노 테이프(와니스 바이어스 테이프)
접착성은 없으나 절연성, 내온성, 내유성이 좋으며 연피 케이블에서 반드시 사용한다.

40 ③　41 ④　42 ①　43 ④ Answer

**44** **전기기기 권선 등의 절연용으로 주로 사용되는 테이프는?**

① 리노 테이프 ② 면 테이프
③ 고무 테이프 ④ PVC 테이프

해설 리노 테이프(와니스 바이어스 테이프)
접착성은 없으나 절연성, 내온성, 내유성이 좋으며 연피 케이블에서 반드시 사용한다.

Answer ➡ 44 ①

# ≫Chapter 02 배선재료 및 공구, 측정계기

## 1 개폐기 및 스위치의 종류

### 1. 나이프 스위치

① 일반용으로 사용할 수 없고, 전기실과 같이 취급자만 출입하는 장소의 배전반이나 분전반에 사용

② 기호 : SPST(단극단투), SPDT(단극쌍투), DPST(쌍극단투), DPDT(쌍극상투)

(a) 단극 (b) 2극 (c) 3극

[단투]

(a) 단극 (b) 2극 (c) 3극

[쌍투]

* 쌍투 스위치 : 1개의 날과 2조의 클립이 있어 날을 어느 쪽으로 젖히느냐에 따라 회로가 전환되는 것이다.

### 2. 커버나이프 스위치

전등, 전열 및 동력용의 인입 개폐기 또는 분기 개폐기로 사용되며, 2P, 3P를 각각 단투형과 쌍투형으로 만들고 있다.

* 올 커버 스위치(All-cover Switch) : 교류 250[V] 전로에서 주로 옥내에 사용하는 고리퓨즈붙이 및 퓨즈가 없는 스위치

### 33. 텀블러 스위치

① 노브를 위, 아래 또는 좌, 우로 움직여 점멸하는 것으로 현재 전등 ON/OFF용으로 가장 많이 사용되고 있다.

② 종류 : 노출형과 매입형

### 4. 누름단추 스위치(Push Button Switch)

전등용으로 쓰일 경우, 누름과 동시에 밑에 빨간 단추가 튀어나오는 연동장치가 되어 있는 것이 있다.

### 5. 3로 스위치와 4로 스위치

둘 이상의 곳에서 전등을 자유롭게 점멸할 수 있도록 한 스위치로 다층의 계단통로에서 전등을 층마다 ON/OFF하기 위해 사용된다.

### 6. 팬던트 스위치

전등을 하나씩 따로 점멸하는 곳에 사용, 코드의 끝에 버튼이 붙어 있어서 점멸하게 한다.

### 7. 캐노피 스위치

풀 스위치의 한 종류로 조명기구의 캐노피(플랜지) 안에 스위치가 시설되어 있는 것으로, 벽 또는 기둥에 붙이면 편리하다.

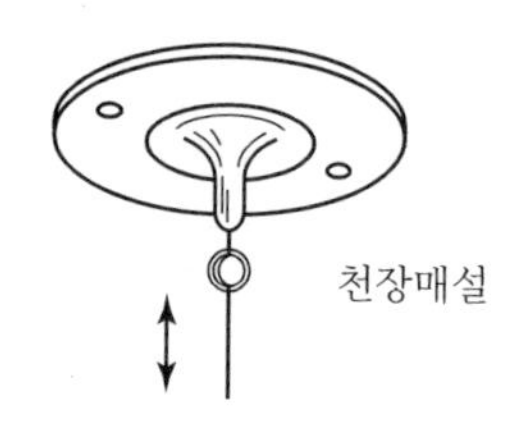


### 8. 플로트 스위치(플로트레스 스위치)

수조나 물탱크의 수위를 조절하는 스위치

### 9. 마그넷 스위치(전자 개폐기)

전동기의 자동 조작 및 원방조작용 등에 사용, 전자접촉기와 열동형 계전기의 조합으로 이뤄진다.

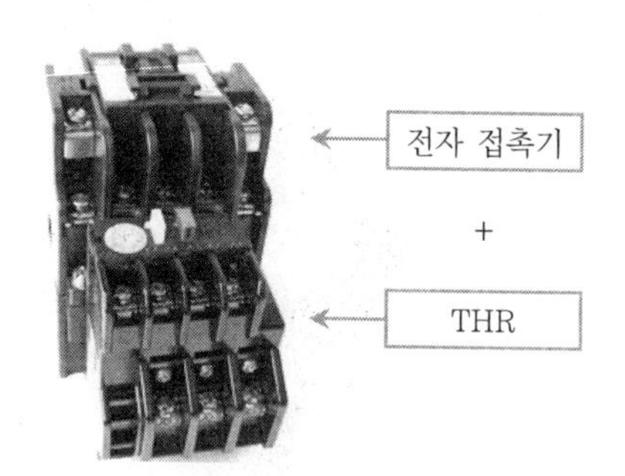


### 10. 코드 스위치

전기기구의 코드 도중에 넣어 회로를 개폐하는 것으로 중간 스위치라고 한다.

### 11. 히터 스위치

로터리 스위치의 일종, 2개의 열선을 직렬이나 병렬로 접속변경하는 것으로 3단 스위치라고도 한다.

### 12. 풀 스위치

전등을 개별적으로 점멸할 수 있도록 끈이 달려 있고, 그 끈을 잡아당겨서 점멸한다.(앞의 '캐노피 스위치' 그림 참조)

### 13. 도어 스위치

문의 기둥 등에 설치하여 열고 닫을 때 전등이 점멸할 수 있도록 한 것으로 화장실, 냉장고 등에 사용된다.

### 14. 일광 스위치

주로 가로등에 많이 쓰이는 것으로 해가 떨어져 밤이 되면 빛을 감지하는 센서를 통해서 전등을 켜고, 낮이 되면 자동으로 꺼지게 한다.

### 15. 로터리 스위치

① 회전 스위치라고도 하며, 저항선, 전구 등을 직렬이나 병렬로 접속변경하여 발열량을 조절하거나, 또는 광도를 강하게, 약하게 조절하는 스위치이다.
② 손잡이를 상반되는 두 방향으로 조작함으로써 접촉자를 개폐하는 스위치

### 16. 타임 스위치

① 주택이나 호텔, 여관 등의 현관에 설치하여 전등이 일정시간이 지나면 자동 소멸하도록 하는 스위치이다.
② 자동소멸시간 : 주택－3분, 여관, 호텔－1분
③ 그러나 병원에는 설치하면 안된다.

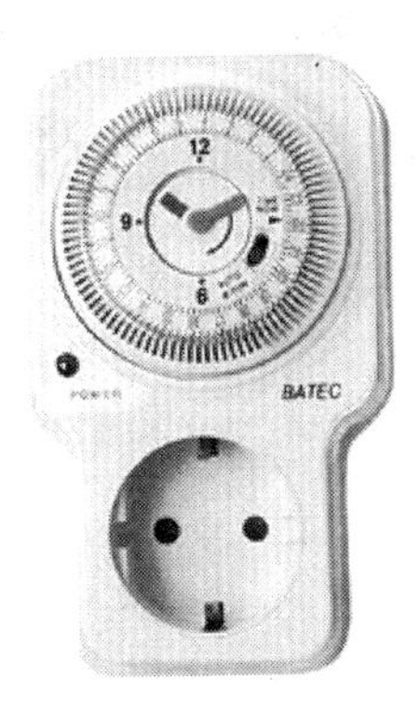

## 2 콘센트 및 접속기

### 1. 콘센트

① 방수용 콘센트 : 욕실등에 사용, 물이 들어가지 않게 방지하는 커버가 있다.
② 시계용 콘센트 : 콘센트 위에 시계를 거는 갈고리가 있다.
③ 선풍기용 콘센트 : 무거운 선풍기를 달도록 볼트로 고정할 수 있다.
④ 플로어 콘센트 : 플로어 덕트 공사 등에 사용, 바닥에 설치되는 콘센트로 사용하지 않을 때는 커버로 덮어둔다.
⑤ 턴 로크 콘센트 : 트위스트 콘센트라고 하며, 콘센트 플러그가 빠지지 않도록 플러그를 끼우고 90° 돌려서 사용한다.

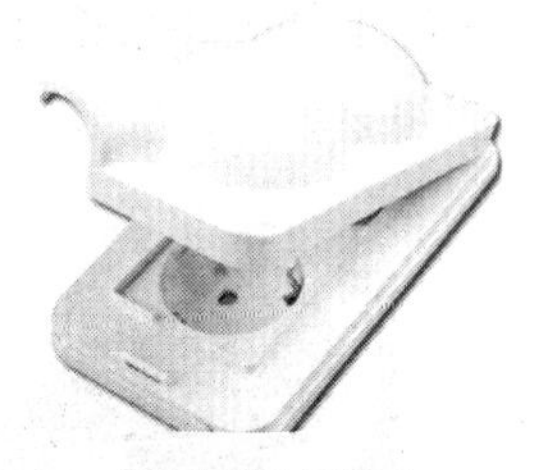

[방수형 콘센트]

### 2. 코드 접속기(코드 커넥터)

코드와 코드 또는 사용기구의 이동접속에 사용하는 것으로 삽입 플러그와 커넥터 보디로 구성되어있다.

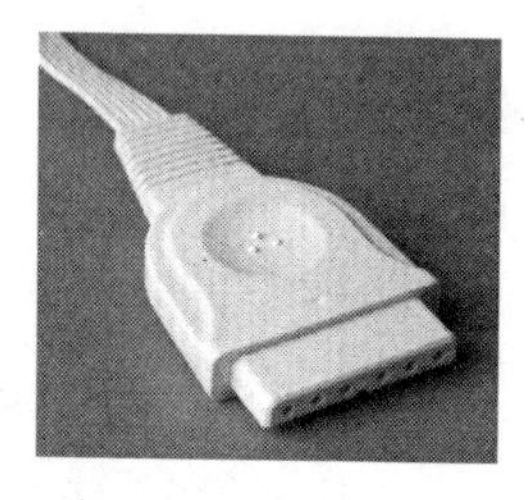

### 3. 멀티탭

콘센트 하나에 여러 개의 플러그를 꽂아 사용할 수 있도록 한다.

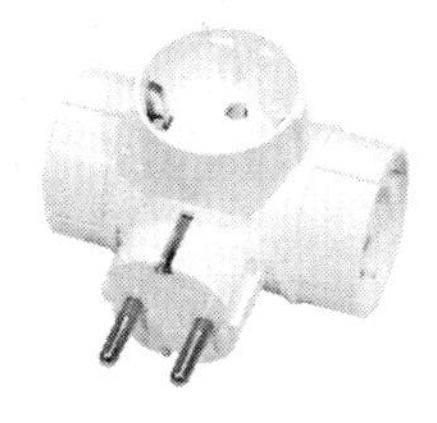

### 4. 테이블 탭(익스텐션 코드)

코드의 길이가 짧을 때 연장해서 사용하는 것으로, 동시에 여러 개의 소용량 전기기구를 꽂아 쓸 수 있다.

### 5. 아이언 플러그

① 코드의 한쪽은 꽂음 플러그로 되어 있어서 전원 콘센트에 연결하고 한쪽은 아이언 플러그가 달려 있어서 전기기구용 콘센트에 끼운다.

② 전기다리미, 온탕기용 접속기로 사용한다.

### 6. 키소켓

전구를 연결해서 쓰는 소켓으로 옆면에 부착된 키로 전구를 점멸할 수 있다.

### 7. 키리스 소켓

전구를 연결해서 쓰는 소켓으로 키소켓과 같으나 키만 없을 뿐이다. 키소켓과 키리스 소켓은 천장에 매달아 쓰는 팬던트 타입 등의 옛날 방식이라 할 수 있다.

### 8. 리셉터클

조영재에 직접 부착, 고정해서 쓰는 전등용 수구이며, 노출형이고 베이스는 일반적으로 나사식을 많이 쓴다.

### 9. 로젯

천장에 코드를 달아 내리기 위해 사용하는 기구이다.

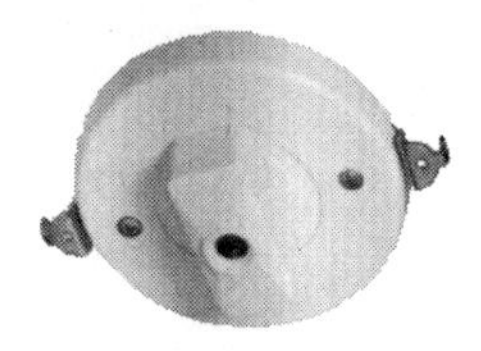

## 3 게이지 및 공구, 측정계기, 검사

### 1. 게이지

① **마이크로미터** : 전선의 굵기, 금속판의 두께 등을 측정하는 것으로 원형 눈금과 축눈금을 합해서 읽는다.

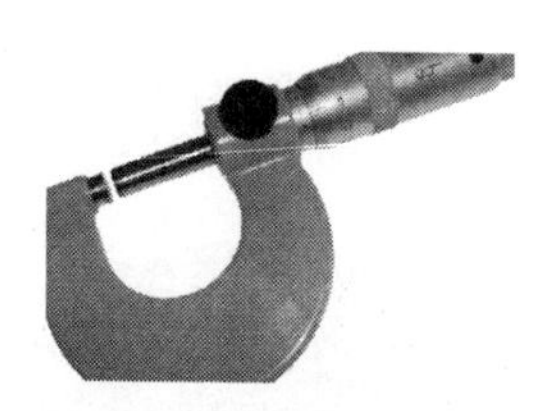

② **와이어 게이지** : 전선의 굵기를 측정하는 공구로 홈에 전선을 끼워서 맞는 홈의 숫자를 읽어 측정한다.

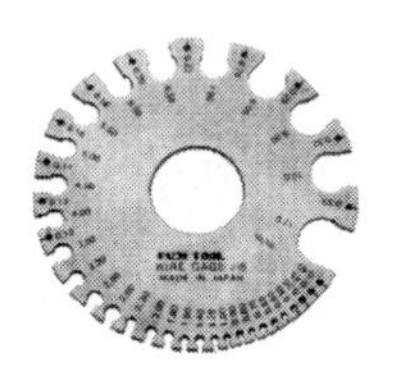

③ **버니어 캘리퍼스** : 전선관 등의 안지름과 바깥지름, 두께를 동시에 측정할 수 있으며, 깊이 측정도 가능하다.

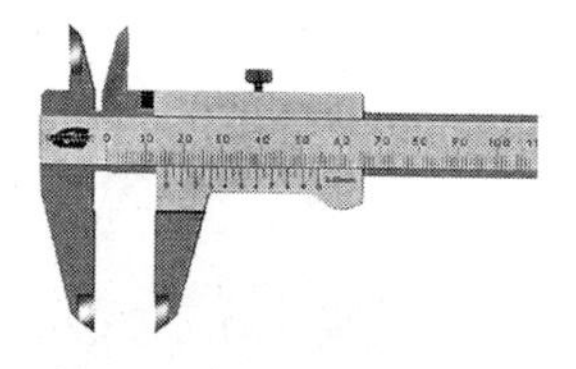

## 2. 공구

① **펜치** : 전선의 절단, 접속, 바인드 등에 사용한다.

종류 (3가지) : 150[mm] → 소기구의 전선접속용
175[mm] → 옥내 일반공사용
200[mm] → 옥외 공사용

② **나이프** : 피복이 두꺼운 전선이나 케이블 등의 피복을 벗길 때 사용한다.

③ **와이어 스트리퍼** : 두께가 작은 절연전선의 피복을 벗기는 자동공구로서 도체의 손상 없이 정확하게 피복을 벗겨낸다.

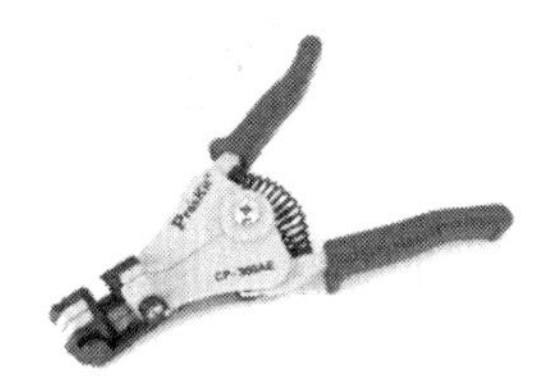

④ **클리퍼(케이블 커터)** : 굵은 전선이나 굵은 케이블을 절단하는 공구로 날이 둥근 가위이다.

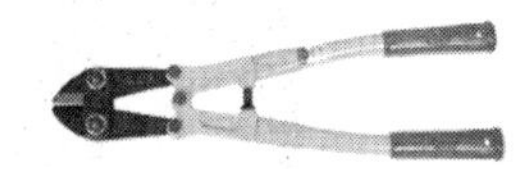

⑤ **토치램프** : 전선 접속에서 납물을 녹일 때 사용하거나 합성수지제 ↔ 경질 비닐 전선관(Hi－PVC)을 열을 가해 구부릴 때 사용한다.

⑥ **드라이브이트 툴** : 드라이브 핀을 화약의 폭발력을 이용하여 콘크리트에 박는 것으로 취급자는 안전상 훈련을 받아야 한다.

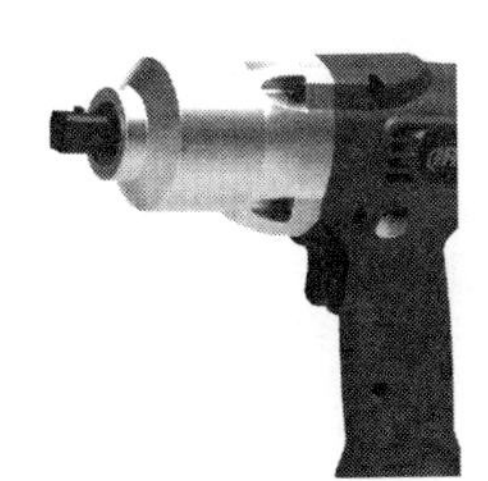

⑦ **스패너** : 너트를 볼트에 조일 때 사용하는 공구이다.

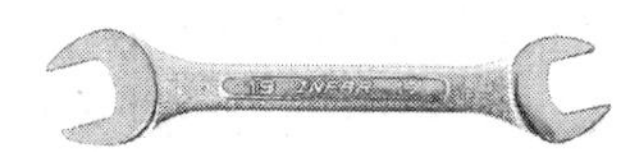

⑧ **프레셔 툴** : 솔더리스 커넥터 또는 솔더리스 터미널을 압착하는 공구이다.

⑨ **파이프 바이스** : 금속관을 절단할 때 또는 금속관에 나사를 낼 때 파이프를 고정시켜주는 것이다.

⑩ **오스터** : 금속관 끝에 나사를 내는 파이프 나사절삭기로서 손잡이가 달린 래칫과 나사날의 다이스로 구성된다.

⑪ 녹 아웃 펀치 : 배전반, 분전반함(금속재질)에 전선관을 연결하기 위해서, 유압 또는 공기압으로 구멍을 뚫을 때 사용하는 것으로 천공기라고도 불린다.

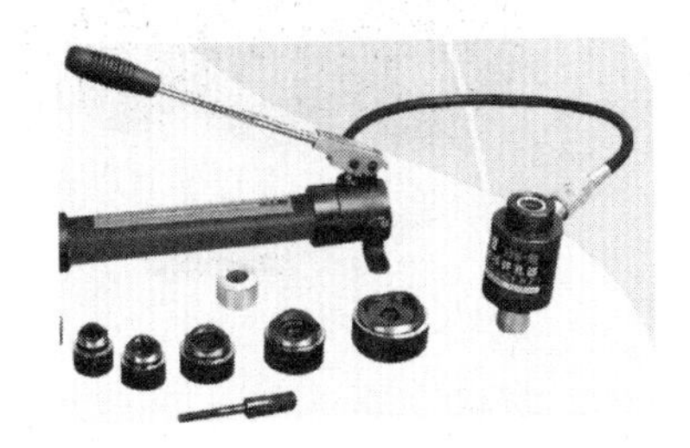

⑫ 파이프 렌치 : 금속관을 커플링으로 접속할 때 금속관과 커플링을 물고 조일 수 있는 공구다.

⑬ 리머 : 금속관을 쇠톱이나 커터로 끊은 다음, 관 안에 날카로운 것을 다듬는 공구다.

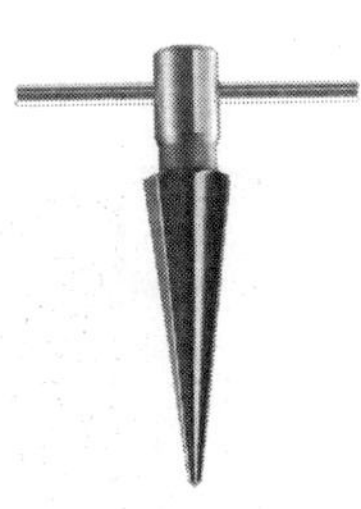

⑭ 벤더 : 금속관을 구부릴 때 사용하는 공구로 히키라고도 한다.

⑮ 펌프 플라이어 : 로크너트를 조일 때 사용하는 것으로 때로는 파이프렌치 대용으로 사용할 수 있다.

⑯ 홀 소 : 녹 아웃 펀치와 같이 철판에 구멍을 뚫을 때 사용한다.

## 3. 측정계기

① 테스터 : 직류전압, 직류전류, 교류전압, 저항측정, 도통시험 시 사용한다.

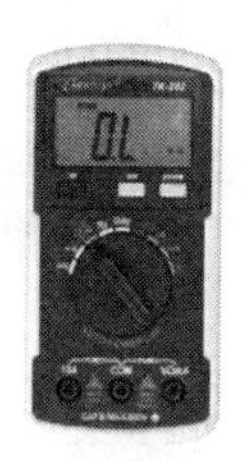

② 메거(절연저항계) : 절연저항을 측정한다.

③ 어스테스터, 콜라우시 브리지(접지저항계) : 접지저항을 측정한다.

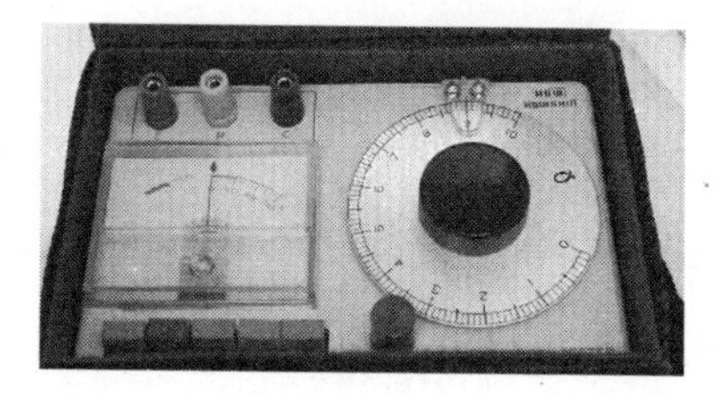

④ 네온검전기 : 전기의 충전 유무를 측정한다. 전압이나 전류의 크기는 측정할 수 없다.

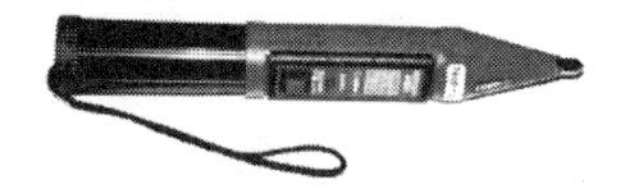

⑤ 도통시험을 할 수 있는 계기 : 테스터, 마그넷벨, 메거 등

# Chapter 02 실·전·문·제



**01** 손잡이를 상반되는 두 방향에 조작함으로써 접촉자를 개폐하는 스위치는?

① 로터리 스위치
② 텀블러 스위치
③ 누름버튼 스위치
④ 코드 스위치

해설 로터리 스위치
회전스위치이며 2방향으로 접촉자를 개폐

**02** 쌍투 스위치란 다음 중 어느 것을 말하는가?

① 1개의 날과 2조의 클립이 있어 날을 어느 쪽 클립으로 젖히느냐에 따라 회로가 전환되는 것
② 텀블러 스위치로서 2개 연용 스위치를 말함
③ 3접촉용 Y-△ 스위치를 말함
④ 2P Safety 스위치를 말함

**03** 올 커버 스위치(All-cover Switch)의 주된 용도는?

① 옥내에서 교류 250[V] 이하
② 옥내에서 교류 3,300[V] 이하
③ 옥외에서 교류 600[V] 이하
④ 옥외에서 교류 3,300[V] 이하

해설 올 커버 스위치
교류 250[V] 전로에서 주로 옥내에 사용하는 고리퓨즈붙이 및 퓨즈가 없는 스위치

**04** 배선 기구라 함은 다음 중 어느 것인가?

① 전선을 접속하는 데 필요한 와이어 커넥터
② 스위치(텀블러) 및 콘센트류의 기구
③ 전선 및 케이블을 단말 처리할 때 필요한 압착 터미널류의 기구
④ 전선 및 케이블을 전선관에 입선할 때 필요한 공구

해설 배선 기구는 개폐기류와 접속기류로 구분한다.

Answer 01 ① 02 ① 03 ① 04 ②

**05** 지하실에 집수정 배수 펌프를 설치한 후, Magnet Switch를 자동으로 연결하고자 한다. 어떤 스위치가 적합한가?

① 타이머 스위치
② 플로트레스 전극 스위치
③ 디머 스위치
④ 자동 오일 스위치

**06** 물탱크의 물의 양에 따라 동작하는 스위치로서 학교, 공장, 빌딩 등의 옥상에 있는 물탱크의 급수 펌프에 설치된 전동기 운전용 마그넷 스위치와 조합하여 사용하면 매우 편리한 스위치는?

① 수은 스위치
② 타임 스위치
③ 압력 스위치
④ 부동 스위치

해설 부동 스위치는 Float 스위치를 말한다.

**07** 전선 및 케이블의 중간 접속제로 사용되는 것은?

① 칼부럭
② 볼트식 터미널
③ 압착 슬리브
④ 압착 터미널

**08** 옥내 배선용 공구 중 리머의 사용 목적은?

① 금속관 절단구에 대한 절단면 다듬기
② 로크너트 또는 부싱을 견고히 조일 때
③ 솔더리스 커넥터 또는 솔더리스 터미널을 압착하는 공구
④ 금속관의 굽힘

해설 ③ 단자 압착기
④ 벤더

05 ② 06 ④ 07 ③ 08 ① Answer

# Chapter 03 옥내 배관 · 배선공사



## 1 애자 사용 공사

1. **노브 애자** : 애자 사용 공사에서 일반적으로 사용

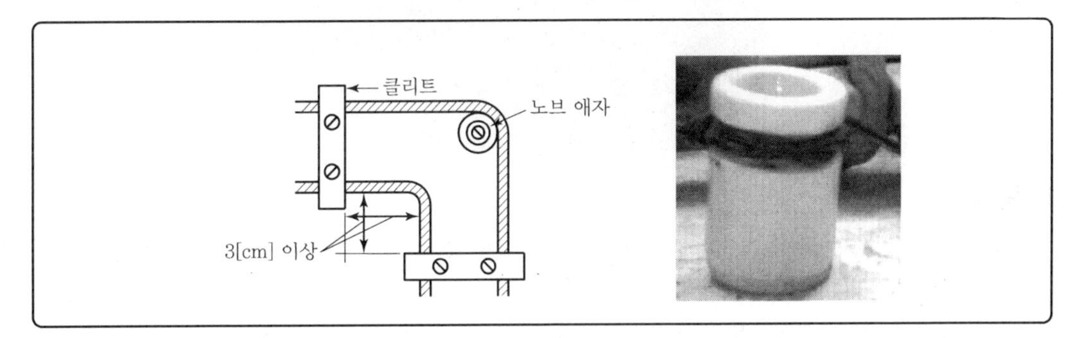


### 2. 애자 바인드법

① 일자 바인드법 : 3.2[mm] 또는 10[mm$^2$] 이하의 전선
② 십자 바인드법 : 4.0[mm] 또는 16[mm$^2$] 이상의 전선
③ 인류 바인드법 : 전선의 인류점에서 묶는 방법
④ 사용 전선의 굵기와 바인드선

| 사용 전선의 굵기 | 바인드선의 굵기 |
|---|---|
| 16[mm$^2$] 이하 | 0.9[mm] |
| 50[mm$^2$] 이하 | 1.2[mm](0.9[mm]×2) |
| 50[mm$^2$] 초과 | 1.6[mm](1.2[mm]×2) |

### 3. 애자와 전선의 굵기

| 애자의 종류 | | 전선의 최대 굵기[mm$^2$] |
|---|---|---|
| 노브 애자 | 소 | 16 |
| | 중 | 50 |
| | 대 | 95 |
| | 특대 | 240 |
| 인류 애자 | 특대 | 25 |
| 핀 애자 | 소 | 50 |
| | 중 | 95 |
| | 대 | 185 |

## 2 금속 전선관 공사

### 1. 특성

① 전개된 장소, 은폐장소 어느 곳에서나 시설할 수 있다. 습기, 물 등이 있는 곳에서도 시설 가능하다.
② 콘크리트 매입, 흙벽 속, 또는 노출배관 등에 모두 이용할 수 있다.
③ 관은 단단한 철재로 이루어져 전선이 기계적으로 완전히 보호된다.
④ 단락, 접지 사고에 화재의 우려가 적다.
⑤ 접지공사를 완전히 하면 감전의 우려가 없다.
⑥ 방습장치를 할 수 있으므로, 전선을 내수적으로 시설할 수 있다.
⑦ 건축 도중에 전선피복이 손상될 우려가 적다.

### 2. 전선관의 종류 및 규격

1) 후강 전선관

산화 방지 처리로 아연 도금 또는 에나멜이 입혀져 있고 양끝은 나사로 되어 있다.

① 호칭 : 안지름의 크기에 가까운 짝수(근사내경 짝수)(약호 : C)
16, 22, 28, 36, 42, 54, 72, 80, 92, 104[mm]−10종
② 두께 : 2.3[mm] 이상
③ 길이 : 3.6[m]

2) 박강 전선관

① 호칭 : 바깥지름의 크기에 가까운 홀수(근사외경 홀수)(약호 : G)
19, 25, 31, 39, 51, 63, 75[mm]−7종
② 두께 : 1.6[mm] 이상
③ 길이 : 3.66[m]

### 3. 전선관의 부속 자재

① **링 리듀서** : 박스나 분전함에 녹 아웃 펀치의 구멍이 큰 경우 링 리듀서를 끼고 연결한다.

② **로크너트** : 박스에 금속관 연결 시 박스 안팎에 하나씩(로크너트 2개)을 연결해서 배관을 조인다. 이 로크너트를 조이는 공구로는 펌프 플라이어를 사용하면 좋다.

③ **아웃렛 박스** : 콘크리트에 매입하여 각종 전기배관의 방향을 자유롭게 해주며 콘센트, 전등기구를 부착하기 위한 박스

④ **콘크리트 박스** : 벽면 또는 천장 콘크리트에 매입하여 각종 전기배관의 방향을 자유롭게 해주며 콘센트, 전등기구, 스위치, TV 안테나 등의 배선기구를 부착하기 위한 제품, 특히 데크플레이트 시공에 널리 사용됨(4각, 8각)

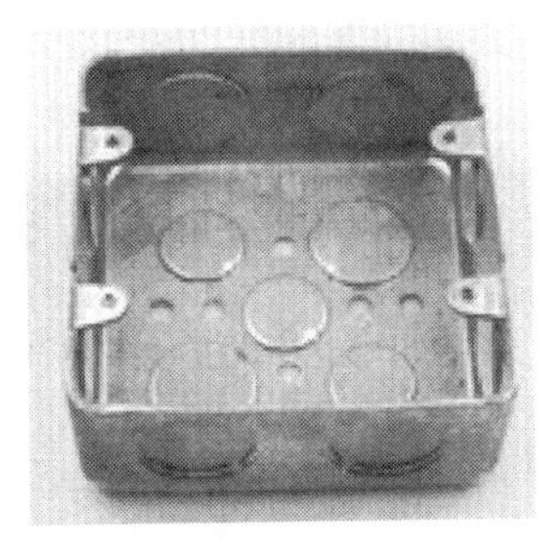

⑤ **엔트런스 캡(우에사 캡)** : 인입구, 인출구의 관단에 설치하여 금속관에 접속하여 옥외의 빗물을 막는 데 사용한다.

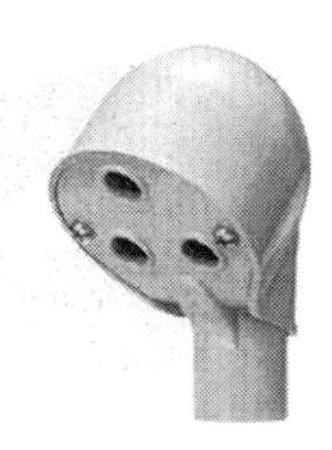

⑥ **터미널 캡** : 저압 가공 인입선에서 금속관 공사로 옮겨지는 곳 또는 금속관으로부터 전선을 뽑아 전동기 단자 부분에 접속할 때 사용하며, A형, B형이 있다.

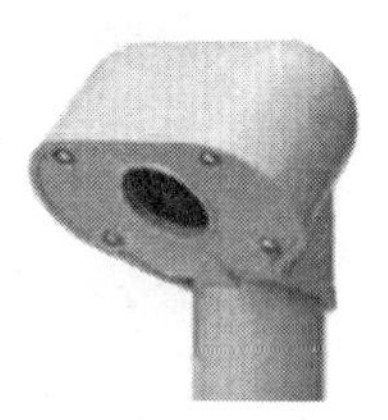

⑦ **유니버설 엘보** : 노출배관 공사에서 관을 직각으로 굽히는 곳에 사용한다. 3방향으로 분기할 수 있는 T형과 4방향으로 분기할 수 있는 크로스(Cross)형이 있다.

⑧ **부싱** : 금속관에 전선 인입 시 전선 피복을 보호한다.

⑨ **커플링** : 금속관 상호 접속 또는 관과 노멀 벤드와의 접속에 사용되며 내면에 나사가 나 있다.

⑩ **유니언 커플링** : 관의 양측을 돌려서 접속할 수 없는 경우에 사용한다.

⑪ **새들** : 노출배관에서 금속관을 조영재에 고정시키는 데 사용되며 합성수지관, 가요관, 케이블 공사에도 사용된다.

⑫ **노멀 벤드** : 배관의 직각 굴곡에 사용하며 양단에 나사가 나 있어 관과의 접속에는 커플링을 사용한다.

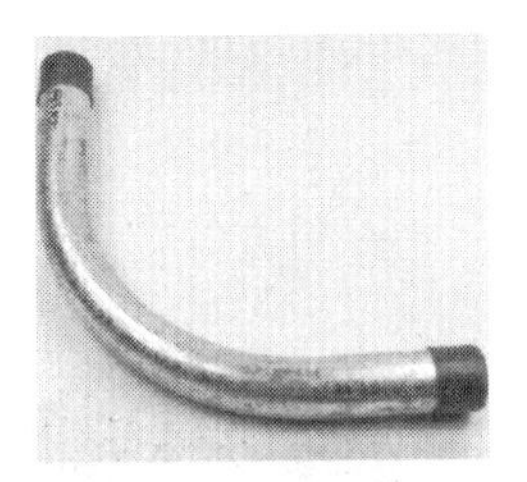

⑬ **플로어 박스** : 바닥 밑으로 매입 배선할 때 및 바닥 밑에 콘센트를 접속할 때 사용한다.

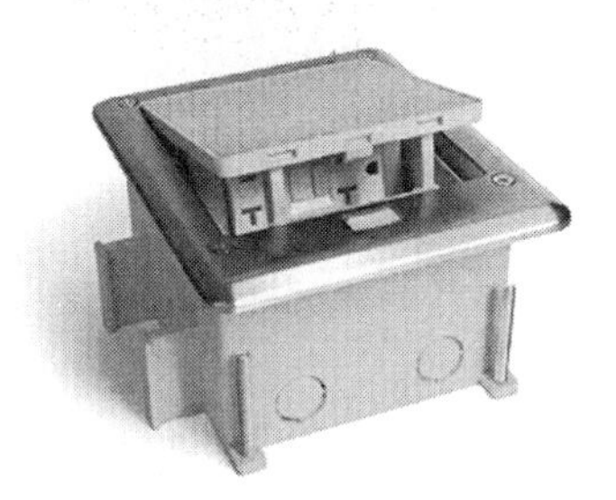

⑭ **픽스처 스터드와 히키** : 아웃렛 박스에 조명기구를 부착시킬 때 기구 중량의 장력을 보강하기 위하여 사용한다.

⑮ **접지 클램프** : 금속관 공사 시 관을 접지하는 데 사용한다.

### 3. 금속 전선관의 굵기 선정

① 동일 굵기의 절연전선을 동일관 내에 넣는 경우의 금속관의 굵기는 전선의 피복 절연물을 포함한 단면적의 총합계가 관 내 단면적의 48[%] 이하가 되도록 선정하여야 한다.

② 굵기가 서로 다른 절연전선을 동일관 내에 넣는 경우 금속관의 굵기는 전선의 피복 절연물을 포함한 단면적의 총합계가 관 내 단면적의 32[%] 이하가 되도록 선정하여야 한다.

③ 금속관의 두께는 콘크리트에 매입할 경우에는 1.2[mm] 이상일 것. 기타는 1.0[mm] 이상

### 4. 금속 전선관의 굽힘 작업

금속관을 구부릴 때 굴곡 바깥지름은 관 안지름의 6배 이상이 되어야 한다.

### 5. 전선관의 부속 자재

① **링 리듀서** : 박스나 분전함에 녹 아웃 펀치의 구멍이 큰 경우 링 리듀서를 끼고 연결한다.

② **로크너트** : 박스에 금속관 연결 시 박스 안팎에 하나씩(로크너트 2개) 연결해서 배관을 조인다. 이 로크너트를 조이는 공구로는 펌프 플라이어를 사용하면 좋다.

③ **아웃렛 박스** : 콘크리트에 매입하여 각종 전기배관의 방향을 자유롭게 해주며 콘센트, 전등기구를 부착하기 위한 박스

## 3 합성수지관 공사

### 1. 장단점

1) 장점

① 누전의 우려가 없고 절연성이 우수하다.
② 접지할 필요가 없고 피뢰기, 피뢰침의 접지선 보호에 적당하다.
③ 염화비닐 수지로 만든 것으로 가격이 저렴하다.
④ 내부식성이 우수하고 시공이 편리하다.

2) 단점

① 기계적 충격이나 압력에 약하다.
② 고온에 약하다.

### 2. 호칭 규격 및 길이

1) 호칭 방법

① 안지름의 크기에 가까운 짝수(근사 내경)[mm] : 14, 16, 22, 28, 36, 42, 54, 70, 82 등
② 합성수지제 가요 전선관(CD관) 규격 : 14, 16, 22, 28, 36, 42, 54, 70, 82 등

2) 길이 : 4[m]

### 3. 관과 관의 접속

관과 관의 접속 시에는 커플링을 사용하고 들어가는 관 길이는 관 바깥지름의 1.2배 이상으로 하며, 접착제를 사용하는 경우는 0.8배 이상으로 할 수 있다.

### 4. 전선관의 굵기 산정

관 굵기와 전선의 수용량의 관계는 전선의 피복을 포함한 절단면적의 총합을 관의 안 단면적의 32[%] 이하가 되도록 관의 크기를 선정한다.(단, 동일 전선인 경우 48[%] 이하)

### 5. 사용 장소

중량물의 압력 또는 기계적 충격이 없는 전개된 장소 또는 은폐된 장소에 시설이 가능하다.

# Chapter 03 실·전·문·제

**01** 50[mm$^2$], 500[V] 내열성 고무 절연전선에 알맞은 애자는?

① 대노브 애자 ② 중노브 애자
③ 소노브 애자 ④ 2선용 클리트

해설 애자와 전선의 굵기와의 관계

| 애자의 종류 | 사용하는 전선의 최대 굵기[mm$^2$] |
|---|---|
| 소노브(노브 애자) | 16 |
| 중노브 | 50 |
| 대노브 | 95 |
| 특대노브 | 240 |

**02** 후강 전선관은 근사 두께 몇 [mm] 이상으로 하고 있는가?

① 1.2 ② 1.9
③ 2.0 ④ 2.3

해설

| 종류 | 약호 | 치수 | | |
|---|---|---|---|---|
| 박강 전선관 | C | 홀수 | 외경 | 19, 25, 31, 39, 51, 63, 75 |
| 후강 전선관 | G | 짝수 | 내경 | 16, 22, 28, 36, 42, 54. 70, 82, 92, 104 |

**03** 금속 전선관에 16[mm]라고 표기되어 있다. 무엇을 의미하는가?

① 두께 중심과 두께 중심 사이 ② 외경
③ 내경 ④ 나사 피치와 피치 사이

**04** 후강 전선관의 규격이 아닌 것은?

① 22[mm] ② 42[mm]
③ 72[mm] ④ 82[mm]

01 ② 02 ④ 03 ③ 04 ③ Answer

## 05 박강 전선관의 기호는?

① C　② D
③ E　④ G

## 06 강제 전선관의 굵기를 표시하는 방법으로 옳은 것은?

① 후강은 내경, 박강은 외경을 [mm]로 표시한다.
② 후강, 박강의 외경을 [mm]로 표시한다.
③ 후강은 외경, 박강은 내경을 [mm]로 표시한다.
④ 후강, 박강의 내경을 [mm]로 표시한다.

## 07 전선관(박강)의 굵기 가운데 공칭값[mm]이 아닌 것은?

① 39　② 19
③ 24　④ 31

## 08 콘크리트 매입 금속관 공사에 이용하는 금속관의 두께는 최소 몇 [mm]인가?

① 1　② 1.2
③ 1.5　④ 2

해설 • 콘크리트 매입 시 : 1.2[mm] 이상
• 노출 시 : 1.0[mm] 이상

## 09 금속관(규격용) 1본의 길이[m]는?

① 약 3.3　② 약 3.66
③ 약 3.56　④ 약 4.44

해설 • 금속관 1본 길이 : 3.66[m]
• 합성수지관 1본 길이 : 4[m]

## 10 후강 전선관은 근사 두께 몇 [mm] 이상으로 하고 있는가?

① 1.2　② 1.9
③ 2.0　④ 2.3

Answer ● 05 ①　06 ①　07 ③　08 ②　09 ②　10 ④

해설 근사 두께

- 후강 전선관 : 2.3[mm] 이상
- 박강 전선관 : 1.6[mm] 이상

## 11 다음 그림은 무엇을 표시한 것인가?

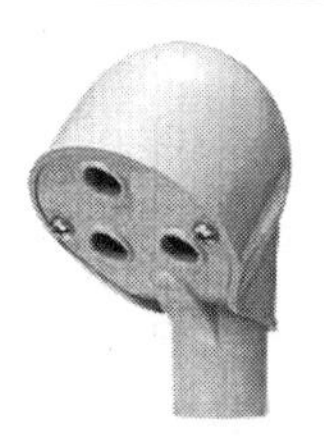

① 케이블 헤드 ② 엔드 캡
③ 엔트런스 캡 ④ 터미널 캡

해설 엔트런스 캡(우에사 캡)

- 저압 인입선 공사 시 전선관 공사로 변경할 때 전선관 끝부분에 설치
- 옥외의 빗물을 막는 데 사용

## 12 엔트런스 캡의 주된 사용 장소는?

① 부스 덕트의 끝부분의 마감재
② 저압 인입선 공사 시 전선관 공사로 넘어갈 때 전선관의 끝부분
③ 케이블 트레이의 끝부분의 마감재
④ 케이블 헤드를 시공할 때 케이블 헤드의 끝부분

## 13 옥외배선으로부터 금속관에 전선을 이끌어 넣을 때 또는 역으로 배선을 하게 될 때 관단에 대하여 전선을 보호할 목적으로 사용하는 재료는?

① 콘크리트 박스 ② 터미널 캡
③ 히키 ④ 우에사 캡

## 14 금속관 공사의 인입구관 끝에 사용하는 재료는?

① 링 리듀서 ② 서비스 엠보
③ 강제 부싱 ④ 우에사 캡

11 ③ 12 ② 13 ④ 14 ④ Answer

**15** **강제 전선관 공사 중 노출배관 공사에서 관을 직각으로 굽히는 곳에 사용한다. 3방향으로 분기할 수 있는 T형과 4방향으로 분기할 수 있는 크로스(Cross)형이 있는 자재는?**

① 새들 ② 유니언 커플링
③ 유니버설 엘보 ④ 노멀 벤드

해설 유니버설 엘보
㉠ 강제 전선관 공사 중 노출배관 공사에서 관을 직각으로 굽히는 곳에 사용
㉡ 종류
- T형 : 3방향 분기
- 크로스형 : 4방향 분기

**16** **금속관과 박스 또는 캐비닛을 접속할 때 때때로 사용되는 재료는?**

① 터미널 캡 ② 커플링
③ 서비스 캡 ④ 링 리듀서

해설 링 리듀서
금속관 지름(굵기)보다 큰 로크아웃에 금속관 접속 시 사용

**17** **새들(Saddle)은 어떤 경우에 쓰이는 재료인가?**

① Box를 고정시킬 때
② Conduit와 Conduit를 연결시킬 때
③ Box와 Conduit를 연결시킬 때
④ Conduit를 고정시킬 때

해설 새들
노출배관 시 조영제에 고정시킬 때 사용(금속관, 합성수지관, 가요 전선관, 케이블 공사에 사용)

**18** **다음 중 전선관 접속재가 아닌 것은?**

① 스플릿 커플링 ② 콤비네이션 커플링
③ 새들 ④ 유니언 커플링

해설 새들
전선관을 조영제에 부착 시 사용

Answer 15 ③ 16 ④ 17 ④ 18 ③

**19** 금속관에 물의 침입을 방지하려고 금속관단에 부착하는 것은?

① 링 리듀서 ② 유니버설 엘보
③ 부싱 캡 ④ 부싱

**20** 무거운 조명기구를 파이프로 매달 때 사용하는 것은?

① 노멀 벤드 ② 엔트런스 캡
③ 픽스처 스터드와 하키 ④ 파이프 행거

**21** 금속관 공사의 박스 내에 전선을 접속할 때 가장 좋은 재료는?

① 와이어 커넥터 ② 코드 커넥터
③ S슬리브 ④ 컬 플러그

해설 와이어 커넥터
박스형 커넥터 접속 시 전선을 접속할 때 사용(납땜 또는 테이프가 필요 없다.)

**22** 금속관 사용 시 케이블 피복 손상 방지용으로 사용되는 것은?

① 로크너트 ② 부싱
③ 커플링 ④ 엘보

해설 ① 로크너트 : 관과 박스 접속 시 사용
② 부싱 : 전선 피복 손상 방지용
③ 커플링 : 관 상호 간 접속 시 사용
④ 엘보 : 노출금속관을 직각으로 구부릴 때 사용

**23** 몰딩의 캡의 이음새를 덮는 데 사용하는 재료는?

① 베이스 커플링 ② 서포트
③ 프레트 엘보 ④ 조인트 커플링

해설 조인트 커플링
몰딩의 캡의 이음새를 덮는 데 사용

19 ③ 20 ③ 21 ① 22 ② 23 ④ Answer

## 24 PVC Pipe의 부속 자재 중 커넥터(또는 Pipe 커넥터)의 사용 시 용도는?

① 관과 노멀 벤드의 접속에 사용된다.
② 관과 관 또는 관과 Box와의 접속에 공히 사용된다.
③ 관과 Box와의 접속에 사용된다.
④ 관과 관의 접속에 사용된다.

해설 • PVC 관과 관의 접속 시 : 커플링
• PVC 관과 Box 접속 시 : 커넥터

## 25 서비스 캡이라고도 하며, 노출배관에서 금속관 배관으로 할 때 관단에 사용하는 재료는?

① 부싱
② 엔트런스 캡
③ 터미널 캡
④ 로크너트

해설 터미널 캡(서비스 캡)
전동기에 접속하는 장소나 애자 사용 공사로 옮기는 장소의 관단에 사용

## 26 다음에서 금속관 공사의 특징이 아닌 것은?

① 완전히 접지할 수 있으므로 누전화재의 우려가 적다.
② 방폭공사를 할 수 있다.
③ 거의 모든 시설 장소에 사용할 수 있다.
④ 내산성, 내알칼리성이 있으므로 화학공장 등에 적합하다.

해설 금속관 공사의 특징
• 접지공사 시 감전의 우려가 없다.
• 완전접지 시 누전 화재가 적다.
• 기계적으로 튼튼하며 방폭공사를 할 수 있다.
• 전선교환이 쉽고 모든 시설 장소에 사용할 수 있다.
• 폭연성 분진 또는 화약류 분말이 존재하는 곳에 사용된다.

## 27 그림의 재료는 무엇인가?

Answer ➲ 24 ③ 25 ③ 26 ④ 27 ④

① Clamp
② Expansion Joint
③ Nipples
④ Flexible Connector

해설 플렉시블 커넥터
가요 전선관과 박스와의 접속

**28** 강제 전선관 중 설명이 틀린 것은?

① 후강 전선관과 박강 전선관으로 나누어진다.
② 녹이 스는 것을 방지하기 위해 건식 아연 도금법이 사용된다.
③ 폭발성 가스나 부식성 가스가 있는 장소에 적합하다.
④ 주로 강으로 만들고 알루미늄이나, 황동, 스테인리스 등은 강제관에서 제외된다.

해설 강제 전선관의 종류
- 금속 전선관
- 스테인리스 전선관

**29** 2종 가요 전선관이란 다음 중 어느 것인가?

① 아연 도금한 연강띠 2매를 조합한 가요 전선관
② 테이프 모양의 납 도금을 한 띠강 1매와 파이버 1매, 계 2매를 조합한 가요 전선관
③ 아연 도금한 연강띠와 납 도금한 띠강계 2매를 조합한 가요 전선관
④ 테이프 모양의 납 도금을 한 띠강 2매와 파이버 1매, 계 3매를 조합한 가요 전선관

해설 2종 가요 전선관
납을 도금한 띠강 2매와 파이버 1매를 겹친 가요 전선관

**30** 플로어 덕트 시공 중 엔드 엘보의 사용처는?

① 덕트 끝에서 덕트를 수직으로 배관할 때 필요한 덕트와 덕트의 접속 금구
② 정션 Box에 파이프를 인입시킬 때 Box와 파이프의 접속 금구
③ 덕트 끝에서 파이프를 수직으로 배관할 때 필요한 덕트와 파이프의 접속 금구
④ 인서트 슈트에서 하이텐션 및 로텐션을 취부하기 위한 접속 금구

해설 엔드 엘보의 용도
덕트와 파이프의 접속 금구

28 ④ 29 ④ 30 ③ Answer

**31** 실내의 변압기와 배전반 사이나 분전반 사이의 간선에서 분기접점이 없는 전선로에 사용하는 덕트는?

① 피더 버스 덕트 ② 트롤리 버스 덕트
③ 플러그인 버스 덕트 ④ 와이어 덕트

해설 버스 덕트의 종류
- 피더 버스 덕트 : 간선에서 분기접점이 없는 전선로에 사용
- 트롤리 버스 덕트 : 이동 전선의 부하에 사용
- 플러그인 버스 덕트 : 간선에서 도중에 분기 가능한 전선로에 사용

**32** 유니버설 피팅(전선관용)의 종류는 박강 전선관용 유니버설, 후강 전선관용 유니버설, 나사 없는 전선관용 유니버설이 있다. 이 중 박강 전선관용 유니버설형은 어떻게 표시하는가?(단, KSC 규정상)

① LL형 ② LB형
③ T형 ④ C형

해설 유니버설 피팅(전선관용)의 종류
- LL형 : 후강 전선관용
- LB형 : 박강 전선관용
- T형 : 나사 없는 전선관용

**33** 유니버설에는 다음과 같은 종류가 있다. 종류의 형이 아닌 것은?

① T형 ② G형
③ LL형 ④ LB형

해설 유니버설의 종류
LL형, LB형, T형

**34** 저압 옥내 배선에 있어서 습기가 많은 노출장소에 시공할 수 없는 공사 재료는?

① 1종 금속제 가요 전선관 ② 2종 금속제 가요 전선관
③ 합성수지관 ④ 비닐 캡타이어 케이블

해설 1종 금속제 가요 전선관 시공장소
- 건조하고 전개된 장소
- 점검할 수 있는 은폐장소

Answer ➲ 31 ① 32 ② 33 ② 34 ①

## 35 복스에 덕트를 접속하지 않는 곳을 막는 것에 사용하는 재료는?

① 엔드 플러그(End Plug)　② 어댑터(Adapter)
③ 블랭크 와셔(Blank Washer)　④ 드릴 와셔(Drill Washer)

**해설** 블랭크 와셔
플로어 덕트의 정션박스에 덕트를 접속하지 않는 곳을 막기 위하여 사용

## 36 플로어 덕트 설치 그림(약식) 중 블랭크 와셔가 사용되어야 할 부분은?

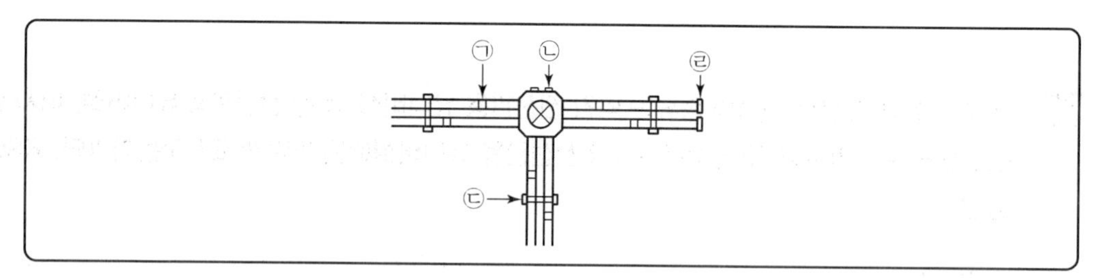


① ㉠　② ㉡
③ ㉢　④ ㉣

**해설** 버스 덕트의 종류
- 피더 버스 덕트 : 간선에서 분기접점이 없는 전선로에 사용
- 트롤리 버스 덕트 : 이동 전선의 부하에 사용
- 플러그인 버스 덕트 : 간선에서 도중에 분기 가능한 전선로에 사용

## 37 PVC Cap(Wire Connector)은 무엇의 대용으로 쓸 수 있는가?

① 터미널(Terminal)　② 로크너트(Lock Nut)
③ 부싱(Bushing)　④ 절연 테이프

**해설** 와이어 커넥터
- 박스 안에 전선 접속 시 사용
- 쥐꼬리 접속 후 와이어 커넥터 또는 절연 테이프를 사용

## 38 저압배선 방법에서 금속관을 사용하는 경우에 금속관의 굵기 선정에 8[mm$^2$] 이하의 전선의 피복 절연물을 포함한 단면적 합계가 관의 내단면적의 몇 [%] 이하가 되도록 해야 하는가?

① 30[%]　② 33[%]
③ 50[%]　④ 60[%]

35 ③　36 ②　37 ④　38 ② Answer

해설 금속관 배선 시 관의 굵기 선정
금속 전선관의 굵기는 전선 및 케이블의 피복 절연물 등을 포함한 단면적의 총합계가 관의 내단면적의 $\frac{1}{3}$을 초과하지 않도록 하는 것이 바람직하다.



**39** Hot Deep Galvanism Pipe의 사용처로 가장 적합한 곳은?

① 염분이 많은 해변가 또는 방폭설비의 노출배관
② 아파트 또는 고층 빌딩의 전력간선 배관
③ 수전반 또는 배전반 내의 조작선 및 조작 케이블의 관로
④ 굴곡이 심하여 배관이 어려운 곳

해설 Hot Deep Galvanism Pipe 용도
염분이 많은 해변가 또는 방폭설비의 노출배관

**40** 특수 아웃렛 박스의 종류가 아닌 것은?

① 8각 특수 아웃렛 박스
② 중형 4각 특수 아웃렛 박스
③ 소형 8각 특수 아웃렛 박스
④ 대형 4각 특수 아웃렛 박스

해설 특수 아웃렛 박스의 종류
- 8각 특수 아웃렛 박스
- 중형 4각 특수 아웃렛 박스
- 대형 4각 특수 아웃렛 박스

**41** 다음 중 방폭배관의 부속품이 아닌 것은?

① 실링 피팅
② 드레인 피팅
③ 타워 피팅
④ 콘듀레이트 피팅

해설 타워 피팅
345[kV] 가공 송전선로의 애자장치를 철탑에 고정시켜 주는 역할을 하는 금구

Answer 39 ① 40 ③ 41 ③

**42** 전선관의 산화 방지를 위해 하는 도금은?

① 페인트　　② 니켈
③ 아연　　④ 납

해설 금속 전선관의 산화 방지 및 부식 방지를 위해 아연을 도금한다.

**43** 중형 링 슬리브를 사용하여 4.0[mm$^2$]의 전선을 종단접속하는 경우 적절한 심선의 수는 몇 본 정도인가?

① 2본 이하　　② 3~4본
③ 5~6본　　④ 7~8본

해설 링 슬리브의 최대 사용 전류에 따른 전선의 조합

| 형(호칭) | 최대 사용 전류[A] | 전선 접속 수 | | |
|---|---|---|---|---|
| | | 2.5[mm$^2$] | 4.0[mm$^2$] | 6.0[mm$^2$] |
| 소 | 20 | 2가닥 | – | – |
| | | 3~4가닥 | 2가닥 | – |
| 중 | 30 | 5~6가닥 | 3~4가닥 | 2가닥 |
| 대 | 30 | 7가닥 | 5가닥 | 3가닥 |

42 ③　43 ② Answer

# Chapter 04 송배전선로 및 배전반 공사



## 1 배전선로의 재료와 기구

### 1. 지지물의 종류

① 목주
② 철주(A종, B종)
③ 철근콘크리트주(최소 길이 10[m], 기기 장치 시 12[m] 이상)
④ 철탑

### 2. 건주공사(지지물을 땅에 세우는 것)

지지물의 기초 안전율은 2(이상 시 상정하중에 대한 철탑 1.33) 이상으로 하여야 한다. 단, 다음과 같은 경우는 예외로 한다.

| 설계하중 / 전장 | 6.8[kN] 이하 | 6.8[kN] 초과~ 9.8[kN] 이하 | 9.8[kN] 초과~ 14.72[kN] 이하 |
|---|---|---|---|
| 15[m] 이하 | 전장×1/6[m] 이상 | 전장×1/6 +0.3[m] 이상 | 전장×1/6 +0.5[m] 이상 |
| 15[m] 초과 | 2.5[m] 이상 | 2.5[m]+0.3[m] 이상 | – |
| 16[m] 초과~20[m] 이하 | 2.8[m] 이상 | – | – |
| 15[m] 초과~18[m] 이하 | – | – | 3[m] 이상 |
| 18[m] 초과 | – | – | 3.2[m] 이상 |

### 3. 장주공사(완금이나 애자 등을 설치하는 것)

지지물에 전선을 고정하기 위하여 완목 또는 완금을 사용하며, 기타 암타이, 암타이 밴드, 암 밴드(완금을 고정시킬 때 사용), 지선 밴드(지선을 붙일 때 사용) 등이 사용된다.

### 4. 부속 재료

① **폴 스텝(발판 볼트)** : 전주에 오를 때 필요한 디딤 볼트
② **행거 밴드** : 전주 자체를 변압기에 고정시키기 위한 밴드
③ **U볼트** : 철근 콘크리트주에 완금을 취부할 때 사용하는 볼트류(목주 : 볼트 사용)
④ **앵글 베이스** : 완금 또는 앵글류의 지지물에 COS 또는 핀 애자를 고정시키는 부속 자재

⑤ 턴버클 : 지선 설치 시 지선에 장력을 주어 고정시킬 때 필요한 금구

⑥ 암 밴드 : 완금을 고정시키는 것

⑦ 암타이 : 완목이나 완금이 상하로 움직이는 것을 방지

⑧ 암타이 밴드 : 암타이를 고정시키는 것

⑨ 지선 밴드 : 지선을 전주에 붙일 때 사용

⑩ 행거 밴드 : 주상 변압기를 전주에 설치 시 사용

⑪ 랙(Rack) : 저압을 수직 배선할 때 사용

## 5. 완금

① 목적 : 지지물에 전선을 고정시키며 ㄱ완금(완철)과 ㅁ경완금(완철) 두 종류가 있다.

② 두께, 너비 : 90[mm]

③ 배전용 완금(완철)의 표준길이

| 가선수 | 저압 | 고압 | 특고압 |
|---|---|---|---|
| 2 | 900 | 1,400 | 1,800 |
| 3 | 1,400 | 1,800 | 2,400 |

## 6. 근가

① 목적 : 지지물이 쓰러지는 것을 방지하기 위해 설치한다.

② 종류 : • 전주 근가 : U볼트 사용

• 지선 근가 : 로드 사용

③ 근가의 규격

| 전주길이[m] | 7, 8 | 9, 10 | 12~14 | 15 | 16 |
|---|---|---|---|---|---|
| 근가길이[m] | 1.0 | 1.2 | 1.5 | 1.8 | 1.8 이상 |

## 7. 애자 설치공사

### 1) 애자의 종류

① 구형 애자(옥 애자, 지선 애자) : 지선 중간에 사용한다.

② 고압 가지 애자 : 전선로의 방향이 바뀌는 곳에 사용한다.

③ 곡핀 애자 : 인입선에 사용한다.(66[kV] 이하 전선로에 사용)

④ 다구 애자 : 인입선을 건물 벽면에 시설할 때 사용한다.

⑤ 현수 애자 : 송배전선로용으로 250, 180[mm] 두 종류가 있다.

• 내장형 철탑 : 191[mm] – 현수 애자 2개

⑥ 인류 애자(끝맺음 애자) : 전선로의 말단, 인류부분에 사용한다.

⑦ **라인포스트 애자** : 절연전선 및 B급 이상 염진해 지역에 사용한다.(저전압 송전선로의 핀 애자 대용)

⑧ **내무 애자** : 분진 또는 염해의 섬락사고를 방지하기 위한 송전용 애자

⑨ **코드 서포트** : 네온전선을 조영재에 지지하는 애자

### 2) 애자의 색별

| 애자의 종류 | 색별 |
|---|---|
| 특고압용 핀 애자 | 적색 |
| 저압용 애자(접지 측 제외) | 백색 |
| 접지 측 애자 | 청색 |

### 3) 저압 핀 애자에 사용하는 전선 굵기

① 소형 : 50[mm$^2$]

② 중형 : 95[mm$^2$]

③ 대형 : 125[mm$^2$]

### 4) 현수 애자 설치

① 경완철

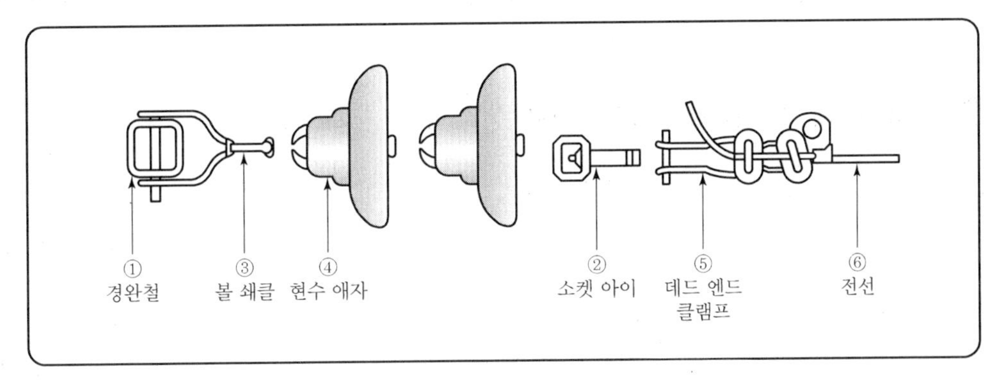


② ㄱ형 완철

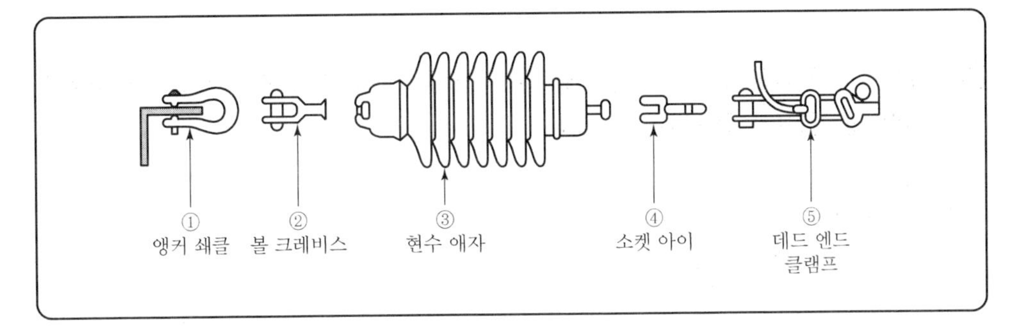

≫Chapter

# 04 실·전·문·제



**01** 22.9[kV] 배전선을 시가지에 시설하는 경우에 철근 콘크리트주의 최소 길이는?

① 8[m] ② 9[m]
③ 10[m] ④ 12[m]

해설 콘크리트주 최소 길이 : 10[m]
(단, 기기 장치 시 : 12[m])

**02** 행거 밴드라 함은?

① 전주에 COS 또는 LA를 고정시키기 위한 밴드
② 완금을 전주에 설치하는 데 필요한 밴드
③ 완금에 암타이를 고정시키기 위한 밴드
④ 전주 자체에 변압기를 고정시키기 위한 밴드

해설 행거 밴드
전주 자체에 변압기를 고정시키기 위한 밴드

**03** 지선과 지선용 근가를 연결하는 금구는?

① 지선 밴드 ② 지선 로드
③ U볼트 ④ 볼 쇄클

해설 ① 지선 밴드 : 지선을 지지물에 부착할 때 사용하는 금구류
② 지선 로드 : 지선과 지선용 근가를 연결시키는 금구
③ U볼트 : 전주 근가를 전주에 부착시키는 금구
④ 볼 쇄클 : 현수 애자를 완금에 내장으로 시공할 때 사용하는 금구류

**04** 완목이나 완금을 목주에 붙이는 경우에는 볼트를 사용하고 철근 콘크리트주에 붙이는 경우에는 어떤 볼트를 사용하는가?

① 지선 밴드 ② 암타이
③ 암 밴드 ④ U볼트

01 ③ 02 ④ 03 ② 04 ④ Answer

해설 • 지선 밴드 : 지선을 지지물에 부착할 때 사용하는 금구류
• 지선 로드 : 지선과 지선용 근가를 연결시키는 금구
• U볼트 : 전주 근가를 전주에 부착시키는 금구
• 볼 쇄클 : 현수 애자를 완금에 내장으로 시공할 때 사용하는 금구류

## 05 전주의 길이가 10[m]이고 표준깊이가 1.7[m]일 때 근가의 표준길이[m]는?

① 1.0 ② 1.2
③ 1.5 ④ 1.8

해설

| 전주의 길이[m] | 땅에 묻히는 깊이[m] | 근가의 길이[m] |
|---|---|---|
| 7 | 1.2 | 1.0 |
| 8 | 1.4 | 1.0 |
| 9 | 1.5 | 1.2 |
| 10 | 1.7 | 1.2 |
| 11 | 1.9 | 1.5 |
| 12 | 2.0 | 1.5 |

## 06 콘크리트주에 사용되는 U자형 볼트에서 암타이 부착에는 몇 [cm] 볼트를 사용하는가?

① 3 ② 4
③ 5 ④ 6

해설 U자형 볼트 크기
암타이 부착 시 5[cm] 사용

## 07 폴 스텝이라 불리우는 자재는?

① 전주에 오를 때 필요한 디딤 볼트
② 주상용 개폐기의 조작 핸들 지지 볼트
③ 전주에 부착되는 Pipe 또는 케이블을 전주에 고정시키기 위한 금구
④ 전주에 완금을 고정시키기 위한 금구

해설 폴 스텝(발판 볼트)
전주에 오를 때 필요한 디딤 볼트

Answer ➲ 05 ② 06 ② 07 ①

## 08 전주 길이가 12[m], 근가의 길이가 1.5[m]일 때 U볼트(경×길이)의 표준은?

① 270×500[mm]
② 320×550[mm]
③ 360×590[mm]
④ 400×630[mm]

해설 전주 길이 12[m]는 근가 길이 1.5[m]를 사용하고 땅에 묻히는 깊이는 2.0[m]이며 U볼트 360×590[mm]를 표준으로 사용한다.

## 09 장주 재료 중 근가의 시공 방법으로 옳은 것은?

① 전주 근가 및 지선 근가는 공히 U볼트를 조합하여 시공한다.
② 전주 근가 및 지선 근가는 U볼트 또는 로드 중 현장 요건에 따라 선택하여 시공한다.
③ 전주 근가 및 지선 근가는 공히 로드를 조합하여 시공한다.
④ 전주 근가는 U볼트로 지선 근가는 로드로 조합하여 시공한다.

해설 근가의 시공 방법
- 전주 근가는 U볼트 사용
- 지선 근가는 로드 사용

## 10 앵글 베이스(U좌금)의 용도는?

① 옥외 변대에 설치되는 변압기를 고정시키기 위한 부속 자재이다.
② 앵글을 절단 또는 가공할 때 필요한 앵글 가공용 공구이다.
③ 완금 또는 앵글류의 지지물에 COS 또는 핀 애자를 고정시키는 부속 자재이다.
④ 큐비클에 부착되는 각종 계기를 고정시키는 데 사용되는 아연 도금된 앵글이다.

해설 앵글 베이스(U좌금)의 용도
완금 또는 앵글류의 지지물에 COS 또는 핀 애자를 고정시키는 부속 자재이다.

## 11 장주에 필요한 자재 중 턴버클의 용도를 옳게 나타낸 것은?

① 전주에 지선을 설치 시 지선에 장력을 주어 고정시킬 때 필요한 금구
② 전주에 근가를 고정시킬 때 필요한 금구
③ 현수 애자를 고정시키기 위한 금구
④ 전주에 완금을 견고히 고정시키기 위한 금구

해설 턴버클의 용도
전주에 지선을 설치 시 지선에 장력을 주어 고정시킬 때 필요한 금구

08 ③ 09 ④ 10 ③ 11 ① Answer

## 12 지주용 자재에서 ㄱ형 완금 규격[mm]이 아닌 것은?

① 900 ② 1,600
③ 1,800 ④ 2,400

해설 배전용 완금의 표준규격[mm]

| 가선수(전선수) | 저압 | 고압 | 특고압 |
|---|---|---|---|
| 2 | 900 | 1,400 | 1,800 |
| 3 | 1,400 | 1,800 | 2,400 |

## 13 ㄱ형 90×90×9×2,400 규격의 자재명은?

① 저압 가선용 랙 ② 랙 밴드
③ 경완금 ④ 완금

해설

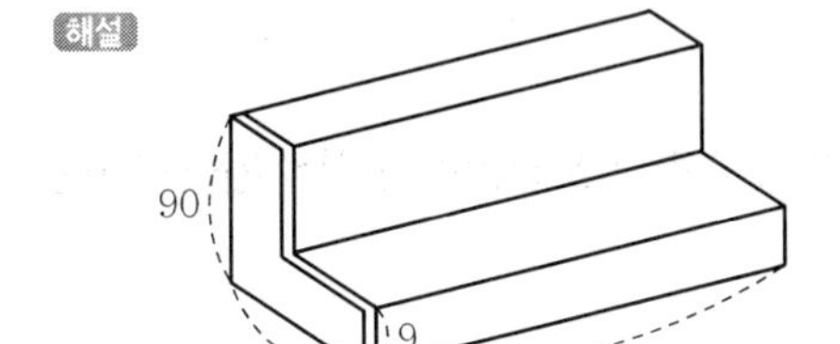


90(가로)×90(세로)×9(두께)×2,400(길이)

## 14 가공전선로에서 6,600[V] 고압선 3조를 수평으로 배열하기 위한 완금의 길이[mm]는?

① 2,400 ② 1,800
③ 1,400 ④ 900

해설 배전용 완금의 표준규격[mm]

| 가선수(전선수) | 저압 | 고압 | 특고압 |
|---|---|---|---|
| 2 | 900 | 1,400 | 1,800 |
| 3 | 1,400 | 1,800 | 2,400 |

## 15 특고압 3조의 전선을 설치 시, 크로스암(완금)의 표준길이는?

① 900[mm] ② 1,400[mm]
③ 1,800[mm] ④ 2,400[mm]

Answer 12 ② 13 ④ 14 ② 15 ④

해설 배전용 완금의 표준규격[mm]

| 가선수(전선수) | 저압 | 고압 | 특고압 |
|---|---|---|---|
| 2 | 900 | 1,400 | 1,800 |
| 3 | 1,400 | 1,800 | 2,400 |

## 16 가선 금구 중 완금에 특고압 전선의 조수가 3일 때 완철의 길이는 몇 [mm]인가?

① 900[mm]
② 1,400[mm]
③ 1,800[mm]
④ 2,400[mm]

해설 배전용 완금의 표준규격[mm]

| 가선수(전선수) | 저압 | 고압 | 특고압 |
|---|---|---|---|
| 2 | 900 | 1,400 | 1,800 |
| 3 | 1,400 | 1,800 | 2,400 |

## 17 가공전선로에서 22.9[kV−Y] 특고압 가공전선 2조를 수평으로 배열하기 위한 완금의 표준길이 [mm]는?

① 2,400
② 2,000
③ 1,800
④ 1,400

해설 배전용 완금의 표준규격[mm]

| 가선수(전선수) | 저압 | 고압 | 특고압 |
|---|---|---|---|
| 2 | 900 | 1,400 | 1,800 |
| 3 | 1,400 | 1,800 | 2,400 |

## 18 22.9[kV] 가공전선로에서 3상 4선식 선로의 직선에 사용되는 크로스 완금의 길이는 얼마가 표준으로 되어 있는가?

① 900[mm]
② 1,400[mm]
③ 1,800[mm]
④ 2,400[mm]

해설 배전용 완금의 표준규격[mm]

| 가선수(전선수) | 저압 | 고압 | 특고압 |
|---|---|---|---|
| 2 | 900 | 1,400 | 1,800 |
| 3 | 1,400 | 1,800 | 2,400 |

16 ④ 17 ③ 18 ④ Answer

**19** **옥 애자(구슬 애자)의 용도를 옳게 나타낸 것은?**

① 지선 중간 부분에 취부하는 애자
② 저압 가공 인입 시 변압기 2차 측의 리드선을 지지하는 애자
③ 옥외 변대 설치 시 고압 또는 특고압의 모선 지지용 애자
④ 옥내 노출배선에 필요한 저압 지지 애자

해설 옥 애자(구슬 애자)
지선 중간에 취부하는 애자

**20** **지선용 구형 애자는 어떤 곳에 사용하는가?**

① 피뢰기 설치 장소
② 가공전선의 90° 방향 전환·지점
③ COS 설치 시
④ 가공전선로의 지선

해설 옥 애자(지선 애자, 구슬 애자)
가공전선로의 지선 중간에 취부하는 애자

**21** **애자의 형상에 의한 분류로서 내무 애자란?**

① 노부 애자의 일종으로서 저압 옥내 애자이다.
② 분진 또는 염해에 의한 섬락 사고를 방지하기 위한 송전용 애자이다.
③ 선로용으로서 점퍼선의 지지용으로 사용되는 애자이다.
④ 현수 애자의 일종으로서 크레비스형의 애자이다.

해설 내무 애자
분진 또는 염해에 의한 섬락 사고를 방지하기 위한 송전용 애자

**22** **네온전선을 조영재에 지지하고자 할 때 많이 사용하는 애자는?**

① 코드 서포터 ② 노브 서포터
③ 튜브 서포터 ④ 특캡 애자

해설 코드 서포터
네온전선을 조영재에 지지하는 애자

Answer ➲ 19 ① 20 ④ 21 ② 22 ①

## 23 송배전용, 전기 철도용의 전선로 및 발변전소와 통신선용의 인류용으로 사용하며 송배전용 표준형 지름은 250[mm], 180[mm]가 있다. 어떤 애자인가?

① 장간 애자 ② 현수 애자
③ 지지 애자 ④ 인류 애자

해설 송배전용 현수 애자의 표준지름
250[mm], 180[mm]

## 24 고압 전선로에 사용되는 내장형 철탑에 사용되는 애자는?

① 고압 인류 애자 ② 고압 내장 애자
③ 191[mm] 현수 애자 1개 ④ 191[mm] 현수 애자 2개

해설 내장형 철탑의 애자
191[mm] 현수 애자 2개

## 25 22.9[kV-Y] 가공 선로의 내장주에 사용하여야 되는 애자는?

① 고압 인류 애자 ② 고압 내장 애자
③ 191[mm] 현수 애자 1개 ④ 191[mm] 현수 애자 2개

해설 내장형 철탑의 애자
191[mm] 현수 애자 2개

## 26 다음은 ㄱ형 완철에서의 현수 애자를 설치하는 순서이다. 바르게 된 것은?

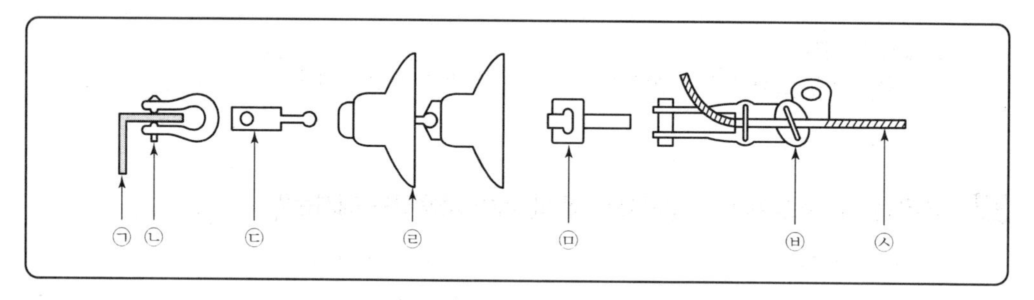


① ㉠ ㄱ형 완철 → ㉡ 볼 쇄클 → ㉢ 볼 크레비스 → ㉣ 현수 애자 → ㉤ 소켓 아이 → ㉥ 데드 엔드 클램프 → ㉦ 전선
② ㉠ ㄱ형 완철 → ㉡ 앵커 쇄클 → ㉢ 소켓 아이 → ㉣ 현수 애자 → ㉤ 볼 크레비스 → ㉥ 데드 엔드 클램프 → ㉦ 전선

23 ② 24 ④ 25 ④ 26 ④ Answer

③ ㉠ ㄱ형 완철→㉡ 데드 엔드 클램프→㉢ 볼 크레비스→㉣ 현수 애자→㉤ 소켓 아이→㉥ 앵커 쇄클→㉦ 전선

④ ㉠ ㄱ형 완철→㉡ 앵커 쇄클→㉢ 볼 크레비스→㉣ 현수 애자→㉤ 소켓 아이→㉥ 데드 엔드 클램프→㉦ 전선

해설 현수 애자 ㄱ형 완철 애자

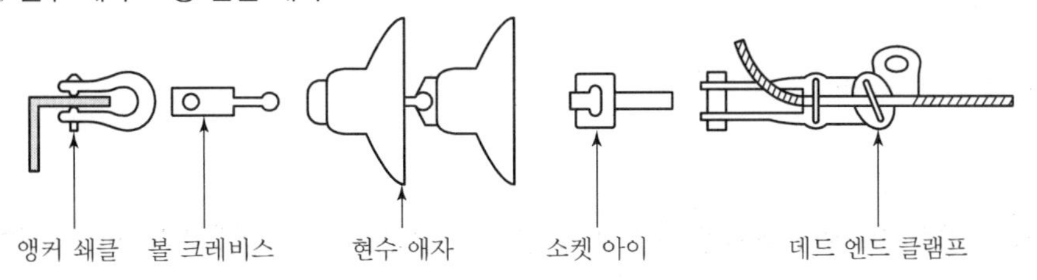


## 27 전선을 다른 방향으로 돌리는 부분에 사용되는 애자는?

① 구형 애자
② 저압 곡핀 애자
③ 옥 애자
④ 고압 가지 애자

해설 고압 가지 애자
전선로의 방향이 바뀌는 곳에 사용

## 28 네온전선을 조영재에 지지하는 애자는?

① 특캡 애자
② 코드 서포트
③ 고압 핀 애자
④ 노브 서포트

해설 코드 서포트
네온전선을 조영재에 지지하는 애자

## 29 저압 핀 애자의 종류가 아닌 것은?

① 저압 소형 핀 애자
② 저압 중형 핀 애자
③ 저압 대형 핀 애자
④ 저압 특대형 핀 애자

해설 저압 핀 애자의 종류 및 전선의 굵기
- 소형 : 50[mm$^2$]
- 중형 : 95[mm$^2$]
- 대형 : 125[mm$^2$]

Answer 27 ④ 28 ② 29 ④

## 30 소형 핀 애자의 경우 사용하는 전선의 최대 굵기[mm²]는?

① 16　　② 25
③ 50　　④ 95

해설 저압 핀 애자의 종류 및 전선의 굵기
- 소형 : 50[mm²]
- 중형 : 95[mm²]
- 대형 : 125[mm²]

## 31 저압의 가공전선로에 있어서 중성선 또는 접지 측 전선은 어떤 빛깔의 애자를 사용하는가?

① 청색　　② 백색
③ 황색　　④ 흑색

해설

| 애자의 종류 | 색별 |
|---|---|
| 특고압용 핀 애자 | 적색 |
| 저압용 애자(접지 측 제외) | 백색 |
| 접지 측 애자 | 청색 |

## 32 66[kV] 송전선로에 쓰이는 현수 애자의 개수는 대략 몇 개인가?

① 1~2　　② 2~3
③ 4~5　　④ 10~11

해설 전압에 따른 현수 애자의 연결 개수

| 전압[kV] | 66 | 154 | 220 | 345 | 765 |
|---|---|---|---|---|---|
| 수량[개] | 4~6 | 10~11 | 12~13 | 18~20 | 40~45 |

## 33 154[kV], 송전선로에 사용하는 현수 애자의 개수는 몇 개인가?

① 4~5　　② 6~7
③ 8~9　　④ 10~11

해설 전압에 따른 현수 애자의 연결 개수

| 전압[kV] | 66 | 154 | 220 | 345 | 765 |
|---|---|---|---|---|---|
| 수량[개] | 4~6 | 10~11 | 12~13 | 18~20 | 40~45 |

30 ③　31 ①　32 ③　33 ④ Answer

**34** 고압 인류 애자(High Voltage Shackle Type Insulator) 중 대애자의 시험치 중 내전압은 최소 얼마 이상이어야 하는가?

① 27[kV] ② 40[kV]
③ 45[kV] ④ 85[kV]

해설 • 고압 인류 애자(대애자)의 내전압 : 40[kV] 이상
• 고압 인류 애자(소애자)의 내전압 : 35[kV] 이상

**35** 특고압 배전선로의 내장 또는 인류개소에 사용되는 내염형 현수 애자의 색깔은?

① 회색 ② 갈색
③ 적색 ④ 녹색

해설 특고압 배전선로(22.9[kV-Y])에 사용되는 내염형 현수 애자의 색깔 : 회색

**36** 저압 애관의 구부림이 2.0[mm] 이하가 되어야 하는 애관은?

① 150[mm] 소애관 ② 200[mm] 소애관
③ 200[mm] 중애관 ④ 300[mm] 대애관

해설 ① 150[mm] 소애관 : 2.0[mm] 이하
② 200[mm] 소애관 : 2.6[mm] 이하
③ 200[mm] 중애관 : 2.6[mm] 이하
④ 300[mm] 대애관 : 3.2[mm] 이하

**37** 다음은 송전선로에 사용되는 애자의 불량 여부를 검출하는 검출기의 명칭이다. 이들 중 애자의 전압 분포 측정용 기기가 아닌 것은?

① 네온관식 ② 스파이크 클립
③ 비즈스틱 ④ 고압 메거

해설 애자의 전압 분포 측정용 기기
• 네온관식
• 스파이크 클립
• 비즈스틱
※ 고압 메거 : 절연저항 측정 기기

Answer 34 ② 35 ① 36 ① 37 ④

**38** 전선 연선 시 전선과 메신저 와이어의 접속 부분 사이에 사용하여 지지물에 설치한 블록의 통과를 돕고 전선의 회전을 방지하여 전선 연선을 원활하게 하기 위하여 사용되는 공구로서 Rurnnig Board 또는 다이보라고 하는 공구의 명칭은?

① 브레이 결구　② 카운터 웨이트
③ 스위블　④ 연선 요크

해설 연선 요크
전선 연선을 원활하게 하기 위하여 사용하는 공구

38 ④ Answer

# 배 · 분전반공사



## 1 배전반 공사

전력 계통의 감시, 제어, 보호 기능을 유지할 수 있도록 전력 계통의 전압, 전류, 전력 등을 측정하기 위한 계측 장치와 기기류의 조작 및 보호를 위한 제어 개폐기, 보호 계전기 등을 일정한 패널에 부착하여 변전실의 기기류를 집중 제어하는 전기설비를 말한다.

### 1. 배전반의 구성 및 설비 장소

#### 1) 배전반의 구성

① 전력 계통 감시를 위한 측정 장치 : 전압계, 전류계, 전력계, 역률계 등
② 기기류 조작을 위한 제어 장치 : 차단기, 단로기, 전압 조정기
③ 기기류 보호를 위한 보호 장치 : 과전류 계전기, 비율 차동 계전기
④ 고장 상태 및 종류를 표시하는 신호등(Lamp)

#### 2) 배전반의 설치 장소

① 전기회로를 쉽게 조작할 수 있는 장소
② 개폐기를 쉽게 조작할 수 있는 장소
③ 노출된 장소
④ 안정된 장소

### 2. 배전반 시설 원칙

#### 1) 폐쇄식 배전반(큐비클형)

단위 회로의 변성기, 차단기 등의 주 기기류와 이를 감시, 제어, 보호하기 위한 각종 계기 및 조작 개폐기, 계전기 등 전부 또는 일부를 금속제 상자 안에 조립하는 방식

#### 2) 폐쇄형의 특징

① 설치면적이 적다.
② 설치가 간단하며, 공기가 단축된다.
③ 신뢰성이 있으며 표준화되어 있다.
④ 외관이 미려하고, 보수 시 안전하다.

⑤ 기기 자체의 보전과 고장 확대 방지가 가능하다.

⑥ 증설 및 이동설치가 용이하다.

### 3. 배전반, 변압기 등의 이격거리

배전반, 변압기 등 수전 설비의 주요 부분이 유지하여야 할 거리 기준은 다음 표에서 정한 값 이상일 것

(단위 : [mm])

| 위치별 / 기기별 | 앞면 또는 조작 · 계측면 | 뒷면 또는 점검면 | 열상호 간 (점검하는 면) | 기타의 면 |
|---|---|---|---|---|
| 특별고압반 | 1,700 | 800 | 1,400 | – |
| 고압배전반 | 1,500 | 600 | 1,200 | – |
| 저압배전반 | 1,500 | 600 | 1,200 | – |
| 변압기 등 | 1,500 | 600 | 1,200 | 300 |

## 2 배전반 설치 기기

### 1. 차단기

| 구분 | 소호 매실 |
|---|---|
| 유입차단기(OCB) | 절연유로 아크 소호 |
| 자기차단기(MBB) | 전자력을 이용하여 아크 소호 |
| 공기차단기(ABB) | 압축공기로 아크 소호 |
| 진공차단기(VCB) | 진공상태에서 아크 소호 |
| 가스차단기(GCB) | 6불화유황($SF_6$) 가스를 고압으로 압축하여 아크 소호 |
| 기중차단기(ACB) | 회로를 차단할 때 접촉자가 떨어지면서 대기(자연공기) 아크 소호 |

* 6불화유황($SF_6$) 가스

- 불활성 기체이며, 무취, 무색, 무독성
- 소호능력이 공기보다 약 100배 정도 우수
- 절연내력이 공기보다 약 2.5~3.5배 정도 우수

## 2. 심벌

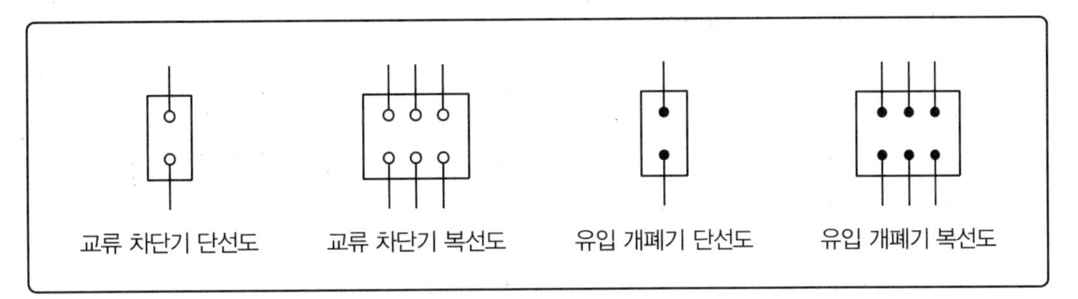


## 3. 개폐기

| 장치 | 약호 | 기능 |
|---|---|---|
| 자동고장구분 개폐기 | ASS | 수용가 한 개의 사고가 다른 수용가에 주는 피해를 최소화하기 위한 방안으로 대용량 수용가에 한하여 설치 |
| 자동부하전환 개폐기 | ALTS | 이중 전원을 확보하여 주전원 정전 시 예비전원으로 자동 절환하여 수용가가 항상 일정한 전원 공급을 받을 수 있는 장치 |
| 선로 개폐기 | LS | 책임분계점에서 보수 점검 시 전로를 구분하기 위한 개폐기로 시설하고 무부하 상태로 개방하여야 하며 단로기와 같은 용도로 사용 |
| 단로기 | DS | 기기의 보수 점검 시 또는 회로 접속변경을 하기 위해 사용하지만 부하전류 개폐는 할 수 없는 기기 |
| 컷아웃 스위치 | COS | 변압기 1차 측 각 상마다 취부하여 변압기의 보호와 개폐를 위한 것 |
| 부하 개폐기 | LBS | 수변전 설비의 인입구 개폐기로 많이 사용되고 있으며 전력퓨즈 용단 시 결상을 방지하는 목적으로 사용 |
| 기중부하 개폐기 | IS | 수전용량 300[kVA] 이하에서 인입 개폐기로 사용 |

## 4. 보호계전기

| 명칭 | 기능 |
|---|---|
| 과전류 계전기(OCR) | 일정값 이상의 전류가 흘렀을 때 동작하며, 과부하 계전기 |
| 과전압 계전기(OVR) | 일정값 이상의 전압이 걸렸을 때 동작하는 계전기 |
| 부족전압 계전기(UVR) | 전압이 일정값 이하로 떨어졌을 경우에 동작하는 계전기 |
| 열동 계전기 | 과부하 시 동작하여 전동기를 보호 |
| 비율차동 계전기 | 고장에 의하여 생긴 불평형의 전류차가 기준치 이상으로 되었을 때 동작하는 계전기로, 변압기 내부고장 검출용으로 주로 사용 |
| 선택 계전기 | 병행 2회선 중 한쪽의 회선에 고장이 생겼을 때, 어느 회선에 고장이 발생하는가를 선택하는 계전기 |

| 명칭 | 기능 |
|---|---|
| 방향 계전기 | 고장점의 방향을 아는 데 사용하는 계전기 |
| 거리 계전기 | 계전기가 설치된 위치로부터 고장점까지의 전기적 거리에 비례하여 한시로 동작하는 계전기 |
| 지락과전류 계전기 | 지락과전류로 동작 |
| 지락과전압 계전기 | 지락을 전압에 의하여 검출 |
| 지락방향 계전기 | 회로의 전력방향 또는 지락방향에 의해 동작 |
| 지락회선선택 계전기 | 단락 또는 지락회로를 선택하는 것 |
| 영상 변류기(ZCT) | 지락사고가 생겼을 때 지락전류를 검출 |
| 부흐홀츠 계전기 | 변압기 내부고장(기계적인 고장)을 보호 |

## 5. 계기용 변성기

### 1) 계기용 변성기(MOF)

수용가의 전력 사용량을 계량하기 위해서 PT와 CT를 함에 내장한 것으로 최대수요전력량계와 무효전력량계에 전달하여 주는 장치

### 2) 계기용 변압기(PT)

고전압은 저전압으로 변성하여 계측기 전원 공급 및 전압계 측정

① • 1차 정격전압 : 6,600[V]
  • 2차 정격전압 : 110[V]
  ∴ PT비(변압비) : 6,600/110으로 표기

② 전압을 측정하기 위한 변압기로 2차 측 정격전압은 110[V]가 표준

### 3) 계기용 변류기(CT)

대전류를 소전류로 변류하여 과전류계전기 동작 및 전류계 측정

① 변류기 표준정격

| 정격 1차 전류[A] | 정격 2차 전류[A] |
|---|---|
| 5, 10, 15, 20, 30, 40, 50, 100, 150, 200, 300, 400, 500, 600, 750, 1000, 1500, 2000, 2500 | 5 |

② 전류를 측정하기 위한 변압기로 2차 전류는 5[A]가 표준

③ 변류기 교체 작업 시 2차를 개방상태에서 1차 전류를 보내면 2차 단자란에 고전압이 발생하여 2회로가 절연 파괴될 염려가 있고 철손 증대로 인한 과열의 원인이 되므로 단락시킨 다음에 교체한다.

[계기용 변성기(MOF)]

[계기용 변압기(PT)]

[계기용 변류기(CT)]

## 3 분전반 공사

### 1. 분전반의 시설 원칙 및 구비조건

① 분전반의 이면에는 배선 및 기구를 배치하지 말 것
② 난연성 합성수지로 제작된 것은 두께 1.5[mm] 이상의 내아크일 것
③ 강판제의 것은 두께 1.2[mm] 이상일 것
  * 단, 가로 또는 세로의 길이가 30[cm] 이하인 경우 1.0[mm] 이상
④ 각각 분기되는 차단기에 전압을 표시하는 평판을 부착한다.
⑤ 전등 점멸용 스위치는 반드시 전압 측 전선에 시설하여야 한다.
⑥ 소켓, 리셉터클 등에 전선을 접속할 때에는 전압 측 전선을 중심 접촉면에, 접지 측 전선을 베이스에 연결하여야 한다.
⑦ 배전반의 설치 장소
  • 전기회로를 쉽게 조작할 수 있는 장소
  • 개폐기를 쉽게 조작할 수 있는 장소
  • 노출된 장소
  • 안정된 장소

[분전함]

## 2. 분전반 공사

① 일반적으로, 분전반은 철제 캐비닛 안에 나이프 스위치, 텀블러 스위치 또는 배선용 차단기를 설치하며, 내열 구조로 만든 것이 많이 사용되고 있다.

② 분전반의 설치 위치는 부하의 중심 부근이고, 각 층마다 하나 이상을 설치하나 회로수가 6 이하인 경우에는 2개 층을 담당한다.

③ 분전반은 분기회로의 길이가 30[m] 이하가 되도록 설계한다.

④ 감전에 대한 보호 및 접지시스템에 준하여 접지공사를 할 것

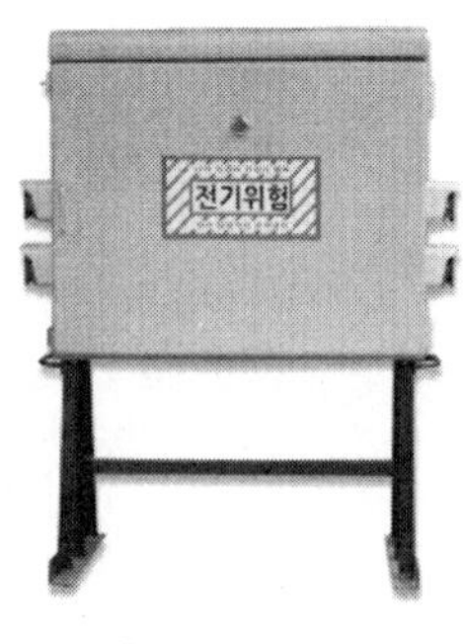


[가설 분전반]

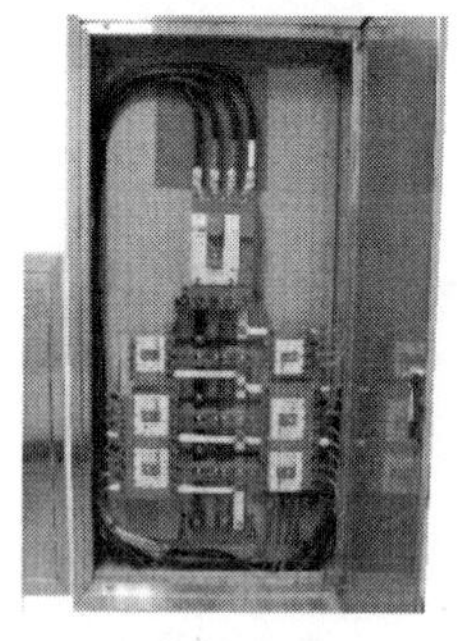

[분전반]

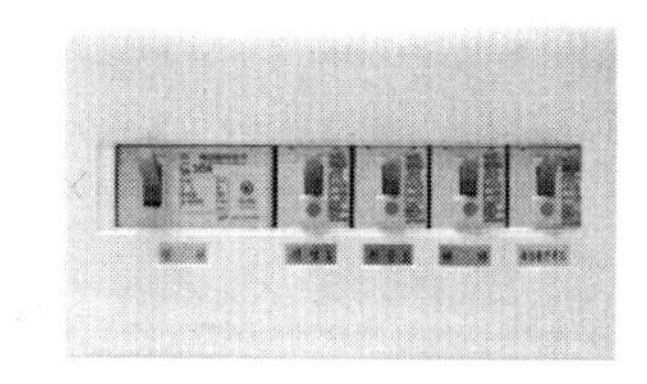

[가정용 분전반]

## 4 심벌

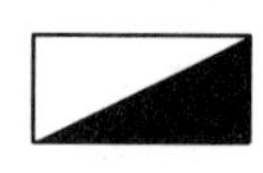

분전반

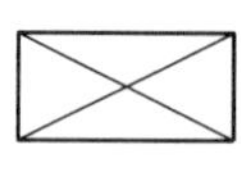

배전반

제어반

S

개폐기

# Chapter 05 실·전·문·제



**01** 배전반의 CB 또는 퓨즈의 용량은 해당 배전반의 Bus Bar 용량과 어떤 관계로 하여야 되는가?

① Bus Bar 용량과 같게 한다.
② Bus Bar 용량보다 적게 한다.
③ Bus Bar 용량의 125[%]로 한다.
④ Bus Bar 용량의 150[%]로 한다.

해설 사고 발생 시 Bus Bar 손상을 방지하기 위해 CB, Fuse 용량은 Bus Bar 용량보다 적게 한다.

**02** 저압 배전반의 주 차단기로 주로 사용되는 것은?

① VCB 또는 TCB
② COS 또는 PF
③ ACB 또는 NFB
④ DS또는 OS

해설 저압 배전반의 주 차단기
ACB(기중차단기) 또는 NFB(배선용 차단기)

**03** 다음 개폐기 중에서 옥내 배선의 분기회로 보호용에 사용되는 배선용 차단기의 약호는?

① DS
② NFB
③ ACB
④ OCB

해설 ① DS : 단로기
② NFB : 배선용 차단기
③ ACB : 기중차단기
④ OCB : 유입차단기

**04** 고압 교류 차단기(3.3[kV] 혹은 6.6[kV])에 사용되는 것이 아닌 것은?

① 유입차단기
② 공기차단기
③ 진공차단기
④ 디스커넥트 스위치

해설 고압 교류 차단기
- OCB
- ABB
- VCB

※ DS(단로기) : 무부하 시 선로 개폐

Answer 01 ② 02 ③ 03 ② 04 ④

**05** 자가용 수전설비에 주로 많이 사용되며 부하전류의 개폐 및 고장전류의 차단을 행하는 재료는?

① ACB ② MBB
③ OCB ④ 애자용 차단기

해설 OCB(유입차단기)
부하전류의 개폐 및 고장전류 차단

**06** 저압 차단기가 아닌 것은?

① OCB ② ACB
③ MCCB ④ ELB

해설 • 저압 차단기 : ACB, MCCB(NFB), ELB
• 고압 차단기 : OCB, ABB, VCB

**07** 다음 재료 중 차단기의 종류가 아닌 것은?

① Lightning Arrestor ② Air Circuit Breaker
③ Oil Circuit Breaker ④ Gas Circuit Breaker

해설 LA(피뢰기)
뇌서지, 개폐서지 등의 이상전압에서 변압기를 보호

**08** 고압 차단기의 특성으로 아크와 차단전류에 의해서 만들어지는 자계와의 사이의 전자력에 의해서 아크실을 소호실로 끌어넣어 차단하는 구조로 2단직 설치가 가능한 차단기는?

① VCB ② ACB
③ MOCB ④ MBB

해설 자기차단기(MBB)
• 화재 염려가 없고 보수가 간단하여 주로 고압전로에 사용
• 일반적으로 큐비클 내장형으로 사용

**09** 큐비클의 정식 호칭은?

① 라이브 프런트 배전반 ② 폐쇄 배전반
③ 데드 프런트 배전반 ④ 포스트 배전반

05 ③ 06 ① 07 ① 08 ④ 09 ② Answer

**해설** 폐쇄식 배전반

- 큐비클 타입으로 모선, 계기용 변성기, 차단기 등을 하나의 함 내에 내장한 것이다.
- 점유면적이 좁고 운전, 보수에 안정하다.

## 10 고압 수용가의 수전설비로서 사용되는 큐비클로서 그 종류가 잘못된 것은?

① CB형 ② PF · CB형

③ PF · S형 ④ PF형

**해설** 큐비클의 종류

| 종류 | 수전 용량 | 주 차단기 |
|---|---|---|
| CB형 | 500[kVA] 이하 | 차단기를 사용한 것 |
| PF-CB형 | 500[kVA] 이하 | 한류형 전력 퓨즈와 차단기를 조합 사용한 것 |
| PF-S형 | 300[kVA] 이하 | PF와 고압 개폐기를 사용한 것 |

## 11 전기기기 중 MOF란 무엇인가?

① 계기용 변류기

② 계기용 변압기

③ 계기용 변압기, 변류기를 함께 조합한 것

④ 계기류의 총칭

**해설** MOF(계기용 변성기)

계기용 변압기(PT), 계기용 변류기(CT)를 조합한 것

## 12 변성기의 종류가 아닌 것은?

① PT ② PBS

③ GPT ④ PCT

**해설**
- MOF(계기용 변성기)는 PT와 CT를 조합한 것으로 일명 PCT이다.
- GPT는 접지 계기용 변성기이다.

※ PBS : 누름 버튼 스위치

Answer 10 ④ 11 ③ 12 ②

## 13 다음 약호 중 전류계 전환 스위치를 표시한 것은?

① AS ② PF
③ PCT ④ ZCT

**해설** ① AS : 전류계 전환 스위치
② PF : 전력용 퓨즈
③ PCT : 계기용 변성기
④ ZCT : 영상 변류기

## 14 문자 기호 중 계기류에 속하지 않는 것은?

① ZCT ② A
③ PF ④ WHM

**해설** ZCT(영상 변류기)
지락사고 발생 시 영상전류를 검출하며, 계기류가 아니라 계전기이다.

## 15 분전함에 내장되는 부품은?

① 나이프 SW 또는 NFB
② MG SW 또는 VCB류의 차단기
③ NFB 또는 VCB류의 차단기
④ OCR 또는 UVR류의 보호 계전기

**해설** 나이프 스위치, 배선용 차단기, 누전 차단기 등은 분전함에 내장한다.

## 16 분전함에 내장되는 부품은?

① COS ② VCB
③ UVR ④ MCCB

**해설** 나이프 스위치, 배선용 차단기, 누전 차단기 등은 분전함에 내장한다.

13 ① 14 ① 15 ① 16 ④ Answer

## 17 분전함의 분기 개폐기로 쓰이지 않는 개폐기는?

① 컷아웃 스위치
② 나이프 스위치
③ 풀 스위치
④ 배선용 차단기

해설 분기 개폐기
- COS(컷아웃 스위치)
- KS(나이프 스위치)
- MCCB(배선용 차단기)

## 18 개폐기부의 재료가 아닌 것은?

① GPT
② LBS
③ OS
④ DS

해설
- GPT : 접지 계기용 변압기
- 계폐기 : LBS(부하 개폐기), OS(유입 개폐기), DS(단로기)

## 19 고압 콘덴서의 용량을 가감하기 위해서 그 회로를 개방 또는 투입하는 제어기기는?

① 스텝 컨트롤러
② 과부하 트립코일
③ 퓨즈가 있는 유입 개폐기
④ 과전류 트립코일

해설 유입 개폐기 : 고압 대전류 회로용 개폐기

## 20 캐치 홀더란?

① 저압 가공 인입 시 변압기 2차 측에 설치하는 퓨즈이다.
② 가공전선을 핀 애자에 고정시키기 위한 바인드선의 일종이다.
③ 고압 또는 특고압의 변압기 1차 측에 설치하는 컷아웃 스위치이다.
④ 전주 보강을 위하여 지선을 설치할 때 필요한 지선용 부속 자재이다.

해설 캐치 홀더
저압 가공 인입 시 변압기 2차 측에 설치하여 수용가 인입구에 이르는 회로의 사고에 대한 보호장치

Answer ➲ 17 ③ 18 ① 19 ③ 20 ①

**21** 전력 퓨즈(Power Fuse) 중 고압에서 사용되는 퓨즈는?

① 방출형　② 통형
③ 관형　④ 한류형

해설 전력 퓨즈
고전압 회로 및 기기의 단락보호용 퓨즈이며 방출형이다.

**22** 고압 회로에 쓰이는 퓨즈로서 실퓨즈 단자를 공기식 밑바닥에서부터 통 윗부분까지 장치하게 되는 퓨즈는?

① 온도 퓨즈　② 텅스텐 퓨즈
③ 관형 퓨즈　④ 방출형 퓨즈

해설 ① 온도 퓨즈 : 전열기구 보완용
② 텅스텐 퓨즈 : 전압계, 전류계 소손 방지용
③ 관형 퓨즈 : 라디오 정격 제어용
④ 방출형 퓨즈 : 고압 회로에 사용

**23** 특고압 또는 고압 회로 및 기기의 단락 보호 능력을 갖는 것은?

① 플러그 퓨즈　② 통형 퓨즈
③ 고리 퓨즈　④ 전력 퓨즈

해설 전력 퓨즈
특고압 또는 고압 회로 및 기기의 단락 보호

**24** 고리 퓨즈에서 정격전압은 300[V], 기호는 A45라고 표시한다. 이때 정격전류[A]는?

① 5　② 15
③ 30　④ 40

**25** 고압 전류 제한 퓨즈(6.6[kV]용)에서의 정격전류가 아닌 것은?

① 5[A]　② 10[A]
③ 15[A]　④ 20[A]

21 ① 22 ④ 23 ④ 24 ④ 25 ① Answer

## 26 다음 변전소 시설 중 지락고장 검출용으로 적당치 않은 것은?

① ZCT
② CT
③ GPT
④ OCR

해설 OCR(과전류 계전기) : 과전류 검출용으로 사용

## 27 영상 변류기와 조합하여 사용하는 것은?

① 지락 계전기
② 무효 전력계
③ 차동 계전기
④ 과전류 계전기

해설 지락전류 검출 : 영상 변류기와 지락 계전기를 조합하여 사용

## 28 재료 중 보호 계전기가 아닌 것은?

① OCR
② OVR
③ RPR
④ ZCT

해설 ZCT(영상 변류기) : 지락전류를 검출하는 데 사용

## 29 발전기나 주 변압기의 내부고장에 대한 보호용으로 가장 적당한 계전기는?

① 차동 전류 계전기
② 과전류 계전기
③ 비율 차동 계전기
④ 온도 계전기

해설 비율 차동 계전기
- 동작원리 : 1차 전류와 2차 전류의 차로 동작
- 용도 : 발전기나 주 변압기의 내부고장 보호용

## 30 보호 계전기 종류가 아닌 것은?

① ASS
② OCGR
③ RDR
④ DGR

해설 ASS : 자동 고장 구분 개폐기

Answer ➲ 26 ④ 27 ① 28 ④ 29 ③ 30 ①

**31** **수전용 변전설비의 1차 측에 있어서 차단기의 용량은 주로 어느 것에 의해 정해지는가?**

① 수전계약 용량　② 부하설비의 용량
③ 수전 전력의 역률과 부하율　④ 공급 측 전원의 크기

해설 차단기 용량
공급 측 전원의 크기에 따라 설정

**32** **다음 중 CVCF의 용도는?**

① 자동전압 조정기　② 정전압 및 정주파수 장치
③ 콘덴서 트립 장치　④ 실리콘형의 정류기

해설 CVCF(Constant Voltage Constant Frequency)
정전압 정주파수 장치로서 일명 UPS라고 한다.

**33** **계전기별 고유 번호에서 95는 주파수 계전기이다. 95H의 명칭은?**

① 고정정 주파수 계전기　② 저정정 주파수 계전기
③ 발진 주파수 계전기　④ 흡수형 주파수 계전기

해설
- 95H : 고정정 주파수 계전기
- 95L : 저정정 주파수 계전기
- 95 : 주파수 계전기

31 ④　32 ②　33 ① Answer

# 06 피뢰기 및 기타 설비



## 1 피뢰기(LA)

### 1. 설치기준

* 조건 : 고압 및 특고압의 전로 및 이에 근접한 곳에 시설

① 발전소 · 변전소 또는 이에 준하는 장소의 가공전선 인입구 및 인출구
② 특고압 가공전선로에 접속하는 배전용 변압기의 고압 측 및 특고압 측
③ 고압 및 특고압 가공전선로로부터 공급을 받는 수용장소의 인입구
④ 가공전선로와 지중전선로가 접속되는 곳

### 2. 피뢰기 제1보호대상 : 전력용 변압기

변압기의 절연강도 > 피뢰기의 제한전압 + 접지저항의 전압강하

### 3. 구성

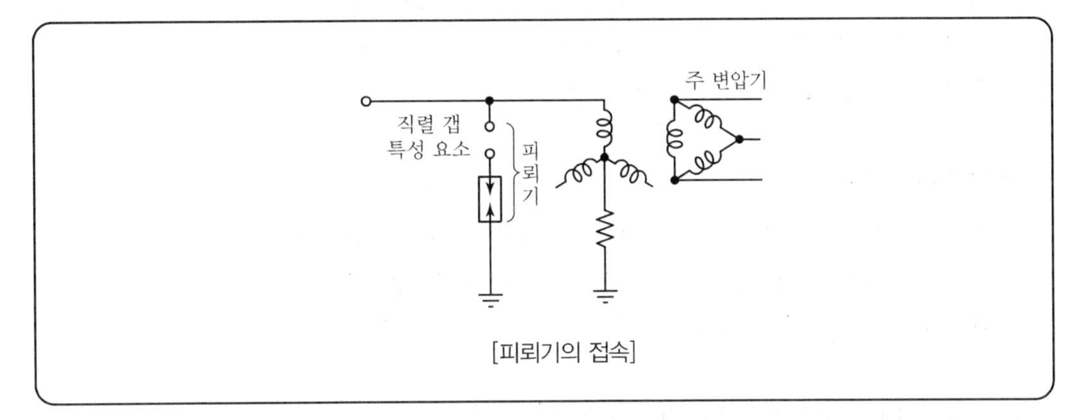

[피뢰기의 접속]

① 직렬 갭 : 뇌전류를 방전하고 속류를 차단
② 특성요소 : 뇌전류 방전 시 피뢰기 자신의 전위 상승을 억제하여 자신의 절연파괴를 방지

### 4. 피뢰기의 구비조건

① 충격방전개시전압이 낮을 것
② 방전내량이 크고 제한전압이 낮을 것

③ 상용주파 방전개시전압이 높을 것

④ 속류 차단 능력이 충분할 것

### 5. 피뢰기의 정격전압

| 공칭전압[kV] | 변전소[kV] | 배전선로[kV] |
|---|---|---|
| 345 | 288 | – |
| 154 | 144 | – |
| 66 | 72 | – |
| 22 | 24 | – |
| 22.9 | 21 | 18 |

### 6. 피뢰기의 접지선

공칭 단면적 6[$mm^2$] 이상의 연동선 또는 이와 동등 이상의 세기 및 굵기를 가진 금속선

## 2 피뢰침

### 1. 구성

① **돌침부** : 뇌방전을 뇌격으로 받아 내는 돌침부(구성재료 : 동, 알루미늄, 아연도금철)

② **인하도선** : 뇌격 전류를 대지로 유도한다.

③ **접지극** : 대지로 뇌격 전류를 흐르게 한다.

### 2. 피뢰설비의 방식

① **돌침 방식** : 보호각 60° 이하, 위험물을 취급하는 건축물 45° 이하

② **용마루 위 도체 방식** : 일반 건축물 60° 이하 또는 도체에서 수평거리 10[m] 이내 부분

③ **케이지 방식** : 피보호물 전체를 덮은 연속적인 망상 도체

### 3. 피뢰설비 재료의 최소 단면적(기준 : 피복 없는 동선)

수뢰부, 인하도선, 접지극 : 50[$mm^2$] 이상

## 3 접지 저감재(화학적 처리재)

### 1. 구비요건

① 접지극의 부식, 침식성이 없어야 한다.
② 전기적으로 전해질 물질이거나 도체화되어야 한다.
③ 반영구적인 지속효과가 있어야 한다.
④ 인체, 환경, 공해 등에 안전성이 있어야 한다.
⑤ 시공, 작업성이 좋아야 한다.

## 4 변압기

### 1. 절연유(OT)의 사용 목적

① 절연을 용이하게 하기 위하여
② 비열이 커서 냉각효과를 좋게 하기 위하여
③ 열전도율이 커서 열 발산을 좋게 하기 위하여

### 2. 절연유의 구비조건

① 절연내력이 클 것
② 비열이 커서 냉각효과가 클 것
③ 인화점이 높고 응고점이 낮을 것
④ 고온에서 산화되지 않을 것
⑤ 비열 및 열전도율이 클 것
⑥ 절연 재료와 화학작용을 일으키지 않을 것

### 3. 전력용 변압기 철심

① 규소강판의 두께 : 0.35[mm]
② 성층철심의 규소 함유량 : 3~4[%]를 함유한 대형 변압기
③ 규소강판의 T급 용도 : 변압기용

# Chapter 06 실·전·문·제



**01** 특고압 가공전선로에서 공급을 받는 수전용 변전소에 시설하는 피뢰기의 피보호기의 제1보호대상이 되는 것은?

① 전력용 변압기
② 계전기
③ 전력용 콘덴서
④ 차단기

해설 피뢰기의 피보호기의 제1보호대상
전력용 변압기
※ 변압기의 절연강도 > 피뢰기의 제한전압+접지저항의 전압강하

**02** 피뢰기의 주요 구성요소는 어떤 것인가?

① 특성요소와 콘덴서
② 특성요소와 직렬 갭
③ 소호 리액터
④ 특성요소와 소호 리액터

해설 피뢰기의 구성요소
특성요소+직렬 갭

**03** 고압 및 특고압의 전로 중 발 · 변전소의 가공전선 인입구 및 인출구에 설치할 시설은?

① 저항기
② 피뢰기
③ 퓨즈
④ 과전류 차단기

해설 피뢰기의 시설
고압 및 특고압의 전로 중 다음에 열거하는 곳 또는 이에 근접한 곳에는 피뢰기를 시설하여야 한다.
- 발전소 · 변전소 또는 이에 준하는 장소의 가공전선 인입구 및 인출구
- 특고압 가공전선로에 접속하는 배전용 변압기의 고압 측 및 특고압 측
- 고압 및 특고압 가공전선로로부터 공급을 받는 수용장소의 인입구
- 가공전선로와 지중전선로가 접속되는 곳

**04** 공칭전압 22[kV]인 비접지계통의 변전소에서 사용하는 피뢰기의 정격전압은 몇 [kV]인가?

① 18
② 20
③ 22
④ 24

01 ① 02 ② 03 ② 04 ④ Answer

해설 피뢰기의 정격전압

| 공칭전압[kV] | 송전선로[kV] | 배전선로[kV] |
|---|---|---|
| 345 | 288 | – |
| 154 | 144 | – |
| 66 | 72 | – |
| 22 | 24 | – |
| 22.9 | 21 | 18 |

## 05 피뢰기의 접지선에 사용하는 연동선 굵기의 최솟값은?

① 2.5[mm$^2$]　② 4.0[mm$^2$]
③ 6.0[mm$^2$]　④ 10[mm$^2$]

해설 피뢰기의 접지선 굵기 : 6.0[mm$^2$] 이상의 연동선

## 06 피뢰침을 시설하고 이것을 접지하기 위한 피뢰도선에 동선 재료를 사용할 경우의 단면적은 얼마 이상으로 해야 하는가?

① 14[mm$^2$] 이상　② 22[mm$^2$] 이상
③ 30[mm$^2$] 이상　④ 50[mm$^2$] 이상

해설 피뢰도선의 단면적
피뢰침을 시설하고 피뢰도선에 동선 재료를 사용할 경우 50[mm$^2$] 이상 또는 동등 이상의 성능을 갖출 것

## 07 수뢰부로 하는 것을 목적으로 공중에 돌출하게 한 봉상(棒狀) 금속체를 무엇이라 하는가?

① 돌침　② 케이지
③ 접지극　④ 용마루

해설 돌침의 재료
구리, 알루미늄, 용해 아연도금한 철, 구리(주철 포함)로서 봉상 도체를 사용한다.

## 08 피뢰침 인하선은?

① 고무절연전선　② 동선
③ PVC 절연전선　④ 캠브릭 전선

Answer 05 ③ 06 ④ 07 ① 08 ②

**해설** 피뢰침 인하선의 재료

피복이 없는 동선을 기준으로 수뢰부, 인하도선 및 접지극은 50[$mm^2$] 이상이어야 한다.

## 09 돌침의 재료가 아닌 것은?

① 동 ② 알루미늄

③ 아연 도금한 알루미늄 ④ 아연 도금한 철

**해설** 돌침의 재료

구리, 알루미늄; 용해 아연 도금한 철, 구리(주철 포함)로서 봉상 도체를 사용한다.

## 10 피뢰를 목적으로 피보호물 전체를 덮은 연속적인 망상 도체(금속판도 포함)는?

① 케이지 ② 수직도체

③ 인하도체 ④ 용마루 가설 도체

**해설** 케이지 방식

- 재료 : 동과 알루미늄 단선, 연선, 평각선, 관
- 보호각 : 피보호물 전체를 덮은 연속적인 망상 도체

## 11 접지선을 전선관에 접속할 때 사용하는 배선 재료는?

① 엔드 캡 ② 어스 클립

③ 터미널 캡 ④ 픽스처 하키

**해설** 어스 클립

접지선을 전선관에 접속 시 사용

## 12 고전압 피뢰기의 방전 개시 시간의 지연을 방지하기 위하여 부착되는 것은?

① 아크 가이드 ② 실드 링

③ 직렬 갭 ④ 분로 저항

**해설** 아크 가이드

고전압 피뢰기의 방전 개시 시간의 지연을 방지하기 위하여 부착

09 ③ 10 ① 11 ② 12 ① Answer

## 13 접지공사 시 접지저항을 감소시키기 위하여 사용되는 저감재는?

① 백필(흑연 분말과 코크스 분말의 혼합물)
② 동판 및 동봉
③ 가열 왁스
④ 아스팔트 마스틱

해설 접지저항을 감소시키기 위한 저감재
백필(흑연 분말+코크스 분말)

## 14 KS C IEC 62305에 의한 수뢰도체, 피뢰침과 인하도선의 재료로 사용되지 않는 것은?

① 구리 ② 순금
③ 알루미늄 ④ 용융아연도금강

해설 수뢰도체, 피뢰침, 인하도선의 재료
구리, 주석 도금한 구리, 알루미늄, 알루미늄합금, 용융아연도금강, 스테인리스강

## 15 피뢰설비 중 돌침 지지관의 재료로 적합하지 않은 것은?

① 스테인리스강관 ② 황동관
③ 합성수지관 ④ 알루미늄관

해설 돌침 지지관의 재료
강관, 스테인리스강관, 황동관, 알루미늄관

## 16 접지 저감재가 구비하여야 할 요소가 아닌 것은?

① 접지극을 부식시키지 않을 것 ② 전기적인 부도체일 것
③ 지속성이 있을 것 ④ 안전성을 고려할 것

해설 접지 저감재의 구비조건
- 접지극의 부식, 침식성이 없어야 한다.
- 전기적으로 전해질 물질이거나 도체화되어야 한다.
- 반영구적인 지속효과가 있어야 한다.
- 인체, 환경, 공해 등에 안전성이 있어야 한다.

Answer 13 ① 14 ② 15 ③ 16 ②

**17** KS C IEC 62305-3에 의해 피뢰침의 재료로 테이프형 단선 형상의 알루미늄을 사용하는 경우 최소 단면적[mm²]은?

① 25　　② 35
③ 50　　④ 70

해설 피뢰침 재료에 따른 형상 및 최소 단면적(재료 : 알루미늄)

| 형상 | 최소 단면적[mm²] |
|---|---|
| 테이프형 단선 | 70 |
| 원형 단선 | 50 |
| 연선 | 50 |

**18** B종 절연의 최고 허용 온도[℃]는 얼마인가?

① 105　　② 120
③ 130　　④ 155

해설

| 절연의 종류 | Y | A | E | B | F | H | C |
|---|---|---|---|---|---|---|---|
| 최고 허용 온도[℃] | 90 | 105 | 120 | 130 | 155 | 180 | 180 초과 |

**19** H종 건식 변압기는 허용 온도가 최고 몇 [℃]에서 견딜 수 있는 절연 재료로 구성된 변압기인가?

① 55[℃]　　② 100[℃]
③ 180[℃]　　④ 200[℃]

해설

| 절연의 종류 | Y | A | E | B | F | H | C |
|---|---|---|---|---|---|---|---|
| 최고 허용 온도[℃] | 90 | 105 | 120 | 130 | 155 | 180 | 180 초과 |

**20** Y종 변압기유의 최고 허용 온도[℃]는?

① 90　　② 80
③ 50　　④ 40

해설

| 절연의 종류 | Y | A | E | B | F | H | C |
|---|---|---|---|---|---|---|---|
| 최고 허용 온도[℃] | 90 | 105 | 120 | 130 | 155 | 180 | 180 초과 |

17 ④　18 ③　19 ③　20 ①　Answer

## 21 변압기유의 구비조건에 맞지 않는 것은?

① 절연내력이 크다.
② 점성이 크다.
③ 인화점이 높다.
④ 열전도가 크다.

해설 절연유의 구비조건
- 절연내력이 클 것
- 비열이 커서 냉각효과가 클 것
- 인화점이 높고 응고점이 낮을 것
- 고온에서 산화되지 않을 것
- 비열 및 열전도율이 클 것
- 절연 재료와 화학작용을 일으키지 않을 것

## 22 유입 변압기에 기름을 사용하는 목적이 아닌 것은?

① 절연을 좋게 하기 위하여
② 냉각을 좋게 하기 위하여
③ 효율을 좋게 하기 위하여
④ 열 발산을 좋게 하기 위하여

해설 절연유(OT)의 사용 목적
- 절연을 좋게 할 수 있다.
- 비열이 커서 냉각효과를 좋게 할 수 있다.
- 열전도율이 커서 열 발산을 좋게 할 수 있다.

## 23 변압기 철심으로 사용하는 보통 전력용 규소강판의 두께는?

① 약 0.15[mm]
② 약 0.25[mm]
③ 약 0.35[mm]
④ 약 0.75[mm]

해설 전력용 변압기 철심으로 사용하는 규소강판의 두께는 0.35[mm]이다.

## 24 배전용 6[kV] 유입 변압기(절연유가 직접 바깥 공기와 접촉하는 경우)의 절연유 허용 온도 상승값은 몇 [℃]인가?

① 40
② 50
③ 60
④ 65

Answer ➲ 21 ② 22 ③ 23 ③ 24 ②

해설 배전용 6[kV] 유입 변압기

| 구분 / 온도 | 절연유 허용 온도 | 비고 |
| --- | --- | --- |
| 55[℃] 변압기 | 50[℃] | |
| 65[℃] 변압기 | 65[℃] | 단, 바깥 공기와 접촉하는 경우 50[℃] |

## 25 전기기기 중 성층 철심 재료의 규소 함유량이 가장 많은 것은?

① 대형 회전기
② 소형 변압기
③ 대형 변압기
④ 소형 회전기

해설 성층 철심의 규소 함유량은 대형 변압기의 경우 3~4[%]를 성층하여 사용한다.

## 26 국산 규소강판의 종류에는 B, D 및 T급이 있다. 이 중 T급의 용도는?

① 발선기용
② 전동기용
③ 전압 조정기용
④ 변압기용

해설 규소강판의 T급 : 변압기용

## 27 절연내력이 큰 순서로 배열된 것은?

① 공기, 수소, $SF_6$, 프레온
② 프레온, $SF_6$, 수소, 공기
③ 프레온, 수소, $SF_6$, 공기
④ 프레온, $SF_6$, 공기, 수소

해설 절연내력이 큰 순서 : 프레온 > $SF_6$ > 공기 > 수소

## 28 실리콘 고무의 절연내력[kV/mm]은 얼마인가?

① 5~10
② 10~15
③ 15~25
④ 20~25

해설 합성고무의 절연내력
- 부타디엔계 고무 : 20~25[kV/mm]
- 부틸고무 : 16~25[kV/mm]
- 클로로프렌계 고무 : 10~25[kV/mm]
- 실리콘 고무 : 15~25[kV/mm]

25 ③ 26 ④ 27 ④ 28 ③ Answer

## 29 층간 절연에 가장 좋은 절연 재료는?

① 운모 ② 면모
③ 크래프트 종이 ④ 에나멜

해설 층간 절연에 가장 좋은 재료 : 크래프트 종이

## 30 회전자 바인드선에 쓰이는 재료는?

① 비자성 강선 ② 철선
③ 구리선 ④ 망가닌선

해설 회전자 바인드선 재료 : 비자성 강선

## 31 접촉자의 합금 재료에 속하지 않는 것은?

① Cu ② Ag
③ W ④ Ni

해설 접촉자의 재료 : W(텅스텐), Ag(은), Cu(구리)

## 32 다음 중 배전선의 애자, 차단기 콘덴서와 CH와 변압기의 부싱에 사용되는 자기는?

① 장석 자기 ② 마그네시아 자기
③ 알루미나 자기 ④ 산화티탄 자기

해설 장석 자기
- 내열, 내습, 기계적 강도가 크고 전기 절연성이 좋다.
- 용도 : 송배전용, 옥내배선용, 고 · 저압 애자, 케이블 헤드, 변압기 부싱

## 33 배전선로에서 사용하는 개폐기의 종류가 아닌 것은?

① COS ② Recloser
③ MBS ④ Sectionalizer

해설 배전선로에 사용하는 개폐기 종류
- COS
- Recloser
- Sectionalizer

Answer 29 ③ 30 ① 31 ④ 32 ① 33 ③

**34** 소형이고 고율 방전 특성이 좋고 충전 시간이 짧고 수명이 긴 특성을 가진 축전지를 선택하고자 한다. 어느 것이 가장 좋은가?

① 페스트식 연축전지
② 글래드식 연축전지
③ 포켓식 알칼리 축전지
④ 소결식 알칼리 축전지

해설 소결식 알칼리 축전지
- 소형이고 고율 방전 특성이 우수하다.
- 충전 시간이 짧고 수명이 길다.

**35** 가선전압에 의하여 정해지고 대지와 통신선 사이에 유도되는 것은?

① 정전 유도
② 전자 유도
③ 자기 유도
④ 전해 유도

해설
- 정전 유도 : 가선전압에 의해서 대지와 통신선 사이에 유도
- 전자 유도 : 영상전류에 의해서 유도

**36** ACSR 전선을 선로 중간에 접속할 때 쓰이는 재료는?

① 터미널 러그
② 직선 조인 Al Sleeve
③ S형 Sleeve
④ 압축 인류 크램프

해설 직선 조인 Al Sleeve
ACSR 전선을 선로 중간에 접속할 때 사용하는 재료

34 ④ 35 ① 36 ② Answer

ENGINEER ELECTRIC WORK

# 과년도 기출문제

↘ 전기공사기사

# 2014년도 1회 시험 과년도 기출문제

**01** 유도 전동기 기동법 중 감전압 기동법이 아닌 것은?

① 직입기동법
② 콘돌파 기동법
③ 리액터 기동법
④ 1차 저항 기동법

해설 유도 전동기 기동법
- 전전압 기동법 : 직입기동
- 감전압 기동법 : Y－Δ 기동, 리액터 기동, 기동보상기 기동, 콘돌파 기동, 1차 저항 기동

**02** 전기 가열 방식 중 전극 사이의 공간에 전류가 흐를 때 발생하는 고열에 의한 가열 방식은?

① 아크 가열
② 저항 가열
③ 적외선 가열
④ 고주파 가열

해설 전기 가열 방식
㉠ 아크 가열 : 전극 사이의 공간에 전류가 흐를 때 발생하는 고열에 의한 가열
㉡ 저항 가열 : 전류에 의한 줄 열(옴손)을 이용한 가열
㉢ 적외선 가열 : 고온 물체에서 나오는 적외선 조사에 의한 가열
㉣ 고주파 가열
- 유도 가열 : 와류손과 히스테리시스손에 의한 가열
- 유전 가열 : 유전체손에 의한 가열

**03** 유전 가열의 용도를 설명하고 있다. 다음 중 틀린 것은?

① 합성수지의 가열 성형
② 베니어판의 건조
③ 고무의 유화
④ 구리의 용접

해설 유전 가열
- 유전체손을 이용해 피열물을 직접 가열하는 방식
- 용도 : 목재의 건조, 접착, 비닐막 접착

**04** 와전류손을 이용한 가열 방법이며, 교번자계 중에서 도전성의 물체 중에 생기는 와류에 의한 줄 열로 가열하는 방식은?

① 저항 가열
② 적외선 가열
③ 유전 가열
④ 유도 가열

Answer ➲ 01 ① 02 ① 03 ④ 04 ④

해설 유도 가열

- 교번자기장 내에 놓인 유도성 물체에 유도된 와류손과 히스테리시스손을 이용하여 가열
- 용도 : 제철, 제강, 금속의 표면 열처리

**05** **평균 구면 광도 100[cd]의 전구 5개를 지름 10[m]인 원형의 실에 점등할 때 조명률은 0.5, 감광 보상률을 1.5로 하면 방의 평균 조도는 약 몇 [lx]인가?**

① 18
② 23
③ 27
④ 32

해설 $FUN = EAD$에서

$F = 4\pi I = 4\pi \times 100 = 400\pi[\text{lm}]$, $N = 5$, $U = 0.5$, $D = 1.5$, $A = \pi \times 5^2$이므로

$$\therefore E = \frac{FUN}{AD} = \frac{400\pi \times 0.5 \times 5}{25\pi \times 1.5} \fallingdotseq 26.7\ [\text{lx}]$$

**06** **전자, 권상기, 크레인 등에 가장 적합한 전동기는?**

① 분권형
② 직권형
③ 화동 복권형
④ 차동 복권형

해설 직류 직권전동기가 전기 철도 등 견인전동기에 사용된다.

**07** **양수량 $Q = 10[\text{m}^3/\text{min}]$, 총 양정 $H = 8[\text{m}]$를 양수하는 데 필요한 구동용 전동기의 출력 $P$[kW]는 약 얼마인가?(단, 펌프효율 $\eta = 75[\%]$, 여유계수 $k = 1.1$이다.)**

① 10
② 15
③ 20
④ 25

해설 $P = \dfrac{9.8 \times 10 \times 8 \times 1.1}{60 \times 0.75} = 20[\text{kW}]$

**08** **알칼리(융그너) 축전지의 음극으로 사용할 수 있는 것은?**

① 카드뮴
② 아연
③ 마그네슘
④ 납

05 ③ 06 ② 07 ③ 08 ① Answer

해설 알칼리 축전지

| 항목 | 에디슨 축전지 | 융그너 축전지 |
|---|---|---|
| 양극 | 수산화니켈 | 수산화니켈 |
| 음극 | 철(Fe) | 카드뮴(Cd) |

## 09 전기 철도에서 궤도의 구성요소가 아닌 것은?

① 침목　　② 레일
③ 캔트　　④ 도상

해설 궤도는 침목(레일 간격 유지), 레일(궤도), 도상(하중 균등), 자갈(배수) 등으로 구성된다.

## 10 다음 중 전기건조방식의 종류가 아닌 것은?

① 전열 건조　　② 적외선 건조
③ 자외선 건조　　④ 고주파 건조

해설 자외선 건조는 살균 소독 등에 이용된다.

## 11 전력용 퓨즈 구입 시 고려할 사항이 아닌 것은?

① 정격전압　　② 정격전류
③ 정격용량　　④ 정격시간

해설 전력용 퓨즈(PF) 구입 시 고려사항
- 정격전압
- 정격전류
- 정격용량
- 전류시간 특성
- 사용 장소

## 12 전선 및 기계기구를 보호할 목적으로 시설하여야 할 것 중 가장 적합한 것은?

① 전력퓨즈　　② 저압개폐기
③ 누전차단기　　④ 과전류차단기

해설 전선 및 기계기구를 보호하기 위한 목적으로 전로 중 필요한 곳에는 과전류차단기를 시설하여야 한다.

Answer 09 ③ 10 ③ 11 ④ 12 ④

**13** 동심중성선 수밀형 전력 케이블의 약호는?

① CN－CV　② CN－CV－W
③ CD－C　④ ACSR

해설

| 약호 | 명칭 |
|---|---|
| CN－CV 케이블 | 동심중성선 차수형 전력 케이블 |
| CN－CV－W 케이블 | 동심중성선 수밀형 전력 케이블 |
| CD－C 케이블 | 가교 폴리에틸렌 절연 CD 케이블 |
| ACSR | 강심 알루미늄 연선 |

**14** 동전선의 접속방법이 아닌 것은?

① 교차접속　② 직선접속
③ 분기접속　④ 종단접속

해설 전선 접속방법 : 직선접속, 분기접속, 종단접속, 슬리브 접속, 커넥터 접속

**15** 특고압 배전선로에 사용하는 애자로서 특히 염진해 오손이 심한 지역(바닷가 등)에서 사용되며 애자와 애자 핀이 별도 분리되어 있어 사용 시에는 조립을 해야 하는 애자는?

① 지선용 구형 애자　② 내염용 라인 포스트 애자
③ 고압 핀 애자　④ T형 인류 애자

해설 바닷가 등 염분이 있는 곳에는 내염용 애자를 사용한다.

**16** 케이블 트레이에 사용할 수 없는 케이블은?

① 난연성 케이블　② 연피 케이블
③ 알루미늄피 케이블　④ 비닐 절연전선

해설 사용할 수 있는 전선은 연피 케이블, 알루미늄피 케이블 등 난연성 케이블, 기타 케이블(적당한 간격으로 연소방지 조치를 하여야 한다.) 또는 금속관 혹은 합성수지관 등에 넣은 절연전선이다.

**17** 플로어 덕트의 최대 폭이 200[mm] 초과 시 플로어 덕트 판 두께는 몇 [mm] 이상이어야 하는가?

① 1.2　② 1.4
③ 1.6　④ 1.8

13 ② 14 ① 15 ② 16 ④ 17 ③ Answer

해설 플로어 덕트의 판 두께

| 플로어 덕트의 최대 폭[mm] | 플로어 덕트의 판 두께[mm] |
|---|---|
| 150 이하 | 1.2 이상 |
| 150 초과 200 이하 | 1.4 이상 |
| 200 초과 | 1.6 이상 |

**18** 66[kV] 이상의 선로에 사용되며 연결금구의 모양에 따라 크레비스형과 볼－소켓형으로 구분되는 애자는?

① 핀 애자
② 지지 애자
③ 장간 애자
④ 현수 애자

해설 현수 애자의 종류는 크레비스형과 볼－소켓형으로 구분된다.

**19** 축전지의 충전방식에서 축전지에 전해액을 넣지 않은 미충전 축전지에 전해액을 주입하여 행하는 충전방식은?

① 보통충전
② 세류충전
③ 부동충전
④ 초기충전

해설 ① 보통충전 : 필요할 때마다 표준 시간율로 소정의 충전을 하는 방식이다.
② 세류충전 : 자기 방전량만을 항시 충전하는 부동충전 방식의 일종이다.
③ 부동충전 : 축전지의 자기 방전을 보충함과 동시에 상용 부하에 대한 전력 공급은 충전기가 부담하도록 하되 충전기가 부담하기 어려운 일시적인 대전류 부하는 축전지로 하여금 부담하게 하는 방식이다.
④ 초기충전 : 축전지에 전해액을 넣지 아니한 미충전 상태의 전지에 전해액을 주입하여 처음으로 행하는 충전이다.

**20** 병실이나 침실에 시설할 조명기구로 적합한 것은?

① 반간접 조명기구
② 반직접 조명기구
③ 직접 조명기구
④ 전반 확산 조명기구

해설 반간접 조명
병실, 침실 등에 주로 사용되며 상향 광속이 60~90[%], 하향 광속이 10~40[%]인 방식

Answer 18 ④ 19 ④ 20 ①

전기공사기사

# 2014년도 2회 시험 과년도 기출문제

**01** **엘리베이터에 사용되는 전동기의 특징이 아닌 것은?**

① 가속도의 변화비율이 일정 값이 되도록 선택한다.
② 회전부분의 관성 모멘트는 적어야 한다.
③ 소음이 작아야 한다.
④ 기동토크가 작아야 한다.

해설 엘리베이터 전동기의 특징
- 기동토크가 클 것
- 소음이 작을 것
- 가속도 변화가 일정할 것
- 회전부분에 관성 모멘트가 적을 것

**02** **유도 전동기 제동방법으로 쓰이지 않는 것은?**

① 회생 제동　　② 계자 제동
③ 역상 제동　　④ 발전 제동

- 회생 제동 : 전동기의 전원을 켠 상태에서 전동기에 유기되는 역기전력을 전원 전압보다 높게 하여 회전운동에너지로 발생되는 전력을 전원 측에 반환하면서 제동하는 방법이다.
- 발전 제동 : 전동기의 전기자를 전원에서 끊고 전동기를 발전기로 동작시켜 회전운동에너지로서 발생하는 전력을 그 단자에 접속한 저항에서 열로 소비시키는 제동방법이다.
- 역상 제동 : 전동기의 전원 접속을 바꿔 역회전 방향을 이용하여 제동하는 방법이다.

**03** **완전 확산 평판 광원의 최대광도가 $I$[cd]일 때의 전광속[lm]은?(단, 보통 한 면에서 광속이 나오는 것으로 한다.)**

① $2\pi I$　　② $\pi I$
③ $3\pi I$　　④ $4\pi I$

해설
- 구 광원(백열전구) : $F=4\pi I$[lm]
- 원통 광원(형광등) : $F=\pi^2 I$[lm]
- 평판 광원 : $F=\pi I$[lm]

01 ④　02 ②　03 ② Answer

**04** 효율 80[%]의 전열기로 1[kWh]의 전기량을 소비하였을 때 10[L]의 물을 몇 [℃] 올릴 수 있는가?

① 588　　② 688
③ 58.8　　④ 68.8

해설 $860PT\eta = MCT$

$$T = \frac{860 \times 0.8}{10} = 68.8[℃]$$

**05** 상전압 200[V]의 3상 반파정류회로의 각 상에 SCR을 사용하여 위상 제어할 때 제어각이 30°이면 직류전압은 약 몇 [V]인가?

① 109　　② 150
③ 203　　④ 256

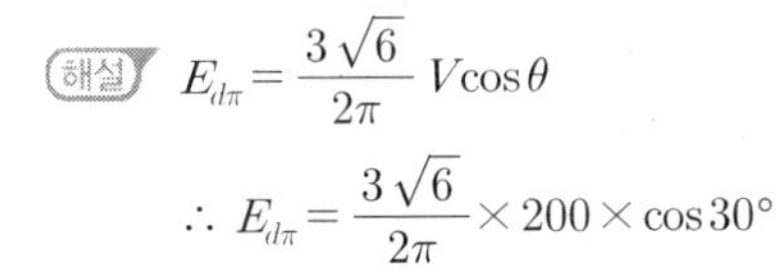
해설 $$E_{d\pi} = \frac{3\sqrt{6}}{2\pi} V\cos\theta$$

$$\therefore E_{d\pi} = \frac{3\sqrt{6}}{2\pi} \times 200 \times \cos 30°$$

$$\fallingdotseq 203[V]$$

**06** 알칼리 축전지에 대한 설명으로 옳은 것은?

① 음극에 Ni 산화물, Ag 산화물을 사용한다.　② 전해액은 묽은 황산 용액을 사용한다.
③ 진동에 약하고 급속 충방전이 어렵다.　④ 전해액의 농도 변화는 거의 없다.

해설 알칼리 축전지의 특징
- 양극 : 수산화니켈($Ni(OH)_3$), 흑연 혼합물
- 음극 : 카드뮴(Cd)
- 전해액 : 비중 1.2~1.3의 수산화칼륨(KOH)
- 수명이 길고 진동에 강하다.
- 전해액의 농도 변화는 없다.

**07** 온도 $T$[K]의 흑체의 단위 표면적으로부터 단위시간에 방사되는 전방사 에너지는?

① 그 절대온도에 비례한다.　② 그 절대온도에 반비례한다.
③ 그 절대온도의 4승에 비례한다.　④ 그 절대온도의 4승에 반비례한다.

Answer ➡ 04 ④　05 ③　06 ④　07 ③

해설 스테판 – 볼츠만(Stefan – Blotzmann)의 법칙
흑체의 복사 발산량 $W$는 절대온도 $T$[K]의 4제곱에 비례한다.
$W = \sigma T^4$ [W/cm²]

**08** **염화나트륨의 수용액을 전기 분해하여 염소, 수산화나트륨, 수소를 제조하는 것은?**

① 전기 도금
② 전해 정제
③ 금속의 전해
④ 식염 전해

해설 식염 전해
식염수를 전기 분해하여 가성소다와 염소를 얻는 공업과정으로 전해 소다법이라고도 한다. 대표적인 방법으로 수은법, 계막법, 이온 교환막법이 있다.

**09** **트랜지스터(TR)의 기호에서 이미터의 화살표 방향이 나타내는 것은?**

① 전압인가의 방향
② 전류의 방향
③ 전계의 방향
④ 저항의 방향

해설 화살표는 전류의 방향을 나타낸다.

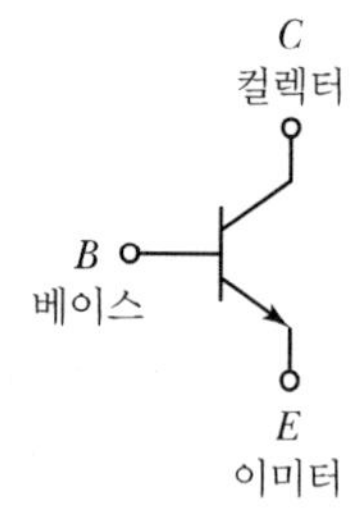


**10** **모노레일 등에 주로 사용되고 있는 전차선로의 가선 형태는 무엇인가?**

① 제3궤조방식
② 가공복선식
③ 가공단선식
④ 강체복선식

해설
- 가공단선식 : 보통 철도
- 가공복선식 : 무궤도전차
- 제3레일식 : 지하철
- 강체복선식 : 모노레일

08 ④ 09 ② 10 ④ Answer

**11** 대전류를 정격 2차 전류(5[A], 1[A], 0.1[A]의 전류)로 변환하는 것이며 전류 측정, 계전기 동작 전원 등의 용도로 사용하는 것은?

① CH　② CCT
③ CT　④ CC

해설 변류기(CT) : 대전류를 소전류로 변류

**12** 녹 아웃 펀치와 같은 목적으로 사용하는 공구의 명칭은?

① 리머　② 히키
③ 드라이비트　④ 홀 소

해설 녹 아웃 펀치와 홀 소는 캐비닛의 철판 등에 전선관을 넣기 위한 구멍을 만드는 데 사용하는 공구이다.

**13** 22.9[kV-Y] 특고압 가공전선로에서 3조를 수평으로 배열하기 위한 완금의 길이[mm]는?

① 2,400　② 1,800
③ 1,400　④ 900

해설 완금의 길이[mm]

| 전선의 개수 | 특고압 | 고압 | 저압 |
|---|---|---|---|
| 2 | 1,800 | 1,400 | 900 |
| 3 | 2,400 | 1,800 | 1,400 |

**14** 애자 사용 배선의 절연전선이 조영재를 관통하는 경우 그 관통부분에 사용할 수 없는 것은?

① 애관　② 금속관
③ 합성수지관　④ 연질비닐관

해설 애자 사용 배선이 조영재를 관통하는 경우 해당 관통에 애관, 합성수지관, 연질비닐관 등을 사용할 수 있다.

**15** 금속제 케이블 트레이의 종류가 아닌 것은?

① 바닥 통풍형　② 바닥 밀폐형
③ 익스팬션형　④ 사다리형

Answer ➜ 11 ③　12 ④　13 ①　14 ②　15 ③

해설 케이블 트레이 종류
- 사다리형
- 바닥 밀폐형
- 바닥 통풍형
- 통풍채널형

**16** 송전선로에 사용되는 애자의 불량 여부를 검출하는 검출기의 명칭이다. 애자의 전압분포 측정용 기기가 아닌 것은?

① 네온관식 ② 스파이크 클럽
③ 비즈스틱 ④ 고압메거

해설 고압메거는 절연저항을 측정하는 기기이다.

**17** 다음 중 방전등의 종류가 아닌 것은?

① 할로겐 램프 ② 고압 수은 램프
③ 메탈 할로이드 램프 ④ 크세논 램프

해설 방전등의 종류
- 수은등
- 나트륨등
- 크세논등
- 메탈 할로이드등

**18** 전선관과 박스의 접속에 사용되는 것은?

① 스트레이트 박스 커넥터 ② 스플릿 커플링
③ 파이프 클램프 ④ 콤비네이션 유니언 커플링

해설
- 커플링 : 관과 관을 연결
- 커넥터 : 관과 박스를 연결

**19** 전선관의 산화 방지를 위해 하는 도금은?

① 페인트 ② 니켈
③ 아연 ④ 납

해설 전선관의 산화 방지를 위해서 아연 도금이나 에나멜 등으로 피복한다.

16 ④ 17 ① 18 ① 19 ③ Answer

**20** PF · S형 큐비클식 고압수전 설비에서 고압전로의 단락보호용으로 사용하는 전력퓨즈는?

① 한류형 ② 애자형
③ 인입형 ④ 내장형

해설 전력퓨즈는 동작시간이 빠른 한류형을 사용한다.

Answer 20 ①

↘ 전기공사기사

## 2014년도 4회 시험

# 과년도 기출문제

**01** 전동기의 정격(Rate)에 해당되지 않는 것은?

① 연속 정격 ② 단시간 정격
③ 중시간 정격 ④ 반복 정격

해설 ① 연속 정격 : 기기를 일정한 부하로 연속 운전할 때 온도 상승 등 규정된 기타의 제한을 초과하지 않는 정격
② 단시간 정격 : 기기를 일정한 부하로 짧은 시간 운전할 때 온도 상승 등 규정된 기타의 제한을 초과하지 않는 정격
④ 반복 정격 : 부하기간과 정지기간으로 구성된 사이클이 일정한 주기를 반복하는 사용 조건에서의 정격

**02** 전열방식의 분류 중 전자의 충돌에 의한 가열 방식은?

① 아크 가열 ② 레이저 가열
③ 유도 가열 ④ 전자빔 가열

해설 전자빔 가열
진공 중에서 고속으로 가열한 전자를 집속하여 그 전자의 충돌에 의한 에너지로 가열하는 방식을 전자빔 가열이라 한다.

**03** 도통상태(ON 상태)에 있는 SCR을 차단상태(Turn Off)로 하기 위한 적당한 방법은?

① 게이트 전류를 차단시킨다.
② 양극(애노드) 전압을 음으로 한다.
③ 게이트에 역방향 바이어스를 인가시킨다.
④ 양극전압을 더 높게 가한다.

해설 SCR은 온(ON)상태에서 애노드(양극)에 음전압(−)을 가하면 차단된다.

**04** 유전체 자신을 발열시키는 유전 가열의 특징으로 틀린 것은?

① 열이 유전체손에 의하여 피가열물 자체 내에서 발생한다.
② 온도 상승 속도가 빠르고 속도가 임의 제어된다.
③ 내부발열의 방식인 경우 표면이 과열될 우려가 없다.
④ 전 효율이 좋고, 설비비가 저렴하다.

01 ③ 02 ④ 03 ② 04 ④ Answer

해설 유전 가열의 특징

㉠ 장점
- 열이 유전체손에 의하여 피가열물 자신에 발생하므로, 가열이 균일하다.
- 온도 상승 속도가 빠르고, 속도가 임의 제어된다.

㉡ 단점
- 전 효율이 고주파 발진기의 효율(50~60[%])에 의하여 억제되고, 회로 손실도 가해지므로 양호하지 못하다.
- 설비비가 고가이다.

## 05 유도 전동기의 제동법이 아닌 것은?

① 발전 제동 ② 회생 제동
③ 영상 제동 ④ 역상 제동

해설
- 회생 제동 : 전동기의 전원을 켠 상태에서 전동기에 유기되는 역기전력을 전원 전압보다 높게 하여 회전운동에너지로 발생되는 전력을 전원 측에 반환하면서 제동하는 방법이다.
- 발전 제동 : 전동기의 전기자를 전원에서 끊고 전동기를 발전기로 동작시켜 회전운동에너지로서 발생하는 전력을 그 단자에 접속한 저항에서 열로 소비시키는 제동방법이다.
- 역상 제동 : 전동기의 전원 접속을 바꿔 역회전 방향을 이용하여 제동하는 방법이다.

## 06 가공전차선 지지물 중 강재를 한 개 또는 두 개를 합쳐서 전주의 한쪽으로만 지지하여 설치한 것은 무엇인가?

① 고정 브래킷 ② 고정 빔(Beam)
③ 스팬선 빔(Beam) ④ 귀선로

해설 고정 브래킷

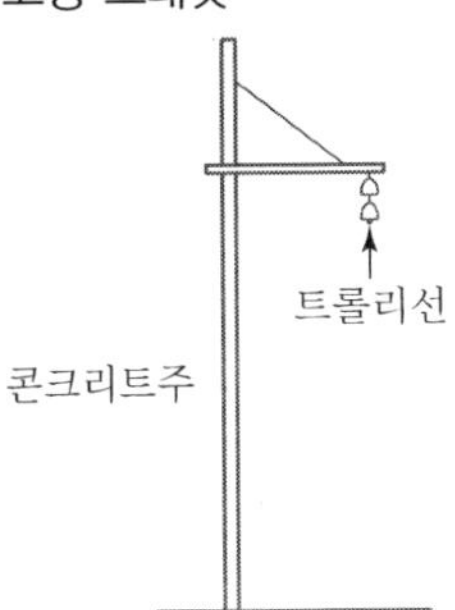


## 07 다음 온도계의 동작원리 중 제베크 효과를 이용한 온도계는?

① 저항온도계 ② 방사온도계
③ 열전온도계 ④ 광고온계

Answer ➡ 05 ③ 06 ① 07 ③

해설 온도계의 동작원리

| 온도계의 종류 | 동작원리 |
|---|---|
| 열전온도계 | 제베크 효과 |
| 방사온도계 | 스테판－볼츠만 법칙 |
| 광고온계 | 플랑크의 방사 법칙 |

## 08 방사에 의한 열의 발산에 사용되는 단위가 잘못된 것은?

① 방사속 : [W]
② 방사세기 : [W/m$^3$]
③ 방사밀도 : [W/m$^2$]
④ 방사조도 : [W/m$^2$]

해설

| 방사속 | [W] |
|---|---|
| 방사세기 | [W/sr] |
| 방사밀도 | [W/m$^2$] |
| 방사조도 | [W/m$^2$] |

## 09 납축전지의 방전 및 충전 시 화학 반응식으로 옳은 것은?

① $Pb + 2H_2SO_4 + PbO_2 \rightleftarrows PbSO_4 + 2H_2O + PbSO_4$
② $2PbO_2 + H_2SO_4 + 2Pb \rightleftarrows 2PbSO_4 + H_2O + PbSO_4 + O_2$
③ $PbO_2 + 2H_2SO_4 + 2Pb \rightleftarrows 2PbSO_4 + 2H_2O + 2PbSO_4$
④ $2PbO_2 + 2H_2SO_4 + 2Pb \rightleftarrows 2PbSO_4 + H_2O + 2PbSO_4$

해설 납축(연축)전지의 화학 반응식

$$Pb + 2H_2SO_4 + PbO_2 \underset{\text{충전}}{\overset{\text{방전}}{\rightleftarrows}} PbSO_4 + 2H_2O + PbSO_4$$

## 10 내선규정에 의한 일반적인 접지공사의 접지선 색깔은?

① 적색
② 청색
③ 녹색
④ 흑색

해설
- 접지공사의 접지선은 녹색으로 표시해야 한다.
- 부득이 녹색 또는 황록색 얼룩무늬 모양인 것 이외의 절연전선을 접지선으로 사용할 경우는 말단 및 적당한 개소에 녹색 테이프 등으로 접지선임을 표시하여야 한다.

08 ② 09 ① 10 ③ Answer

**11** 20[Ω]의 저항체에 5[A]의 전류를 1시간 동안 흘렸을 때 발생되는 총 열량[kcal]은 얼마인가?

① 90 ② 432
③ 1,800 ④ 6,000

해설 $H = 0.24I^2Rt$
$= 0.24 \times 5^2 \times 20 \times 3{,}000 \times 10^{-3}$
$= 432$[kcal]

**12** 접지공사 시 접지저항을 감소시키기 위하여 사용되는 저감재는?

① 백필(흑연분말과 코크스 분말의 혼합물) ② 동판 및 동봉
③ 가열 왁스 ④ 아스팔트 마스틱

해설 미국 ERICO 제품이며 주성분은 석유화학 정제물인 코크스(흑색분말)로 구성되어 있다. 이 제품은 물과 혼합하거나 분체상태로 사용하기도 한다.

**13** 가공 배전선로 경완금에 현수 애자를 장치할 때 사용하는 것으로 이 자재를 사용하면 앵커 쇄클과 볼 크레비스를 사용하지 않아도 되는 것은?

① 볼 쇄클 ② 소켓 아이
③ 데드 엔드 클램프 ④ 각암타이

해설 볼 쇄클
현수 애자를 완금에 내장으로 시공할 때 사용하는 금구류

**14** 케이블의 약호 중 EE의 품명은?

① 미네랄 인슐레이션 케이블 ② 폴리에틸렌 절연 비닐 시스 케이블
③ 형광방전등용 비닐 전선 ④ 폴리에틸렌 절연 폴리에틸렌 시스 케이블

해설

| 약호 | 명칭 |
|---|---|
| MI 케이블 | 미네랄 인슐레이션 케이블 |
| EV 케이블 | 폴리에틸렌 절연 비닐 시스 케이블 |
| FL 케이블 | 형광방전등용 비닐 전선 |
| EE 케이블 | 폴리에틸렌 절연 폴리에틸렌 시스 케이블 |

Answer 11 ② 12 ① 13 ① 14 ④

**15** 주상 변압기를 전주에 설치하기 위하여 사용하는 금구류는?

① 행거 밴드 ② 지선 밴드
③ 볼 아이 ④ 인류 스트랩

해설
- 행거 밴드 : 전주 자체를 변압기에 고정시키기 위한 밴드
- 인류 스트랩 : 저압 인류 애자와 결합하여 인입선 가선 공사에 사용하는 금구

**16** 고율방전형 연축전지로 단시간 대전류 부하(디젤, 가스터빈, 엔진시동, 엘리베이터 비상조작)용은?

① PS형 ② HS형
③ AM형 ④ AL형

해설

| 연축전지 | | • 글래스식(CS형) : 완방전형<br>• 페이스트식(HS형) : 급방전형 |
|---|---|---|
| 알칼리 축전지 | 포켓식 | • AL형 : 완방전형 • AM형 : 표준형<br>• AMH형 : 급방전형 • AH－P형 : 초급방전형 |
| | 소결식 | • AH－S형 : 초급방전형<br>• AHH형 : 초초급방전형 |

**17** 변압기 철심으로 사용하는 전력용 규소강판의 두께는?

① 약 0.15[mm] ② 약 0.35[mm]
③ 약 0.55[mm] ④ 약 0.75[mm]

해설 손실을 줄이기 위하여 규소강판의 두께는 0.3~0.5[mm]를 표준화하고 있다.

**18** 수 · 변전설비의 인입구 개폐기로 사용되며 부하전류를 개폐할 수 있으나 고장전류를 차단할 수 없으므로 한류퓨즈와 직렬로 사용되는 것은?

① 자동고장 구분 개폐기 ② 선로 개폐기
③ 기중부하 개폐기 ④ 부하 개폐기

해설 고압부하 개폐기(LBS)
전력용 퓨즈와 직렬로 연결되어 있으며 부하전류 차단 및 결상사고 방지 기능이 있다.

15 ① 16 ② 17 ② 18 ④ Answer

**19** 옥외의 빗물 침입을 막는 데 사용하며 금속관 공사의 인입구 관 끝에 사용하는 재료는?

① 링 리듀서
② 서비스 엘보
③ 강제 부싱
④ 엔트런스 캡

해설 엔트런스 캡
가공 인입선 입구에 설치하여 빗물 침입을 방지할 목적으로 사용하는 재료

**20** 등기구 용량 앞에 특별히 표시할 경우에는 각각의 기호를 표시한다. 다음 중 등기구 종류별 기호가 옳은 것은?

① 형광등 : F
② 수은등 : N
③ 나트륨등 : T
④ 메탈 할로이드등 : H

해설

| 등기구 | 형광등 | 수은등 | 나트륨등 | 메탈 할로이드등 |
|---|---|---|---|---|
| 기호 | F | H | N | M |

Answer 19 ④ 20 ①

**01** 전기로의 전기 가열 방식 중 흑연화로, 카보런덤로의 가열 방식은?

① 아크로 ② 유도로
③ 간접식 저항로 ④ 직접식 저항로

해설 전기로의 분류

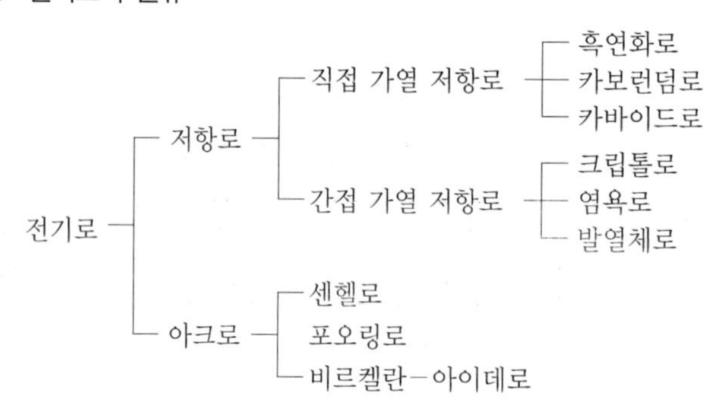


**02** SCR에 대한 설명 중 틀린 것은?

① 3개 접합면을 가진 4층 다이오드 형태로 되어 있다.
② 게이트 단자에 펄스신호가 입력되는 순간부터 도통된다.
③ 제어각이 작을수록 부하에 흐르는 전류도 통각이 커진다.
④ 위상 제어의 최대 조절범위는 0~90° 이다.

해설 SCR 위상 제어에서 점호각의 조정범위는 0~180° 이다.

**03** 1,000[lm]의 광속을 발산하는 전등 10개를 1,000[m²]인 방에 설치하였다. 조명률 0.5, 감광 보상률 1이라 하면, 평균 조도[lx]는 얼마인가?

① 2 ② 5
③ 20 ④ 50

해설 $FUN = AED$이므로

$$\therefore E = \frac{FUN}{AD} = \frac{1,000 \times 0.5 \times 10}{1,000 \times 1} = 5[\text{lx}]$$

01 ④ 02 ④ 03 ② Answer

## 04 직류 전차선로에서 전압강하 및 레일의 전위 상승이 현저한 경우에 귀선의 전기저항을 감소시켜 전식의 피해를 줄이기 위해 설치하는 것으로 가장 옳은 것은?

① 레일 본드
② 보조귀선
③ 크로스 본드
④ 압축 본드

해설 직류 귀선로의 전압강하 및 레일 전위 상승이 큰 경우 보조귀선을 이용한다.

## 05 전기 분해에 의해 일정한 전하량을 통과했을 때 얻어지는 물질의 양은 어느 것에 비례하는가?

① 화학당량
② 원자가
③ 전류
④ 전압

해설 패러데이 법칙

물질의 석출량은 통과한 전기량에 비례하며, 같은 전기량에서 석출되는 물질의 양은 그 물질의 화학당량$\left(=\dfrac{\text{원자량}}{\text{원자가}}\right)$에 비례한다.

$\therefore\ W=KQ=KIt\ (\because\ Q=It[\mathrm{C}]$이므로)

여기서, $W$ : 석출된 물질의 양[g]

$Q$ : 통과한 전기량[C]

$k$ : 화학당량

## 06 고주파 유도 가열의 용도가 아닌 것은?

① 목재의 고주파 가공
② 고주파 납땜
③ 전봉관 용접
④ 단조

해설
- 유도 가열 : 교번자기장 내에 놓인 유도성 물체에 유도된 와류손과 히스테리시스손을 이용하여 가열
  - 예 제철, 제강, 금속의 표면 열처리
- 유전 가열 : 유전체손 이용
  - 예 목재의 건조, 접착, 비닐막 접착

## 07 사이리스터의 게이트 트리거 회로로 적합하지 않은 것은?

① UJT 발진회로
② DIAC에 의한 트리거 회로
③ PUT 발진회로
④ SCR 발진회로

해설 UJT, DIAC, PUT는 트리거 회로로 사용되고, SCR은 위상 제어, 인버터, 초퍼 등에 사용된다.

Answer 04 ② 05 ① 06 ① 07 ④

**08** 전기의 전도와 열의 전도는 서로 근사하여 온도를 전압, 열류를 전류와 같이 생각하여 열전도 계산에 사용될 때 열류의 단위로 옳은 것은?

① [J]
② [deg]
③ [deg/W]
④ [W]

해설

| 전기 | | | 전열 | | | 공업용 |
|---|---|---|---|---|---|---|
| 명칭 | 기호 | 단위 | 명칭 | 기호 | 단위 | 단위 |
| 전압 | $V$ | [V] | 온도차 | $\theta$ | [K] | [℃] |
| 전류 | $I$ | [A] | 열류 | $I$ | [W] | [kcal/h] |
| 저항 | $R$ | [Ω] | 열저항 | $R$ | [C/W] | [℃ · h/kcal] |
| 전기량 | $Q$ | [C] | 열량 | $Q$ | [J] | [kcal] |
| 전도율 | $K$ | [℧/m] | 열전도율 | $K$ | [W/m · deg] | [kcal/h · m · deg] |
| 정전용량 | $C$ | [F] | 열용량 | $C$ | [J/C] | [kcal/℃] |

**09** 다음 발열체 중 최고 사용온도가 가장 높은 것은?

① 니크롬 제1종
② 니크롬 제2종
③ 철－크롬 제1종
④ 탄화규소 발열체

해설 ① 니크롬 제1종 : 1,100[℃]
② 니크롬 제2종 : 900[℃]
③ 철－크롬 제1종 : 1,200[℃]
④ 탄화규소 발열체 : 1,500[℃]

**10** 3상 4극 유도 전동기를 입력주파수 60[Hz], 슬립 3[%]로 운전할 경우 회전자 주파수[Hz]는?

① 0.18
② 0.24
③ 1.8
④ 2.4

해설 회전자 주파수

$f_2' = sf_1 = 0.03 \times 60 = 1.8$[Hz]

**11** 수변전설비 회로의 특고압 및 고압을 저압으로 변성하는 것은?

① 계기용 변압기
② 과전류 계전기
③ 계기용 변류기
④ 전력 콘덴서

해설 계기용 변압기(PT)

고압을 저압으로 변성하여 계기의 전원 공급

08 ④ 09 ④ 10 ③ 11 ① Answer

## 12 램프효율이 우수하고 단색광이므로 안개지역에서 가장 많이 사용되는 광원은?

① 나트륨등 ② 메탈 할로이드등
③ 수은등 ④ 크세논등

해설 나트륨등 특징
- 투시력이 좋다.(안개 낀 지역, 터널 등에 사용)
- 단색 광원으로 옥내 조명에 부적당하다.
- 효율이 좋다.
- D선(5,890∼5,896[Å])을 광원으로 이용한다.

## 13 피뢰설비 설치에 관한 사항으로 맞는 것은?

① 수뢰부는 동선을 기준으로 35[$mm^2$] 이상
② 인하도선은 동선을 기준으로 16[$mm^2$] 이상
③ 접지극은 동선을 기준으로 50[$mm^2$] 이상
④ 돌침은 건축물의 맨 윗부분으로부터 20[cm] 이상 돌출

해설 수뢰부, 인하도선, 접지극 : 50[$mm^2$] 이상

## 14 버스 덕트의 폭이 600[mm]인 경우 덕트 강판의 두께는 몇 [mm] 이상인가?

① 1.2 ② 1.4
③ 2.0 ④ 2.3

해설 덕트 판의 두께

| 덕트의 최대 폭[mm] | 강판[mm] | 알루미늄 판 및 알루미늄합금 판[mm] |
|---|---|---|
| 150 이하 | 1.0 | 1.6 |
| 150 초과 300 이하 | 1.4 | 2.0 |
| 300 초과 500 이하 | 1.6 | 2.3 |
| 550 초과 700 이하 | 2.0 | 2.9 |
| 700 초과 | 2.3 | 3.2 |

Answer 12 ① 13 ③ 14 ③

**15** **알칼리 축전지의 특징에 대한 설명으로 틀린 것은?**

① 전지의 수명이 납축전지보다 길다.
② 진동 충격에 강하다.
③ 급격한 충 · 방전 및 높은 방전율에 견디기 어렵다.
④ 소형 경량이며, 유지관리가 편리하다.

해설 알칼리 축전지 특징
- 수명이 길다.
- 운반 진동에 강하다.
- 급충 · 방전에 견디고 다소 용량이 감소하여도 사용이 가능하다.

**16** **나전선 상호 간을 접속하는 경우 인장하중에 대한 내용으로 옳은 것은?**

① 20[%] 이상 감소시키지 않을 것
② 40[%] 이상 감소시키지 않을 것
③ 60[%] 이상 감소시키지 않을 것
④ 80[%] 이상 감소시키지 않을 것

해설 전선 접속 시 20[%] 이상 감소시키지 말 것(80[%] 이상 유지할 것)

**17** **주상변압기 1차 측에 설치하여 변압기의 보호와 개폐에 사용하는 것은?**

① 단로기(DS)
② 진공차단기(VCB)
③ 선로개폐기(LS)
④ 컷아웃 스위치(COS)

해설 변압기 1차 측은 컷아웃 스위치(COS), 2차 측은 캐치 홀더를 사용하여 변압기를 보호한다.

**18** **5[t]의 하중을 매분 30[m]의 속도로 권상할 때 권상전동기의 용량은 약 몇 [kW]인가?(단, 장치의 효율을 70[%], 전동기출력의 여유를 20[%]로 계산한다.)**

① 40
② 42
③ 44
④ 46

해설 $P=\dfrac{KWV}{6.12\eta}=\dfrac{1.2\times5\times30}{6.12\times0.7}=42[\text{kW}]$

15 ③ 16 ① 17 ④ 18 ② Answer

**19** 배전반 및 분전반 함이 내아크성, 난연성의 합성수지로 되어 있는 것은 두께가 몇 [mm] 이상인가?

① 1.2 ② 1.5

③ 1.8 ④ 2.0

해설
- 난연성 합성수지로 된 것은 두께 1.5[mm] 이상으로 내(耐)아크성인 것이어야 한다.
- 강판제의 것은 두께 1.2[mm] 이상이어야 한다. 다만, 가로 또는 세로의 길이가 30[cm] 이하인 것은 두께 1.0[mm] 이상으로 할 수 있다.

**20** 가공전선로에 사용하는 애자가 구비해야 할 조건이 아닌 것은?

① 이상전압에 견디고, 내부이상전압에 대해 충분한 절연강도를 가질 것

② 전선의 장력, 풍압, 빙설 등의 외력에 의한 하중에 견딜 수 있는 기계적 강도를 가질 것

③ 비, 눈, 안개 등에 대하여 충분한 전기적 표면저항이 있어 누설전류가 흐르지 못하게 할 것

④ 온도나 습도의 변화에 대해 전기적 및 기계적 특성의 변화가 클 것

해설 온도나 습도의 변화에 대해 전기적 및 기계적 특성의 변화가 작을 것

Answer 19 ② 20 ④

↘ 전기공사기사

## 2015년도 2회 시험

# 과년도 기출문제

**01** 하역 기계에서 무거운 것은 저속으로, 가벼운 것은 고속으로 작업하여 고속이나 저속에서 다같이 동일한 동력이 요구되는 부하는?

① 정토크 부하 ② 제곱토크 부하
③ 정동력 부하 ④ 정속도 부하

해설 동일한 동력은 정출력(정동력) 부하에 대한 적응성을 지닌다.

**02** 발열체의 구비조건 중 틀린 것은?

① 내열성이 클 것 ② 내식성이 클 것
③ 가공이 용이할 것 ④ 저항률이 비교적 작고 온도계수가 높을 것

해설 발열체의 구비조건
- 내열성이 클 것
- 내식성이 클 것
- 알맞은 고유저항값을 가지고, 저항의 온도계수가 양(+)수로서 작을 것
- 연전성이 풍부하고, 가공이 용이할 것
- 선팽창계수가 작을 것

**03** 용접부의 비파괴 검사 종류가 아닌 것은?

① 고주파 검사 ② 방사선 검사
③ 자기 검사 ④ 초음파 검사

해설 용접부의 비파괴 시험 종류
- 용접부의 외관 검사
- 자기 검사
- X선 또는 $\gamma$선 투과 시험
- 초음파 탐상기에 의한 시험

01 ③ 02 ④ 03 ① Answer

**04** 다음 그림 기호가 나타내는 반도체 소자의 명칭은?

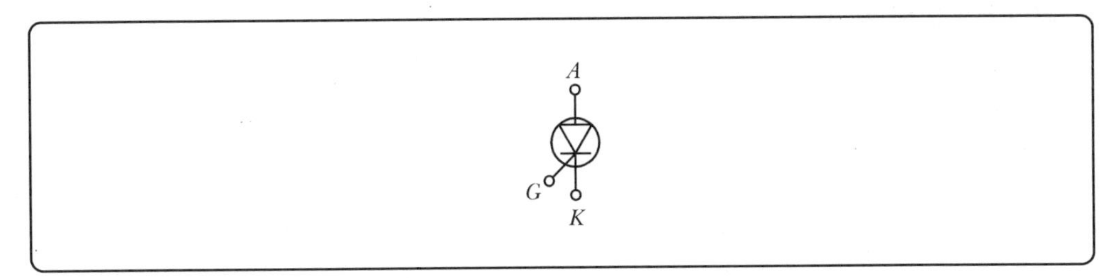


① SSS ② PUT
③ SCR ④ DIAC

해설 SCR(Silicon Controlled Rectifier)

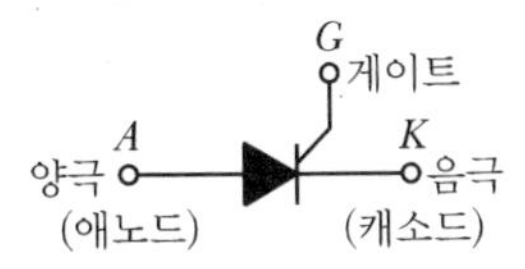


**05** 다음 설명 중 틀린 것은?

① 방전가공을 이용하여 원형을 복제하는 것을 전주(電鑄)라 하며 원형의 요철을 정밀하게 복제하는 곳에 사용된다.
② 전기 도금은 도금하고자 하는 금속을 양극, 도금되는 금속을 음극으로 하고 음극으로 금속을 석출시키는 것이다.
③ 전해 연마는 연마하고자 하는 금속을 양극으로 하여 전기 분해하는 것으로 금속 표면의 요철을 평활화한다.
④ 전열화학의 장점은 정밀도가 높은 온도 제어가 가능하고, 열효율이 높으며 광범위한 온도를 얻을 수 있다.

해설 전주(電鑄)란 전기 도금을 계속하여 두꺼운 금속층을 만든 후 원형을 떼어서 그대로 복제하는 방법이다.

**06** 전자빔으로 용해하는 고용점 활성금속 재료는?

① 니크롬 제2종 ② 철-크롬 제1종
③ 탄화규소 ④ 탄탈, 지르코늄

해설 고용점 금속이란 녹는점이 철보다 높은 금속으로 텅스텐, 레늄 탄탈, 몰리브덴, 지르코늄, 티타늄 등이 있다.

Answer 04 ③ 05 ① 06 ④

Engineer Electric Work

**07** 광도가 312[cd]인 전등을 지름 3[m]의 원탁 중심 바로 위 2[m] 되는 곳에 놓았다. 원탁 가장자리의 조도는 약 몇 [lx]인가?

① 30 ② 40
③ 50 ④ 60

$r = \sqrt{2^2 + 1.5^2} = 2.5\,[\mathrm{m}]$

따라서, 수평면 조도 $E_h$는

$E_h = \dfrac{I}{r^2}\cos\theta = \dfrac{312}{2.5^2} \times \dfrac{2}{2.5} \fallingdotseq 40\,[\mathrm{lx}]$

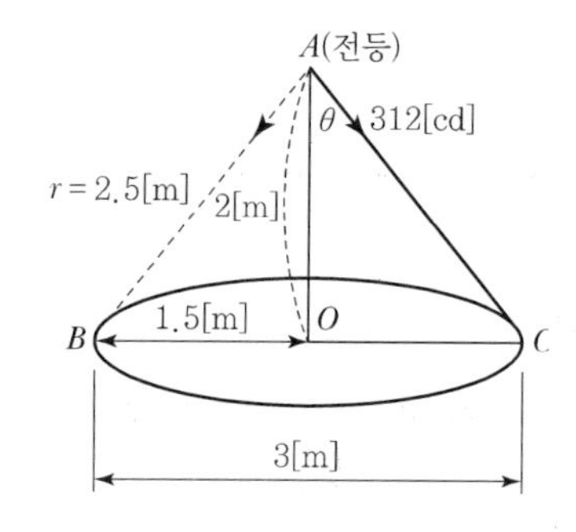


**08** 전기화학용 직류전원장치에 요구되는 사항이 아닌 것은?

① 저전압 대전류일 것 ② 전압 조정이 가능할 것
③ 정전류로써 연속운전에 견딜 것 ④ 저전류에 의한 저항손의 감소에 대응할 것

해설 저전류에서는 저항손실이 작을 것

**09** 전기 철도에서 전기부식 방지 방법 중 전기 철도 측 시설이 아닌 것은?

① 레일에 본드를 시설한다. ② 레일을 따라 보조귀선을 설치한다.
③ 변전소 간 간격을 짧게 한다. ④ 매설관의 표면을 절연한다.

해설 전식 방지 대책

㉠ 전철 측 시설
- 귀선저항을 작게 하기 위하여 레일에 본드를 시설하고 그 시공, 보수에 충분히 주의한다.
- 레일을 따라 보조귀선을 설치한다.
- 변전소 간의 간격을 짧게 한다.
- 귀선의 극성을 정기적으로 바꾼다.
- 대지에 대한 레일의 절연저항을 크게 한다.
- 3선식 배전법을 사용한다.
- 절연 음극 궤전선을 설치하여 레일과 접속한다.
- 가장 먼 ⊖궤전선에 음극 승압기를 설치한다.

㉡ 매설관 측 시설
- 배류법 : 선택 배류법, 강제 배류법
- 매설관의 표면 또는 접속부를 절연하는 방법
- 도전체로 차폐하는 방법
- 전위 제어법

07 ② 08 ④ 09 ④ Answer

## 10 물을 전기 분해하면 음극에서 발생하는 기체는?

① 산소 ② 질소
③ 수소 ④ 이산화탄소

해설 물을 전기 분해하면 음극에서 수소, 양극에서 산소가 발생한다.

## 11 단상 변압기의 병렬운전 조건으로 해당하지 않는 것은?

① 극성이 같을 것 ② 권수비가 같을 것
③ 상회전 방향 및 위상 변위가 같을 것 ④ %임피던스가 같을 것

해설 변압기의 병렬운전 조건

- 각 변압기의 극성이 같을 것
- 각 변압기의 권수비가 같고, 1차와 2차의 정격전압이 같을 것
- 각 변압기의 %임피던스 강하가 같을 것
- 3상 변압기는 상회전 방향, 각변위가 같을 것

## 12 다음 각 각선의 약호가 맞는 것은?

| |
|---|
| ㉠ 인입용 비닐 절연전선<br>㉡ 옥외용 비닐 절연전선<br>㉢ 450/750[V] 일반용 유연성 단심 비닐 절연전선<br>㉣ 비닐 절연 네온전선<br>㉤ 450/750[V] 일반용 단심 비닐 절연전선 |

① ㉠ DV, ㉡ SV, ㉢ NF, ㉣ NV, ㉤ OW
② ㉠ DV, ㉡ OW, ㉢ NF, ㉣ NV, ㉤ NR
③ ㉠ DV, ㉡ OW, ㉢ NV, ㉣ NF, ㉤ NR
④ ㉠ OW, ㉡ DV, ㉢ SV, ㉣ NV, ㉤ NR

해설 ㉠ DV : 인입용 비닐 절연전선
㉡ OW : 옥외용 비닐 절연전선
㉢ NF : 450/750[V] 일반용 유연성 단심 비닐 절연전선
㉣ NV : 비닐 절연 네온전선
㉤ NR : 450/750[V] 일반용 단심 비닐 절연전선

Answer ➲ 10 ③ 11 ③ 12 ②

**13** 피뢰설비를 시설하고 이것을 접지하기 위한 인하도선에 동선 재료를 사용할 경우의 단면적 [$mm^2$]은 얼마 이상인가?

① 50　　② 35
③ 16　　④ 10

해설 피뢰설비에서 수뢰부, 인하도선, 접지극의 굵기는 50[$mm^2$] 이상일 것

**14** 방전등의 일종으로 효율이 좋으며 빛의 투과율이 크고 등황색의 단색광이며 안개 속을 잘 투과하는 등은?

① 나트륨등　　② 할로겐등
③ 형광등　　④ 수은등

해설 나트륨등 특징
- 투시력이 좋다.(안개 낀 지역, 터널 등에 사용)
- 단색 광원으로 옥내 조명에 부적당하다.
- 효율이 좋다.
- D선(5,890~5,896[Å])을 광원으로 이용한다.

**15** 내장철탑에서 양측전선을 전기적으로 연결시켜 주는 중요 설비는?

① 스페이서　　② 점퍼장치
③ 지지장치　　④ 베이트 댐퍼

해설
- 스페이서 : 다도체의 경우 전선 상호의 접근 및 충돌을 방지하기 위해 사용
- 점퍼장치 : 내장철탑에서 양측전선을 전기적으로 연결시켜주는 설비

**16** 22.9[kV] 3상 4선식 중성선 다중접지방식의 가공전선로에서 중성선으로 ACSR을 사용 시 최대 굵기[$mm^2$]는?

① 95　　② 32
③ 58　　④ 160

해설 ACSR 중성선의 굵기
- 최소 : 32[$mm^2$]
- 최대 : 95[$mm^2$]

13 ① 14 ① 15 ② 16 ① Answer

## 17 금속관 배선에 대한 설명 중 틀린 것은?

① 전자적 평형을 위해 교류회로는 1회로의 전선을 동일관 내에 넣지 않는 것을 원칙으로 한다.

② 교류회로에서 전선을 병렬로 사용하는 경우 관 내에 전자적 불평형이 생기지 않도록 한다.

③ 굵기가 다른 전선을 동일관 내에 넣는 경우 전선의 피복절연물을 포함한 단면적의 총 합계가 관 내 단면적의 32[%] 이하가 되도록 한다.

④ 관의 굴곡이 적고 동일 굵기의 전선(10[$mm^2$])을 동일관 내에 넣는 경우 전선의 피복절연물을 포함한 단면적의 총 합계가 관 내 단면적의 48[%] 이하가 되도록 한다.

해설 교류회로는 1회로의 전선 전부를 동일 관 내에 넣는 것을 원칙으로 한다. 다만, 동극 왕복선을 동일 관 내에 넣는 경우와 같이 전자적 평형상태로 시설하는 것은 적용하지 않는다.

## 18 MCCB 동작방식에 대한 분류 중 틀린 것은?

① 열동식　　② 열동전자식

③ 기중식　　④ 전자(電子)식

해설 MCCB 동작방식에 대한 분류
열동식, 열동전자식, 전자(電磁)식, 전자(電子)식

## 19 소호능력이 우수하며 이상전압 발생이 적고 고전압 대전류 차단에 적합한 지중 변전소 적용 차단기는?

① 유입차단기　　② 가스차단기

③ 공기차단기　　④ 진공차단기

해설 소호원리에 따른 차단기의 종류

| 종류 | 약어 | 소호원리 |
|---|---|---|
| 유입차단기 | OCB | 소호실에서 아크에 의한 절연유 분해가스의 흡부력을 이용해서 차단 |
| 기중차단기 | ACB | 대기 중에서 아크를 길게 하여 소호실에서 냉각 차단(공기의 자연 소호) |
| 자기차단기 | MBB | 대기 중에서 전자력을 이용하여 아크를 소호실 내로 유도해서 냉각 차단 |
| 공기차단기 | ABB | 압축된 공기를 아크에 불어 넣어서 차단 |
| 진공차단기 | VCB | 고진공 중에서 전자의 고속도 확산에 의해 차단 |
| 가스차단기 | GCB | 고성능 절연 특성을 가진 특수 가스($SF_6$)를 흡수해서 차단 |

Answer 17 ① 18 ③ 19 ②

**20** 알칼리 축전지의 특성 및 성능을 바르게 나타낸 것은?

① 고율방전 특성이 우수하며 연축전지에 비하여 소형이다.
② 고율방전 특성은 보통이나 연축전지에 비하여 소형이다.
③ 고율방전 특성이 우수하며 연축전지보다 대형인 것이 장점이다.
④ 고율방전 특성은 보통이나 연축전지보다 대형인 것이 장점이다.

해설 알칼리 축전지 특징
고율방전 특성이 우수하며 수명이 길고 운반 진동에 강하며 소형이다.

20 ① Answer

**01** 사이리스터의 응용에 대한 설명으로 잘못된 것은?

① 위상 제어에 의해 교류전력 제어가 가능하다.
② 교류전원에서 가변 주파수의 교류변환이 가능하다.
③ 직류전력의 증폭인 컨버터가 가능하다.
④ 위상 제어에 의해 제어 정류, 즉 교류를 가변직류로 변환할 수 있다.

해설 컨버터는 직류 변환장치로 직류전력 증폭이 불가능하다.

**02** 내면이 완전 확산 반사면으로 되어 있는 밀폐구 내에 광원을 두었을 때 그 면의 확산 조도는 어떻게 되는가?

① 광원의 형태에 의하여 변한다.
② 광원의 위치에 의하여 변한다.
③ 광원의 배광에 의하여 변한다.
④ 구의 지름에 의하여 변한다.

해설 $E=\frac{F}{S}=\frac{F}{\pi r^2}$

**03** 알칼리 축전지의 양극으로 사용되는 것은?

① 이산화납
② 아연
③ 구리
④ 수산화니켈

해설 알칼리 축전지별 양극 및 음극

| 항목 | 에디슨 축전지 | 융그너 축전지 |
|---|---|---|
| 양극 | 수산화니켈 | 수산화니켈 |
| 음극 | 철(Fe) | 카드뮴(Cd) |
| 전해액 | 수산화칼륨(KOH) | 수산화칼륨(KOH) |

Answer 01 ③ 02 ④ 03 ④

## 04 모노레일의 특징이 아닌 것은?

① 소음이 적다.
② 승차감이 좋다.
③ 가속, 감속도를 크게 할 수 있다.
④ 단위차량의 수송력이 크다.

해설 모노레일의 단점
- 단위차량의 수송력이 작다.
- 대도시에 시설하므로 전설제약이 많다.

## 05 구리 - 콘스탄탄 열전대 측온접점에 400[℃]가 가해질 때 약 몇 [mV]의 열기전력이 발생하는가?

① 5
② 10
③ 20
④ 30

해설

| 열전대 조합 | 열기전력[mV/100℃] |
|---|---|
| 백금 - 백금로듐 | 1.48 |
| 콘스탄탄 - 망가닌 | 4.8 |
| 알루멜 - 크로멜 | 4.0 |
| 콘스탄탄 - 철 | 5.5 |
| 콘스탄탄 - 동(구리) | 5.1 |

100[℃]에서 400[℃]로 증가하면

$$E = 5.1 \times \frac{400}{100} = 20.4[\text{mV}]$$

## 06 배리스터(Varistor)의 주 용도는?

① 전압 증폭
② 진동 방지
③ 과도 전압에 대한 회로 보호
④ 전류 특성을 갖는 4단자 반도체 장치에 사용

해설 배리스터(Varistor)
㉠ 전압에 따라 저항치가 변화하는 비직선 저항체
㉡ 용도
- 서지 전압에 대한 회로 보호용
- 비직선적인 전압 전류 특성을 갖는 2단자 반도체 장치

04 ④ 05 ③ 06 ③ Answer

## 07 전동기의 회생 제동이란?

① 전동기의 기전력을 저항으로써 소비시키는 방법이다.
② 전동기에 붙인 제동화에 전자력으로 가압하는 방법이다.
③ 전동기를 발전 제동으로 하여 발생전력을 선로에 공급하는 방법이다.
④ 와전류손으로 회전체의 에너지를 소비하는 방법이다.

해설
- 회생 제동 : 전동기의 전원을 켠 상태에서 전동기에 유기되는 역기전력을 전원 전압보다 높게 하여 회전운동에너지로 발생되는 전력을 전원 측에 반환하면서 제동하는 방법이다.
- 발전 제동 : 전동기의 전기자를 전원에서 끊고 전동기를 발전기로 동작시켜 회전운동에너지로서 발생하는 전력을 그 단자에 접속한 저항에서 열로 소비시키는 제동방법이다.
- 역상 제동 : 전동기의 전원 접속을 바꿔 역회전 방향을 이용하여 제동하는 방법이다.

## 08 전동기의 출력이 15[kW], 속도 1,800[rpm]으로 회전하고 있을 때 발생되는 토크[kg · m]는?

① 6.2　　② 7.4
③ 8.1　　④ 9.8

해설 $T = 0.975\dfrac{P}{N_s} = 0.975 \times \dfrac{15 \times 10^3}{1{,}800}$

$= 8.125[\text{kg} \cdot \text{m}]$

## 09 MOSFET, BJT, GTO의 이점을 조합한 전력용 반도체 소자로서 대전력의 고속 스위칭이 가능한 소자는?

① 게이트 절연 양극성 트랜지스터　　② MOS 제어 사이리스터
③ 금속 산화물 반도체 전계효과 트랜지스터　　④ 모놀리틱 달링톤

해설 게이트 절연 양극성 트랜지스터(IGBT)
GTO, BJT 등 장점을 이용해 대전력 고속 스위칭 소자로 사용되고 있다.

## 10 상용주파수를 사용할 수 있는 가열 방식은?

① 초음파 가열　　② 유전 가열
③ 저주파 유도 가열　　④ 마이크로파 유전 가열

해설 전기가열의 전원 주파수
① 초음파 가열 : 1[kHz]~200[MHz]　　② 유전 가열 : 1~200[MHz]
③ 저주파 유도 가열 : 60[Hz]　　④ 마이크로파 유전 가열 : 300[MHz]~300[GHz]

Answer 07 ③　08 ③　09 ①　10 ③

## 11 전선의 약호에서 CVV의 품명은?

① 인입용 비닐 절연전선
② 0.6/1[kV] 비닐 절연 비닐 시스 케이블
③ 0.6/1[kV] 비닐 절연 비닐 캡타이어 케이블
④ 0.6/1[kV] 비닐 절연 비닐 시스 제어 케이블

해설
- DV : 인입용 비닐 절연전선
- VCT : 0.6/1[kV] 비닐 절연 비닐 캡타이어 케이블
- VV : 0.6/1[kV] 비닐 절연 비닐 시스 케이블
- CVV : 0.6/1[kV] 비닐 절연 비닐 시스 제어 케이블

## 12 분전함에 대한 설명 중 틀린 것은?

① 반(盤)의 옆쪽에 설치하는 분 · 배전반의 소형 덕트는 강판제로서 전선을 구부리거나 눌리지 않을 정도로 충분히 큰 것이어야 한다.
② 목제함은 최소두께 1.0[cm](뚜껑 포함) 이상으로 불연성 물질을 안에 바른 것이어야 한다.
③ 난연성 합성수지로 된 것은 두께 1.5[mm] 이상으로 내아크성인 것이어야 한다.
④ 강판제의 것은 일반적인 경우 두께 1.2[mm] 이상이어야 한다.

해설 분전함 두께
- 목제함 : 1.2[cm] 이상
- 합성수지 : 1.5[mm] 이상
- 강판제 : 1.2[mm] 이상

## 13 피뢰를 목적으로 피보호물 전체를 덮은 연속적인 망상 도체(금속판도 포함)는?

① 수평도체
② 케이지(Cage)
③ 인하도체
④ 용마루 가설 도체

해설 케이지 방식은 완전 보호로 어떠한 뇌격에 대해서도 건물이나 내부에 있는 사람에게 절대로 위해가 가해지지 않는 방식이다.

## 14 다음 중 1차 전지가 아닌 것은?

① 망간 건전지
② 공기전지
③ 알칼리 축전지
④ 수은전지

해설 2차 전지는 충전이 되는 전지로 납축(연축)전지, 알칼리 전지가 있다.

11 ④ 12 ② 13 ② 14 ③ Answer

**15** 전선을 지지하기 위하여 수용가 측 설비에 부착하여 사용하는 ㄱ자형으로 생긴 형강은?

① 암타이 밴드 ② 완금 밴드
③ 경완금 ④ 인입용 완금

해설 완금의 종류에는 ㅁ(경완금)형과 ㄱ(완금)형이 있는데 ㄱ형은 인입점, 인류점, 장경간 등에 사용된다.

**16** 절연 재료의 구비조건이 아닌 것은?

① 절연저항이 클 것 ② 유전체 손실이 클 것
③ 절연내력이 클 것 ④ 기계적 강도가 클 것

해설 절연 재료의 구비조건
- 절연내력이 클 것
- 절연저항이 클 것
- 화학적으로 안정할 것
- 유전체 손실이 작을 것

**17** 터널 내의 배기가스 및 안개 등에 대한 투과력이 우수하여 터널조명, 교량조명, 고속도로 인터체인지 등에 많이 사용되는 방전등은?

① 수은등 ② 나트륨등
③ 크세논등 ④ 메탈 할로이드등

해설 나트륨등의 특징
- 투시력이 좋다.(안개 낀 지역, 터널 등에 사용)
- 단색 광원으로 옥내 조명에 부적당하다.
- 효율이 좋다.
- D선(5,890~5,896[Å])을 광원으로 이용한다.

**18** 특고압 가공전선로의 장주에 사용되는 완금의 표준규격[mm]이 아닌 것은?

① 1,400 ② 1,800
③ 2,400 ④ 2,700

해설 완금의 표준길이[mm]

| 전선의 조수 | 특고압 | 고압 | 저압 |
|---|---|---|---|
| 2조 | 1,800 | 1,400 | 900 |
| 3조 | 2,400 | 1,800 | 1,400 |

Answer 15 ④ 16 ② 17 ② 18 ④

## 19 금속재료 중 용융점이 제일 높은 것은?

① 백금(Pt) ② 이리듐(Ir)
③ 몰리브덴(Mo) ④ 텅스텐(W)

해설 금속재료의 용융점
① 백금(Pt) : 1,755[℃]
② 이리듐(Ir) : 2,350[℃]
③ 몰리브덴(Mo) : 2,620[℃]
④ 텅스텐(W) : 3,370[℃]

## 20 알칼리 축전지에서 소결식에 해당하는 초급방전형은?

① AM형 ② AMH형
③ AL형 ④ AH−S형

해설

|  | |  | |
|---|---|---|---|
| 연축전지 | | • 글래드식(CS형) : 완방전형<br>• 페이스트식(HS형) : 급방전형 | |
| 알칼리 축전지 | 포켓식 | • AL : 완방전형<br>• AMH : 급방전형 | • AM : 표준형<br>• AH−P : 초급방전형 |
| | 소결식 | • AH−S : 초급방전형 | • AHH : 초초급방전형 |

19 ④ 20 ④ Answer

# 과년도 기출문제



**01** 전압을 일정하게 유지하기 위한 전압 제어 소자로 널리 이용되는 다이오드는?

① 터널 다이오드(Tunnel Diode)
② 제너 다이오드(Zener Diode)
③ 버랙터 다이오드(Varactor Diode)
④ 쇼트키 다이오드(Schottky Diode)

해설 제너 다이오드의 이용 목적
전원 전압을 안정하게 유지(정전압 정류 작용)

**02** 열전도율의 단위를 나타낸 것은?

① [kcal/h]
② [m · h · ℃/kcal]
③ [kcal/kg · ℃]
④ [kcal/m · h · ℃]

해설 ① 발열량[kcal/h]
② 열전도비저항[m · h · ℃/kcal]
③ 비열[kcal/kg · ℃]
④ 열전도율[kcal/m · h · ℃]

**03** 다음 전동기 중에서 속도 변동률이 가장 큰 것은?

① 3상 동기 전동기
② 단상 유도 전동기
③ 3상 농형 유도 전동기
④ 3상 권선형 유도 전동기

해설 3상 전동기에 비하여 단상 전동기의 속도 변동률이 크다.

**04** 금속의 전해 정제로 틀린 것은?

① 전력소비가 적다.
② 순도가 높은 금속이 석출된다.
③ 금속을 음극으로 하고 순금속을 양극으로 한다.
④ 동(Cu)의 전해 정제는 $H_2SO_4$와 $CuSO_4$의 혼합용액을 전해액으로 사용한다.

해설 금속의 전해 정제
전기 분해를 이용하여 순수한 금속만을 음극에서 석출하여 정제하는 것

Answer 01 ② 02 ④ 03 ② 04 ③

**05** 전기차의 속도 제어시스템 중 주파수의 변화에 대응하도록 전압도 같이 제어하는 방법은?

① 저항 제어시스템 ② 초퍼 제어시스템
③ 위상 제어시스템 ④ VVVF 제어시스템

해설 가변 전압 가변 주파수 제어(VVVF : Variable Voltage Variable Frequency)
유도 전동기에 공급하는 전원의 주파수와 전압을 같이 가변하여 전동기의 속도를 제어하는 방법

**06** 전기 가열 방식 중에서 고주파 유전 가열의 응용으로 틀린 것은?

① 목재의 건조 ② 비닐막 접착
③ 목재의 접착 ④ 공구의 표면 처리

해설 유전 가열 : 유전체손 이용
예 목재의 건조, 접착, 비닐막 접착

**07** 루소 선도에서 하반구 광속[lm]은 약 얼마인가?(단, 그림에서 곡선 BC는 4분원이다.)

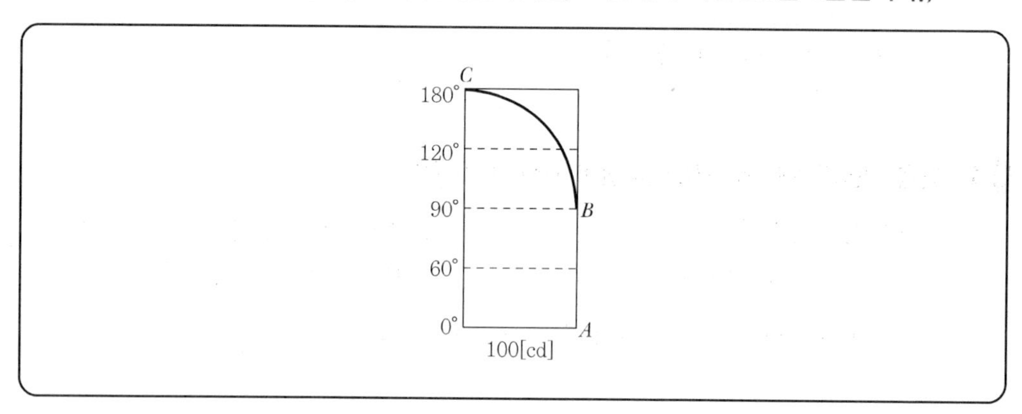


① 528 ② 628
③ 728 ④ 828

해설 루소 선도에서 전광속 $F$와 루소 선도의 면적 $S$ 사이에는

$$F=\frac{2\pi}{r}S,\ r=100$$

하반구 광속이므로

$$S=100\times 100$$

$$\therefore\ F=\frac{2\pi}{100}(100\times 100)=628[\text{lm}]$$

05 ④ 06 ④ 07 ② Answer

**08** 정격전압 220[V], 100[W]의 전구를 점등한 방의 조도가 120[lx]이다. 이 부하에 전압을 218[V] 인가하면 이 방의 조도는 약 몇 [lx]인가?(단, 여기서 광속의 전압지수는 3.6으로 한다.)

① 119　　② 118
③ 116　　④ 124

해설 광속의 전압 특정식 $\frac{F}{F_0}=\left(\frac{V}{V_0}\right)^{3.6}$ 에서 광속은 조도에 비례하므로

$$\frac{E}{E_0}=\left(\frac{V}{V_0}\right)^{3.6}$$

$$E_0=E\left(\frac{V_0}{V}\right)^{3.6}=120\times\left(\frac{218}{220}\right)^{3.6}=116[\text{lx}]$$

**09** 직류 전동기의 속도 제어법에서 정출력 제어에 속하는 것은?

① 계자 제어법　　② 전압 제어법
③ 전기자 저항 제어법　　④ 워드 레오너드 제어법

해설

| 구분 | 제어 특성 |
|---|---|
| 계자 제어법 | 정출력 제어 |
| 전압 제어법 | 정토크 제어 : 워드 레오너드 방식, 일그너 방식 |

**10** 2종의 금속이나 반도체를 접합하여 열전대를 만들고 기전력을 공급하면 각 접점에서 열의 흡수, 발생이 일어나는 현상은?

① 핀치(Pinch) 효과　　② 제베크(Seebeck) 효과
③ 펠티에(Peltier) 효과　　④ 톰슨(Thomson) 효과

해설 ① 핀치 효과 : 용융체에 강한 전류를 통하면 전자력에 의한 인력이 커지므로 용융체가 도중에 끊어져 전류가 차단되는 현상을 말한다.
② 제베크 효과 : 열전온도계, 즉 두 금속을 두 접점으로 폐회로를 만들고 두 접점의 온도를 달리하면 기전력이 발생한다. 이 열기전력은 두 접점 간의 온도차에 비례한다. 이 두 금속을 열전대라 하고 이것을 이용한 것이 열전온도계이다.
③ 펠티에 효과 : 2종의 금속이나 반도체를 접합하여 열전대를 만들고 기전력을 공급하면 각 접점에서 열의 흡수 또는 발생이 일어나는 현상이다.
④ 톰슨 효과 : 제베크 효과의 역현상의 일종으로 동종의 금속의 접점에 전류를 통하면 전류 방향에 따라 열을 발생 또는 흡수하는 현상이다.

Answer 08 ③ 09 ① 10 ③

## 11 대전력 정류용으로 사용되는 SCR의 특징이 아닌 것은?

① 열용량이 커서 고온에 강하다.
② 역률각 이하에서는 제어가 되지 않는다.
③ 아크가 생기지 않으므로 열의 발생이 적다.
④ 전류가 흐르고 있을 때 양극의 전압강하가 작다.

해설 SCR의 특징
- 과전압에 약하다.
- 고온에 약하다.
- 전류가 흐르고 있을 때 양극의 전압강하가 작다.
- 아크 발생이 적어 열이 발생되지 않는다.

## 12 전선 접속 시 유의사항이 아닌 것은?

① 접속으로 인해 전기적 저항이 증가하지 않게 한다.
② 접속으로 인한 도체 단면적을 현저히 감소시키게 한다.
③ 접속부분 전선의 강도를 20[%] 이상 감소시키지 않게 한다.
④ 접속부분은 절연전선의 절연물과 동등 이상의 절연내력이 있는 것으로 충분히 피복한다.

해설 단면적이 감소하면 전선의 강도가 현저하게 저하된다.(전선의 세기(강도)를 20[%] 이상 감소시키지 아니할 것)

## 13 전원을 넣자마자 곧바로 점등되는 형광등용의 안정기는?

① 점등관식　② 래피드 스타트식
③ 글로우 스타트식　④ 필라멘트 단락식

해설 래피드 스타트형 안정기
상용전원이 인가되면 필라멘트를 가열하는 코일에 의하여 공급된 전압으로 필라멘트를 가열하여 필라멘트에서 전자를 방사시킨다. 이 사이 필라멘트 간에는 누설 변압 안정기를 통해서 방전을 개시시키기 위한 전압이 가해지기 때문에 필라멘트에서 전자가 방사되면 램프는 점등한다.

## 14 전선을 지지하기 위하여 사용되는 자재로 애자를 부착하여 사용하며 단면이 ㅁ형으로 생긴 형강은?

① 경완철　② 분기고리
③ 행거 밴드　④ 인류 스트랩

해설 완금(완철)의 종류에는 ㅁ(경완금)형과 ㄱ(완금)형이 있는데 ㄱ형은 인입점, 인류점, 장경간 등에 사용된다.

11 ①　12 ②　13 ②　14 ① Answer

## 15 철탑의 상부구조에서 사용되는 것이 아닌 것은?

① 암(Arm) ② 수평재

③ 보조재 ④ 주각재

해설 주각재는 철탑 하부구조에 설치한다.

## 16 특고압 배전선로 보호용 기기로 자동 재폐로가 가능한 기기는?

① ASS ② ALTS

③ ASBS ④ Recloser

해설 리클로저 : 22.9[kV] 선로에 설치되는 보호협조 기기로서 선로 사고 시 재폐로 기능을 갖는다.

## 17 공기 중의 산소를 전지의 감극제로 사용하는 건전지는?

① 표준전지 ② 일반 건전지

③ 내한 건전지 ④ 공기 습전지

해설 공기전지

㉠ 전해액 : $NH_4Cl$

㉡ 감극제 : $O_2$(산소)

㉢ 특성

- 전압 변동률과 자체 방전이 작고 오래 저장할 수 있으며 가볍다.
- 방전용량이 크고 처음 전압은 망간전지에 비하여 약간 낮다.

## 18 배전선로의 지지물로 가장 많이 쓰이고 있는 것은?

① 철탑 ② 강판주

③ 강관 전주 ④ 철근 콘크리트 전주

해설 특고압 배전선로에서는 철근 콘크리트 전주가 가장 많이 사용되며 특수한 경우 철주를 사용한다.

## 19 납축전지에 대한 설명 중 틀린 것은?

① 충전 시 음극 : $PbSO_4 \rightarrow Pb$ ② 방전 시 음극 : $Pb \rightarrow PbSO_4$

③ 충전 시 양극 : $PbSO_4 \rightarrow PbO$ ④ 방전 시 양극 : $PbO_2 \rightarrow PbSO_4$

해설 납축전지의 화학 방정식

$$PbO_2 + 2H_2SO_4 + Pb \underset{충전}{\overset{방전}{\rightleftarrows}} PbSO_4 + 2H_2O + PbSO_4$$

Answer 15 ④ 16 ④ 17 ④ 18 ④ 19 ③

전기공사기사

# 2016년도 2회 시험 과년도 기출문제

**01** 저압 나트륨등에 대한 설명 중 틀린 것은?

① 광원의 효율은 방전등 중에서 가장 우수하다.
② 가시광의 대부분이 단일 광색이므로 연색 지수가 낮다.
③ 물체의 형체나 요철의 식별에 우수한 효과가 있다.
④ 연색성이 우수하여 도로, 터널의 조명 등에 쓰인다.

해설 저압 나트륨등은 연색성 지수가 낮아 옥내에는 부적합하며 도로, 터널 등에 이용된다.

**02** 전기 부식을 방지하기 위한 전기 철도 측에서의 방법 중 틀린 것은?

① 변전소 간격을 단축할 것
② 귀선로의 저항을 적게 할 것
③ 도상의 누설저항을 적게 할 것
④ 전차선(트롤리선) 전압을 승압할 것

해설 전식 방지법

- 레일 본드 시설이나 보조귀선을 설치한다.
- 변전소 간격을 좁힌다.
- 귀선을 부극성으로 한다.
- 귀선의 극성을 정기적으로 바꾼다.
- 귀로선의 저항을 적게 한다.

**03** 1[kW]의 전열기를 사용하여 5[L]의 물을 20[℃]에서 90[℃]로 올리는 데 30분이 걸렸다. 이 전열기의 효율은 약 몇 [%]인가?

① 70 ② 78
③ 81 ④ 93

해설 $860PT\eta = MCT$

$$\eta = \frac{5\times(90-20)}{860\times1\times0.5(\text{시간})}\times100[\%]=81.4[\%]$$

01 ④ 02 ③ 03 ③ Answer

## 04 동일 정격의 다이오드를 병렬로 사용하면?

① 역전압을 크게 할 수 있다.
② 필터 회로가 필요 없게 된다.
③ 전원 변압기를 사용할 수 있다.
④ 순방향 전류를 증가시킬 수 있다.

해설 다이오드 접속
- 직렬 : 과전압으로부터 보호(전압 증가)
- 병렬 : 과전류로부터 보호(전류 증가)

## 05 비닐막 등의 접착에 주로 사용하는 가열 방식은?

① 유전 가열
② 저항 가열
③ 아크 가열
④ 유도 가열

해설
- 유도 가열 : 교번자기장 내에 놓인 유도성 물체에 유도된 와류손과 히스테리시스손을 이용하여 가열
  예 제철, 제강, 금속의 표면 열처리
- 유전 가열 : 유전체손 이용
  예 목재의 건조, 접착, 비닐막 접착

## 06 3상 유도 전동기를 급속히 정지 또는 감속시킬 경우 가장 손쉽고 효과적인 제동법은?

① 역상 제동
② 회생 제동
③ 발전 제동
④ 와전류 제동

해설
- 회생 제동 : 전동기의 전원을 켠 상태에서 전동기에 유기되는 역기전력을 전원 전압보다 높게 하여 회전운동에너지로 발생되는 전력을 전원 측에 반환하면서 제동하는 방법이다.
- 발전 제동 : 전동기의 전기자를 전원에서 끊고 전동기를 발전기로 동작시켜 회전운동에너지로서 발생하는 전력을 그 단자에 접속한 저항에서 열로 소비시키는 제동방법이다.
- 역상 제동 : 전동기의 전원 접속을 바꿔 역회전 방향을 이용하여 제동하는 방법이다.

## 07 금속의 화학적 성질로 틀린 것은?

① 산화되기 쉽다.
② 전자를 잃기 쉽고, 양이온이 되기 쉽다.
③ 이온화 경향이 클수록 환원성이 강하다.
④ 산과 반응하고 금속의 산화물은 염기성이다.

해설 이온화 경향이 클수록 산화성이 강하다.(환원성은 산화성의 반대 성질)

Answer 04 ④ 05 ① 06 ① 07 ③

## 08 기동토크가 가장 큰 단상 유도 전동기는?

① 콘덴서 전동기
② 반발 기동 전동기
③ 분상 기동 전동기
④ 콘덴서 기동 전동기

해설 단상 유도 전동기의 기동토크가 큰 순서
반발 기동 전동기 > 콘덴서 기동 전동기 > 분상 기동 전동기

## 09 반도체 사이리스터에 의한 속도 제어 중 주파수 제어는?

① 계자 제어
② 인버터 제어
③ 컨버터 제어
④ 초퍼(Chopper) 제어

해설
- 인버터 제어 : 전압과 주파수를 가변하여 속도를 제어하는 방법
- 초퍼 제어 : 사이리스터를 이용하여 입력 전압을 제어하는 방식

## 10 반도체에 빛이 가해지면 전기저항이 변화되는 현상은?

① 홀 효과
② 광전 효과
③ 제베크 효과
④ 열진동 효과

해설
- 광전 효과 : 반도체에 빛이 가해지면 전기적 특성이 변화되는 현상을 말한다.
- 홀 효과 : 전류를 직각방향으로 자계를 가했을 때 전류와 자계에 직각인 방향으로 기전력이 발생하는 현상

## 11 납축전지가 충분히 충전되었을 때 양극판은 무슨 색인가?

① 황색
② 청색
③ 적갈색
④ 회백색

해설 양극판 색상
- 충전 시 : 적갈색
- 방전 시 : 회백색

## 12 나트륨등의 이론적 발광효율은 약 몇 [lm/W]인가?

① 255
② 300
③ 395
④ 500

해설 나트륨등의 발광효율
- 이론상 395[lm/W]
- 실제상 150[lm/W]

08 ② 09 ② 10 ② 11 ③ 12 ③ Answer

## 13 합성수지관 배선공사에서 틀린 것은?

① 관 말단 부분에는 전선관 보호를 위하여 부싱을 사용한다.
② 합성수지관 내에서 전선에 접속점을 만들어서는 안 된다.
③ 배선은 절연전선(옥외용 비닐 절연전선을 제외한다.)을 사용한다.
④ 합성수지관을 새들 등으로 지지하는 경우는 그 지지점 간의 거리를 1.5[m] 이하로 한다.

해설 **부싱** : 전선피복을 보호하기 위하여 관 말단에 사용한다.

## 14 분전반의 소형 덕트 폭으로 틀린 것은?

① 전선굵기 35[mm²] 이하는 덕트 폭 5[cm]
② 전선굵기 95[mm²] 이하는 덕트 폭 10[cm]
③ 전선굵기 240[mm²] 이하는 덕트 폭 15[cm]
④ 전선굵기 400[mm²] 이하는 덕트 폭 20[cm]

해설 배전반과 분전반의 소형 덕트 폭(내선규정 표 1455-1)

| 전선의 굵기[mm²] | 분배전반의 소형 덕트의 폭[cm] |
|---|---|
| 35 이하 | 8 |
| 95 이하 | 10 |
| 240 이하 | 15 |
| 400 이하 | 20 |
| 630 이하 | 25 |
| 1,000 이하 | 30 |

## 15 버스 덕트 공사에 대한 설명으로 옳은 것은?

① 덕트의 끝부분을 개방한다.
② 건조한 노출장소나 점검할 수 있는 은폐장소에 시설한다.
③ 덕트를 조영재에 붙이는 경우에는 덕트의 지지점 간의 거리를 최대 2[m] 이하로 한다.
④ 저압 옥내 배선의 시동전압이 400[V] 이상인 경우에는 덕트에 제3종 접지공사를 한다.

해설 버스 덕트 공사

- 덕트 상호 간 및 전선 상호 간은 견고하고 또한 전기적으로 완전하게 접속할 것
- 덕트를 조영재에 붙이는 경우에는 덕트의 지지점 간 거리를 3[m] 이내로 할 것
- 덕트(환기형의 것을 제외한다)의 끝부분은 막을 것
- 덕트(환기형의 것을 제외한다)의 내부에 먼지가 침입하지 아니하도록 할 것
- 저압 옥내배선의 사용전압이 400[V] 미만인 경우에는 덕트에 제3종 접지공사를 할 것
- 저압 옥내배선의 사용전압이 400[V] 이상인 경우에는 덕트에 특별 제3종 접지공사를 할 것. 다만, 사람이 접촉할 우려가 없도록 시설하는 경우에는 제3종 접지공사에 의할 수 있다.

Answer 13 ① 14 ① 15 ②

## 16 알루미늄 전선 접속 시 가는 전선을 박스 안에서 접속하는 데 사용하는 슬리브는?

① S형 슬리브
② 종단겹침용 슬리브
③ 매킹타이어 슬리브
④ 직선겹침용 슬리브

해설
- 직선용 : O, B형 슬리브
- 분기용 : S형 슬리브
- 접속함(박스) : 종단겹침용 슬리브

## 17 변압기유로 쓰이는 절연유에 요구되는 특성이 아닌 것은?

① 점도가 클 것
② 절연내력이 클 것
③ 인화점이 높을 것
④ 비열이 커서 냉각효과가 클 것

해설 변압기 절연유의 구비조건
- 냉각효과가 클 것
- 절연내력이 클 것
- 인화점이 높을 것
- 응고점이 낮을 것
- 점도가 낮을 것

## 18 가공 송전선로의 ACSR 전선 등에 설치되는 진동방지용 장치가 아닌 것은?

① Damper
② PG Clamp
③ Armor Rod
④ Spacer Damper

해설 철탑에 진동을 억제하기 위하여 댐퍼(Damper)와 아머 로드(Armor Rod)를 설치한다.

## 19 배전반 및 분전반에 대한 설명 중 틀린 것은?

① 개폐기를 쉽게 개폐할 수 있는 장소에 시설하여야 한다.
② 옥측 또는 옥외에 시설하는 경우는 방수형을 사용하여야 한다.
③ 노출하여 시설되는 분전반 및 배전반의 재료는 불연성의 것이어야 한다.
④ 난연성 합성수지로 된 것은 두께가 최소 2[mm] 이상으로 내아크성인 것이어야 한다.

해설 분전함 두께
- 목제함 : 1.2[cm] 이상
- 합성수지 : 1.5[mm] 이상
- 강판제 : 1.2[mm] 이상

16 ② 17 ① 18 ② 19 ④ Answer

**20** 가공전선로의 지지물에 시설하는 지선으로 연선을 사용할 경우 소선의 지름은 최소 몇 [mm] 이상의 금속선인가?

① 2.1
② 2.3
③ 2.6
④ 2.8

해설 지선

- 철탑을 제외한 지지물의 강도 보강에 이용
- 2.6[mm] 이상 금속선을 3조 이상 꼬아 사용
- 최저 인장하중 : 4.31[kN]
- 안전율 : 2.5
- 도로 횡단 시 5[m] 이상. 단, 부득이한 경우 교통 지장의 우려가 없을 때에는 4.5[m] 이상
- 지중부분 및 지표상 30[cm]까지의 부분에는 내식성이 있는 아연 도금을 한 철봉 사용

Answer 20 ③

↘ 전기공사기사

# 2016년도 4회 시험 과년도 기출문제

## 01 전열의 원리와 이를 이용한 전열 기기의 연결이 틀린 것은?

① 저항 가열－전기다리미
② 아크 가열－전기용접기
③ 유전 가열－온열 치료 기구
④ 적외선 가열－피부 미용 기기

해설 유전 가열 : 유전체손 이용
예 목재의 건조, 접착, 비닐막 접착

## 02 다음 용접방법 중 저항 용접이 아닌 것은?

① 점 용접(Spot Welding)
② 이음매 용접(Seam Welding)
③ 돌기 용접(Projection Welding)
④ 전자빔 용접(Electron Beam Welding)

해설 저항 용접
- 점 용접(Spot Welding) : 필라멘트, 열전대 용접에 이용
- 돌기 용접(Projection Welding)
- 이음매 용접(심 용접, Seam Welding)
- 맞대기 용접
- 충격 용접 : 고유저항이 적고 열전도율이 큰 것에 사용(경금속 용접)

## 03 자체 방전이 적고 오래 저장할 수 있으며 사용 중에 전압 변동률이 비교적 적은 것은?

① 공기 건전지
② 보통 건전지
③ 내한 건전지
④ 적층 건전지

해설 공기전지
㉠ 전해액 : $NH_4Cl$
㉡ 감극제 : $O_2$(산소)
㉢ 특성 : • 전압 변동률과 자체 방전이 작고 오래 저장할 수 있으며 가볍다.
• 방전용량이 크고 처음 전압은 망간전지에 비하여 약간 낮다.

## 04 네온전구의 용도로서 틀린 것은?

① 소비전력이 적으므로 배전반의 표시등에 적합하다.
② 부글로우를 이용하고 있어 직류의 극성 판별용에 사용된다.
③ 일정한 전압에서 점등되므로 검전기, 교류 파고값의 측정에 이용할 수 없다.
④ 네온전구는 전극 간의 길이가 짧으므로 부글로우를 발광으로 이용한 것이다.

01 ③ 02 ④ 03 ① 04 ③ Answer

해설 네온전구

㉠ 발광 원리 : 음극 글로우(부글로우)

㉡ 용도

- 소비전력이 적으므로 배전반의 파일럿, 종야등에 적합
- 음극만이 빛나므로 직류의 극성 판별용에 이용
- 일정 전압에서 점화하므로 검전기 교류 파고치의 측정에 쓰임

## 05 선박의 전기추진에 많이 사용되는 속도 제어방식은?

① 크레머 제어방식
② 2차 저항 제어방식
③ 극수 변환 제어방식
④ 전원 주파수 제어방식

해설 출력 주파수를 변화시킬 때 인버터 출력전압을 동시에 제어함으로써 전동기의 자속을 일정하게 유지하고 광범위한 가변속 운전에 대하여 전동기의 효율, 역률을 저하시키지 않도록 제어하는 방식이다.

## 06 다음 중 전기차량의 대차에 의한 분류가 아닌 것은?

① 4륜차
② 전동차
③ 보기차
④ 연결차

해설

| 전원의 전기방식에 의한 분류 | 전동기의 유무 및 성능에 의한 분류 | 대차 구조에 의한 분류 |
|---|---|---|
| 직류 전기차, 교류 전기차, 교직 병용 전기차 | 제어 부수차, 전동차, 부수차, 전기 기관차 | 사륜차, 보기(Bogie)차, 관절차(연결차) |

## 07 다음 설명 중 옳은 것은?

① SSS는 3극 쌍방향 사이리스터로 되어 있다.
② SCR은 PNPN이라는 2층의 구조로 되어 있다.
③ 트라이액은 2극 쌍방향 사이리스터로 되어 있다.
④ DIAC은 쌍방향으로 대칭적인 부성 저항을 나타낸다.

해설 다이액(DIAC)

- 쌍방향 2단자 소자
- 소용량 저항 부하의 AC전력 제어

Answer ➡ 05 ④ 06 ② 07 ④

## 08 배전선의 전압을 조정하는 방법으로 적당하지 않은 것은?

① 승압기　　② 병렬 콘덴서
③ 변압기의 탭 조정　　④ 유도전압 조정기

해설 배전선로 전압 조정장치
- 승압기
- 변압기 탭 전환장치
- 유도전압 조정기

## 09 높이 10[m]에 있는 용량 100[m³]의 수조를 만조시키는 데 필요한 전력량은 약 몇 [kWh]인가? (단, 전동기 및 펌프의 종합효율은 80[%], 여유계수 1.2, 손실수두는 2[m]이다.)

① 1.5　　② 2.4
③ 3.7　　④ 4.9

해설 낙차=10+2=12[m]

$$P=\frac{9.8\times12\times100\times1.2}{0.8\times60\times60}=4.9$$

∴ 전력량=4.9×1시간=4.9[kWh]

## 10 아크의 전압, 전류 특성은?

①
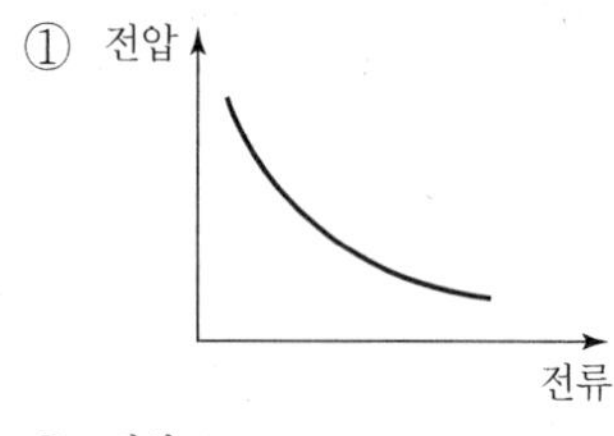


②
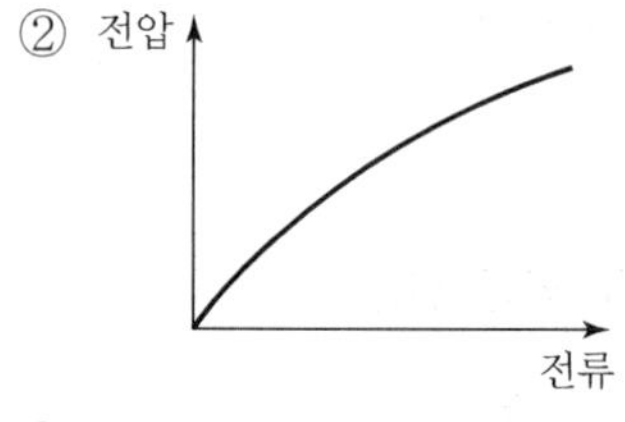


③
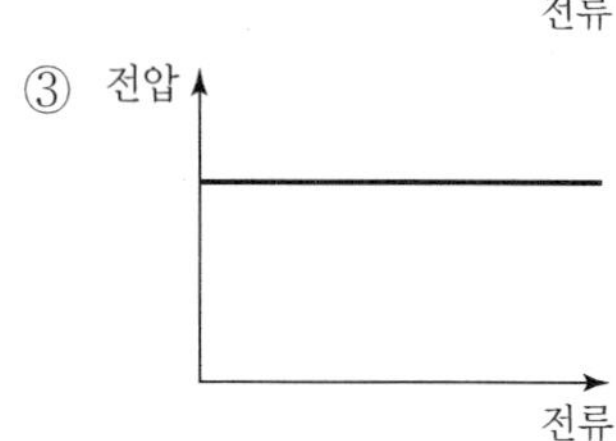


④
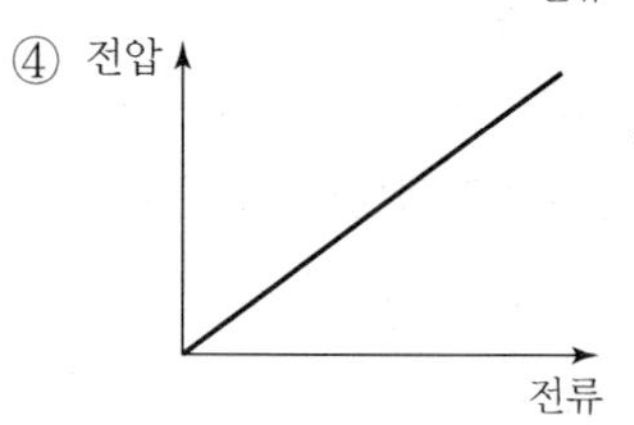


해설 아크 방전은 저전압 · 대전류로서 부저항의 특성을 갖는다.

08 ② 09 ④ 10 ① Answer

## 11 완철 장주의 설치 중 완철의 설치 위치 및 방법을 설명한 것으로 틀린 것은?

① 완철은 교통에 지장이 없는 한 긴 쪽을 도로 측으로 설치한다.
② 완철용 M볼트는 완철의 반대 측에서 삽입하고 완철이 밀착되게 조인다.
③ 완철 밴드는 창출 또는 편출 개소를 제외하고 보통 장주에만 사용한다.
④ 단완철은 전원 측에 설치하며 하부 완철은 상부 완철과 동일한 측에 설치한다.

해설 단완철은 전원의 반대 측(부하 측)에 설치함을 원칙으로 한다.

## 12 투광기와 수광기로 구성되고 물체가 광로를 차단하면 접점이 개폐되는 스위치는?

① 압력 스위치 ② 광전 스위치
③ 리밋 스위치 ④ 근접 스위치

해설 광전 스위치는 광전 센서상에 비추어지는 빛의 감도 변화에 의해 작동되며, 발광시키는 발광부와 발광부로부터 발광되는 빛을 받는 수광부로 구성되어 있다.

## 13 다음 전지 중 물리 전지에 속하는 것은?

① 열전지 ② 연료전지
③ 수은전지 ④ 산화은전지

해설 물리 전지
- 반도체 PN 접합면에 태양광선이나 방사선을 조사해서 기전력을 얻는 방식
- 종류 : 태양 전지, 원자력 전지

## 14 폴리머 애자의 설치 부속 자재를 옳게 나열한 것은?

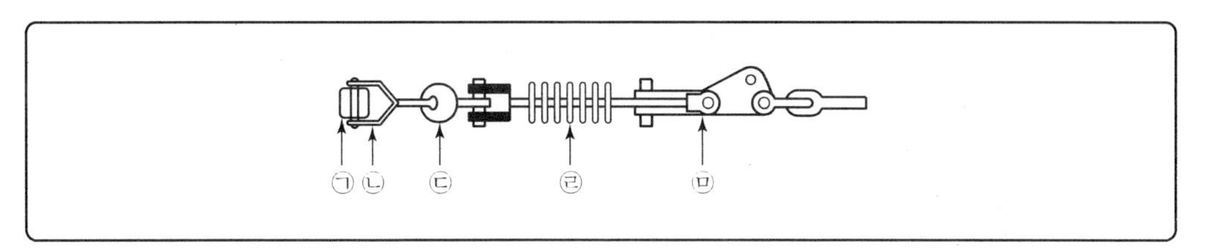


① ㉠ 경완철 ㉡ 볼 쇄클 ㉢ 소켓 아이 ㉣ 폴리머 애자 ㉤ 데드 엔드 클램프
② ㉠ 볼 쇄클 ㉡ 소켓 아이 ㉢ 폴리머 애자 ㉣ 경완철 ㉤ 데드 엔드 클램프
③ ㉠ 소켓 아이 ㉡ 볼 쇄클 ㉢ 데드 엔드 클램프 ㉣ 폴리머 애자 ㉤ 경완철
④ ㉠ 경완철 ㉡ 폴리머 애자 ㉢ 소켓 아이 ㉣ 데드 엔드 클램프 ㉤ 볼 쇄클

Answer 11 ④ 12 ② 13 ① 14 ①

해설

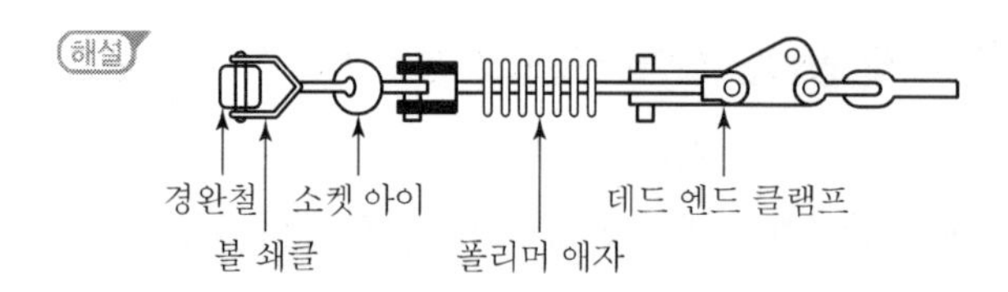


## 15 개폐기의 명칭과 기호의 연결로 틀린 것은?

① 2극 쌍투형 : DPDT
② 2극 단투형 : DPST
③ 단극 쌍투형 : SPDT
④ 단극 단투형 : TPST

해설 개폐기의 기호

| 명칭 | 단극 단투형 | 2극 단투형 |
|---|---|---|
| 기호 | SPST | DPST |

## 16 가공전선로에 사용되는 전선의 구비조건으로 틀린 것은?

① 도전율이 높은 것
② 내구성이 있을 것
③ 비중(밀도)이 클 것
④ 기계적인 강도가 클 것

해설 전선의 구비조건

- 도전율이 커야 한다.
- 비중(밀도)이 작아야 한다.
- 가선공사가 용이해야 한다.
- 기계적 강도가 커야 한다.
- 부식성이 작아야 한다.
- 값이 싸야 한다.

## 17 19/1.8[mm] 경동연선의 바깥지름은 몇 [mm]인가?

① 8.5
② 9
③ 9.5
④ 10

해설 연선의 층($n$)별 가닥수($N$)

- 1층 7가닥
- 2층 19가닥
- 3층 37가닥

따라서, 연선의 지름

$D=(2n+1)d=(2\times2+1)\times1.8=9$[mm]

15 ④ 16 ③ 17 ② Answer

**18** 공칭전압 22[kV]인 중성점 비접지방식의 변전소에서 사용하는 피뢰기의 정격전압은 몇 [kV]인가?

① 18 ② 20
③ 22 ④ 24

해설 피뢰기의 정격전압

| 공칭전압[kV] | 변전소[kV] | 배전선로[kV] |
|---|---|---|
| 345 | 288 | – |
| 154 | 144 | – |
| 66 | 72 | – |
| 22 | 24 | – |
| 22.9 | 21 | 18 |

**19** 고압으로 수전하는 변전소에서 접지 보호용으로 사용되는 계전기의 영상전류를 공급하는 계전기는?

① CT ② PT
③ ZCT ④ GPT

해설 영상 변류기(ZCT)
지락전류를 검출

**20** 아웃렛 박스(정션박스)에서 전등선로를 연결하고 있다. 박스 내에서 전선 접속방법으로 옳은 것은?

① 납땜 ② 압착단자
③ 비닐 테이프 ④ 와이어 커넥터

해설 박스 안의 가는 전선 접속방법
2~3회 정도 꼰 후 절단한 다음 와이어 커넥터를 돌려 끼운다.

Answer 18 ④ 19 ③ 20 ④

전기공사기사

# 2017년도 1회 시험

과년도 기출문제

**01** 일반적인 농형 유도 전동기의 기동법이 아닌 것은?

① Y－△ 기동
② 전전압 기동
③ 2차 저항 기동
④ 기동보상기에 의한 기동

해설 농형 유도 전동기
㉠ 직입기동
㉡ 감압기동
- 단권변압기 기동
- 1차 저항 기동

㉢ Y－△ 기동

**02** 필라멘트 재료의 구비조건에 해당되지 않는 것은?

① 융해점이 높을 것
② 고유저항이 작을 것
③ 선팽창계수가 작을 것
④ 높은 온도에서 증발성이 적을 것

해설 필라멘트의 구비요건
- 융해점이 높을 것
- 고유저항이 클 것
- 높은 온도에서 증발이 작을 것
- 선팽창계수가 작을 것
- 전기저항의 온도계수가 플러스일 것

**03** 전동기를 전원에 접속한 상태에서 중력부하를 하강시킬 때, 전동기의 유기기전력이 전원 전압보다 높아져서 발전기로 동작하고 발생전력을 전원으로 되돌려 줌과 동시에 속도를 점차로 감속하는 경제적인 제동법은?

① 역상 제동
② 회생 제동
③ 발전 제동
④ 와류 제동

01 ③ 02 ② 03 ② Answer

해설 제동법

㉠ 발전 제동
- 운동에너지를 전기에너지로 변환
- 자체 저항이 소비되면서 제동

㉡ 회생 제동
- 유도전압을 전원 전압보다 높게 하여 제동하는 방식
- 발전 제동하여 발생된 전력을 선로로 되돌려 보냄
- 전원 : 회전 변류기를 이용
- 장소 : 산악지대의 전기 철도용

㉢ 역전(역상) 제동
- 일명 플러깅이라 함
- 3상 중 2상을 바꾸어 제동
- 속도를 급격히 정지 또는 감속시킬 때

**04** **알칼리 축전지에 대한 설명으로 옳은 것은?**

① 전해액의 농도 변화는 거의 없다.
② 전해액은 묽은 황산 용액을 사용한다.
③ 진동에 약하고 급속 충방전이 어렵다.
④ 음극에 Ni 산화물, Ag 산화물을 사용한다.

해설 전해액으로 알칼리 용액을 사용하는 축전지는 전해액의 농도 변화가 없으며, 납축전지에 견줘 진동에 강하고 자기방전이 적으며 열악한 주위 환경에서도 오래 사용할 수 있는 장점이 있다. 그러나 암페어 시효율이 낮고 가격이 비싼 것이 단점이다.

**05** **폭 15[m]의 무한히 긴 가로 양측에 10[m]의 간격을 두고 수많은 가로등이 점등되고 있다. 1등당 전광속은 3,000[lm]이고, 이의 60[%]가 가로 전면에 투사한다고 하면 가로면의 평균 조도는 약 몇 [lx]인가?**

① 36　　② 24
③ 18　　④ 9

해설 $FUN = DEA$

$$E = \frac{3{,}000 \times 1 \times 0.6}{15 \times 10 \times \frac{1}{2}} = 24[\text{lx}]$$

※ 양측 조명 면적 $= \dfrac{\text{폭} \times \text{간격}}{2}$

Answer 04 ① 05 ②

**06** 공업용 온도계로서 가장 높은 온도를 측정할 수 있는 것은?

① 철-콘스탄탄 ② 동-콘스탄탄
③ 크로멜-알루멜 ④ 백금-백금로듐

- 구리-콘스탄탄(보통 열전대 사용)
- 철-콘스탄탄
- 크로멜-알루멜
- 백금-백금로듐(공업용으로 널리 사용)

**07** 2개의 SCR을 역병렬로 접속한 것과 같은 특성의 소자는?

① GTO ② TRIAC
③ 광사이리스터 ④ 역전용 사이리스터

 TRIAC(Triode Switch for AC)
- 쌍방향 3단자 소자
- SCR 역병렬 구조와 같음
- 교류 전력을 양극성 제어함
- 과전압에 의한 파괴가 안 됨
- 포토커플러+트라이액 : 교류 무접점 릴레이 회로 이용

**08** 열차가 정지신호를 무시하고 운행할 경우 또는 정해진 신호에 따른 속도 이상으로 운행할 경우 설정시간 이내에 제동 또는 지정 속도로 감속 조작을 하지 않으면 자동으로 열차를 안전하게 정지시키는 장치는?

① ATC ② ATS
③ ATO ④ CTC

해설
- 자동열차정지장치 : ATS(Automatic Train Stop Device)
- 자동열차제어장치 : ATC(Automatic Train Control Device)
- 자동열차운전장치 : ATO(Automatic Train Operation Device)

**09** 전동기의 정격(Rate)에 해당되지 않는 것은?

① 연속 정격 ② 반복 정격
③ 단시간 정격 ④ 중시간 정격

06 ④ 07 ② 08 ② 09 ④ Answer

해설 전동기 사용정격
- 연속 정격
- 단시간 정격
- 반복 정격
- 반복 등가 정격

## 10 서미스터(Thermistor)의 주된 용도는?

① 온도 보상용 ② 잡음 제거용
③ 전압 증폭용 ④ 출력 전류 조절용

해설 서미스터(Thermistor)
- 열 의존도가 큰 반도체를 재료로 사용한다.
- 온도계수는 (−)를 갖고 있다.
- 온도 보상용으로 사용한다.

## 11 전선관의 산화 방지를 위해 하는 도금은?

① 납 ② 니켈
③ 아연 ④ 페인트

해설 금속관은 산화 방지 처리로 아연 도금 또는 에나멜이 입혀져 있고 양끝은 나사로 되어 있다.

## 12 피뢰기의 접지선에 사용하는 연동선 굵기는 최소 몇 [$mm^2$] 이상인가?

① 2.5 ② 4
③ 6 ④ 3.2

해설 피뢰기는 제1종 접지공사로 6[$mm^2$] 이상일 것

## 13 녹 아웃 펀치와 같은 목적으로 사용하는 공구의 명칭은?

① 히키 ② 리머
③ 홀 소 ④ 드라이브이트

해설 홀 소(Hole Saw)
녹 아웃 펀치와 같이 철판에 구멍을 뚫을 때 사용한다.

Answer ➡ 10 ① 11 ③ 12 ③ 13 ③

**14** 다음 중 등(램프) 종류별 기호가 옳은 것은?

① 형광등 : F
② 수은등 : N
③ 나트륨등 : T
④ 메탈 할로이드등 : H

해설 ② 수은등 : H
③ 나트륨등 : N
④ 메탈 할로이드등 : M

**15** 접촉자의 합금 재료에 속하지 않는 것은?

① 은
② 니켈
③ 구리
④ 텅스텐

해설 차단기 등 전선 연결단자 재료로는 저항이 작은 동, 은, 텅스텐 등이 이용된다.

**16** 송전용 볼 소켓형 현수 애자의 표준형 지름은 약 몇 [mm]인가?

① 220
② 250
③ 270
④ 300

해설 현수 애자
송배전선로용으로 254[mm], 191[mm] 두 종류에서 254[mm]가 송전용으로 사용된다.

**17** 조명기구나 소형 전기기구에 전력을 공급하는 것으로 상점이나 백화점, 전시장 등에서 조명기구의 위치를 빈번하게 바꾸는 곳에 사용되는 것은?

① 라이팅 덕트
② 다운라이트
③ 코퍼라이트
④ 스포트라이트

해설 라이팅 덕트
- 사용전압은 400[V] 미만이며, 백화점, 상점 등에서 조명기구 또는 소형 전기기계기구의 급전용으로 시설한다.
- 종단부는 폐쇄한다.
- 덕트의 지지점 간격은 2[m] 이하이다.

14 ① 15 ② 16 ② 17 ① Answer

**18** 차단기 중 자연 공기 내에서 개방할 때 접촉자가 떨어지면서 자연 소호에 의한 소호 방식을 가지는 기능을 이용한 것은?

① 공기차단기
② 가스차단기
③ 기중차단기
④ 유입차단기

해설 차단기 종류

- 유입차단기(OCB) : 아크를 절연유의 소호작용으로 소호하는 구조이다.
- 공기차단기(ABB) : 압축공기로 불어 소호하는 구조로 특고압용으로 쓰인다.
- 기중차단기(ABC) : 공기차단기의 일종이며, 저압용으로 쓰인다.
- 진공차단기(VCB) : 진공에서의 높은 절연내력과 아크 생성물의 진공 중으로 급속한 확산을 이용하여 소호하는 구조이다.
- 자기차단기(MBB) : 아크와 차단 전류에 의해 만들어진 자계 사이의 전자력에 의해 아크를 소호실로 끌어 넣어 차단하는 구조이다.
- 가스차단기(GCB) : $SF_6$ 가스를 이용하며, 고압 또는 특별고압 수전설비에 설치하는 차단기 중 유도성 소전류 차단기로서 이상전압이 발생하지 않는다.

**19** 전선 재료의 구비조건 중 틀린 것은?

① 접속이 쉬울 것
② 도전율이 작을 것
③ 가요성이 풍부할 것
④ 내구성이 크고 비중이 작을 것

해설 전선의 구비조건

- 도전율이 높을 것
- 내구성이 좋을 것
- 시공 및 보수의 취급이 용이할 것
- 가격이 저렴할 것
- 기계적 강도가 클 것
- 가요성이 높을 것
- 비중이 낮을 것

**20** 저압 가공 인입선에서 금속관 공사로 옮겨지는 곳 또는 금속관으로부터 전선을 뽑아 전동기 단자 부분에 접속할 때 사용하는 것은?

① 엘보
② 터미널 캡
③ 접지 클램프
④ 엔트런스 캡

해설
- 서비스(터미널) 캡 : 옥내 저압가공 인입선에서 금속관으로 옮겨지는 곳 또는 금속관에서 전선을 뽑아 전동기 단자 부분에 접속할 때 전선을 보호하기 위해 관 끝에 설치한다.
- 엔트런스 캡 : 저압 가공 인입구에서 수용장소로 들어가는 관단에 설치하여 빗물의 침입을 방지한다.

Answer ▶ 18 ③ 19 ② 20 ②

↘ 전기공사기사

# 2017년도 2회 시험 과년도 기출문제

**01** 자기소호기능이 가장 좋은 소자는?

① GTO ② SCR
③ DIAC ④ TRIAC

해설 GTO는 자기소호능력이 있으며, 가장 우수하다.

**02** 철도차량이 운행하는 곡선부의 종류가 아닌 것은?

① 단곡선 ② 복곡선
③ 반향곡선 ④ 완화곡선

해설 ① 단곡선 : 원의 중심이 1개인 곡선
② 복심곡선 : 반경이 서로 다른 두 개의 원의 중심이 동일한 축에 위치한 곡선
③ 반향곡선 : 두 개의 곡선반경의 중심이 선로에 대해 서로 반대 측에 위치한 것으로 S곡선이라 함
④ 완화곡선 : 직선궤도에서 곡선궤도로 변화하는 부분에서의 곡선

**03** 공해 방지의 측면에서 대기 중에 부유하는 분진 입자를 포집하는 정화장치로 화력발전소, 시멘트 공장, 용광로, 쓰레기 소각장 등에 널리 이용되는 것은?

① 정전기 ② 정전 도장
③ 전해 연마 ④ 전기 집진기

해설 전기 집진기
코로나 방전에 의해 분진에 음이온화의 대전을 발생시켜서, 이것을 양극에 포집하려는 원리에 입각한 것이다. 시멘트공장의 배기나 화력발전소의 매연 등을 집진할 때 사용되고 있다.

**04** 금속의 표면 열처리에 이용하며 도체에 고주파 전류를 통하면 전류가 표면에 집중하는 현상은?

① 표피 효과 ② 톰슨 효과
③ 핀치 효과 ④ 제베크 효과

해설 • 제베크 효과 : 종류가 다른 두 금속에 온도차를 주면 기전력이 발생하는 현상
• 펠티에 효과 : 서로 다른 두 종류의 금속 접합부에 전류를 흘리면 열을 발생 또는 흡수하는 현상
• 톰슨 효과 : 제베크 효과의 역현상의 일종으로 동종 금속의 접점에 전류를 통하면 전류방향에 따라 열을 발생 또는 흡수하는 현상

01 ① 02 ② 03 ④ 04 ① Answer

- 표피 효과 : 도체에 고주파 전류를 통하면 전류가 표면에 집중하는 현상으로 금속의 표면 열처리에 이용한다.
- 핀치 효과 : 전류가 흐르고 있는 플라즈마가 그 자신이 만드는 자기장과의 상호작용으로 인해 가늘게 수축하는 현상을 말하며, 열 핀치 효과와 전자기 핀치 효과가 있다.

**05** **겨울철에 심야 전력을 사용하여 20[kWh] 전열기로 40[℃]의 물 100[L]를 95[℃]로 데우는 데 사용되는 전기요금은 약 얼마인가?(단, 가열장치의 효율은 90[%], 1[kWh]당 단가는 겨울철 56.10[원], 기타 계절 37.90[원]이며, 계산 결과는 원단위 절사한다.)**

① 260[원] ② 290[원]

③ 360[원] ④ 390[원]

해설 $P_h = \dfrac{M_c(T_2 - T_1)}{860\eta} = \dfrac{100 \times 1 \times (95-40)}{860 \times 0.9} = 7.11[\text{kWh}]$

겨울철 1[kWh]당 단가가 56.10[원]이므로

전기요금$= 7.11 \times 56.10 \fallingdotseq 399$[원]

∴ 원단위 절사하면 390[원]

**06** **열차 자체의 중량이 80[ton]이고 동륜상의 중량이 55[ton]인 기관차의 최대 견인력[kg]은? (단, 궤조의 점착계수는 0.3으로 한다.)**

① 15,000 ② 16,500

③ 18,000 ④ 24,000

해설 최대 견인력

$F_m = 1{,}000\mu W_a[\text{kg}]$

여기서, $\mu$ : 점착계수, $W_a$ : 차륜이 궤조(Rail)면에 수직으로 누르는 중력[t]

∴ $F_m = 1{,}000 \times 0.3 \times 55 = 16{,}500[\text{kg}]$

**07** **다음 그림은 UJT를 사용한 기본 이상 발진회로이다. $R_E$의 역할을 설명한 내용 중 옳은 것은?**

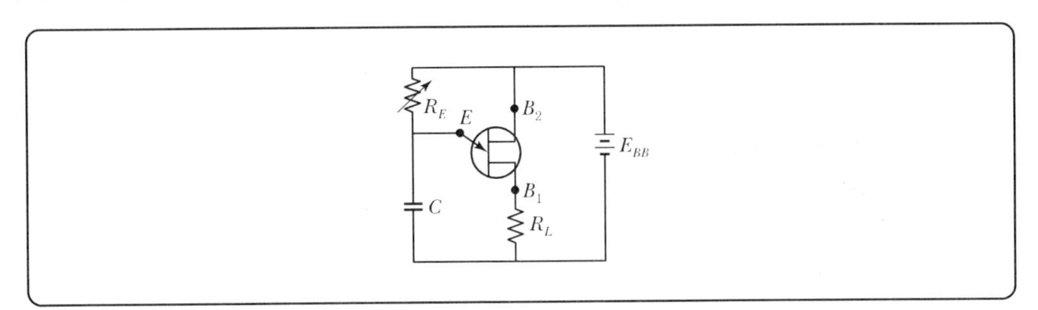


Answer 05 ④ 06 ② 07 ④

① 콘덴서($C$)의 방전시간을 결정한다.
② $B_1$과 $B_2$에 걸리는 전압을 결정한다.
③ 콘덴서($C$)에 흐르는 과전류를 보호한다.
④ 콘덴서($C$)의 충전전류를 제어하여 펄스주기를 조정한다.

해설 가변저항인 $R_E$가 콘덴서의 충전전류를 제어하여 주기를 조정한다.

## 08 정격전압 100[V], 평균 구면 광도 100[cd]의 진공 텅스텐 전구를 97[V]로 점등한 경우의 광도는 몇 [cd]인가?

① 90
② 100
③ 110
④ 120

해설 전압 특성 $\frac{F}{F_0}=\left(\frac{V}{V_0}\right)^{3.38}$에서

$$F=F_0\left(\frac{V}{V_0}\right)^{3.38}=F_0\left(\frac{97}{100}\right)^{3.38}=0.9F_0$$

여기서, $V$ : 인가전압
$V_0$ : 정격전압
$F$ : 인가전압 $V$를 인가했을 때 광속
$F_0$ : 정격전압 $V_0$를 인가했을 때 광속

$I=\frac{F}{\omega}$[cd]에서 $I\propto F$이므로

여기서, $I$ : 광도
$\omega$ : 입체각
$F$ : $\omega$ 내의 광속

$\therefore\ I=0.9I_0=0.9\times100=90$[cd]

여기서, $I$ : 인가전압 $V$를 인가했을 때 광도
$I_0$ : 정격전압 $V_0$를 인가했을 때 광도

## 09 1차 전지 중 휴대용 라디오, 손전등, 완구, 시계 등에 매우 광범위하게 이용되고 있는 건전지는?

① 망간 건전지
② 공기 건전지
③ 수은 건전지
④ 리튬 건전지

해설 르클랑셰(망간전지) : 보통 건전지
- 전해액 : $NH_4Cl$
- 감극제 : $MnO_2$
- 양극 : 탄소봉
- 음극 : 아연용기
- 일반적으로 가장 많이 사용된다.

08 ① 09 ① Answer

**10** 플라이휠 효과가 1[kg · m²]인 플라이휠의 회전속도가 1,500[rpm]에서 1,200[rpm]으로 떨어졌다. 방출에너지는 약 몇 [J]인가?

① $1.11\times10^3$　　② $1.11\times10^4$
③ $2.11\times10^3$　　④ $2.11\times10^4$

해설 방출에너지$=W_2-W_1=\frac{GD^2}{730}{n_2}^2-\frac{GD^2}{730}{n_1}^2=\frac{GD^2({n_2}^2-{n_1}^2)}{730}$

$$=\frac{1\times(1{,}500^2-1{,}200^2)}{730}\fallingdotseq 1.11\times10^3[\text{J}]$$

**11** 저압 핀 애자의 종류가 아닌 것은?

① 저압 소형 핀 애자　　② 저압 중형 핀 애자
③ 저압 대형 핀 애자　　④ 저압 특대형 핀 애자

해설 저압 핀 애자의 종류
- 저압 소형 핀 애자
- 저압 중형 핀 애자
- 저압 대형 핀 애자

**12** 동전선의 접속방법이 아닌 것은?

① 교차접속　　② 직선접속
③ 분기접속　　④ 종단접속

해설 동전선의 접속방법
- 직선접속
- 분기접속
- 종단접속
- 슬리브에 의한 접속

**13** 다음 중 솔리드 케이블이 아닌 것은?

① H 케이블　　② SL 케이블
③ OF 케이블　　④ 벨트 케이블

해설 솔리드 케이블(Solid Cable)
- 벨트 케이블 : 10[kV] 이하 사용
- H 케이블 : 30[kV] 정도의 고압 송배전용
- SL 케이블 : 10~30[kV]급 도시 송배전용

Answer 10 ① 11 ④ 12 ① 13 ③

**14** 가선전압에 의하여 정해지고 대지와 통신선 사이에 유도되는 것은?

① 전자유도 ② 정전유도
③ 자기유도 ④ 전해유도

해설 정전유도장해란 송전선 전압에 의하여 통신선에 유도되는 전압을 말한다.

**15** 피뢰침용 인하도선으로 가장 적당한 전선은?

① 동선 ② 고무 절연전선
③ 비닐 절연전선 ④ 캡타이어 케이블

해설 피뢰침용 인하도선으로 50[mm$^2$] 이상의 구리(동)선을 사용하며, 나전선을 이용하여 열 발산을 원활하게 한다.

**16** 배전반 및 분전반의 설치장소로 적합하지 않은 곳은?

① 안정된 장소
② 노출되어 있지 않은 장소
③ 개폐기를 쉽게 개폐할 수 있는 장소
④ 전기회로를 쉽게 조작할 수 있는 장소

해설 배전반 및 분전반의 설치장소(내선규정 1455-1)
- 전기회로를 쉽게 조작할 수 있는 장소
- 개폐기를 쉽게 개폐할 수 있는 장소
- 노출된 장소
- 안정된 장소

**17** 가공전선로에서 22.9[kV-Y] 특고압 가공전선 2조를 수평으로 배열하기 위한 완금의 표준길이[mm]는?

① 1,400 ② 1,800
③ 2,000 ④ 2,400

해설 완금의 표준길이[mm]

| 전선의 개수 | 특고압 | 고압 | 저압 |
|---|---|---|---|
| 2조 | 1,800 | 1,400 | 900 |
| 3조 | 2,400 | 1,800 | 1,400 |

14 ② 15 ① 16 ② 17 ② Answer

**18** 약호 중 계기용 변성기를 표시하는 것은?

① PF ② PT
③ MOF ④ ZCT

해설 ① PF : 전력용 퓨즈
② PT : 계기용 변압기
③ MOF : CT, PT를 한 탱크에 넣은 계기용 변성기
④ ZCT : 영상 변류기

**19** 일정한 전압을 가진 전지에 부하를 걸면 단자 전압이 저하되는 원인은?

① 주위온도 ② 분극작용
③ 이온화 경향 ④ 전해액의 변색

해설 국부작용 및 분극작용
㉠ 국부작용 : 불순물로 자체 방전
• 방지법 : 수은 도금, 순수 금속
㉡ 분극작용 : 수소가 음극제에 둘러싸여 기전력이 저하되는 현상
• 방지법 : 감극제 사용($MnO_2$, $HgO$, $O_2$)

**20** 무대 조명의 배치별 구분 중 무대 상부 배치조명에 해당되는 것은?

① Foot Light
② Tower Light
⑦ Ceiling Spot Light
④ Suspension Spot Light

해설 서스펜션 라이트(Suspension Light)
천장으로부터 늘어뜨려 부분적으로 조명하는 방법

Answer 18 ③ 19 ② 20 ④

↘ 전기공사기사

# 2017년도 4회 시험



**01** 전기 철도에서 전식 방지법이 아닌 것은?

① 변전소 간격을 짧게 한다.
② 대지에 대한 레일의 절연저항을 크게 한다.
③ 귀선의 극성을 정기적으로 바꿔주어야 한다.
④ 귀선저항을 크게 하기 위해 레일에 본드를 시설한다.

해설 전식 방지 대책

㉠ 전철 측 시설
- 귀선저항을 작게 하기 위하여 레일에 본드를 시설하고 그 시공, 보수에 충분히 주의한다.
- 레일을 따라 보조귀선을 설치한다.
- 변전소 간의 간격을 짧게 한다.
- 귀선의 극성을 정기적으로 바꾼다.
- 대지에 대한 레일의 절연저항을 크게 한다.
- 3선식 배전법을 사용한다.
- 절연 음극 궤전선을 설치하여 레일과 접속한다.
- 가장 먼 ⊖궤전선에 음극 승압기를 설치한다.

㉡ 매설관 측 시설
- 배류법 : 선택 배류법, 강제 배류법
- 매설관의 표면 또는 접속부를 절연하는 방법
- 도전체로 차폐하는 방법
- 전위 제어법

**02** 자기방전량만을 항시 충전하는 부동충전방식의 일종인 충전방식은?

① 세류충전
② 보통충전
③ 급속충전
④ 균등충전

해설 ① 세류충전 : 자기방전량만을 항시 충전하는 부동충전방식의 일종이다.
② 보통충전 : 필요할 때마다 표준 시간율로 소정의 충전을 하는 방식이다.
③ 급속충전 : 비교적 단시간에 보통 전류의 2~3배의 전류로 충전하는 방식이다.
④ 균등충전 : 부동충전방식에 의하여 사용할 때 각 전해조에서 일어나는 전위차를 보정하기 위하여 1~3개월마다 1회씩 정전압으로 10~12시간 충전하여 각 전해조의 용량을 균일화하기 위한 방식이다.

01 ④ 02 ① Answer

**03** 경사각 $\theta$, 미끄럼 마찰계수 $\mu_s$의 경사면 위에서 중량 $M$[kg]의 물체를 경사면과 평행하게 속도 $v$[m/s]로 끌어올리는 데 필요한 힘 $F$[N]는?

① $F = 9.8M(\sin\theta + \mu_s \cos\theta)$ ② $F = 9.8M(\cos\theta + \mu_s \sin\theta)$

③ $F = 9.8Mv(\sin\theta + \mu_s \cos\theta)$ ④ $F = 9.8Mv(\cos\theta + \mu_s \sin\theta)$

**04** 엘리베이터에 사용되는 전동기의 특성이 아닌 것은?

① 소음이 적어야 한다.
② 기동토크가 작아야 한다.
③ 회전부분의 관성 모멘트가 작아야 한다.
④ 가속도의 변화비율이 일정값이 되도록 선택한다.

해설 엘리베이터에 사용되는 전동기의 특성
- 회전부분의 관성 모멘트가 작아야 한다.(기동정지가 빈번하기 때문)
- 가속도의 변화비율이 일정값이 되도록 선택한다.(가속 · 감속 시)
- 기동토크가 커야 한다.
- 제어의 발달에 따라 3상 유도 전동기가 주로 사용된다.

**05** 반경 $r$, 휘도가 $B$인 완전 확산성 구면 광원의 중심에서 $h$ 되는 거리의 점 $P$에서 이 광원의 중심으로 향하는 조도는 얼마인가?

① $\pi B$ ② $\pi B r^2$

③ $\pi B r^2 h$ ④ $\dfrac{\pi B r^2}{h^2}$

해설

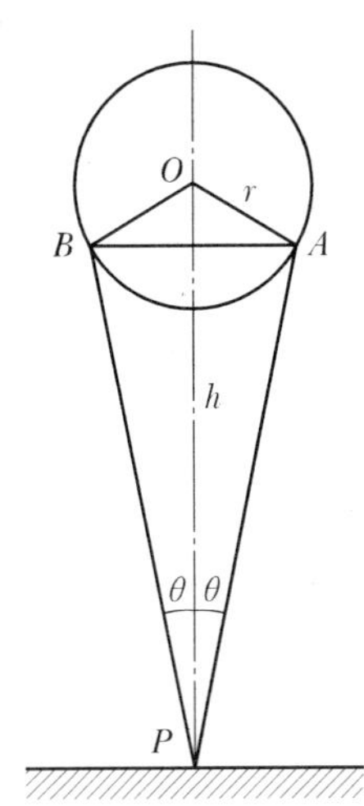


그림에서 점 $P$의 조도

$E_h = \pi B \sin^2\theta$

$\sin\theta = \dfrac{r}{h}$

$\therefore E_h = \dfrac{\pi B r^2}{h^2}$

Answer 03 ① 04 ② 05 ④

## 06 교류식 전기 철도에서 전압불평형을 경감시키기 위해서 사용하는 변압기 결선방식은?

① Y결선
② △결선
③ V결선
④ 스콧 결선

해설 전기 철도의 변압기 결선
3상 전력 → 단상 전력
변압기 결선 : 스콧 결선(T결선)

## 07 흑연화로, 카보런덤로, 카바이드로 등의 가열 방식은?

① 아크 가열
② 유도 가열
③ 간접 저항 가열
④ 직접 저항 가열

해설

<table>
<tr><td rowspan="3">직접 저항로</td><td>흑연화로</td><td>• 전원 : 상용주파 단상 교류<br>• 열효율이 가장 높다.</td></tr>
<tr><td>카바이드로</td><td>• 전원 : 상용주파 3상 교류<br>• 반응식 : $CaO+3C \rightleftarrows CaC_2+CO$</td></tr>
<tr><td>카보런덤로</td><td></td></tr>
<tr><td rowspan="2"></td><td>알루미늄 전해로</td><td></td></tr>
<tr><td>제철로</td><td></td></tr>
<tr><td rowspan="3">간접 저항로</td><td>염욕로</td><td>형태가 복잡하게 생긴 금속제품을 균일하게 가열</td></tr>
<tr><td>크립톨로</td><td></td></tr>
<tr><td>발열체로</td><td></td></tr>
</table>

## 08 SCR의 턴온(Turn On) 시 20[A]의 전류가 흐른다. 게이트 전류를 반으로 줄이면 SCR의 전류[A]는?

① 5
② 10
③ 20
④ 40

해설 턴온하여 20[A]가 흐르기 시작하면 게이트 전류를 차단하여도 20[A]가 계속 흐른다.

## 09 완전 확산면의 휘도($B$)와 광속 발산도($R$)의 관계식은?

① $R=4\pi B$
② $R=2\pi B$
③ $R=\pi B$
④ $R=\pi^2 B$

06 ④ 07 ④ 08 ③ 09 ③ Answer

해설 완전 확산면 : 어느 방향에서나 눈부심이 같은 면이다.
구 광원일 때,

$$R = \frac{F}{S} = \frac{4\pi I}{4\pi r^2} = \frac{4\pi B \cdot S}{4\pi r^2} = \frac{B \cdot \pi r^2}{r^2} = \pi B$$

## 10 최근 많이 사용되는 전력용 반도체 소자 중 IGBT의 특성이 아닌 것은?

① 게이트 구동전력이 매우 높다.
② 용량은 일반 트랜지스터와 동등한 수준이다.
③ 소스에 대한 게이트의 전압으로 도통과 차단을 제어한다.
④ 스위칭 속도는 FET와 트랜지스터의 중간 정도로 빠른 편에 속한다.

해설 IGBT 반도체의 특징
- 소스에 대한 게이트의 전압으로 도통과 차단을 제어한다.
- 게이트 구동전력이 매우 낮다.
- 스위칭 속도는 FET와 트랜지스터의 중간 정도로 빠른 편에 속한다.
- 용량은 일반 트랜지스터와 동등한 수준이다.

## 11 리튬 1차 전지의 부극 재료로 사용되는 것은?

① 리튬염
② 금속리튬
③ 불화카본
④ 이산화망간

해설 리튬전지
전지의 음극판을 리튬으로 만든 전지로서 리튬은 낮은 밀도의 금속인데 반해 음극 금속 중 가장 높은 용량을 가지고 있기 때문에 전지의 음극으로 많이 쓰이고 있다. 부극(−)인 금속리튬(Li)과 정극(+)인 이산화망간($MnO_2$)으로 리튬 1차 전지로 이용되며 리튬 이온 전지, 리튬 폴리머 전지와 같은 리튬 2차 전지가 상용화되어 있다.

## 12 번개로 인한 외부 이상전압이나 개폐 서지로 인한 내부 이상전압으로부터 전기시설을 보호하는 장치는?

① 피뢰기
② 피뢰침
③ 차단기
④ 변압기

해설 피뢰기 설치 목적
- 외부 이상전압(낙뢰, 역섬락) 억제
- 기계기구의 절연 보호
- 이상전압을 대지로 방전시키고 속류 차단

Answer 10 ① 11 ② 12 ①

## 13 고장전류 차단능력이 없는 것은?

① LS
② VCB
③ ACB
④ MCCB

해설 CB(차단기)는 고장전류를 차단하며, LS(개폐기)는 부하전류 및 고장전류를 차단하지 못한다.

## 14 전선 재료로서 구비할 조건 중 틀린 것은?

① 도전율이 클 것
② 접속이 쉬울 것
③ 내식성이 작을 것
④ 가요성이 풍부할 것

해설 전선 재료의 구비조건

- 도전율이 클 것
- 기계적 강도가 클 것
- 비중(밀도)이 작을 것
- 부식성이 작을 것(내식성이 클 것)
- 가선공사가 용이할 것
- 내구성이 클 것

## 15 램프효율이 우수하고 단색광이므로 안개지역에서 가장 많이 사용되는 광원은?

① 수은등
② 나트륨등
③ 크세논등
④ 메탈 할로이드등

해설 나트륨등의 특징

- 투시력이 좋다.(안개 낀 지역, 터널 등에 사용)
- 단색 광원으로 옥내 조명에 부적당하다.
- 효율이 좋다.
- D선(5,890~5,896[Å])을 광원으로 이용한다.

13 ① 14 ③ 15 ② Answer

## 16 누전차단기의 동작시간 중 틀린 것은?

① 고감도 고속형 : 정격감도전류에서 0.1초 이내
② 중감도 고속형 : 정격감도전류에서 0.2초 이내
③ 고감도 고속형 : 인체감전보호용은 0.03초 이내
④ 중감도 시연형 : 정격감도전류에서 0.1초를 초과하고 2초 이내

해설 누전차단기의 종류(KSC 4613)

| 구분 | | 정격감도전류[mA] | 동작시간 |
|---|---|---|---|
| 고감도형 | 고속형 | 5, 10, 15, 30 | • 정격감도전류에서 0.1초 이내<br>• 인체감전보호형은 0.03초 이내 |
| | 시연형 | | 정격감도전류에서 0.1초를 초과하고 2초 이내 |
| | 반한시형 | | • 정격감도전류에서 0.2초를 초과하고 1초 이내<br>• 정격감도전류에서 1.4배의 전류에서 0.1초를 초과하고 0.5초 이내<br>• 정격감도전류 4.4배의 전류에서 0.05초 이내 |
| 중감도형 | 고속형 | 50, 100, 200, 500, 1,000 | 정격감도전류에서 0.1초 이내 |
| | 시연형 | | 정격감도전류에서 0.1초를 초과하고 2초 이내 |

[비고] 누전차단기의 최소 동작전류는 일반적으로 정격감도전류의 50[%] 이상이므로 선정에 주의할 것

## 17 특고압, 고압, 저압에 사용되는 완금(완철)의 표준길이[mm]에 해당되지 않는 것은?

① 900
② 1,800
③ 2,400
④ 3,000

해설 배전용 완금(완철)의 표준길이[mm]

| 가선수 | 저압 | 고압 | 특고압 |
|---|---|---|---|
| 2 | 900 | 1,400 | 1,800 |
| 3 | 1,400 | 1,800 | 2,400 |
| 4 | – | 2,400 | – |
| 5 | – | 2,600 | – |

## 18 하향 광속으로 직접 작업면에 직사시키고 상향 광속의 반사광으로 작업면의 조도를 증가시키는 조명기구는?

① 간접 조명기구
② 직접 조명기구
③ 반직접 조명기구
④ 전반 확산 조명기구

Answer 16 ② 17 ④ 18 ④

해설 조명기구 배광에 의한 분류

| 조명방식 | 하향 광속[%] | 상향 광속[%] |
|---|---|---|
| 직접 조명 | 90~100 | 0~10 |
| 반직접 조명 | 60~90 | 10~40 |
| 전반 확산 조명 | 40~60 | 40~60 |
| 반간접 조명 | 10~40 | 60~90 |
| 간접 조명 | 0~10 | 90~100 |

※ 전반 확산 조명은 하향 광속과 상향 광속이 같아서 작업면에 조도를 증가시킨다.

## 19 금속관 공사에서 절연부싱을 쓰는 목적은?

① 관의 끝이 터지는 것을 방지
② 관의 단구에서 전선 손상을 방지
③ 박스 내에서 전선의 접속을 방지
④ 관의 단구에서 조영재의 접속을 방지

해설 부싱
금속관에 전선 인입 시 전선피복을 보호한다.

## 20 강제 전선관에 대한 설명으로 틀린 것은?

① 후강 전선관과 박강 전선관으로 나누어진다.
② 폭발성 가스나 부식성 가스가 있는 장소에 적합하다.
③ 녹이 스는 것을 방지하기 위해 건식 아연 도금법이 사용된다.
④ 주로 강으로 만들고 알루미늄이나 황동, 스테인리스 등은 강제관에서 제외된다.

해설 전선관
부식을 방지하기 위해 표면에 아연으로 도금이 되어 있으며 전선관(Thin Steel Conduit Tube)에는 박강 전선관, 후강 전선관이 사용되는데, 후강 전선관(Thick Steel Conduit Tube)은 폭발성 가스나 부식성 가스가 있는 환경인 경우에 전선을 보호하기 위해 사용된다.

19 ② 20 ④ Answer

## 01 정류방식 중 정류 효율이 가장 높은 것은?(단, 저항부하를 사용한 경우이다.)

① 단상 반파방식
② 단상 전파방식
③ 3상 반파방식
④ 3상 전파방식

해설

| 정류 종류 | 단상 반파 | 단상 전파 | 3상 반파 | 3상 전파 |
|---|---|---|---|---|
| 맥동률[%] | 121 | 48 | 17.74 | 4.04 |

※ 맥동률이 작을수록 효율이 우수하다.

## 02 전기 용접부의 비파괴검사와 관계없는 것은?

① X선 검사
② 자기 검사
③ 고주파 검사
④ 초음파 탐상시험

해설 용접물의 비파괴시험 종류

- 용접부의 외관검사
- X선 또는 $\gamma$선 투과시험
- 자기 검사
- 초음파 탐상기에 의한 시험

## 03 합판 및 비닐막의 접착에 적당한 가열방식은?

① 유도 가열
② 적외선 가열
③ 직접 저항 가열
④ 고주파 유전 가열

해설 유전 가열

- 정의 : 유전체손을 이용하여 피열물을 직접 가열하는 방식
- 용도 : 목재의 건조, 접착, 비닐막 접착

## 04 전지의 자기방전이 일어나는 국부작용의 방지대책으로 틀린 것은?

① 순환전류를 발생시킨다.
② 고순도의 전극 재료를 사용한다.
③ 전극에 수은 도금(아말감)을 한다.
④ 전해액에 불순물 혼입을 억제시킨다.

Answer 01 ④ 02 ③ 03 ④ 04 ①

해설 국부작용 및 분극작용

㉠ 국부작용 : 불순물로 자체 방전
- 방지법 : 수은 도금, 순수 금속

㉡ 분극작용 : 수소가 음극제에 둘러싸여 기전력이 저하되는 현상
- 방지법 : 감극제 사용($MnO_2$, $HgO$, $O_2$)

## 05 루소 선도가 그림과 같이 표시되는 광원의 하반구 광속은 약 몇 [lm]인가?(단, 여기서 곡선 $BC$는 4분원이다.)

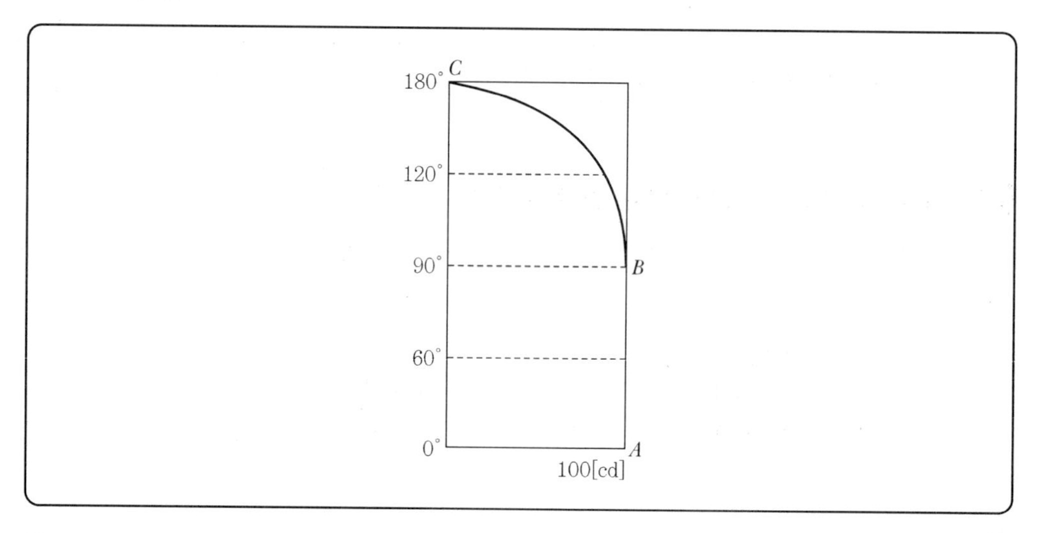


① 245 ② 493

③ 628 ④ 1,120

해설 루소 선도에서 전광속 $F$와 루소 선도의 면적 $S$의 관계식

$$F=\frac{2\pi}{r}S,\ r=100$$

하반구 광속이므로

$S=100\times100$

$$\therefore\ F=\frac{2\pi}{100}(100\times100)=628[\text{lm}]$$

## 06 다이오드 클램퍼(Clamper)의 용도는?

① 전압 증폭 ② 전류 증폭

③ 전압 제한 ④ 전압레벨 이동

해설 클램퍼

입력전압에 직류전압을 가감하여 파형의 변형 없이 다른 레벨에 파형을 고정시키는 회로에 사용된다.

05 ③ 06 ④ Answer

**07** 플라이휠을 이용하여 변동이 심한 부하에 사용되고 가역 운전에 알맞은 속도 제어방식은?

① 일그너 방식
② 워드 레오너드 방식
③ 극수를 바꾸는 방식
④ 전원 주파수를 바꾸는 방식

해설 직류 전동기의 속도 제어

$$N = K\frac{V - I_a R_a}{\phi}$$

1) 저항 제어 : 효율이 낮고 전력 손실이 크다.
   ㉠ 이유 : 전류 제한 목적
2) 전압 제어
   ㉠ 워드 레오너드 방식 : 10 : 1 범위까지
   ㉡ 일그너 방식 : 부하가 수시로 변하는 데 사용
   - 플라이휠 이용
   - 가변속도 대용량 제관기
   - 제철용 압연기
   ㉢ 초퍼 제어방식 : 대형 전기 철도

**08** 부식성의 산, 알칼리 또는 유해가스가 있는 장소에서 실용상 지장 없이 사용할 수 있는 구조의 전동기는?

① 방적형
② 방진형
③ 방수형
④ 방식형

해설 전동기의 형식

① 방적형 : 낙하하는 물방울 또는 이물체가 직접 전동기 내부로 침입할 수 없는 구조
② 방진형 : 먼지의 침입을 최대한 방지하고, 침입하여도 정상운전에 지장이 없도록 한 구조
③ 방수형 : 지정된 조건에서 1~3분 동안 주수하여도 물이 침입할 수 없는 구조
④ 방식형(방부형) : 부식성의 산 · 알칼리 또는 유해가스가 존재하는 장소에서 실용상 지장 없이 사용할 수 있는 구조

**09** 가로 12[m], 세로 20[m]인 사무실에 평균 조도 400[lx]를 얻고자 32[W] 전광속 3,000[lm]인 형광등을 사용하였을 때 필요한 등수는?(단, 조명률은 0.5, 감광 보상률은 1.25이다.)

① 50
② 60
③ 70
④ 80

해설 $FUN = AED$에서

$$\therefore N = \frac{AED}{FU} = \frac{12 \times 20 \times 400 \times 1.25}{3{,}000 \times 0.5} = 80\text{등}$$

Answer 07 ① 08 ④ 09 ④

**10** **전차의 경제적인 운전방법이 아닌 것은?**

① 가속도를 크게 한다.
② 감속도를 크게 한다.
③ 표정속도를 작게 한다.
④ 가속도·감속도를 작게 한다.

해설 표정속도를 높이는 방법
- 정차시간을 짧게 한다.
- 주행시간을 짧게 한다.(가·감속도를 크게)

∴ 경제적인 운전방법으로 표정속도를 높인다.

**11** **공기전지의 특징이 아닌 것은?**

① 방전 시에 전압변동이 적다.
② 온도차에 의한 전압변동이 적다.
③ 내열, 내한, 내습성을 가지고 있다.
④ 사용 중의 자기방전이 크고 오랫동안 보존할 수 없다.

해설 공기 건전지의 특징
- 방전 시 전압변동이 적다.
- 자기방전이 작고 장시간 보존이 가능하다.
- 온도차에 따른 전압변동이 적다.
- 내한, 내열, 내습성을 가진다.
- 용량이 커서 경제적이다.

**12** **캡타이어 케이블 상호 및 캡타이어 케이블과 박스, 기구와의 접속개소와 지지점 간의 거리는 접속개소에서 최대 몇 [m] 이하로 하는 것이 바람직한가?**

① 0.75
② 0.55
③ 0.25
④ 0.15

해설 캡타이어 케이블 상호 및 캡타이어 케이블과 박스, 기구와의 접속개소와 지지점 간의 거리는 접속개소에서 0.15[m] 이하로 하는 것이 바람직하지만, 전선이 굵은 경우 등 부득이할 경우는 적용하지 않는다.

**13** **접지극으로 탄소피복강봉을 사용하는 경우 최소 규격으로 옳은 것은?**

① 지름 8[mm] 이상의 강심, 길이 0.9[m] 이상일 것
② 지름 10[mm] 이상의 강심, 길이 1.2[m] 이상일 것
③ 지름 12[mm] 이상의 강심, 길이 1.4[m] 이상일 것
④ 지름 14[mm] 이상의 강심, 길이 1.6[m] 이상일 것

10 ④ 11 ④ 12 ④ 13 ① Answer

해설 탄소피복강봉의 최소 규격
지름 8[mm] 이상의 강심, 길이 0.9[m] 이상

## 14 전선의 굵기가 95[$mm^2$] 이하인 경우 배전반과 분전반의 소형 덕트의 폭은 최소 몇 [cm]인가?

① 8
② 10
③ 15
④ 20

해설 배전반과 분전반의 소형 덕트 폭(내선규정 표 1455-1)

| 전선의 굵기[$mm^2$] | 분배전반의 소형 덕트의 폭[cm] |
|---|---|
| 35 이하 | 8 |
| 95 이하 | 10 |
| 240 이하 | 15 |
| 400 이하 | 20 |
| 630 이하 | 25 |
| 1,000 이하 | 30 |

## 15 효율이 우수하고 특히 등황색 단색광으로 연색성이 문제되지 않는 도로조명, 터널조명 등에 많이 사용되고 있는 등(Lamp)은?

① 크세논등
② 고압 수은등
③ 저압 나트륨등
④ 메탈 할로이드등

해설 나트륨등의 특징
- 투시력이 좋다.(안개 낀 지역, 터널 등에 사용)
- 단색 광원으로 옥내 조명에 부적당하다.
- 효율이 좋다.
- D선(5,890～5,896[Å])을 광원으로 이용한다.

## 16 KS C IES 62305에 의한 수뢰도체, 피뢰침과 인하도선의 재료로 사용되지 않는 것은?

① 구리
② 순금
③ 알루미늄
④ 용융아연도금강

해설 수뢰도체, 피뢰침과 인하도선의 재료로는 구리, 주석 도금한 구리, 알루미늄, 알루미늄합금, 용융아연도금강, 스테인리스강이 사용된다.

Answer 14 ② 15 ③ 16 ②

## 17 도체의 재료로 주로 사용되는 구리와 알루미늄의 물리적 성질을 비교한 것 중 옳은 것은?

① 구리가 알루미늄보다 비중이 작다.
② 구리가 알루미늄보다 저항률이 크다.
③ 구리가 알루미늄보다 도전율이 작다.
④ 구리와 같은 저항을 갖기 위해서는 알루미늄 전선의 지름을 구리보다 굵게 한다.

해설 $R=\rho\frac{L}{A}=\rho\frac{L}{\pi\frac{D^2}{4}}=\rho\frac{4L}{\pi D^2}$

동일한 조건에서 구리가 알루미늄보다 저항이 작으므로, 알루미늄의 저항을 작게 하려면 알루미늄 전선의 지름을 구리보다 굵게 하여야 한다.

## 18 다음 조명기구의 배광에 의한 분류 중 병실이나 침실에 시설할 조명기구로 가장 적합한 것은?

① 직접 조명기구　② 반간접 조명기구
③ 반직접 조명기구　④ 전반 확산 조명기구

해설 반간접 조명
- 직접 조명과 간접 조명의 단점을 보완한 것으로 발산광속 중 상향 광속이 60~90[%], 하향 광속이 10~40[%]이다.
- 병실이나 침실에 적합하다.

## 19 보호계전기의 종류가 아닌 것은?

① ASS　② RDR
③ DGR　④ OCGR

해설 ① ASS(Automatic Section Switch) : 자동 고장 구분 개폐기
② RDR(Current Ratio Differential Relay) : 비율 차동 계전기
③ DGR(Directional Ground Relay) : 지락 방향 계전기
④ OCGR(Over Current Ground Relay) : 과전류 지락 계전기

## 20 플로어 덕트 배선에 사용하는 동절연전선이 단선일 때 단면적은 최대 몇 [$mm^2$] 이하인가?

① 6　② 10
③ 16　④ 25

해설 플로어 덕트 공사
- 전선은 절연전선(옥외용 비닐 절연전선 제외)일 것
- 전선은 연선일 것. 다만, 단면적 10[$mm^2$](알루미늄선은 단면적 16[$mm^2$]) 이하인 것은 그러하지 아니하다.

17 ④　18 ②　19 ①　20 ② Answer

**01** 열차의 자중이 100[t]이고, 동륜상의 중량이 90[t]인 기관차의 최대 견인력[kg]은?(단, 레일의 점착계수는 0.2로 한다.)

① 15,000
② 16,000
③ 18,000
④ 21,000

해설 최대 견인력

$F_m = 1{,}000\mu W_a$[kg]

$= 1{,}000 \times 0.2 \times 90 = 18{,}000$[kg]

**02** 비시감도가 최대인 파장[nm]은?

① 350
② 450
③ 500
④ 555

해설 최대시감도는 파장 555[nm](5,550[Å])의 황록색에서 발생하며 그때의 시감도는 680[lm/W]이다.

**03** 레이저 가열의 특징으로 틀린 것은?

① 파장이 짧은 레이저는 미세가공에 적합하다.
② 에너지 변환 효율이 높아 원격가공이 가능하다.
③ 필요한 부분에 집중하여 고속으로 가열할 수 있다.
④ 레이저의 파워와 조사면적을 광범위하게 제어할 수 있다.

해설 레이저 가열의 특징

- 에너지 밀도를 높게 할 수 있다.
- 미소 부분에만 조사할 수 있으므로 열 변질이 적다.
- 레이저의 파워나 조사면적을 광범위하게 제어할 수 있다.
- 필요한 부분에 고속으로 가열할 수 있다.
- 레이저는 빔을 멀리까지 전파할 수 있으므로 원격가공이 가능하다.
- 레이저 파장이 짧은 쪽을 작은 집광경으로 할 수 있어서 미세가공에 적합하다.
- 에너지 변환 효율이 낮다.

Answer 01 ③ 02 ④ 03 ②

## 04 SCR에 대한 설명 중 틀린 것은?

① 위상 제어의 최대 조절범위는 0~90°이다.
② 3개 접합면을 가진 4층 다이오드 형태로 되어 있다.
③ 게이트 단자에 펄스신호가 입력되는 순간부터 도통된다.
④ 제어각이 작을수록 부하에 흐르는 전류도통각이 커진다.

해설 SCR 위상 제어에서 점호각($\alpha$)의 조정범위는 0~180°이다.

## 05 모든 방향에 400[cd]의 광도를 갖고 있는 전등을 지름 3[m]의 테이블 중심 바로 위 2[m] 위치에 달아 놓았다면 테이블의 평균 조도는 약 몇 [lx]인가?

① 35 ② 53
③ 71 ④ 90

해설

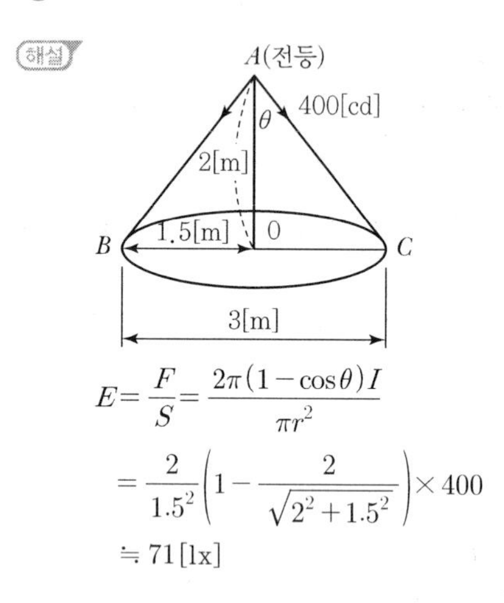


$$E = \frac{F}{S} = \frac{2\pi(1-\cos\theta)I}{\pi r^2}$$

$$= \frac{2}{1.5^2}\left(1 - \frac{2}{\sqrt{2^2+1.5^2}}\right) \times 400$$

$$\fallingdotseq 71\,[\mathrm{lx}]$$

## 06 N형 반도체에 대한 설명으로 옳은 것은?

① 순수 실리콘 내에 종공의 수를 늘리기 위해 As, P, Sb과 같은 불순물 원자를 첨가한 것
② 순수 실리콘 내에 종공의 수를 늘리기 위해 Al, B, Ga과 같은 불순물 원자를 첨가한 것
③ 순수 실리콘 내에 전자의 수를 늘리기 위해 As, P, Sb과 같은 불순물 원자를 첨가한 것
④ 순수 실리콘 내에 전자의 수를 늘리기 위해 Al, B, Ga과 같은 불순물 원자를 첨가한 것

해설 N형 반도체
순수 실리콘 내에 전자의 수를 늘리기 위해 P(인), Sb(안티몬), Au(금), As(비소) 등과 같은 불순물 원자를 첨가한 것

04 ① 05 ③ 06 ③ Answer

**07** **하역 기계에서 무거운 것은 저속으로, 가벼운 것은 고속으로 작업하여 고속이나 저속에서 다 같이 동일한 동력이 요구되는 부하는?**

① 정토크 부하　　② 정동력 부하
③ 정속도 부하　　④ 제곱토크 부하

해설 동일한 동력＝정동력＝정출력 부하

**08** **3상 유도 전동기를 급속히 정지 또는 감속시킬 경우나 과속을 급히 막을 수 있는 가장 쉽고 효과적인 제동법은?**

① 발전 제동　　② 회생 제동
③ 역전 제동　　④ 와전류 제동

해설 ① 발전 제동 : 전동기의 전기자를 전원에서 끊고 전동기를 발전기로 동작시켜 회전운동에너지로서 발생하는 전력을 그 단자에 접속한 저항에서 열로 소비시키는 제동방법이다.
② 회생 제동 : 전동기에 전원을 접속한 상태에서 전동기에 유기되는 역기전력을 전원 전압보다 높게 하여 회전운동에너지로 발생되는 전력을 전원 측에 반환하면서 제동하는 방법이다.
③ 역전 제동 : 전동기의 전원 접속을 바꾸어 역토크를 발생시켜 급정지시키는 방법으로 역상 제동 또는 플러깅(Plugging)이라 한다.
④ 와전류 제동 : 전동기 축에 동심으로 설치한 구리의 원판을 자계 내에서 회전시켜 동판에 생긴 와전류에 의해서 제동력을 얻는 방법이다.

**09** **344[kcal]를 [kWh]의 단위로 표시하면?**

① 0.4　　② 407
③ 400　　④ 0.0039

해설 1[kWh]＝860[kcal]

$$\therefore\ 344[\text{kcal}] = \frac{344}{860} = 0.4[\text{kWh}]$$

**10** **부식의 문제가 없고 전류밀도가 높아 자동차나 군사용의 특수목적으로 사용되는 연료전지는?**

① 인산형(PAFC) 연료전지
② 고체전해질형(SOFC) 연료전지
③ 용융탄산염형(MCFC) 연료전지
④ 고체고분자형(SPEFC) 연료전지

Answer 07 ② 08 ③ 09 ① 10 ④

해설 연료전지의 종류

| 종류 \ 구분 | 알칼리형 (AFC) | 인산형 (PAFC) | 용융탄산염형 (MCFC) | 고체산화물형 (SOFC) | 고분자전해질형 (SPEFC) |
|---|---|---|---|---|---|
| 전해질 | 수산화칼륨 (KOH) | 인산 ($H_3PO_4$) | 탄산염 ($Li_2CO_3+K_2CO_3$) | 지르코니아 ($ZrO_2+Y_2O_3$) | 이온교환막 (Nafion) |
| 동작온도 [℃] | 50~150 | 150~220 | 600~700 | 약 1,000 | 상온~100 |
| 효율[%] | 60 | 36~45 | 45~60 | 50~60 | 40~50 |
| 용도 | 군사용, 위성용 | 전력용, 자가발전용 | 중·대용량 전력용 | 소·중·대용량 발전 | 군사용, 선박, 버스 등 |

## 11 아크 용접기의 2차 전류가 100[A] 이하일 때 정격 사용률이 50[%]인 경우 용접용 케이블 또는 기타의 케이블 굵기는 몇 [mm²]를 시설하여야 하는가?

① 16　　② 25
③ 35　　④ 70

해설 아크 용접기의 2차 측 전선(내선규정 3130-4)

| 2차 전류[A] | 용접용 케이블 또는 기타의 케이블[mm²] |
|---|---|
| 100 이하 | 16 |
| 150 이하 | 25 |
| 250 이하 | 35 |
| 400 이하 | 70 |
| 600 이하 | 95 |

[비고] 정격 사용률이 50[%]인 경우

## 12 변압기의 부속품이 아닌 것은?

① 철심　　② 권선
③ 부싱　　④ 정류자

해설 정류자는 직류기의 정류소자이다.

11 ①　12 ④ Answer

## 13 플로어 덕트 설치 그림(약식) 중 블랭크 와셔가 사용되어야 할 부분은?

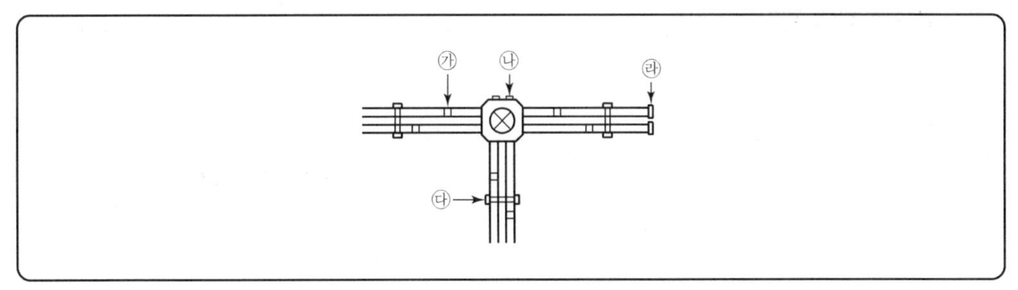


① ㉮ ② ㉯
③ ㉰ ④ ㉱

해설 블랭크 와셔 : 박스(정션박스)에 덕트를 접속하지 않는 경우 구멍을 막기 위한 것

## 14 공칭전압 345[kV]인 경우 현수 애자 일련의 개수는?

① 10~11 ② 18~20
③ 25~30 ④ 40~45

해설 전압별 애자 개수

| 전압 | 22.9[kV] | 66[kV] | 154[kV] | 345[kV] |
|---|---|---|---|---|
| 개수 | 2~3 | 4~6 | 9~11 | 18~23 |

## 15 접지 저감재의 구비조건으로 틀린 것은?

① 안전할 것 ② 지속성이 없을 것
③ 전기적으로 양도체일 것 ④ 전극을 부식시키지 않을 것

해설 저감재 구비조건
- 저감효과가 크고 지속적일 것
- 공해가 적을 것
- 공극이 없을 것
- 산화되지 않을 것

## 16 새로 제작한 전구의 최초 점등에서 필라멘트의 특성을 안정화하는 작업을 무엇이라 하는가?

① 초특성 ② 동정특성
③ 전압특성 ④ 에이징(Aging)

해설 에이징(Aging)
새 전구를 처음 점등하면 필라멘트의 결정구조가 안정될 때까지 수십 분 동안은 광속, 전류 등의 변화가 심하다. 따라서 제작을 마친 다음 약간 높은 전압(120[%])으로 40분~1시간 정도 점등하여 특성을 안정시키는데, 이러한 안정조작을 에이징이라고 한다.

Answer 13 ② 14 ② 15 ② 16 ④

## 17 테이블 탭에는 단면적 1.5[$mm^2$] 이상의 코드를 사용하고 플러그를 부속시켜야 한다. 이 경우 코드의 최대 길이[m]는?

① 1　　② 2
③ 3　　④ 4

해설 테이블 탭은 단면적 1.25[$mm^2$] 이상의 코드를 사용하고 플러그를 부착시키며 길이는 3[m] 이하로 할 것

## 18 다음 중 발열체의 구비조건이 아닌 것은?

① 내열성이 클 것　　② 용융, 연화, 산화 온도가 낮을 것
③ 저항률이 크고 온도계수가 작을 것　　④ 연성 및 전성이 풍부하여 가공이 용이할 것

해설 발열체의 구비조건
- 내열성이 클 것
- 내식성이 클 것
- 적당한 고유저항을 가질 것
- 압연성이 풍부하며 가공이 쉬울 것
- 가격이 쌀 것
- 저항온도 계수가 +로서 그 값이 작을 것

## 19 배전반 및 분전반에 대한 설명으로 틀린 것은?

① 기구 및 전선은 쉽게 점검할 수 있어야 한다.
② 옥외에 시설할 때는 방수형을 사용해야 한다.
③ 모든 분전반은 최소 간선용량보다는 작은 정격의 것이어야 한다.
④ 한 개의 분전반에는 한 가지 전원(1회선의 간선)만 공급하여야 한다.

해설 분전반에 설치하는 차단기 용량은 분기회로(A)에 맞게 용량을 선정한다.

## 20 HID 램프의 종류가 아닌 것은?

① 고압 수은 램프　　② 고압 옥소 램프
③ 고압 나트륨 램프　　④ 메탈 할로이드 램프

해설 방전등의 종류
- 수은등
- 나트륨등
- 크세논등
- 메탈 할로이드등

17 ③　18 ②　19 ③　20 ② Answer

**01** 출력 $P$[kW], 속도 $N$[rpm]인 3상 유도 전동기의 토크[kg · m]는?

① $0.25\dfrac{P}{N}$ ② $0.716\dfrac{P}{N}$

③ $0.956\dfrac{P}{N}$ ④ $0.975\dfrac{P}{N}$

해설 3상 유도 전동기의 토크

$$T=\frac{P}{\omega}=\frac{P}{2\pi n}[\text{N}\cdot\text{m}]$$

$$=\frac{P}{2\pi\frac{N}{60}}\times\frac{1}{9.8}=0.975\frac{P}{N}[\text{kg}\cdot\text{m}]$$

**02** 지름 2[m]의 작업면의 중심 바로 위 1[m]의 높이에서 각 방향의 광도가 100[cd] 되는 광원 1개로 조명할 때의 조명률은 약 몇 [%]인가?

① 10 ② 15

③ 48 ④ 65

해설 조명률 $U=\dfrac{\text{작업면의 입사광속}}{\text{전광속}}\times 100$이므로

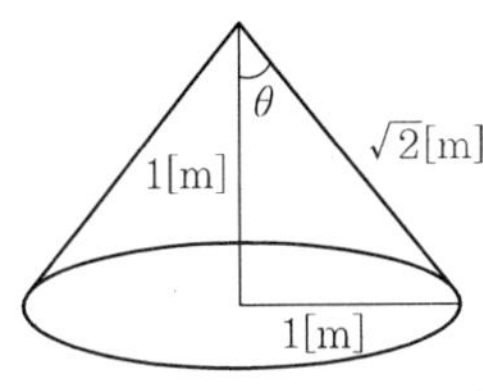


$$\therefore\ U=\frac{F}{F_0}\times 100=\frac{2\pi(1-\cos\theta)I}{4\pi I}\times 100$$

$$=\frac{2\pi\times\left(1-\frac{1}{\sqrt{2}}\right)\times 100}{4\pi\times 100}\times 100$$

$$\fallingdotseq 15[\%]$$

Answer 01 ④ 02 ②

## 03 리튬전지의 특징이 아닌 것은?

① 자기방전이 크다.
② 에너지 밀도가 높다.
③ 기전력이 약 3[V] 정도로 높다.
④ 동작온도범위가 넓고 장기간 사용이 가능하다.

해설 리튬전지의 특징
- 에너지 밀도가 높아 장기간 사용 가능하다.
- 자기방전이 비교적 작다.
- 기전력이 약 3[V]로 높다.
- 사용온도범위가 −20~60[℃]로 넓다.

## 04 트랜지스터의 안정도가 제일 좋은 바이어스법은?

① 고정 바이어스
② 조합 바이어스
③ 전압궤환 바이어스
④ 전류궤환 바이어스

해설 바이어스 회로
무신호 상태에서도 항상 일정한 전압, 전류를 유지하는 회로를 말하며 그중 고정 바이어스법은 부하가 변해도 항상 일정한 컬렉터 전류를 가지므로 안정도가 우수하지만 반도체 특성상 전압을 높일 경우 열이 올라가 동작점이 바뀌어 불안정할 수 있다.

## 05 전등효율이 14[lm/W]인 100[W] LED 전등의 구면 광도는 약 몇 [cd]인가?

① 95
② 111
③ 120
④ 127

해설 광속 $F = P\eta = 100 \times 14 = 1{,}400\,[\mathrm{lm}]$

$\therefore\ I = \frac{F}{4\pi} = \frac{1{,}400}{\pi} \fallingdotseq 111\,[\mathrm{cd}]$

## 06 금속이나 반도체에 전류를 흘리고 이것과 직각방향으로 자계를 가하면 전류와 자계가 이루는 면에 직각방향으로 기전력이 발생한다. 이러한 현상은?

① 홀(Hall) 효과
② 핀치(Pinch) 효과
③ 제베크(Seebeck) 효과
④ 펠티에(Peltier) 효과

해설 홀 효과
전류를 직각방향으로 자계를 가했을 때 전류와 자계에 직각인 방향으로 기전력이 발생하는 현상

03 ① 04 ① 05 ② 06 ① Answer

## 07 단상 유도 전동기 중 기동토크가 가장 큰 것은?

① 반발 기동형 ② 분상 기동형
③ 콘덴서 기동형 ④ 셰이딩 코일형

해설 단상 유도 전동기의 기동토크가 큰 순서
반발 기동형 > 반발 유도형 > 콘덴서 기동형 > 분산 기동형 > 셰이딩 코일형

## 08 형태가 복잡하게 생긴 금속 제품을 균일하게 가열하는 데 가장 적합한 가열 방식은?

① 염욕로 ② 흑연화로
③ 카보런덤로 ④ 페로알로이로

해설

| | | |
|---|---|---|
| 간접 저항로 | 염욕로 | 형태가 복잡하게 생긴 금속제품을 균일하게 가열 |
| | 크립톨로 | |
| | 발열체로 | |

## 09 일정 전류를 통하는 도체의 온도상승 $\theta$와 반지름 $r$의 관계는?

① $\theta = kr^{-2}$ ② $\theta = kr^{-3}$
③ $\theta = kr^{-\frac{2}{3}}$ ④ $\theta = kr^{-\frac{3}{2}}$

해설 $$\theta = \frac{P}{hS} = \frac{\rho\frac{lI^2}{\pi r^2}}{h \cdot 2\pi rl} = \frac{I^2\rho}{h \cdot 2\pi r \cdot \pi r^2}$$
$$= \frac{I^2\rho}{2h\pi^2 r^3} = k\frac{1}{r^3} = kr^{-3}$$

## 10 열차의 설비에 의한 전력소비량을 감소시키는 방법이 아닌 것은?

① 회생 제동을 한다. ② 직병렬 제어를 한다.
③ 기어비를 크게 한다. ④ 차량의 중량을 경감한다.

해설 차량조건에 의한 전력소비량 감소방법
- 차량의 중량을 감소시킨다.
- 기어비를 적절하게 한다.
- 제어법을 개선한다.
- 회생 제동 방식을 사용한다.

Answer 07 ① 08 ① 09 ② 10 ③

## 11 금속관(규격품) 1본의 길이는 약 몇 [m]인가?

① 4.44 ② 3.66
③ 3.56 ④ 3.3

해설 금속관(규격품) 1본의 길이 : 3.66[m]

## 12 지선과 지선용 근가를 연결하는 금구는?

① 볼 쇄클 ② U볼트
③ 지선 로드 ④ 지선 밴드

해설 ① 볼 쇄클 : 현수 애자를 완금에 내장으로 시공할 때 사용하는 금구류
② U볼트 : 전주 근가를 전주에 부착시키는 금구
③ 지선 로드 : 지선과 지선용 근가를 연결하는 금구
④ 지선 밴드 : 지선을 지지물에 부착할 때 사용하는 금구류

## 13 비포장 퓨즈의 종류가 아닌 것은?

① 실 퓨즈 ② 핀 퓨즈
③ 고리 퓨즈 ④ 플러그 퓨즈

해설 플러그 퓨즈
플러그 안에 설치하는 것으로 포장이 된 퓨즈를 말한다.

## 14 수전설비를 주 차단장치의 구성으로 분류하는 방법이 아닌 것은?

① CB형 ② PF-S형
③ PF-CB형 ④ PF-PF형

해설 • 간이 수전설비 : PF와 S를 조합
• 정식 수전설비 : CB 및 PF와 CB를 조합

## 15 백열전구의 앵커에 사용되는 재료는?

① 철 ② 크롬
③ 망간 ④ 몰리브덴

11 ② 12 ③ 13 ④ 14 ④ 15 ④ Answer

해설 백열전구의 구성요소 및 재료

| 명칭 | 재료 |
|---|---|
| 봉합부 도입선 | 니켈강에 구리 피복 |
| 베이스 | 황동판 |
| 외부 도입선 | 듀밋선 |
| 내부 도입선 | 몰리브덴선 |
| 앵커 | 몰리브덴선 |
| 이중 필라멘트 | 텅스텐 |

## 16 저압의 전선로 및 인입선의 중성선 또는 접지 측 전선을 애자의 빛깔에 의하여 식별하는 경우 어떤 빛깔의 애자를 사용하는가?

① 흑색 ② 청색
③ 녹색 ④ 백색

해설
- 특고압용 : 적색
- 저압용 : 백색
- 중성선, 접지 측 : 청색(녹색)

## 17 행거 밴드란 무엇인가?

① 완금을 전주에 설치하는 데 필요한 밴드
② 완금에 암타이를 고정시키기 위한 밴드
③ 전주 자체에 변압기를 고정시키기 위한 밴드
④ 전주에 COS 또는 LA를 고정시키기 위한 밴드

해설 완금 고정 부품
- U볼트 : 완목이나 완금을 철근 콘크리트주에 붙일 때 사용(단, 목주는 볼트)
- 암 밴드 : 완금을 고정시키는 것
- 암타이 : 완목이나 완금이 상하로 움직이는 것을 방지
- 암타이 밴드 : 암타이를 고정시키는 것
- 지선 밴드 : 지선을 전주에 붙일 때 사용
- 행거 밴드 : 주상 변압기를 전주에 설치 시 사용
- 랙(Rack) : 저압을 수직 배선할 때 사용
- 발판볼트 : 지표상 1.8[m]에서 완철하부 0.9[m]까지 취부

Answer 16 ② 17 ③

**18** **방전등의 일종으로서 효율이 대단히 좋으며, 광색은 순황색이고 연기나 안개 속을 잘 투과하며 대비성이 좋은 것은?**

① 수은등　　② 형광등
③ 나트륨등　　④ 요오드등

해설 나트륨등의 특징
- 투시력이 좋다.(안개 낀 지역, 터널 등에 사용)
- 단색 광원으로 옥내 조명에 부적당하다.
- 효율이 좋다.
- D선(5,890~5,896[Å])을 광원으로 이용한다.

**19** **금속덕트 공사에서 금속덕트의 설명으로 틀린 것은?**

① 덕트 철판의 두께가 1.2[mm] 이상일 것
② 폭이 5[cm]를 초과하는 철판으로 제작할 것
③ 덕트의 바깥 면만 산화 방지를 위한 아연 도금을 할 것
④ 덕트의 안쪽 면만 전선의 피복을 손상시키는 돌기가 없을 것

해설 안쪽 면 및 바깥 면에는 산화 방지를 위하여 아연 도금 또는 이와 동등 이상의 효과를 가지는 도장을 한 것일 것

**20** **보호계전기의 종류가 아닌 것은?**

① ASS　　② OVR
③ SGR　　④ OCGR

해설
- Relay(R) : 계전기
- ASS(Automatic Section Switch) : 자동 고장 구분 개폐기
- OVR(Over Voltage Relay) : 과전압 계전기
- SGR(Selective Ground Relay) : 선택 지락 계전기
- OCGR(Over Current Ground Relay) : 과전류 지락 계전기

18 ③　19 ③　20 ① Answer

**01** 전동기의 전원 접속을 바꾸어 역토크를 발생시켜 급정지시키는 방법은?

① 역전 제동
② 발전 제동
③ 와전류식 제동
④ 회생 제동

해설 ① 역전 제동 : 전동기의 전원 접속을 바꾸어 역토크를 발생시켜 급정지시키는 방법으로 역상 제동 또는 플러깅(Plugging)이라 한다.
② 발전 제동 : 전동기의 전기자를 전원에서 끊고 전동기를 발전기로 동작시켜 회전운동에너지로서 발생하는 전력을 그 단자에 접속한 저항에서 열로 소비시키는 제동방법이다.
③ 와전류식 제동 : 전동기 축에 동심으로 설치한 구리의 원판을 자계 내에서 회전시켜 동판에 생긴 와전류에 의해서 제동력을 얻는 방법이다.
④ 회생 제동 : 전동기에 전원을 접속한 상태에서 전동기에 유기되는 역기전력을 전원 전압보다 높게 하여 회전운동에너지로 발생되는 전력을 전원 측에 반환하면서 제동하는 방법이다.

**02** 지름 40[cm]인 완전 확산성 구형 글로브의 중심에 모든 방향의 광도가 균일하게 110[cd] 되는 전구를 넣고 탁상 2[m]의 높이에서 점등하였다. 탁상 위의 조도는 약 몇 [lx]인가?(단, 글로브 내면의 반사율은 40[%], 투과율은 50[%]이다.)

① 23
② 33
③ 49
④ 53

해설 글로브의 효율 $\eta = \dfrac{\tau}{1-\rho} = \dfrac{0.5}{1-0.4} = 0.833$

조도 $E = \dfrac{I}{l^2}\eta = \dfrac{110}{2^2} \times 0.833 = 23$

**03** 반지름 $a$, 휘도 $B$인 완전 확산성 구면(구형) 광원의 중심에서 거리 $h$인 점의 조도는?

① $\pi B$
② $\pi B a^2 h$
③ $\dfrac{\pi B a}{h^2}$
④ $\dfrac{\pi B a^2}{h^2}$

Answer 01 ① 02 ① 03 ④

해설

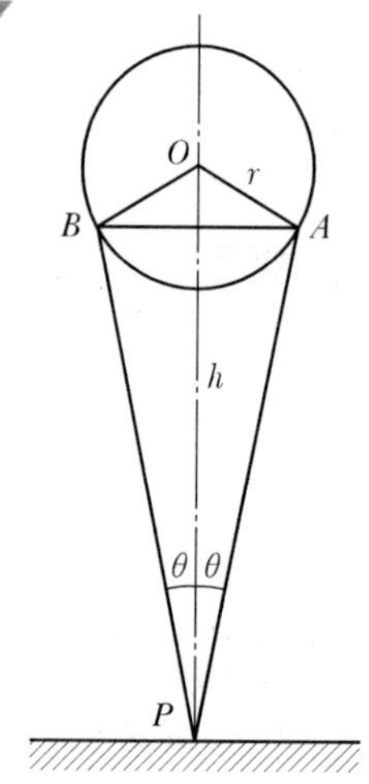


그림에서 점 $P$의 조도

$E_h = \pi B \sin^2\theta$

$\sin\theta = \dfrac{a}{h}$

$\therefore\ E_h = \dfrac{\pi B a^2}{h^2}$

## 04 IGBT의 설명으로 틀린 것은?

① GTO 사이리스터처럼 역방향 전압저지 특성을 갖는다.

② 오프상태에서 SCR 사이리스터처럼 양방향 전압저지 능력을 갖는다.

③ 게이트와 이미터 간 입력 임피던스가 매우 높아 BJT보다 구동하기 쉽다.

④ BJT처럼 온드롭(On-drop)이 전류에 관계없이 낮고 거의 일정하여 MOSFET보다 큰 전류를 흘릴 수 있다.

해설 절연 게이트 양극성 트랜지스터(IGBT : Insulated Gate Bipolar Transistor)
금속 산화막 반도체 전계효과 트랜지스터(MOSFET)를 게이트부에 짜 넣은 접합형 트랜지스터이다. 게이트-이미터 간의 전압이 구동되어 입력신호에 의해서 온/오프가 생기는 자기소호형이므로, 대전력의 고속 스위칭이 가능한 반도체 소자이다. 또한 GTO와 같이 역방향 전압 저지 특성을 갖는다.

## 05 수은전지의 특징이 아닌 것은?

① 소형이고 수명이 길다.

② 방전전압의 변화가 적다.

③ 전해액은 염화암모늄($NH_4Cl$) 용액을 사용한다.

④ 양극에 산화수은($HgO$), 음극에 아연($Zn$)을 사용한다.

해설 수은전지의 구조
- 양극 : 산화수은($HgO$)
- 음극 : 아연($Zn$) 분말
- 전해액 : 가성칼륨($KOH$)
- 감극제 : 산화수은($HgO$)과 흑연을 혼합

04 ② 05 ③ Answer

## 06 발열체의 구비조건 중 틀린 것은?

① 내열성이 클 것
② 내식성이 클 것
③ 가공이 용이할 것
④ 저항률이 비교적 작고 온도계수가 높을 것

해설 발열체의 구비조건
- 내열성 및 내식성이 클 것
- 용융, 연화, 산화 온도가 높을 것
- 알맞은 고유저항값을 가지고, 저항의 온도계수가 양(+)수로서 작을 것
- 연전성이 풍부하고, 가공이 용이할 것
- 선팽창계수가 작을 것

## 07 전자빔으로 용해하는 고융점, 활성금속 재료는?

① 탄화규소
② 니크롬 제2종
③ 탄탈, 니오브
④ 철-크롬 제1종

해설 고융점 금속
녹는점이 철보다 높은 금속으로 텅스텐, 레늄 탄탈, 니오브, 몰리브덴, 지르코늄, 티타늄 등이 있다.

## 08 SCR에 대한 설명으로 옳은 것은?

① 제어기능을 갖는 쌍방향성의 3단자 소자이다.
② 정류기능을 갖는 단일방향성의 3단자 소자이다.
③ 증폭기능을 갖는 단일방향성의 3단자 소자이다.
④ 스위칭 기능을 갖는 쌍방향성의 3단자 소자이다.

해설 SCR의 특징
- 정류 기능
- 단방향 3단자
- 소형이면서 대전력용

## 09 자기부상식 철도에서 자석에 의해 부상하는 방법으로 틀린 것은?

① 영구자석 간의 흡인력에 의한 자기부상방식
② 고온 초전도체와 영구자석의 조합에 의한 자기부상방식
③ 자석과 전기코일 간의 유도전류를 이용하는 유도식 자기부상방식
④ 전자석의 흡인력을 제어하여 일정한 간격을 유지하는 흡인식 자기부상방식

Answer 06 ④ 07 ③ 08 ② 09 ①

해설 자기부상 열차의 부상방식

- 초전도 반발식(EDS) : 초전도체 전자석을 자기의 반발력으로 차량을 부상
- 상전도 흡인식(EMS) : 상온에서 전도가 이루어지는 도체에 의한 전자석으로 자기의 흡인력을 이용하여 차량을 부상

## 10 단로기의 구조와 관계가 없는 것은?

① 핀치　　② 베이스
③ 플레이트　　④ 리클로저

해설 리클로저는 특고압 배전선로에서 재폐로 기능을 갖는 보호장치이다.

## 11 적외선 가열의 특징이 아닌 것은?

① 표면 가열이 가능하다.
② 신속하고 효율이 좋다.
③ 조작이 복잡하여 온도 조절이 어렵다.
④ 구조가 간단하다.

해설 적외선 가열

열원의 방사열에 의하여 피조물을 가열하여 건조

적외선 전구의 복사건조(방직, 염색, 도장, 수지공업)

㉠ 필라멘트의 온도 : 2,200~2,500[K]
㉡ 수명 : 5,000[h] 이상
㉢ 특징
- 공산품 표면 건조에 적당하고 효율이 좋다.
- 구조와 조작이 간단하다.
- 건조 재료의 감시가 용이하고 청결하며 안전하다.
- 유지비가 싸고 설치가 간단하다.

## 12 누전차단기의 동작시간에 따른 분류로 틀린 것은?

① 고속형　　② 저감도형
③ 시연형　　④ 반한시형

10 ④　11 ③　12 ② Answer

해설 누전차단기의 종류(KSC 4613)

| 구분 | | 정격감도전류[mA] | 동작시간 |
|---|---|---|---|
| 고감도형 | 고속형 | 5, 10, 15, 30 | • 정격감도전류에서 0.1초 이내<br>• 인체감전보호형은 0.03초 이내 |
| | 시연형 | | 정격감도전류에서 0.1초를 초과하고 2초 이내 |
| | 반한시형 | | • 정격감도전류에서 0.2초를 초과하고 1초 이내<br>• 정격감도전류에서 1.4배의 전류에서 0.1초를 초과하고 0.5초 이내<br>• 정격감도전류 4.4배의 전류에서 0.05초 이내 |
| 중감도형 | 고속형 | 50, 100, 200, 500, 1,000 | 정격감도전류에서 0.1초 이내 |
| | 시연형 | | 정격감도전류에서 0.1초를 초과하고 2초 이내 |

[비고] 누전차단기의 최소 동작전류는 일반적으로 정격감도전류의 50[%] 이상이므로 선정에 주의할 것

**13** 옥외용 비닐전연전선의 약호 명칭은?

① DV ② CV
③ OW ④ OC

해설 ① DV : 인입용 비닐 절연전선
② CV : 가교 폴리에틸렌 절연 비닐 시스 케이블
③ OW : 옥외용 비닐 절연전선
④ OC : 옥외용 가교 폴리에틸렌 절연전선

**14** 금속관에 넣어 시설하면 안 되는 접지선은?

① 피뢰침형 접지선 ② 저압기기용 접지선
③ 고압기기용 접지선 ④ 특고압기기용 접지선

해설 • 피뢰침용 접지선은 경질 비닐관에 넣어서 시공할 것
• 금속관에 시공하면 뇌전류가 일부 건축물에 유입될 우려가 있음

**15** 피뢰침을 접지하기 위한 피뢰도선을 동선으로 할 경우의 단면적은 최소 몇 [$mm^2$] 이상으로 해야 하는가?

① 14 ② 22
③ 30 ④ 50

해설 피뢰설비에서 수뢰부, 인하도선, 접지극의 굵기는 50[$mm^2$] 이상일 것

Answer 13 ③ 14 ① 15 ④

## 16 개폐기 중에서 부하전류의 차단능력이 없는 것은?

① OCB ② OS
③ DS ④ ACB

해설 DS(단로기)는 무부하 시에만 개폐가 가능하다.

## 17 옥내배선의 애자 사용 공사에 많이 사용하는 특대 노브 애자의 높이[mm]는?

① 75 ② 65
③ 60 ④ 50

해설

| 애자의 종류 | | 전선의 최대 굵기[$mm^2$] | 애자의 높이[mm] |
|---|---|---|---|
| 노브 애자 | 소 | 16 | 42 |
| | 중 | 50 | 50 |
| | 대 | 95 | 57 |
| | 특대 | 240 | 65 |

## 18 무거운 조명기구를 파이프로 매달 때 사용하는 것은?

① 노멀 벤드 ② 파이프 행거
③ 엔트런스 캡 ④ 픽스처 스터드와 히키

해설 픽스처 스터드와 히키의 용도
아웃렛 박스에 조명기구를 부착할 때 기구중량의 장력을 보강하기 위하여 사용한다.

## 19 가공전선로의 저압주에서 보안공사의 경우 목주 말구 굵기의 최소 지름[cm]은?

① 10 ② 12
③ 14 ④ 15

해설 말구의 지름
12[cm] 이상(단, 농사용은 9[cm])

16 ③ 17 ② 18 ④ 19 ② Answer

**20** **전원을 넣자마자 곧바로 점등되는 형광등용의 안정기는?**

① 점등관식　　② 래피드 스타트식

③ 글로우 스타트식　　④ 필라멘트 단락식

해설 래피드 스타트식(Rapid Start Type)

필라멘트가 예열되는 회로를 가진 구조로 전극을 가열함과 동시에 전극 사이에 자기 누설 변압기에 의한 고전압을 가하여 단시간 내에 형광램프를 시동하는 방식이다.

Answer 20 ②

전기공사기사

# 2019년도 2회 시험 과년도 기출문제

**01** 교류 200[V], 정류기 전압강하 10[V]인 단상 반파정류회로의 직류전압[V]은?

① 70　② 80
③ 90　④ 100

해설 단상 반파 $V_a = 0.45\,V_s = 0.45 \times 200 = 90 - 10 = 80$[V]

**02** 전기 철도에서 귀선의 누설전류에 의해 전식은 어디서 발생하는가?

① 궤도로 전류가 유입하는 곳
② 궤도에서 전류가 유출하는 곳
③ 지중관로로 전류가 유입하는 곳
④ 지중관로에서 전류가 유출하는 곳

해설 운전설비 구성

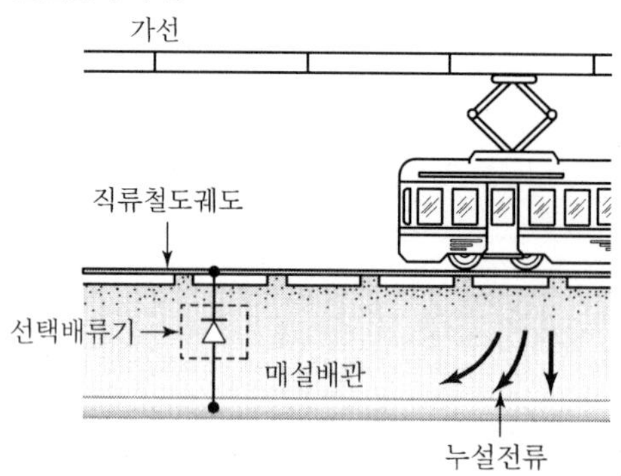


㉠ 레일의 전식 : 레일의 접속부분의 저항이 높으면 레일에 흐르는 전류의 일부가 대지로 누설하여 부근의 수도관, 가스관, 전력 케이블 등의 지중 금속 매설물을 통해 흐르기 때문에 전해 작용이 일어나는 부식
㉡ 일어나는 곳 : 지중관로의 전위가 높고 전류가 유출되는 곳
㉢ 전식 방지법
- 레일 본드 시설이나 보조귀선을 설치한다.
- 변전소 간격을 좁힌다.
- 귀선을 부극성으로 한다.
- 귀선의 극성을 정기적으로 바꾼다.

01 ②　02 ④ Answer

**03** 필라멘트 재료가 갖추어야 할 조건 중 틀린 것은?

① 융해점이 높을 것 ② 고유저항이 작을 것
③ 선팽창계수가 작을 것 ④ 높은 온도에서 증발이 적을 것

해설 필라멘트의 구비조건
- 융해점이 높을 것
- 고유저항이 클 것
- 높은 온도에서 증발이 적을 것
- 선팽창계수가 작을 것
- 전기저항의 온도계수가 플러스일 것

**04** 역병렬로 된 2개의 SCR과 유사한 양방향성 3단자 사이리스터로서 AC 전력의 제어에 사용하는 것은?

① SCS ② GTO
③ TRIAC ④ LASCR

해설 TRIAC(Triode Switch for AC)
- 쌍방향 3단자 소자
- SCR 역병렬 구조와 같음
- 교류전력을 양극성 제어함
- 과전압에 의한 파괴가 안 됨
- 포토커플러+트라이액 : 교류 무접점 릴레이 회로 이용

**05** 형태가 복잡하게 생긴 금속제품을 균일한 온도로 가열하는 데 가장 적합한 전기로는?

① 염욕로 ② 흑연화로
③ 요동식 아크로 ④ 저주파 유도로

| 간접 저항로 | 염욕로 | 형태가 복잡하게 생긴 금속제품을 균일하게 가열 |
|---|---|---|
| | 크립톨로 | |
| | 발열체로 | |

**06** 광도가 780[cd]인 균등 점광원으로부터 발산하는 전광속[lm]은 약 얼마인가?

① 1,892 ② 2,575
③ 4,898 ④ 9,801

해설 균등 점광원에서의 광속
$F = 4\pi I = 4\pi \times 780 \fallingdotseq 9,801$[lm]

Answer 03 ② 04 ③ 05 ① 06 ④

## 07 아크의 전압과 전류의 관계를 그래프로 나타낸 것으로 맞는 것은?

① 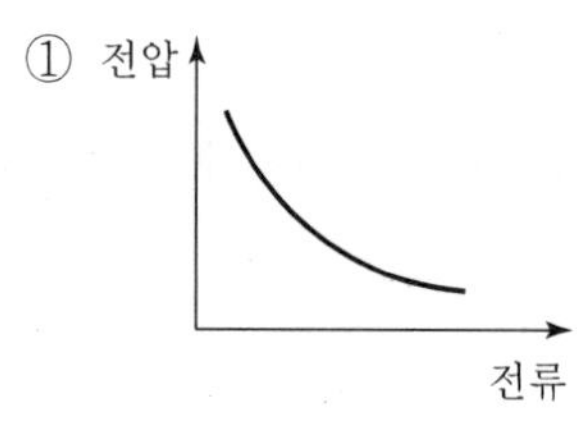


② 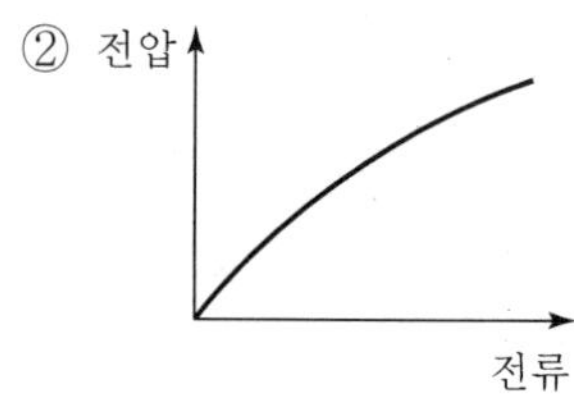


③ 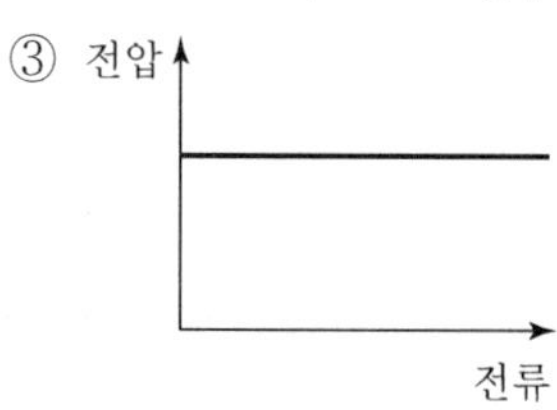


④ 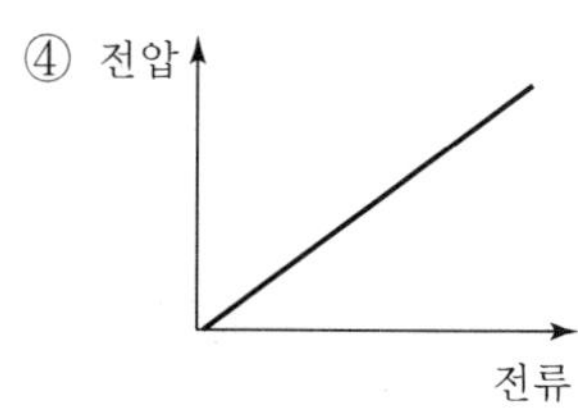


해설 아크 방전은 저전압 · 대전류로서 부저항의 특성을 갖는다.

## 08 극수 $P$의 3상 유도 전동기가 주파수 $f$[Hz], 슬립 $s$, 토크 $T$[N · m]로 회전하고 있을 때의 기계적 출력[W]은?

① $\dfrac{4\pi f T}{P}$　　② $T\dfrac{2\pi f}{P}(1-s)$

③ $T\dfrac{4\pi f}{P}(1-s)$　　④ $T\dfrac{\pi f}{P}(1-s)$

해설 $n=\dfrac{2f}{P}(1-s)$[rps]

$\omega=2\pi n=\dfrac{4\pi f}{P}(1-s)$[rad/s]

$\therefore P=T\omega=T\dfrac{4\pi f}{P}(1-s)$[W]

## 09 순금속 발열체의 종류가 아닌 것은?

① 백금(Pt)　　② 텅스텐(W)

③ 몰리브덴(Mo)　　④ 탄화규소(SiC)

해설 발열체의 종류

㉠ 금속 발열체
- 순금속 발열체 : 몰리브덴(Mo), 텅스텐(W), 백금(Pt), 탄탈(Ta)
- 합금 발열체 : 철-크롬(Fe-Cr), 니켈-크롬(Ni-Cr)

㉡ 비금속 발열체
- 고온용 발열체 : 탄화규소(SiC)
- 초고온용 발열체 : 산화지르코늄($ZrO_2$)

07 ①　08 ③　09 ④ Answer

## 10 단상 유도 전동기의 기동방법이 아닌 것은?

① 분상 기동법
② 전압 제어법
③ 콘텐서 기동법
④ 셰이딩 코일형

해설 단상 전동기 기동법
- 반발 기동형
- 반발 유도형
- 콘덴서 기동형
- 분상 기동형
- 셰이딩 코일형

## 11 조명용 광원 중에서 연색성이 가장 우수한 것은?

① 백열전구
② 고압 나트륨등
③ 고압 수은등
④ 메탈 할로이드등

해설 연색성 지수(CRI)

| 태양광 | 백열전구(W) | 형광등 | 나트륨등 | 수은등 |
|---|---|---|---|---|
| 100 | 70 | 60 | 40 | 20 |

※ 연색성 : 광원에 따라 물체의 색감에 영향을 주는 현상을 말한다.

## 12 피뢰설비 중 돌침 지지관의 재료로 적합하지 않은 것은?

① 스테인리스 강관
② 황동관
③ 합성수지관
④ 알루미늄관

해설 지지관에 사용하는 재료의 특징
- 강관, 스테인리스 강관 : 자성이 있으므로 뇌전류의 전자작용에 의하여 임피던스가 증가하기 때문에 관 내에 피뢰도선을 통과시켜서는 안 된다.
- 황동관, 알루미늄관 : 비자성으로 내식성이 있으므로 내식성이 요구되는 장소(굴뚝, 염해지구 등)에 적합하다.

※ 일반장소의 지지관 재료는 용융아연도강관을 사용하고 있다.

## 13 전선의 구비조건으로 틀린 것은?

① 비중이 클 것
② 도전율이 클 것
③ 내구성이 클 것
④ 기계적 강도가 클 것

해설 전선의 구비조건
- 도전율이 클 것
- 기계적 강도가 클 것
- 비중(밀도)이 작을 것
- 부식성이 작을 것
- 가선공사가 용이할 것
- 값이 저렴할 것
- 내구성이 클 것

Answer ➜ 10 ② 11 ① 12 ③ 13 ①

## 14 방전등에 속하지 않는 것은?

① 할로겐등
② 형광수은등
③ 고압 나트륨등
④ 메탈 할로이드등

해설 방전등의 종류
- 수은등
- 나트륨등
- 크세논등
- 메탈 할로이드등

## 15 옥내에서 전선을 병렬로 사용할 때의 시설방법으로 틀린 것은?

① 전선은 동일한 도체이어야 한다.
② 전선은 동일한 굵기, 동일한 길이이어야 한다.
③ 전선의 굵기는 동 40[mm²] 이상 또는 알루미늄 90[mm²] 이상이어야 한다.
④ 관 내에 전류의 불평형이 생기지 아니하도록 시설하여야 한다.

해설 두 개 이상의 전선을 병렬로 사용하는 경우 시설방법
- 병렬로 사용하는 각 전선의 굵기는 구리 50[mm²] 이상 또는 알루미늄 70[mm²] 이상으로 하고, 전선은 같은 도체, 같은 재료, 같은 길이 및 같은 굵기의 것을 사용할 것
- 같은 극의 각 전선은 동일한 터미널러그에 완전히 접속할 것, 같은 극인 각 전선의 터미널러그는 동일한 도체에 2개 이상의 리벳 또는 2개 이상의 나사로 접속할 것
- 병렬로 사용하는 전선에는 각각에 퓨즈를 설치하지 말 것
- 교류회로에서 병렬로 사용하는 전선은 금속관 안에 전자적 불평형이 생기지 않도록 시설할 것

## 16 3상 농형 유도 전동기의 기동방법이 아닌 것은?

① Y-△ 기동
② 전전압 기동
③ 2차 저항 기동
④ 기동보상기 기동

해설 농형 유도 전동기의 기동법
- 전전압 기동법
- Y-△ 기동법
- 리액터 기동법
- 기동보상기법

## 17 변압기 철심용 강판의 두께는 대략 몇 [mm]인가?

① 0.1
② 0.35
③ 2
④ 3

해설 변압기 철심으로 사용하는 규소강판의 두께는 0.35~0.5[mm]를 표준으로 한다.

14 ① 15 ③ 16 ③ 17 ② Answer

**18** 저압 배전반의 주 차단기로 주로 사용되는 보호기기는?

① GCB
② VCB
③ ACB
④ OCB

해설 저압 배전반의 주 차단기로 주로 기중차단기(ACB) 또는 배선용 차단기(MCCB)가 사용된다.

**19** 합성수지관 상호 간 및 관과 박스 접속 시에 삽입하는 최소 깊이는?(단, 접착제를 사용하는 경우는 제외한다.)

① 관 안지름의 1.2배
② 관 안지름의 1.5배
③ 관 바깥지름의 1.2배
④ 관 바깥지름의 1.5배

해설 합성수지관 상호 접속 시 커플링을 이용하고 삽입 접속 시 투입하는 길이는 관 바깥지름의 1.2배 이상, 접착제 사용 시 0.8배로 견고하게 접속할 것

**20** 가교 폴리에틸렌(XLPE) 절연물의 최대 허용 온도[℃]는?

① 70
② 90
③ 105
④ 120

해설 절연체 종류별 연속 최고 허용 온도(내선규정 부록 1-3 표 7)

| 절연체의 종류 | 최고 허용 온도(℃) |
|---|---|
| 가교 폴리에틸렌 | 90 |
| 부틸고무 | 80 |
| 에틸렌-프로필렌 고무 | 80 |
| 폴리에틸렌 내열 비닐 | 75 |
| 비닐(일반용) | 60 |
| 천연고무 | 60 |

Answer 18 ③ 19 ③ 20 ②

Engineer Electric Work

## 01 전기 철도에서 흡상변압기의 용도는?

① 궤도용 신호변압기
② 전자유도 경감용 변압기
③ 전기 기관차의 보조 변압기
④ 전원의 불평형을 조정하는 변압기

해설 교류급전 회로에 의하여 통신선에 유도되는 장해에는 정전유도에 의한 것이 있는데, 전자유도에 의한 것은 간단히 제거할 수 없으나 이를 경감하기 위하여 흡상 변압기를 이용한다.

## 02 전동기의 출력이 15[kW], 속도 1,800[rpm]으로 회전하고 있을 때 발생되는 토크[kg · m]는 약 얼마인가?

① 6.2
② 7.4
③ 8.1
④ 9.8

해설 토크 $T = 0.975\dfrac{P}{N} = 0.975 \times \dfrac{15 \times 10^3}{1,800} = 8.125[\text{kg} \cdot \text{m}]$

## 03 권상하중이 100[t]이고 권상속도가 3[m/min]인 권상기용 전동기를 설치하였다. 전동기의 출력[kW]은 약 얼마인가?(단, 전동기의 효율은 70[%]이다.)

① 40
② 50
③ 60
④ 70

해설 전동기의 용량 $= \dfrac{KWV}{6.12\eta}[\text{kW}] = \dfrac{100 \times 3}{6.12 \times 0.7} = 70[\text{kW}]$

여기서, $K$ : 손실계수(여유계수)
$W$ : 중량(하중)[ton]
$V$ : 권상속도[m/min]
$\eta$ : 효율

## 04 연료는 수소($H_2$)와 메탄올($CH_3OH$)이 사용되며 전해액은 KOH가 사용되는 연료전지는?

① 산성 전해액 연료전지
② 고체 전해액 연료전지
③ 알칼리 전해액 연료전지
④ 용융염 전해액 연료전지

01 ② 02 ③ 03 ④ 04 ③ Answer

해설 연료전지의 종류

| 종류/특징 | 고온형 연료전지 | | 저온형 연료전지 | | | |
|---|---|---|---|---|---|---|
| 구분 | 용융탄산염 연료전지 (MCFC) | 고체산화물 연료전지 (SOFC) | 인산염 연료전지 (PAFC) | 알칼리 연료전지 (AFC) | 고분자전해질막 연료전지 (PEMFC) | 직접메탄올 연료전지 (DMFC) |
| 작동온도 [℃] | 550~700 | 600~1,000 | 150~250 | 50~120 | 50~100 | 50~100 |
| 주 촉매 | Perovskites | 니켈 | 백금 | 니켈 | 백금 | 백금 |
| 전해질의 상태 | Li/K alkali carbonates mixture | YSZ GDC | $H_3PO_4$ | KOH | 이온교환막 | 이온교환막 |
| 전해질 지지체 | Immobilized Liquid | Soild | Immobilized Liquid | – | Soild | Soild |
| 전하전달 이온 | $CO_3^{2-}$ | $O^{2-}$ | $H^+$ | $OH^-$ | $H^+$ | $H^+$ |
| 가능한 연료 | $H_2$, CO (천연, 석탄가스) | $H_2$, CO (천연, 석탄가스) | $H_2$, CO (메탄올, 석탄가스) | $H_2$ | $H_2$ (메탄올, 석탄가스) | 메탄올 |
| 외부연료 개질기의 필요성 | No | No | Yes | Yes | Yes | Yes |
| 효율 [%LHV] | 50~60 | 50~60 | 40~45 | – | <40 | – |
| 주 용도 | 대규모 발전, 중소 사업소 설비 | 대규모 발전, 중소 사업소 설비, 이동체용 전원 | 중소 사업소 설비, Biogas Plant | 우주발사체 전원 | 수송용 전원, 가정용 전원, 휴대용 전원 | 휴대용 전원 |

## 05 FET에서 핀치 오프(Pinch Off) 전압이란?

① 채널 폭이 막힌 때의 게이트의 역방향 전압
② FET에서 애벌랜치 전압
③ 드레인과 소스 사이의 최대 전압
④ 채널 폭이 최대로 되는 게이트의 역방향 전압

해설 FET 핀치 오프 전압
공핍층의 크기는 게이트에 가하는 역방향 전압의 크기에 비례하므로 게이트 전압이 점차 증가하면 공핍층으로 채널이 막혀 드레인 전류가 흐르지 못하게 되는데, 이 게이트 전압을 핀치오프 또는 차단 전압이라고 한다.

Answer 05 ①

## 06 알루미늄 및 마그네슘의 용접에 가장 적합한 용접방법은?

① 탄소 아크 용접　　② 원자 수소 용접
③ 유니언 멜트 용접　　④ 불활성 가스 아크 용접

해설 특수 용접(불활성 가스 용접, Gas : He, Ar, $H_2$)
- 알루미늄 용접
- 마그네슘 용접

## 07 다음 광원 중 발광효율이 가장 좋은 것은?

① 형광등　　② 크세논등
③ 저압 나트륨등　　④ 메탈 할로이드등

해설 나트륨등의 특징
- 투시력이 좋다.(안개 낀 지역, 터널 등에 사용)
- 단색 광원으로 옥내 조명에 부적당하다.
- 효율이 좋다.
- D선(5,890~5,896[Å])을 광원으로 이용한다.

## 08 어떤 전구의 상반구 광속은 2,000[lm], 하반구 광속은 3,000[lm]이다. 평균 구면 광도는 약 몇 [cd]인가?

① 200　　② 400
③ 600　　④ 800

해설 총광속 $F = 2{,}000 + 3{,}000 = 5{,}000[\text{lm}]$

∴ 평균 구면 광도 $I = \frac{F}{4\pi} = \frac{5{,}000}{4\pi} \fallingdotseq 398[\text{cd}]$

## 09 시감도가 최대인 파장 555[nm]의 온도[K]는 약 얼마인가?(단, 빈의 법칙의 상수는 2,896 [$\mu$m · K]이다.)

① 5,218　　② 5,318
③ 5,418　　④ 5,518

06 ④　07 ③　08 ②　09 ①　Answer

해설 빈의 변위법칙 : 최대 파장은 절대온도에 반비례한다.

$$\lambda_m = \frac{b}{T}[\mu\text{m}]$$

여기서, $b$ : 상수(2,896[$\mu$m])

$T$ : 절대온도

$$\therefore\ T = \frac{2{,}896}{\lambda_m} = \frac{2{,}896 \times 10^{-6}}{555 \times 10^{-9}} = 5{,}218[\text{K}]$$

## 10 다음 중 절연의 종류가 아닌 것은?

① A종 ② B종
③ D종 ④ H종

해설

| 절연의 종류 | Y | A | E | B | F | H | C |
|---|---|---|---|---|---|---|---|
| 허용 최고온도[℃] | 90 | 105 | 120 | 130 | 155 | 180 | 180 초과 |

## 11 COS(컷아웃 스위치)를 설치할 때 사용되는 부속 재료가 아닌 것은?

① 내장 크램프 ② 브래킷
③ 내오손용 결합 애자 ④ 퓨즈 링크

해설 컷아웃 스위치(COS : Cut Out Switch)
변압기 및 주요 기기의 1차 측에 부착하여 단락 등에 의한 관전류로부터 기기를 보호하는 데 사용된다.

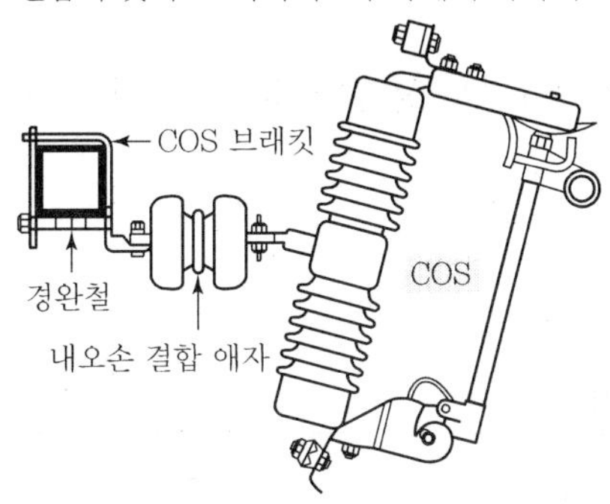


## 12 강판으로 된 금속 버스 덕트 재료의 최소 두께[mm]는?(단, 버스 덕트의 최대 폭은 150[mm] 이하이다.)

① 0.8 ② 1.0
③ 1.2 ④ 1.4

Answer 10 ③ 11 ① 12 ②

해설 덕트판의 두께(내선규정 2245-3)

| 덕트의 최대 폭[mm] | 강판[mm] | 알루미늄 판 및 알루미늄합금 판[mm] |
|---|---|---|
| 150 이하 | 1.0(1.6) | 1.6 |
| 150 초과 300 이하 | 1.4(1.6) | 2.0 |
| 300 초과 500 이하 | 1.6(1.6) | 2.3 |
| 500 초과 700 이하 | 2.0(2.0) | 2.9 |
| 700 초과 | 2.3(2.3) | 3.2 |

※ ( ) 안의 수치는 내화형에 적용한다.

**13** 동일한 교류전압($E$)을 다이오드 3상 정류회로로 3상 전파정류할 경우 직류전압($E_d$)은?(단, 필터는 없는 것으로 하고 순저항부하이다.)

① $E_d = 0.45E$
② $E_d = 0.9E$
③ $E_d = 1.17E$
④ $E_d = 2.34E$

해설

| 정류 종류 | 평균 전압 | 정류 종류 | 평균 전압 |
|---|---|---|---|
| 단상 반파정류 | $E_d = \frac{\sqrt{2}}{\pi}E = 0.45E$ | 3상 반파정류 | $E_d = \frac{3\sqrt{6}}{2\pi}E = 1.17E$ |
| 단상 전파정류 | $E_d = \frac{2\sqrt{2}}{\pi}E = 0.9E$ | 3상 전파정류 | $E_d = \frac{3\sqrt{6}}{\pi}E = 2.34E$ |

**14** 단면적 500[mm$^2$] 이상의 절연 트롤리선을 시설할 경우 굴곡 반지름이 3[m] 이하의 곡선 부분에서 지지점 간 거리[m]는?

① 1
② 1.2
③ 2
④ 3

해설 절연 트롤리선 지지점 간의 거리(판단기준 제206조)

| 도체 단면적 | 지지점 간격 |
|---|---|
| 500[mm$^2$] 미만 | 2[m](굴곡 반지름이 3[m] 이하의 곡선 부분에서는 1[m]) |
| 500[mm$^2$] 이상 | 3[m](굴곡 반지름이 3[m] 이하의 곡선 부분에서는 1[m]) |

**15** 피뢰를 목적으로 피보호물 전체를 덮은 연속적인 망상 도체(금속판도 포함)는?

① 수직도체
② 인하도체
③ 케이지
④ 용마루 가설 도체

13 ④ 14 ① 15 ③ Answer

해설 • 완전보호 : 금속체로 Cage를 구성하는 완전보호방식이다. 산꼭대기에 있는 관측소, 건물, 휴게소 등에 시설한다.
• 증강보호 : 돌침 및 가설도체의 보호각 내에 건축물이 시설된 경우라도 건축물 상부의 모서리, 삐죽한 형상을 한 윗부분에 돌침과 수평도체를 추가 부설하여 보호능력을 향상시킨 것이다. 일반적으로 Cage 방식을 채택하기 어려운 건물(목조건물 등)에 사용한다.
• 보통보호 : 피보호물 전부가 돌침이나 수평도체의 보호범위에 있도록 시설하는 것으로 철근콘크리트 건물로 옥상에 철제난간이 있는 경우 보통보호로 충분하다.
• 간이보호 : 보통보호보다 간단한 것으로 보호범위를 고려하지 않은 간이한 피뢰설비를 하는 경우이다. 뇌해 가능성이 많은 지역의 20[m] 이하 건물에서 자주적인 피뢰설비를 하는 경우에 해당된다.

## 16 배전반 및 분전반에 대한 설명으로 틀린 것은?

① 개폐기를 쉽게 개폐할 수 있는 장소에 시설하여야 한다.
② 옥측 또는 옥외에 시설하는 경우는 방수형을 사용하여야 한다.
③ 노출하여 시설되는 분전반 및 배전반의 재료는 불연성의 것이어야 한다.
④ 난연성 합성수지로 된 것은 두께가 최소 2[mm] 이상으로 내아크성인 것이어야 한다.

해설 동력 설비 공사에서 배전반 및 분전반을 넣은 함의 요건
• 반의 옆쪽 또는 뒤쪽으로 설치하는 분배전반의 소형 덕트는 강판제이어야 한다.
• 강판제의 것은 두께 1.2[mm] 이상이어야 한다.
• 절연저항 측정 및 전선 접속 단자의 점검이 용이한 구조이어야 한다.
• 난연성 합성수지로 된 것은 두께 1.5[mm] 이상으로 내아크성인 것이어야 한다.
• 함 내부에는 접지 단자를 설치해야 한다.
• 반의 뒷면에는 배선 및 기구를 배치하지 않는다.
• 반의 옆면 또는 윗면에 설치하는 거터는 강판제로서 전선을 구부리거나 누르지 않을 정도로 충분히 큰 것이어야 한다.

## 17 전선관 접속재가 아닌 것은?

① 유니버설 엘보　　② 콤비네이션 커플링
③ 새들　　④ 유니언 커플링

해설 새들 : 접속재료가 아닌 고정하는 재료로 사용

## 18 연속열 등기구를 천장에 매입하거나 들보에 설치하는 조명방식으로 일반적으로 사무실에 설치되는 건축화 조명방식은?

① 밸런스 조명　　② 광량 조명
③ 코브 조명　　④ 코퍼 조명

Answer 16 ④　17 ③　18 ②

해설 ① 밸런스 조명 : 벽면을 밝은 광원으로 조명하는 방식으로 숨겨진 램프의 직접광이 아래쪽 벽, 커튼, 위쪽 천장면에 조이도록 조명하는 방식
② 광량 조명 : 연속열 등기구를 천장에 매입하거나 들보에 설치하는 조명방식
③ 코브 조명 : 램프를 감추고 코브의 벽, 천장면에 플라스틱 · 목재 등을 이용하여 간접 조명으로 만들어 그 반사광으로 채광하는 조명방식
④ 코퍼 조명 : 천장면을 여러 형태의 사각, 삼각, 원형 등으로 구멍을 내어 다양한 형태의 매입기구를 취부하여 실내의 단조로움을 피하는 조명방식

## 19 그림은 애자 취부용 금구를 나타낸 것이다. 앵커 쇄클은 어느 것인가?

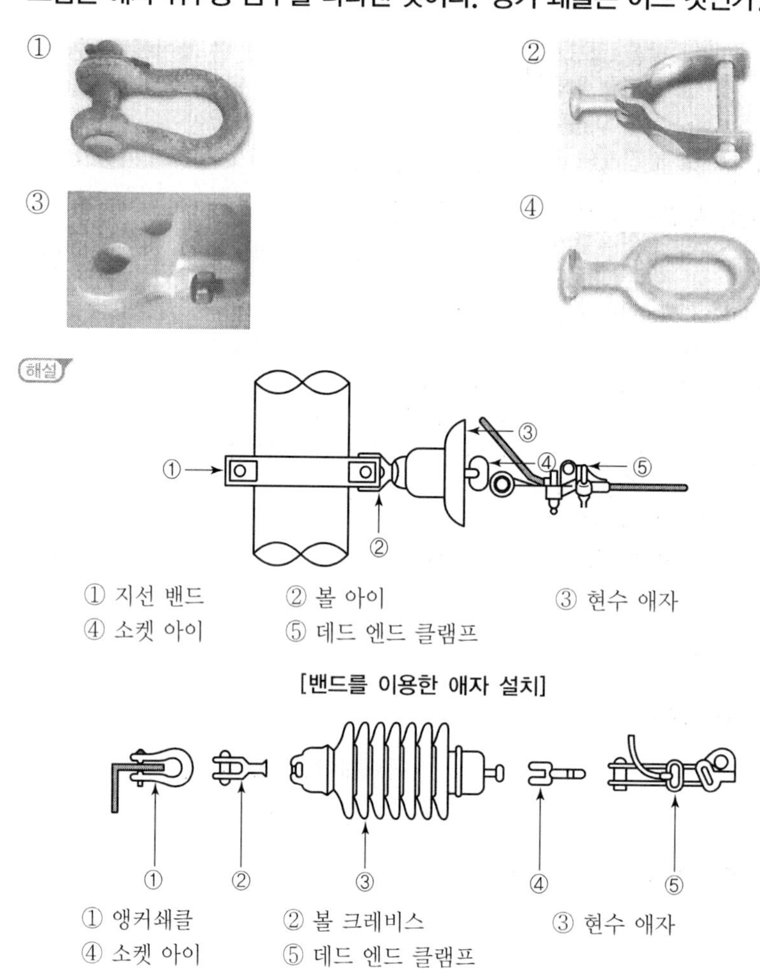


[밴드를 이용한 애자 설치]

[장간형 현수애자, ㄱ형 완철 애자]

19 ① Answer

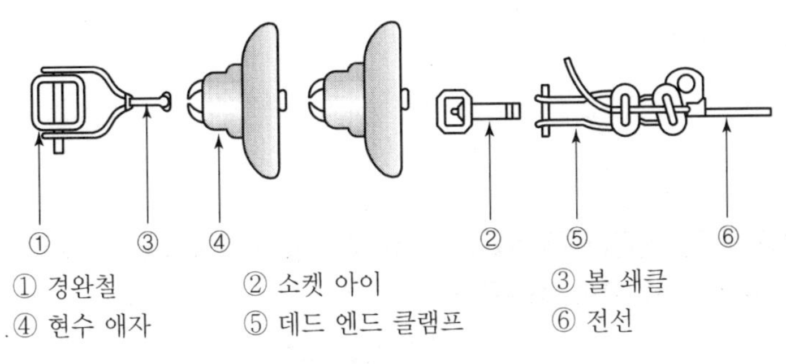


① 경완철　　② 소켓 아이　　③ 볼 쇄클
④ 현수 애자　　⑤ 데드 엔드 클램프　　⑥ 전선

[경완철에서 현수 애자 설치]

**20** **터널 내의 배기가스 및 안개 등에 대한 투과력이 우수하여 터널조명, 교량조명, 고속도로 인터체인지 등에 많이 사용되는 방전등은?**

① 수은등　　② 나트륨등
③ 크세논등　　④ 메탈 할로이드등

해설 나트륨등의 특징
- 투시력이 좋다.(안개 낀 지역, 터널 등에 사용)
- 단색 광원으로 옥내 조명에 부적당하다.
- 효율이 좋다.
- D선(5,890~5,896[Å])을 광원으로 이용한다.

Answer 20 ②

↘ 전기공사기사

# 2020년도 1·2회 시험

# 과년도 기출문제

**01** 전기화학반응을 실제로 일으키기 위해 필요한 전극전위에서 그 반응의 평형전위를 뺀 값을 과전압이라고 한다. 과전압의 원인으로 틀린 것은?

① 농도 분극
② 화학 분극
③ 전류 분극
④ 활성화 분극

해설 ㉠ 전기화학반응의 과전압
과전압=전극전위−평형전위
㉡ 과전압의 원인
- 농도 분극 : 전해반응이 일어나고 있는 전극표면과 전해액 가운데의 이온의 농도차
- 화학 분극 : 가운데 있는 이온의 용액구조와 방전하는 이온과의 차이
- 활성화 분극 : 전극표면에서의 이온과의 전자수
- 결정화 분극 : 방전에 의해 생긴 원자의 정상상태로의 전이

**02** 자기소호기능이 가장 좋은 소자는?

① GTO
② SCR
③ DIAC
④ TRIAC

해설 GTO(Gate Turn Off) : 자기소호기능
- ON 상태에서 OFF 상태로 되는 현상
- 점호 때와 반대 방향으로 전류를 흐르게 하면 소호시킬 수 있다.

**03** 플라이휠 효과 1[kg · m²]인 플라이휠 회전속도가 1,500[rpm]에서 1,200[rpm]으로 떨어졌다. 방출에너지는 약 몇 [J]인가?

① $1.11 \times 10^3$
② $1.11 \times 10^4$
③ $2.11 \times 10^3$
④ $2.11 \times 10^4$

해설 방출에너지 $W = \dfrac{GD^2}{730}(N_1^2 - N_2^2)$

$$= \frac{1}{730}(1{,}500^2 - 1{,}200^2) \fallingdotseq 1.11 \times 10^3 [\mathrm{J}]$$

01 ③ 02 ① 03 ① Answer

## 04 30[W]의 백열전구가 1,800[h]에서 단선되었다. 이 기간 중에 평균 100[lm]의 광속을 방사하였다면 전 광량[lm · h]은?

① $5.4 \times 10^4$　　② $18 \times 10^4$
③ 60　　④ 18

해설 전 광량=광속×시간

$F_t = F \times t = 100 \times 1{,}800 = 18 \times 10^4 [\text{lm} \cdot \text{h}]$

## 05 평균 구면 광도 100[cd]의 전구 5개를 지름 10[m]인 원형의 방에 점등할 때 조명률을 0.5, 감광보상률을 1.5로 하면 방의 평균 조도[lx]는 약 얼마인가?

① 18　　② 23
③ 27　　④ 32

해설 조도 $E = \dfrac{NFU}{S \cdot D}[\text{lx}]$

구광원 광속 $F = 4\pi I[\text{lm}]$

$= 4\pi \times 100 = 400\pi[\text{lm}]$

$\therefore\ E = \dfrac{5 \times 400\pi \times 0.5}{(\pi \times 5^2) \times 1.5} \fallingdotseq 27[\text{lx}]$

## 06 서미스터(Thermistor)의 주된 용도는?

① 온도 보상용　　② 잡음 제거용
③ 전압 증폭용　　④ 출력전류 조절용

해설 서미스터

- 열저항 소자
- 온도 상승 시 전기저항 감소(부특성)
- 온도보상회로에 이용

## 07 전자빔 가열의 특징이 아닌 것은?

① 용접, 용해 및 천공작업 등에 응용된다.
② 에너지의 밀도나 분포를 자유로이 조절할 수 있다.
③ 진공 중에서 가열이 불가능하다.
④ 고융점 재료 및 금속박 재료의 용접이 쉽다.

Answer ⊙ 04 ② 05 ③ 06 ① 07 ③

해설 전자빔 가열
㉠ 전자의 충돌에 의한 에너지로 가열하는 방식
㉡ 특징
- 에너지 밀도가 높아 용접 · 용해에 이용된다.
- 진공 중에 가열하기 때문에 산화 등의 영향이 적다.
- 에너지 밀도나 분포를 자유로이 조절 가능하다.
- 가열 범위를 좁게 할 수 있기 때문에 열 변질이 적은 가열이 가능하다.
- 국소 표면 열처리에 이용된다.

**08** **직류 전동기 중 공급전원의 극성이 바뀌면 회전 방향이 바뀌는 것은?**

① 분권기 ② 평복권기
③ 직권기 ④ 타여자기

해설 타여자 전동기
공급전원의 극성이 바뀌면 자속의 방향은 일정하므로 전기자 전류 방향이 반대가 되어 회전 방향이 바뀐다.

**09** **철도차량이 운행하는 곡선부의 종류가 아닌 것은?**

① 단곡선 ② 복곡선
③ 반향곡선 ④ 완화곡선

해설 ① 단곡선 : 원의 중심이 1개인 곡선
② 복곡선
- 반경이 다른 2개의 원 중심이 동일축에 위치한 곡선
- 두 곡선의 접속점에서 곡률이 급격히 변화하므로 차량 운행에 사용되지 않음
③ 반향곡선 : 2개의 곡선반경의 중심이 선로에 대해 서로 반대쪽에 위치한 곡선
④ 완화곡선 : 직선부와 곡선부 사이에 설치된 완만한 곡선

**10** **유전 가열의 용도로 틀린 것은?**

① 목재의 건조 ② 목재의 접착
③ 염화비닐막의 접착 ④ 금속 표면처리

해설 유전 가열의 용도
- 유전체(절연체)에 적용
- 목재의 건조, 목재의 접착, 염화비닐막의 접착
※ 유도 가열의 용도 : 금속(도체)에 적용

08 ④ 09 ② 10 ④ Answer

## 11 백열전구에서 사용되는 필라멘트 재료의 구비조건으로 틀린 것은?

① 용융점이 높을 것
② 고유저항이 클 것
③ 선팽창계수가 높을 것
④ 높은 온도에서 증발이 적을 것

해설 필라멘트의 구비요건
- 융해점이 높을 것
- 고유저항이 클 것
- 높은 온도에서 증발이 적을 것
- 선팽창계수가 작을 것
- 전기저항의 온도계수가 플러스일 것

## 12 후강 전선관에 대한 설명으로 틀린 것은?

① 관의 호칭은 바깥지름의 크기에 가깝다.
② 후강 전선관의 두께는 박강 전선관의 두께보다 두껍다.
③ 콘크리트에 매입할 경우 관의 두께는 1.2[mm] 이상으로 해야 한다.
④ 관의 호칭은 16[mm]에서 104[mm]까지 10종이다.

해설 전선관의 종류 및 규격

㉠ 후강 전선관 : 산화 방지 처리로 아연 도금 또는 에나멜이 입혀져 있고 양끝은 나사로 되어 있다.
- 호칭 : 안지름의 크기에 가까운 짝수(근사내경 짝수)(약호 : C)
  16, 22, 28, 36, 42, 54, 72, 80, 92, 104[mm]−10종
- 두께 : 2.3[mm] 이상
- 길이 : 3.6[m]

㉡ 박강 전선관
- 호칭 : 바깥지름의 크기에 가까운 홀수(근사외경 홀수)(약호 : G)
  19, 25, 31, 39, 51, 63, 75[mm]−7종
- 두께 : 1.6[mm] 이상
- 길이 : 3.66[m]

## 13 내선규정에서 정하는 용어의 정의로 틀린 것은?

① 케이블이란 통신용 케이블 이외의 케이블 및 캡타이어 케이블을 말한다.
② 애자란 노브 애자, 인류 애자, 핀 애자와 같이 전선을 부착하여 이것을 다른 것과 절연하는 것을 말한다.
③ 전기용품이란 전기설비의 부분이 되거나 또는 여기에 접속하여 사용되는 기계기구 및 재료 등을 말한다.
④ 불연성이란 불꽃, 아크 또는 고열에 의하여 착화하기 어렵거나 착화하여도 쉽게 연소하지 않는 성질을 말한다.

Answer 11 ③ 12 ① 13 ④

해설 • 불연성 : 불꽃, 아크 또는 고열에 의하여 연소되지 않는 성질
• 난연성 : 불꽃, 아크 또는 고열에 의하여 착화하기 어렵거나 착화하여도 쉽게 연소하지 않는 성질

## 14 배전반 및 분전반을 넣는 함을 강판제로 만들 경우 함의 최소 두께[mm]는?(단, 가로 또는 세로의 길이가 30[cm]를 초과하는 경우이다.)

① 1.0 ② 1.2
③ 1.4 ④ 1.6

해설 배전반 및 분전반 함의 두께
• 난연성 합성수지제 : 1.5[mm] 이상
• 강판제 : 1.2[mm] 이상(단, 가로 또는 세로 길이가 30[cm] 이하 : 1.0[mm] 이상)

## 15 저압 전선로 등의 중성선 또는 접지 측 전선의 식별에서 애자의 빛깔에 의하여 식별하는 경우에는 어떤 색의 애자를 접지 측으로 사용하는가?

① 청색 애자 ② 백색 애자
③ 황색 애자 ④ 흑색 애자

해설 애자의 색상
• 특고압용 핀 애자 : 적색
• 저압용 애자(접지 측 제외) : 백색
• 접지 측 애자 : 청색

## 16 지선으로 사용되는 전선의 종류는?

① 경동연선 ② 중공연선
③ 아연도철연선 ④ 강심알루미늄연선

해설 지선의 시설 방법
㉠ 안전율 : 2.5 이상(허용 인장하중 4.31[kN])
㉡ 연선 사용 시
• 소선 3가닥 이상일 것
• 소선의 지름 2.6[mm]의 금속선 사용
• 소선의 지름 2[mm] 이상인 아연도강연선으로서 소선의 인장강도가 0.68[kN/mm$^2$] 이상은 제외

14 ② 15 ① 16 ③ Answer

**17** 철근 콘크리트주로서 전장 16[m]이고, 설계하중이 8[kN]이라 하면 땅에 묻는 최소 깊이[m]는?(단, 지반이 연약한 곳 이외에 시설한다.)

① 2.0　　② 2.4
③ 2.5　　④ 2.8

해설 지지물의 매설 깊이

| 전장 \ 설계하중 | 6.8[kN] 이하 | 6.8[kN] 초과~9.8[kN] 이하 | 9.8[kN] 초과~14.72[kN] 이하 |
|---|---|---|---|
| 15[m] 이하 | 전장×1/6[m] 이상 | 전장×1/6 +0.3[m] 이상 | 전장×1/6 +0.5[m] 이상 |
| 15[m] 초과 | 2.5[m] 이상 | 2.8[m] 이상 | - |
| 16[m] 초과~20[m] 이하 | 2.8[m] 이상 | - | - |

**18** 피뢰설비 설치에 관한 사항으로 옳은 것은?

① 수뢰부는 동선을 기준으로 35[mm²] 이상
② 접지극은 동선을 기준으로 50[mm²] 이상
③ 인하도선은 동선을 기준으로 16[mm²] 이상
④ 돌침은 건축물의 맨 윗부분으로부터 20[cm] 이상 돌출

해설 피뢰설비 구성에 따른 재료
- 단면적 : 수뢰부, 인하도선 및 접지극은 50[mm²] 이상
- 돌침 : 건축물의 맨 윗부분으로부터 25[cm] 이상 돌출

**19** 자심재료의 구비조건으로 틀린 것은?

① 저항률이 클 것
② 투자율이 작을 것
③ 히스테리시스 면적이 작을 것
④ 잔류자기가 크고 보자력이 작을 것

해설 전기기기의 자심재료의 구비조건
- 잔류자기가 크고 보자력이 작을 것
- 투자율이 크고 포화자속밀도가 클 것
- 저항률이 클 것
- 기계적, 전기적 충격에 대하여 안정할 것

Answer 17 ④　18 ②　19 ②

**20** **형광판, 야광도료 및 형광방전등에 이용되는 루미네선스는?**

① 열 루미네선스
② 전기 루미네선스
③ 복사 루미네선스
④ 파이로 루미네선스

해설 루미네선스

온도복사를 제외한 모든 발광 현상

- 열 루미네선스 : 금강석, 대리석, 형석
- 전기 루미네선스 : 네온관등, 수은등
- 복사 루미네선스 : 형광등, 형광판, 야광도료
- 파이로 루미네선스 : 발염 아크등
- 생물 루미네선스 : 야광충(반딧불), 오징어
- 결정 루미네선스 : 황산소다, 황산칼리

20 ③ Answer

전기공사기사

## 2020년도 3회 시험

# 과년도 기출문제

APPENDIX

### 01 다음 중 쌍방향 2단자 사이리스터는?

① SCR
② TRIAC
③ SSS
④ SCS

해설 사이리스터

㉠ 방향성
- 쌍방향 소자 : DIAC, TRIAC, SSS
- 단방향 소자 : SCR, LASCR, GTO

㉡ 극수
- 2극 소자 : DIAC, SSS
- 3극 소자 : SCR, LASCR, GTO, TRIAC
- 4극 소자 : SCS

### 02 축전지의 충전방식 중 전지의 자기 방전을 보충함과 동시에, 상용부하에 대한 전력공급은 충전기가 부담하되 비상시 일시적인 대부하 전류는 축전지가 부담하도록 하는 충전방식은?

① 보통충전
② 급속충전
③ 균등충전
④ 부동충전

해설 축전지의 충전방식

① 보통충전 : 필요할 때마다 표준시간율로 소정의 충전을 하는 방식
② 급속충전 : 비교적 단시간에 보통전류의 2~3배의 전류로 충전하는 방식
③ 균등충전 : 전위차 보정을 위하여 1~3개월마다 1회씩 정전압으로 10~12시간 충전하여 각 전해조의 용량을 균일화하는 방식
④ 부동충전 : 축전지가 자기방전을 보충함과 동시에 상용부하에 대한 전력공급은 충전기가 부담하고 충전기가 부담하기 어려운 일시적인 대전류 부하를 축전지가 부담하게 하는 방식

### 03 저항 용접에 속하는 것은?

① TIG 용접
② 탄소 아크 용접
③ 유니언 멜트 용접
④ 프로젝션 용접

해설 저항 용접의 종류

㉠ 겹치기 저항 용접
- 점 용접 : 필라멘트 용접, 열전대 용접에 이용
- 돌기 용접(프로젝션 용접)
- 심 용접 : 이음매 용접

Answer 01 ③ 02 ④ 03 ④

㉡ 맞대기 용접
- 업셋 맞대기 용접
- 플래시 맞대기 용접
- 충격 용접

**04** 열차가 곡선 궤도를 운행할 때 차륜의 플랜지와 레일 사이의 측면 마찰을 피하기 위해 내측 레일의 궤간을 넓히는 것은?

① 고도　　② 유간
③ 확도　　④ 철차각

해설 궤도의 구조
① 고도(Cant) : 운전의 안전성 확보를 위하여 곡선 시 안쪽 레일보다 바깥쪽 레일을 조금 높여 주는 것
② 유간 : 온도 변화에 따른 레일의 신축성 때문에 이음 장소에 간격을 두는 것
③ 확도(슬랙) : 곡선 궤도 운행 시 차륜의 플랜지와 레일 사이의 마찰을 피하기 위하여 레일의 간격을 조금 넓혀 주는 것
④ 철차각 : 철차부에서 기준선과 분기선이 교차하는 각도

**05** 유도 전동기를 동기속도보다 높은 속도에서 발전기로 동작시켜 발생된 전력을 전원으로 반환하여 제동하는 방식은?

① 역전 제동　　② 발전 제동
③ 회생 제동　　④ 와전류 제동

해설 전동기의 제동법
㉠ 발전 제동
- 운동에너지를 전기에너지로 변환
- 자체 저항이 소비되면서 제동

㉡ 회생 제동
- 유도 전압을 전원 전압보다 높게 하여 제동하는 방식
- 발전 제동하여 발생된 전력을 선로로 되돌려 보냄
- 전원 : 회전 변류기를 이용
- 장소 : 산악지대의 전기 철도용

㉢ 역전(역상) 제동
- 일명 플러깅이라 함
- 3상 중 2상을 바꾸어 제동
- 속도를 급격히 정지 또는 감속시킬 때

㉣ 와전류 제동
- 구리의 원판을 자계 내에 회전시켜 와전류에 의해 제동
- 전기 동력계법에 이용

㉤ 기계 제동 : 전동기에 붙인 제동화에 전자력으로 가압

04 ③　05 ③ Answer

**06** 3상 농형 유도 전동기의 속도 제어방법이 아닌 것은?

① 극수 변환법 ② 주파수 제어법
③ 전압 제어법 ④ 2차 저항 제어법

해설 유도 전동기의 속도제어
㉠ 농형 유도 전동기
- 주파수 제어법
- 극수 변환법
- 전압 제어법

㉡ 권선형 유도 전동기
- 2차 여자 제어법
- 2차 저항 제어법
- 종속 제어법

**07** 전원 전압 100[V]인 단상 전파제어정류에서 점호각이 30°일 때 직류전압은 약 몇 [V]인가?

① 84 ② 87
③ 92 ④ 98

해설 SCR의 정류전압
- 반파정류 : $E_d = \dfrac{\sqrt{2}E}{2\pi}(1+\cos\alpha)$
- 전파정류 : $E_d = \dfrac{\sqrt{2}E}{\pi}(1+\cos\alpha)$

여기서, $E$ : 교류전압
$\alpha$ : 점호각

$$E_d = \frac{\sqrt{2}\times 100}{\pi}(1+\cos 30°) = 84[\mathrm{V}]$$

**08** 광속 5,000[lm]의 광원과 효율 80[%]의 조명기구를 사용하여 넓이 4[m²]의 우윳빛 유리를 균일하게 비출 때 유리 이(裏)면(빛이 들어오는 면의 뒷면)의 휘도는 약 몇 [cd/m²]인가?(단, 우윳빛 유리의 투과율은 80[%]이다.)

① 255 ② 318
③ 1,019 ④ 1,274

해설 유리 이면의 발산광속 $F = 5{,}000\times 0.8\times 0.8 = 3{,}200[\mathrm{lx}]$

광속 발산도 $R = \dfrac{F}{s} = \dfrac{3{,}200}{4} = 800[\mathrm{rlx}]$

$R = \pi B$

$B = \dfrac{R}{\pi} = \dfrac{800}{\pi} \fallingdotseq 255[\mathrm{cd/m^2}]$

Answer ➜ 06 ④ 07 ① 08 ①

## 09 실내 조도 계산에서 조명률 결정에 미치는 요소가 아닌 것은?

① 실지수
② 반사율
③ 조명기구의 종류
④ 감광 보상률

해설 조명률의 결정요소
- 조명기구의 종류
- 실지수(방지수)
- 반사율

※ 감광 보상률 : 광속 감소를 고려한 여유계수이다.

## 10 열전대를 이용한 열전온도계의 원리는?

① 제베크 효과
② 톰슨 효과
③ 핀치 효과
④ 펠티에 효과

해설 제베크 효과
- 서로 다른 2종류 금속 접합부에 온도차를 주면 열기전력이 발생한다.
- 열기전력을 이용한 온도계를 열전온도계라 한다.

## 11 방전등의 일종으로 빛의 투과율이 크고 등황색의 단색광이며 안개 속을 잘 투과하는 등은?

① 나트륨등
② 할로겐등
③ 형광등
④ 수은등

해설 나트륨등
- 투시력이 좋다.(안개 낀 지역, 터널 등에 사용)
- 단색광(등황색)으로 옥내조명에 부적당하다.
- 효율이 가장 높다.(이론상 효율 : 395[lm/W], 실제 효율 : 80~150[lm/W])
- 연색성이 나쁘다.

## 12 다음 중 배전반 및 분전반을 넣은 함의 요건으로 적합하지 않은 것은?

① 반의 옆쪽 또는 뒤쪽에 설치하는 분배전반의 소형 덕트는 강판제이어야 한다.
② 난연성 합성수지로 된 것은 두께가 최소 1.6[mm] 이상으로 내(耐)수지성인 것이어야 한다.
③ 강판제의 것은 두께 1.2[mm] 이상이어야 한다. 다만, 가로 또는 세로의 길이가 30[cm] 이하인 것은 두께 1.0[mm] 이상으로 할 수 있다.
④ 절연저항 측정 및 전선접속단자의 점검이 용이한 구조이어야 한다.

09 ④ 10 ① 11 ① 12 ② Answer

해설 배전반 및 분전반 함의 두께

- 난연성 합성수지제 : 1.5[mm] 이상
- 강판제 : 1.2[mm] 이상(단, 가로 또는 세로 길이가 30[cm] 이하 : 두께 1.0[mm] 이상)

## 13 할로겐 전구의 특징이 아닌 것은?

① 휘도가 낮다. ② 열충격에 강하다.
③ 단위광속이 크다. ④ 연색성이 좋다.

해설 할로겐 전구의 특징

- 초소형 경량의 전구(백열전구의 $\frac{1}{10}$ 이상 소형화)
- 단위광속이 크며 휘도가 높다.
- 배광 제어가 용이하며 온도가 높다.
- 연색성이 좋고 흑화가 거의 발생하지 않는다.

## 14 라인포스트 애자는 다음 중 어떤 종류의 애자인가?

① 핀 애자 ② 현수 애자
③ 장간 애자 ④ 지지 애자

해설 라인포스트(LP) 애자

- 특고압 가공 배전선로의 지지물에서 전선을 지지 또는 고정하는 데 사용
- 장주용 애자

## 15 KS C IEC 62305-3에 의해 피뢰침의 재료로 테이프형 단선 형상의 알루미늄을 사용하는 경우 최소 단면적[mm$^2$]은?

① 25 ② 35
③ 50 ④ 70

해설 피뢰침의 재료(알루미늄)의 단면적

- 테이프형 단선 : 70[mm$^2$](최소 두께 : 3[mm])
- 원형 단선 : 50[mm$^2$](직경 : 8[mm])
- 연선 : 50[mm$^2$](소선 직경 : 1.7[mm])

Answer 13 ① 14 ④ 15 ④

**16** 전기기기의 절연의 종류와 허용 최고 온도가 잘못 연결된 것은?

① A종－105[℃] ② E종－120[℃]
③ B종－130[℃] ④ H종－155[℃]

해설 절연의 종류에 따른 허용 온도

| 절연의 종류 | Y | A | E | B | F | H | C |
|---|---|---|---|---|---|---|---|
| 허용 최고 온도[℃] | 90 | 105 | 120 | 130 | 155 | 180 | 180 초과 |

**17** 가공 배전선로 경완철에 폴리머 현수 애자를 결합하고자 한다. 경완철과 폴리머 현수 애자 사이에 설치되는 자재는?

① 경완철용 아이 쇄클 ② 볼 크레비스
③ 인장 클램프 ④ 각암타이

해설 경완철용 아이 쇄클
경완철과 폴리머 애자 접속 시 사용

**18** 지선 밴드에서 2방 밴드의 규격이 아닌 것은?

① 150×203[mm] ② 180×240[mm]
③ 200×260[mm] ④ 240×300[mm]

해설 2방 밴드의 규격(내경×볼트 중심 간 거리)
- 150×203[mm]
- 180×240[mm]
- 200×260[mm]
- 220×280[mm]
- 250×311[mm]

**19** 점유면적이 좁고, 운전 · 보수가 안전하여 공장 및 빌딩 등의 전기실에 많이 사용되는 배전반은?

① 데드 프런트형 ② 수직형
③ 큐비클형 ④ 라이브 프런트형

해설 큐비클형(폐쇄식 배전반)
점유면적이 좁고 운전, 보수에 안전하므로 공장 및 빌딩의 전기실에 사용

16 ④ 17 ① 18 ④ 19 ③ Answer

**20** 석유류 등의 위험물을 제조하거나 저장하는 장소에 저압 옥내 전기설비를 시설하고자 할 때 사용 가능한 이동전선은?(단, 이동전선은 접속점이 없다.)

① 0.6/1[kV] EP 고무 절연 클로로프렌 캡타이어 케이블
② 0.6/1[kV] EP 고무 절연 클로로프렌 시스 케이블
③ 0.6/1[kV] EP 고무 절연 비닐 시스 케이블
④ 0.6/1[kV] 비닐 절연 비닐 시스 케이블

해설 위험물이 존재하는 곳에 사용 가능한 전선
접속점이 없는 이동전선으로
- 0.6/1[kV] EP 고무 절연 클로로프렌 캡타이어 케이블
- 0.6/1[kV] 비닐 절연 비닐 캡타이어 케이블

Answer 20 ①

↘ 전기공사기사

# 2020년도 4회 시험 과년도 기출문제

## 01 전기 가열 방식 중에서 고주파 유전 가열의 응용으로 틀린 것은?

① 목재의 건조 ② 비닐막 접착
③ 목재의 접착 ④ 공구의 표면 처리

해설
- 고주파 건조 : 유전 가열 및 유도 가열
- 유전 가열 : 유전체손 이용(목재의 건조, 목재의 접착, 비닐막 가공, 약품의 건조)
- 유도 가열 : 와류손 및 히스테리시스손 이용(금속의 표면 처리, 반도체 정련)

## 02 광전 소자의 구조와 동작에 대한 설명 중 틀린 것은?

① 포토트랜지스터는 모든 빛에 감응하지 않으며, 일정 파장 범위 내의 빛에 감응한다.
② 포토커플러는 전기적으로 절연되어 있지만 광학적으로 결합되어 있는 발광부와 수광부를 갖추고 있다.
③ 포토사이리스터는 빛에 의해 개방된 두 단자 사이를 도통시킬 수 있어 전류의 ON-OFF 제어에 쓰인다.
④ 포토다이오드는 일반적으로 포트트랜지스터에 비해 반응속도가 느리다.

해설 광(포토)트랜지스터는 일반적으로 광(포토)다이오드보다 반응속도가 느리지만 전류가 증폭되어 감도가 크다.

## 03 직류 전동기의 속도 제어법에서 정출력 제어에 속하는 것은?

① 계자 제어 ② 전압 제어
③ 전기자 저항제어 ④ 워드 레오너드 제어

해설 직류 전동기의 속도 제어
㉠ 계자 제어 : 속도 제어 범위가 좋다. 일명 정출력 제어이다.
㉡ 전압 제어 : 속도 제어 범위가 광범위하다.
- 정토크 제어방식
- 워드 레오너드 방식

㉢ 직렬 저상 제어 : 효율이 나쁘다.

01 ④ 02 ④ 03 ① Answer

**04** 가로 30[m], 세로 40[m] 되는 실내작업장에 광속이 2,800[lm]인 형광등 21개를 점등하였을 때, 이 작업장의 평균 조도[lx]는 약 얼마인가?(단, 조명률은 0.4이고, 감광 보상률이 1.5이다.)

① 17　　② 16
③ 13　　④ 11

해설 조도 $E=\dfrac{NFU}{S \cdot D}$

여기서, $N$ : 등수, $F$ : 광속, $U$ : 조명률, $S$ : 면적, $D$ : 감광 보상률

$\therefore\ E=\dfrac{21\times 2{,}800\times 0.4}{(30\times 40)\times 1.5}=13[\text{lx}]$

**05** 2종의 금속이나 반도체를 접합하여 열전대를 만들고 기전력을 공급하면 각 접점에서 열의 흡수, 발생이 일어나는 현상은?

① 제베크(Seebeck) 효과　　② 펠티에(Peltier) 효과
③ 톰슨(Thomson) 효과　　④ 핀치(Pinch) 효과

해설 펠티에 효과

2종의 금속 또는 반도체를 접합하여 열전대를 만들고 기전력을 공급하면 각 접점에서 열의 흡수 또는 발생이 일어나는 현상

**06** 풍압 500[mmAq], 풍량 0.5[m³/s]인 송풍기용 전동기의 용량[kW]은 약 얼마인가?(단, 여유계수는 1.23, 팬의 효율은 0.6이다.)

① 5　　② 7
③ 9　　④ 11

해설 송풍기 전동기 용량 $P=\dfrac{9.8QHK}{\eta}$

여기서, $Q$ : 송풍량[$m^3$/s], $H$ : 풍압[mmAq], $\eta$ : 효율, $K$ : 여유계수

$\therefore\ P=\dfrac{9.8\times 0.5\times 500\times 1.23}{0.6}\times 10^{-3}=5[\text{kW}]$

**07** 다음 중 직접식 저항로가 아닌 것은?

① 흑연화로　　② 카보런덤로
③ 지로식 전기로　　④ 염욕로

Answer 04 ③　05 ②　06 ①　07 ④

해설 • 직접 저항로 : 피열물에 직접 전류를 흘려서 가열하는 방식(흑연화로, 카바이드로, 카보런덤로, 알루미늄 전해로)
• 간접 저항로 : 발열체의 열을 방사, 대류 등에 의하여 피열물에 전하는 방식(염욕로, 크립톨로, 발열체로)

## 08 전기 철도에서 궤도의 구성요소가 아닌 것은?

① 침목　② 레일
③ 캔트　④ 도상

해설 ㉠ 궤도의 구성요소 : 침목, 레일, 도상
㉡ 캔트(고도)
• 곡선의 바깥쪽 레일을 안쪽 레일보다 높게 하는 방식
• 원심력과 평행시키는 기울기

## 09 금속의 화학적 성질로 틀린 것은?

① 산화되기 쉽다.
② 전자를 잃기 쉽고, 양이온이 되기 쉽다.
③ 이온화 경향이 클수록 환원성이 강하다.
④ 산과 반응하고, 금속의 산화물은 염기성이다.

해설 이온화 경향
• 이온화 경향이 클수록 양이온이 되기 쉽고, 전자를 빨리 잃어 산화되기 쉽다.
• 이온화 경향이 작을수록 양이온이 되기 어렵고, 환원성이 강하다.

## 10 방전개시 전압과 관계되는 법칙은?

① 스토크스의 법칙　② 페닝의 법칙
③ 파센의 법칙　④ 탈보트의 법칙

해설 파센의 법칙
방전개시 전압은 일정한 전극 금속과 기체의 조합에서는 압력과 관의 길이의 곱에만 관계된다.

## 11 케이블의 약호 중 EE의 품명은?

① 미네랄 인슐레이션 케이블　② 폴리에틸렌 절연 비닐 시스 케이블
③ 형광방전등용 비닐 전선　④ 폴리에틸렌 절연 폴리에틸렌 시스 케이블

08 ③　09 ③　10 ③　11 ④ Answer

해설 ① MI 케이블 ② EV 케이블
③ FL 케이블 ④ EE 케이블

**12** **가선 금구 중 완금에 특고압 전선의 조수가 3일 때 완금의 길이[mm]는?**

① 900 ② 1,400
③ 1,800 ④ 2,400

해설 완금의 표준길이[mm]

| 전선의 조수 | 특고압 | 고압 | 저압 |
| --- | --- | --- | --- |
| 2조 | 1,800 | 1,400 | 900 |
| 3조 | 2,400 | 1,800 | 1,400 |

**13** **콘크리트 매입 금속관 공사에 사용하는 금속관의 두께는 최소 몇 [mm] 이상이어야 하는가?**

① 1.0 ② 1.2
③ 1.5 ④ 2.0

해설 금속관 공사의 관의 두께
- 매입 : 1.2[mm] 이상
- 노출 : 1[mm] 이상(단, 이음매가 없고 4[m] 이하인 것을 건조하고 전개된 곳에 시설 시 0.5[mm])

**14** **옥내배선용 공구 중 리머의 사용 목적으로 옳은 것은?**

① 로크너트 또는 부싱을 견고히 조일 때
② 커넥터 또는 터미널을 압착하는 공구
③ 금속관 절단에 따른 절단면 다듬기
④ 금속관의 굽힘

해설 리머의 사용 목적
금속관 절단 후 절단면 다듬기

**15** **박스에 금속관을 연결시키고자 할 때 박스의 노크아웃 지름이 금속관의 지름보다 큰 경우 박스에 사용되는 것은?**

① 링 리듀서 ② 엔트런스 캡
③ 부싱 ④ 엘보

해설 링 리듀서
박스에 관을 연결 시 박스의 노크아웃 지름이 금속관 지름보다 큰 경우 박스에 사용

Answer 12 ④ 13 ② 14 ③ 15 ①

**16** 변압기유로 쓰이는 절연유에 요구되는 특성이 아닌 것은?

① 점도가 클 것
② 절연내력이 클 것
③ 인화점이 높을 것
④ 비열이 커서 냉각효과가 클 것

해설 변압기유(OT)의 구비요건
- 점도가 낮고, 비열이 커서 냉각효과가 클 것
- 절연내력이 클 것
- 인화점이 높고 응고점이 낮을 것
- 고온에서 석출물이 생기거나 산화하지 않을 것

**17** 피뢰시스템의 인하도선 재료로 원형 단선으로 된 알루미늄을 쓰고자 한다. 해당 재료의 단면적 [mm$^2$]은 얼마 이상이어야 하는가?(단, KS C IEC 62561-2를 기준으로 한다.)

① 20
② 30
③ 40
④ 50

해설 피뢰침의 재료(알루미늄)의 단면적
- 테이프형 단선 : 70[mm$^2$](최소 두께 : 3[mm])
- 원형 단선 : 50[mm$^2$](직경 : 8[mm])
- 연선 : 50[mm$^2$](소선 직경 : 1.7[mm])

**18** 300[W] 이상의 백열전구에 사용되는 베이스의 크기는?

① E10
② E17
③ E26
④ E39

해설 백열전구의 베이스
- E-10 : 작은 전구용(장식용, 회전등)
- E-12 : 배전반 표시등
- E-17 : 사인 전구용
- E-26 : 250[W] 이하의 병형 전구용
- E-39 : 300[W] 이상의 대형 전구용

**19** 배전반 및 분전반을 넣은 함이 내아크성, 난연성의 합성수지로 되어 있을 때 함의 최소 두께 [mm]는?

① 1.2
② 1.5
③ 1.8
④ 2.0

16 ① 17 ④ 18 ④ 19 ② Answer

해설 배전반 및 분전반 함의 두께

- 난연성 합성수지제 : 1.5[mm] 이상
- 강판제 : 1.2[mm] 이상(단, 가로 또는 세로 길이가 30[cm] 이하 : 1.0[mm] 이상)

**20** **조명기구나 소형 전기기구에 전력을 공급하는 것으로 상점이나 백화점, 전시장 등에서 조명기구의 위치를 빈번하게 바꾸는 곳에 사용되는 것은?**

① 라이팅 덕트 ② 다운라이트

③ 코퍼라이트 ④ 스포트라이트

해설 라이팅 덕트

- 조명기구나 소형 전기기구에 전력을 공급하는 데 사용하는 금속 또는 합성수지 덕트
- 상점, 백화점, 전시장 등에서 조명기구의 위치를 빈번하게 바꾸는 곳에 사용

Answer 20 ①

전기공사기사

# 2021년도 1회 시험 과년도 기출문제



**01** 금속의 표면 담금질에 쓰이는 가열방식은?

① 유도 가열 ② 유전 가열
③ 저항 가열 ④ 아크 가열

해설 유도 가열
교번자기장 내에 놓여진 물체에 유도된 와류손 및 히스테리시스손을 이용하여 가열
예 제철, 제강, 금속의 표면 담금질

**02** 구리의 원자량은 63.54이고, 원자가가 2일 때 전기화학당량은?(단, 구리 화학당량과 전기화학당량의 비는 약 96,494이다.)

① 0.3292[mg/C] ② 0.03292[mg/C]
③ 0.3292[g/C] ④ 0.03292[g/C]

해설
- 화학당량 $= \dfrac{원자량}{원자가} = \dfrac{63.54}{2} = 31.77$
- 전기화학당량 $= \dfrac{화학당량}{96,494} \times 10^3 [mg/C] = \dfrac{31.77}{96,494} \times 10^3 = 0.3292 [mg/C]$

**03** SCR 사이리스터에 대한 설명으로 틀린 것은?

① 게이트 전류에 의하여 턴온시킬 수 있다.
② 게이트 전류에 의하여 턴오프시킬 수 있다.
③ 오프 상태에서는 순방향 전압과 역방향 전압 중 역방향 전압에 대해서만 차단 능력을 가진다.
④ 턴오프된 후 다시 게이트 전류에 의하여 턴온시킬 수 있는 상태로 회복할 때까지 일정한 시간이 필요하다.

해설 SCR 사이리스터의 기능
㉠ 순방향 저지기능 : 순방향 전압이 SCR에 인가되어도 SCR을 점호하기 전까지 불통상태에 머물러 있는 것
㉡ • SCR 순방향 전압인가 → 게이트 전류를 흘리면 SCR은 도통
• SCR 역방향 전압인가 → 게이트 전류를 흘려도 SCR은 도통되지 않음
㉢ SCR은 일단 도통된 후 게이트 전류를 차단시켜도 계속 도통상태를 유지한다.(이때 저항값은 낮은 상태를 유지)
㉣ SCR의 소호상태 : 소자에 역전압이 걸려 흐르는 전류가 멈추면 소호된다.

01 ① 02 ① 03 ③ Answer

**04** 형광등의 광색이 주광색일 때 색온도[K]는 약 얼마인가?

① 3,000 ② 4,500
③ 5,000 ④ 6,500

해설 형광등의 색온도

| 광색의 종류 | 기호 | 색온도[K] |
|---|---|---|
| 주광색 | D | 5,700~7,100 |
| 백색 | W | 3,900~4,500 |
| 온백색 | WW | 3,200~3,700 |

**05** 풍량 6,000[m³/min], 전 풍압 120[mmAq]의 주 배기용 팬을 구동하는 전동기의 소요동력[kW]은?(단, 팬의 효율 $\eta=60\%$, 여유계수 $K=1.2$이다.)

① 200 ② 235
③ 270 ④ 305

해설 전동기 동력 $P=\dfrac{KQH}{6{,}120\eta}$[kW]

여기서, $K$ : 여유계수, $Q$ : 풍량[m³/분]

$H$ : 풍압[mmAq], $\eta$ : 효율

$\therefore\ P=\dfrac{1.2\times6{,}000\times120}{6{,}120\times0.6}=235$[kW]

**06** 단상 반파정류회로에서 직류전압의 평균값 150[V]를 얻으려면 정류소자의 피크 역전압(PIV)은 약 몇 [V]인가?(단, 부하는 순저항 부하이고 정류소자의 전압강하(평균값)는 7[V]이다.)

① 247 ② 349
③ 493 ④ 698

해설 단상반파 : $V_a=\dfrac{\sqrt{2}\,V}{\pi}-e$

$V=\dfrac{(V_a+e)\pi}{\sqrt{2}}=\dfrac{(150+7)\pi}{\sqrt{2}}=348.77$

피크 역전압(PIV)$=\sqrt{2}\,V=\sqrt{2}\times348.77\fallingdotseq493.24$[V]

Answer 04 ④ 05 ② 06 ③

**07** 전기 철도의 전동기 속도 제어방식 중 주파수와 전압을 가변시켜 제어하는 방식은?

① 저항 제어
② 초퍼 제어
③ 위상 제어
④ VVVF 제어

해설 VVVF : 가변 전압 가변 주파수 제어

**08** 3,400[lm]의 광속을 내는 전구를 반경 14[cm], 투과율 80[%]인 구형 글로브 내에서 점등시켰을 때 글로브의 평균 휘도[sb]는 약 얼마인가?

① 0.35
② 35
③ 350
④ 3,500

해설 $B=\dfrac{I}{S}=\dfrac{\dfrac{F}{4\pi}\times\tau}{\pi r^2}=\dfrac{F\times\tau}{4\pi^2 r^2}=\dfrac{3{,}400\times0.8}{4\pi^2\times14^2}=0.35[\mathrm{sb}]$

여기서, $F$ : 광속, $\tau$ : 투과율

**09** 일반적인 농형 유도 전동기의 기동법이 아닌 것은?

① Y−△ 기동
② 전전압 기동
③ 2차 저항 기동
④ 기동보상기에 의한 기동

해설 농형 유도 전동기 기동법
㉠ 직입기동(전전압 기동) : 5[HP] 이하 소용량
㉡ 감전압 기동
- Y−△ 기동(5~15[kW])
- 리액터 기동(15[kW] 이상)
- 기동보상기법(15[kW] 이상)

※ 2차 저항 기동 : 권선형 유도 전동기 기동법

**10** 물 7[L]를 14[℃]에서 100[℃]까지 1시간 동안 가열하고자 할 때, 전열기 용량[kW]은?(단, 전열기의 효율은 70[%]이다.)

① 0.5
② 1
③ 1.5
④ 2

해설 $P=\dfrac{cm(T-T_o)}{860\eta t}=\dfrac{1\times7(100-14)}{860\times0.7\times1}=1[\mathrm{kW}]$

여기서, $c$ : 비열(물=1), $m$ : 질량[L], $T$ : 상승 후 온도
$T_o$ : 상승 전 온도, $\eta$ : 효율, $t$ : 시간[h]

07 ④ 08 ① 09 ③ 10 ② Answer

**11** 알칼리 축전지에서 소결식에 해당하는 초급방전형은?

① AM형 ② AMH형
③ AL형 ④ AH-S형

해설 알칼리 축전지의 종류
- AMH : 고율방전용, 급방전형
- AHH : 초고율방전용, 초초급방전형
- AL : 완방전형
- AH-S : 고율방전용, 초급방전형

**12** 장력이 걸리지 않는 개소의 알루미늄선 상호 간 또는 알루미늄선과 동선의 압축접속에 사용하는 분기 슬리브는?

① 알루미늄 전선용 압축 슬리브 ② 알루미늄 전선용 보수 슬리브
③ 알루미늄 전선용 분기 슬리브 ④ 분기 접속용 동 슬리브

해설 알루미늄 전선용 분기 슬리브
- 접속점에 장력이 걸리지 않도록 시설한다.
- 전기기계기구 단자는 알루미늄 상호 간, 알루미늄과 동선의 압축접속에 사용한다.

**13** 철주의 주주재로 사용하는 강관의 두께는 몇 [mm] 이상이어야 하는가?

① 1.6 ② 2.0
③ 2.4 ④ 2.8

해설 철주, 철탑의 두께
- 철주(주주재 사용) : 2[mm] 이상
- 철탑(주주재 사용) : 2.4[mm] 이상
- 기타(부재 사용) : 1.6[mm] 이상

**14** 다음 중 지선에 근가를 시공할 때 사용되는 콘크리트 근가의 규격(길이)[m]은?(단, 원형 지선 근가는 제외한다.)

① 0.5 ② 0.7
③ 0.9 ④ 1.0

해설 콘크리트 근가의 규격
0.7[m], 1.0[m], 1.2[m], 1.5[m], 1.8[m]

Answer 11 ④ 12 ③ 13 ② 14 ②,④

## 15 가공전선로에 사용하는 애자가 구비해야 할 조건이 아닌 것은?

① 이상전압에 견디고, 내부이상전압에 대해 충분한 절연강도를 가질 것
② 전선의 장력, 풍압, 빙설 등의 외력에 의한 하중에 견딜 수 있는 기계적 강도를 가질 것
③ 비, 눈, 안개 등에 대하여 충분한 전기적 표면저항이 있어 누설전류가 흐르지 못하게 할 것
④ 온도나 습도의 변화에 대해 전기적 및 기계적 특성의 변화가 클 것

해설 애자의 구비조건
- 충분한 절연내력을 가질 것
- 충분한 기계적 강도를 가질 것
- 누설전류가 적을 것
- 온도변화에 잘 견디고 습기를 흡수하지 않을 것
- 가격이 저렴하고 다루기가 쉬울 것

## 16 접지도체에 피뢰시스템이 접속되는 경우 접지도체의 최소 단면적[mm²]은?(단, 접지도체는 구리로 되어 있다.)

① 16　　② 20
③ 24　　④ 28

해설 접지도체에 피뢰시스템이 접속되는 경우
- 구리 : 16[mm²] 이상
- 철 : 50[mm²] 이상

## 17 셀룰러 덕트의 최대 폭이 200[mm]를 초과할 때 셀룰러 덕트의 판 두께는 몇 [mm] 이상이어야 하는가?

① 1.2　　② 1.4
③ 1.6　　④ 1.8

해설 셀룰러 덕트의 판 두께

| 덕트의 최대폭 | 덕트의 판 두께 |
|---|---|
| 150[mm] 이하 | 1.2[mm] |
| 150[mm] 초과 ~ 200[mm] 이하 | 1.4[mm] |
| 200[mm] 초과 | 1.6[mm] |

15 ④　16 ①　17 ③ Answer

**18** 고압으로 수전하는 변전소에서 접지 보호용으로 사용되는 계전기의 영상전류를 공급하는 계전기는?

① CT ② PT
③ ZCT ④ GPT

해설 ① CT : 계전기용 변류기
② PT : 계기용 변압기
③ ZCT : 영상 변류기
④ GPT : 접지 계기용 변압기

**19** 상향 광속과 하향 광속이 거의 동일하므로 하향 광속으로 직접 작업면에 직사시키고 상향 광속의 반사광으로 작업면의 조도를 증가시키는 조명기구는?

① 간접 조명기구 ② 직접 조명기구
③ 반직접 조명기구 ④ 전반 확산 조명기구

해설 조명기구 배광에 의한 분류

| 조명방식 | 하향 광속[%] | 상향 광속[%] |
|---|---|---|
| 직접 조명 | 90~100 | 0~10 |
| 반직접 조명 | 60~90 | 10~40 |
| 전반 확산 조명 | 40~60 | 40~60 |
| 반간접 조명 | 10~40 | 60~90 |
| 간접 조명 | 0~10 | 90~100 |

**20** KS C 8000에서 감전 보호와 관련하여 조명기구의 종류(등급)를 나누고 있다. 각 등급에 따른 기구의 설명이 틀린 것은?

① 등급0 기구 : 기초절연으로 일부분을 보호한 기구로서 접지단자를 가지고 있는 기구
② 등급Ⅰ 기구 : 기초절연만으로 전체를 보호한 기구로서 보호 접지단자를 가지고 있는 기구
③ 등급Ⅱ 기구 : 2중 절연을 한 기구
④ 등급Ⅲ 기구 : 정격전압이 교류 30[V] 이하인 전압의 전원에 접속하여 사용하는 기구

해설 KSC 8000 조명기구 등급
① 등급0 기구 : 접지단자 또는 접지선을 갖지 않고 기초절연만으로 전체가 보호된 기구
② 등급Ⅰ 기구 : 보호 접지단자를 가지고 있고 기초절연만으로 전체가 보호된 기구
③ 등급Ⅱ 기구 : 2중 절연을 한 기구
④ 등급Ⅲ 기구 : 정격전압이 교류 30[V] 이하인 전압의 전원에 접속하여 사용하는 기구

Answer 18 ③ 19 ④ 20 ①

↘ 전기공사기사

# 2021년도 2회 시험 과년도 기출문제

**01** 형광등은 형광체의 종류에 따라 여러 가지 광색을 얻을 수 있다. 형광체가 규산 아연일 때의 광색은?

① 녹색　　② 백색
③ 청색　　④ 황색

해설 형광체의 광색
- 텅스텐산 칼슘 : 청색
- 텅스텐산 마그네슘 : 청백색
- 규산 아연 : 녹색(효율 최대)
- 규산 카드뮴 : 주광색
- 붕산 카드뮴 : 다홍색

**02** 반도체에 빛이 가해지면 전기저항이 변화되는 현상은?

① 홀 효과　　② 광전 효과
③ 제베크 효과　　④ 열진동 효과

해설 광전효과
- 금속에 빛을 쪼일 때 전자가 튀어나오는 현상
- 반도체에 빛이 가해지면 전기저항이 변화되는 현상

**03** 루소 선도가 다음과 같이 표시될 때, 배광곡선의 식은?

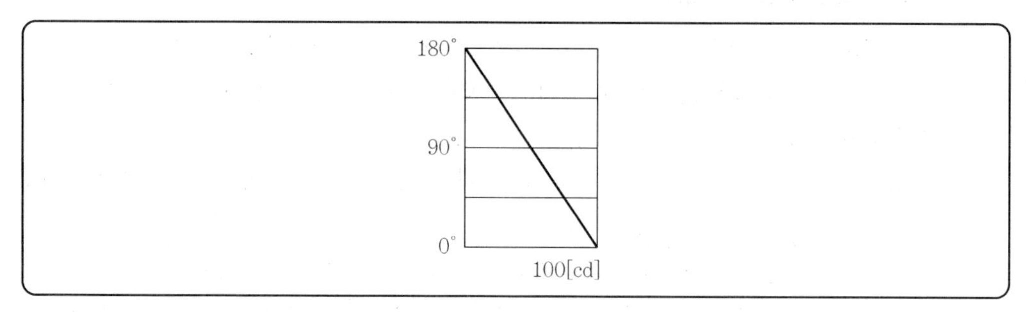


① $I_\theta = \frac{\theta}{\pi} \times 100$　　② $I_\theta = \frac{\pi - \theta}{\pi} \times 100$
③ $I_\theta = 100\cos\theta$　　④ $I_\theta = 50(1 + \cos\theta)$

01 ①　02 ②　03 ④ Answer

해설 • 광속

$F = \frac{2\pi}{r} \times S \qquad r = 100$

하반구 광속 $S = \frac{100}{2}(100+50) = 7,500$

$\therefore F = \frac{2\pi}{100} \times 7,500 = 150\pi = 471[\mathrm{lm}]$

• 배광곡선식

$I_\theta = a \cdot \cos\theta + b \qquad a = 50 \qquad \therefore I_\theta = 50\cos\theta + b$

$\theta = 90^\circ \qquad I_\theta = b = 50 \qquad \therefore I_\theta = 50(1+\cos\theta)$

## 04 양수량 30[m³/min], 총 양정 10[m]를 양수하는 데 필요한 펌프용 전동기의 소요출력[kW]은 약 얼마인가?(단, 펌프의 효율은 75[%], 여유계수는 1.1이다.)

① 59　　② 64

③ 72　　④ 78

해설 펌프 전동기 소요출력

$P = \frac{9.8\,QHK}{\eta}[\mathrm{kW}]$

여기서, $Q$ : 양수량[m³/s], $H$ : 총양정[m]
$K$ : 여유계수, $\eta$ : 효율

$\therefore P = \frac{9.8 \times \frac{30}{60} \times 10 \times 1.1}{0.75} \fallingdotseq 72[\mathrm{kW}]$

## 05 자기방전량만을 항시 충전하는 부동충전방식의 일종인 충전방식은?

① 세류충전　　② 보통충전

③ 급속충전　　④ 균등충전

해설 충전방식

- 세류충전 : 자기방전만을 항시 충전하는 부동충전방식의 일종
- 보통충전 : 필요할 때마다 표준시간율로 소정의 충전을 하는 방식
- 급속충전 : 비교적 단시간에 보통전류의 2~3배의 전류로 충전하는 방식
- 균등충전 : 전위차를 보정하기 위하여 1~3개월마다 1회씩 정전압으로 10~12시간 충전하여 각 전해조의 용량을 균일화하기 위한 방식
- 부동충전 : 축전지의 자기용량을 보충함과 동시에 상용부하에 대한 전력공급은 충전기가 부담하도록 하되 충전기가 부담하기 어려운 일시적인 대전류 부하는 축전지로 하여금 부담하게 하는 방식

Answer 04 ③ 05 ①

**06** 다이오드 클램퍼(Clamper)의 용도는?

① 전압 증폭
② 전류 증폭
③ 전압 제한
④ 전압레벨 이동

해설 다이오드 클램퍼 회로
입력파형의 형태를 변화시키지 않고 다른 레벨에 고정시키는 회로로서 출력신호를 특정 전압으로 위치시킴(전압레벨 이동)

**07** 총 중량이 50[t]이고, 전동기 6대를 가진 전동차가 구배 20[‰]의 직선 궤도를 올라가고 있다. 주행속도가 40[km/h]일 때 각 전동기의 출력[kW]은 약 얼마인가?(단, 가속저항은 31[kg/t], 중량당 주행저항은 8[kg/t], 전동기 효율은 0.9이다.)

① 52
② 60
③ 66
④ 72

해설
- 견인력=총 중량×(주행저항+경사저항+가속저항)
  $=50(8+20+31)=2,950[kg]$
- 전동기 출력 $P=\dfrac{F \cdot V}{367\,N \cdot \eta}$
  여기서, $F$ : 견인력, $V$ : 주행속도
  $N$ : 전동기 수, $\eta$ : 전동기 효율

$\therefore\ P=\dfrac{2,950\times 40}{367\times 6\times 0.9} \fallingdotseq 60[kW]$

**08** 유전체 자신을 발열시키는 유전 가열의 특징으로 틀린 것은?

① 열이 유전체손에 의하여 피열물 자체 내에서 발생한다.
② 온도 상승 속도가 빠르다.
③ 표면의 소손과 균열이 없다.
④ 전 효율이 좋고, 설비비가 저렴하다.

해설 유전 가열의 특징

|  |  |
|---|---|
| 장점 | • 열이 유전체손에 의하여 피열물 자신에 발생하므로, 가열이 균일하다.<br>• 온도 상승 속도가 빠르고, 속도가 임의 제어된다. |
| 단점 | • 전 효율이 고주파 발진기의 효율(50~60[%])에 의하여 억제되고, 회로 손실도 가해지므로 양호하지 못하다.<br>• 설비비가 고가이다. |

06 ④ 07 ② 08 ④ Answer

**09** 하역 기계에서 무거운 것은 저속으로, 가벼운 것은 고속으로 작업하여 고속이나 저속에서 다 같이 동일한 동력이 요구되는 부하는?

① 정토크 부하 ② 정동력 부하
③ 정속도 부하 ④ 제곱토크 부하

해설 정동력 부하(정출력 부하)
- 속도가 증가하면 토크는 감소하고, 속도가 감소하면 토크가 증가하여 속도에 상관없이 기계 동력이 일정하게 되는 부하
- 무거운 것은 저속으로, 가벼운 것은 고속으로 작업하여 고속이나 저속에서 다 같이 동일한 동력이 요구되는 부하

**10** 흑연화로, 카보런덤로, 카바이드로 등의 전기로 가열 방식은?

① 아크 가열 ② 유도 가열
③ 간접 저항 가열 ④ 직접 저항 가열

해설

| | | |
|---|---|---|
| 직접 저항로 | 흑연화로 | • 전원 : 상용주파 단상교류<br>• 열효율이 가장 높다. |
| | 카바이드로 | • 전원 : 상용주파 3상 교류<br>• 반응식 : $CaO + 3C \rightleftarrows CaC_2 + CO$ |
| | 카보런덤로 | |
| | 알루미늄 전해로 | |
| | 제철로 | |
| 간접 저항로 | 염욕로 | 형태가 복잡하게 생긴 금속제품을 균일하게 가열 |
| | 크립톨로(탄소립로) | |
| | 발열체로 | |

**11** 다음 중 절연성, 내온성, 내유성이 풍부하며 연피 케이블에 사용하는 전기용 테이프는?

① 면테이프 ② 비닐테이프
③ 리노테이프 ④ 고무테이프

해설 ㉠ 면테이프 : 건조한 목면테이프, 즉 가제테이프에 검은색 점착성의 고무혼합물을 양면에 함침시킨 것으로 점착성이 강하다.
㉡ 비닐테이프 : 염화 비닐 콤파운드로 만든 것이다.
㉢ 리노테이프 : 점착성은 없으나 절연성, 내온성 및 내유성이 있으므로 연피 케이블 접속에 사용한다.
㉣ 고무테이프 : 절연성 혼합물을 압연하여 이를 가황한 다음, 그 표면에 고무풀을 칠한 것으로, 서로 밀착되지 않도록 적당한 격리물을 사이에 넣어 같이 감은 것이다.

Answer ➜ 09 ② 10 ④ 11 ③

㉤ 자기융착테이프
- 내오존성, 내수성, 내온성, 내약품성이 우수하여 오랫동안 열화되지 않기 때문에 비닐외장 케이블 접속에 사용한다.
- 약 2배 정도 늘려서 감으면 서로 융착되어 벗겨지는 일이 없다.

## 12 전선 배열에 따라 장주를 구분할 때 수직배열에 해당되는 장주는?

① 보통 장주 ② 래크 장주
③ 창출 장주 ④ 편출 장주

해설 장주의 종류
- 수평배열 : 보통 장주, 창출 장주, 편출 장주
- 수직배열 : 래크 장주

## 13 무대 조명의 배치별 구분 중 무대 상부 배치 조명에 해당되는 것은?

① Foot Light ② Tower Light
③ Ceiling Spot Light ④ Suspension Spot Light

해설 서스펜션 스포트라이트(Suspension Spot Light)
- 무대 상부에 설치되며 무대에서 연기(공연)가 이루어지는 부분을 수직으로 조명하는 방식
- 고정식으로 배치되어 강한 빛을 확산시켜 무대의 주체들에 중심적으로 투광하는 무대조명

## 14 경완철에 현수 애자를 설치할 경우에 사용되는 자재가 아닌 것은?

① 볼 쇄클 ② 소켓 아이
③ 인장 클램프 ④ 볼 크레비스

해설

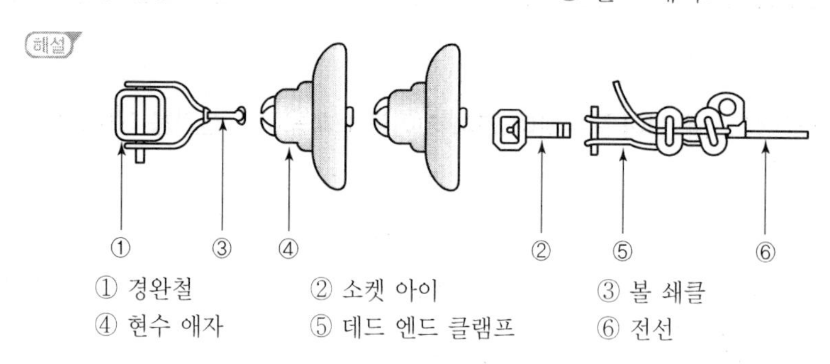


① 경완철 ② 소켓 아이 ③ 볼 쇄클
④ 현수 애자 ⑤ 데드 엔드 클램프 ⑥ 전선

[경완철에서 현수 애자 설치]

12 ② 13 ④ 14 ④ Answer

## 15 합성수지몰드 공사에 관한 설명으로 틀린 것은?

① 합성수지몰드 안에는 금속제의 조인트 박스를 사용하여 접속이 가능하다.
② 합성수지몰드 상호 간 및 합성수지몰드와 박스 기타의 부속품과는 전선이 노출되지 아니하도록 접속해야 한다.
③ 합성수지몰드의 내면은 전선의 피복이 손상될 우려가 없도록 매끈한 것이어야 한다.
④ 합성수지몰드는 홈의 폭 및 깊이가 3.5[cm] 이하로 두께는 2[mm] 이상의 것이어야 한다.

해설 합성수지몰드 안에는 금속제 조인트 박스 사용이 불가능하며 전선의 접속점을 만들어서는 안 된다.

## 16 버스 덕트 공사에서 덕트 최대 폭[mm]에 따른 덕트 판의 최소 두께[mm]로 틀린 것은?(단, 덕트는 강판으로 제작된 것이다.)

① 덕트 최대 폭 100[mm] : 최소 두께 1.0[mm]
② 덕트 최대 폭 200[mm] : 최소 두께 1.4[mm]
③ 덕트 최대 폭 600[mm] : 최소 두께 2.0[mm]
④ 덕트 최대 폭 800[mm] : 최소 두께 2.6[mm]

해설 버스 덕트 공사

| 덕트의 최대 폭[mm] | 강판 최소 두께[mm] |
|---|---|
| 150 이하 | 1.0 |
| 150 초과 300 이하 | 1.4 |
| 300 초과 500 이하 | 1.6 |
| 500 초과 700 이하 | 2.0 |
| 700 초과 | 2.3 |

## 17 저압 가공 인입선에서 금속관 공사로 옮겨지는 곳 또는 금속관으로부터 전선을 뽑아 전동기 단자 부분에 접속할 때 사용하는 것은?

① 엘보 ② 터미널 캡
③ 접지 클램프 ④ 엔트런스 캡

해설 ① 엘보 : 노출배관 공사에서 관을 직각으로 굽히는 곳에 사용
② 터미널 캡 : 저압 가공 인입선에서 금속관 공사로 옮겨지는 곳 또는 금속관 공사로부터 전선을 뽑아 전동기 단자 부분에 접속할 때 사용
③ 접지 클램프 : 금속관 접지공사 시 사용하는 재료
④ 엔트런스 캡 : 저압 가공 인입선의 인입구에 사용

Answer 15 ① 16 ④ 17 ②

**18** 3[MVA] 이하 H종 건식 변압기에서 절연 재료로 사용하지 않는 것은?

① 명주 ② 마이카
③ 유리섬유 ④ 석면

해설 H종 건식 변압기
㉠ 장점
- 소형, 경량화할 수 있다.
- 절연에 대한 신뢰성이 높다.
- 난연성, 자기소화성으로 화재의 발생이나 연소의 우려가 적으므로 안전성이 높다.
- 절연유를 사용하지 않으므로 유지보수가 용이하다.

㉡ 절연 재료 : 마이카, 유리섬유, 석면

**19** 피뢰침용 인하도선으로 가장 적당한 전선은?

① 동선 ② 고무절연전선
③ 비닐절연전선 ④ 캡타이어 케이블

해설 피뢰침용 인하도선
- 전선의 재료 : 동선
- 전선의 굵기 : 50[$mm^2$] 이상

**20** 고유저항(20[℃]에서)이 가장 큰 것은?

① 텅스텐 ② 백금
③ 은 ④ 알루미늄

해설 고유저항(20[℃] 기준)
- 텅스텐 : 5.48
- 백금 : 10.5
- 은 : 1.62
- 알루미늄 : 2.62
- 탄소 : 3,500~7,500

18 ① 19 ① 20 ② Answer

**01** 일정 전류를 통하는 도체의 온도상승 $\theta$와 반지름 $r$의 관계는?

① $\theta = kr^{-2}$ ② $\theta = kr^{-3}$

③ $\theta = kr^{-\frac{2}{3}}$ ④ $\theta = kr^{-\frac{3}{2}}$

해설 온도상승 $\theta = \dfrac{P}{hs}$

여기서, $P$ : 가열된 전력(입력), $h$ : 방열계수, $s$ : 열발산면적(표면적)

$$P = I^2R = I^2 \cdot \rho\frac{l}{A} = \frac{I^2\rho l}{\pi r^2}$$

$$s = 2\pi rl$$

$$\theta = \frac{l\dfrac{I^2 \cdot \rho}{\pi r^2}}{h \cdot 2\pi rl} = \frac{I^2 \cdot \rho}{h \cdot 2\pi r \cdot \pi r^2} = \frac{I^2\rho}{2h\pi^2 r^3}$$

$$\therefore\ \theta = K\frac{1}{r^3} = Kr^{-3}$$

**02** 열차저항에 대한 설명 중 틀린 것은?

① 주행저항은 베어링 부분의 기계적 마찰, 공기저항 등으로 이루어진다.
② 열차가 곡선구간을 주행할 때 곡선의 반지름에 비례하여 받는 저항을 곡선저항이라 한다.
③ 경사궤도를 운전 시 중력에 의해 발생하는 저항을 구배저항이라 한다.
④ 열차 가속 시 발생하는 저항을 가속저항이라 한다.

해설 곡선저항

열차가 곡선구간을 달릴 때 곡선 반지름에 반비례하는 저항

$$R_c = \frac{600 \sim 800}{r}\,[\text{kg}]$$

여기서, $r$ : 곡선 반지름

**03** 단상 유도 전동기 중 기동토크가 가장 큰 것은?

① 반발 기동형 ② 분상 기동형

③ 콘덴서 기동형 ④ 셰이딩 코일형

Answer ➡ 01 ② 02 ② 03 ①

해설 단상 유도 전동기의 기동토크가 큰 순서
반발 기동형 > 반발 유도형 > 콘덴서 기동형 > 분상 기동형 > 셰이딩 코일형

**04** 정류방식 중 정류효율이 가장 높은 것은?

① 단상 반파방식
② 단상 전파방식
③ 3상 반파방식
④ 3상 전파방식

해설 정류효율
① 단상 반파 : 40.5[%]
② 단상 전파 : 81.1[%]
③ 3상 반파 : 96.7[%]
④ 3상 전파 : 99.8[%]

**05** 25[℃]의 물 10[L]를 그릇에 넣고 2[kW]의 전열기로 가열하여 물의 온도를 80[℃]로 올리는 데 20분이 소요되었다. 이 전열기의 효율[%]은 약 얼마인가?

① 59.5
② 68.8
③ 84.9
④ 95.9

해설 효율 $\eta = \dfrac{c \cdot m(T-T_o)}{860\,Pt}$

$$= \frac{1\times 10(80-25)}{860\times 2\times \dfrac{20}{60}}\times 100 = 95.9[\%]$$

여기서, $c$ : 비열(물=1), $m$ : 질량[L], $T$ : 상승 후 온도, $T_o$ : 상승 전 온도
$P$ : 전력[kW], $t$ : 시간[h]

**06** 직류 전동기 속도 제어에서 일그너 방식이 채용되는 것은?

① 제지용 전동기
② 특수한 공작기계용
③ 제철용 대형 압연기
④ 인쇄기

해설 일그너 장치
- 대용량 부하에서 가변속도의 경우에 사용
- 제철용 압연기, 제관작업에 적당

04 ④ 05 ④ 06 ③ Answer

## 07 전기화학용 직류전원의 요구조건이 아닌 것은?

① 저전압 대전류일 것
② 전압 조정이 가능할 것
③ 일정한 전류로서 연속운전에 견딜 것
④ 저전류에 의한 저항손의 감소에 대응할 것

해설 전기화학용 직류전원 조건
- 저전압 대전류일 것
- 전압 조정이 가능할 것
- 정전류로서 연속운전에 견딜 것

## 08 100[W] 전구를 유백색 구형 글로브에 넣었을 경우 글로브의 효율[%]은 약 얼마인가?(단, 유백색 유리의 반사율은 30[%], 투과율은 40[%]이다.)

① 25　　② 43
③ 57　　④ 81

해설 구형 글로브 효율 $\eta = \dfrac{\tau}{1-\rho} \times 100[\%]$

여기서, $\tau$ : 투과율, $\rho$ : 반사율

$\therefore \ \eta = \dfrac{0.4}{1-0.3} \times 100 \fallingdotseq 57[\%]$

## 09 전기 철도의 매설관 측에서 시설하는 전식 방지 방법은?

① 임피던스 본드 설치　　② 보조귀선 설치
③ 이선율 유지　　④ 강제배류법 사용

해설 전식의 방지
㉠ 전철 측
- 귀선저항을 작게 하기 위한 임피던스 본드 설치
- 레일을 따라 보조귀선 설치
- 변전소 간격을 짧게 한다.
- 이선율을 유지한다.

㉡ 지중매설관 측
- 강제배류법 : 매설관의 배류점과 레일을 전기적으로 접속하여 전식을 방지
- 매설관 표면 또는 접속점을 절연
- 도전체 차폐

Answer 07 ④　08 ③　09 ④

**10** 전해질 용액의 도전율에 가장 큰 영향을 미치는 것은?

① 전해질 용액의 양　② 전해질 용액의 농도
③ 전해질 용액의 빛깔　④ 전해질 용액의 유효 단면적

해설 전해액의 도전율 $K=\frac{1}{\rho}$이므로 전해액도 농도에 따라 결정된다.

**11** KS C 8309에 따른 옥내용 소형 스위치 중 텀블러 스위치의 정격전류가 아닌 것은?

① 5[A]　② 10[A]
③ 15[A]　④ 20[A]

해설 텀블러 스위치의 정격전류
10[A], 15[A], 20[A]

**12** 램프효율이 우수하고 단색광이므로 안개지역에서 가장 많이 사용되는 광원은?

① 수은등　② 나트륨등
③ 크세논등　④ 메탈 할로이드등

해설 나트륨등의 특징
- 투시력이 좋다.(안개 낀 지역, 터널 등에 사용)
- 단색 광원으로 옥내 조명에 부적당하다.(등황색)
- 효율이 좋다.(연색성은 나쁘다.)
- D선(5,890~5,896[Å])을 광원으로 이용한다.
- 열음극이 설치된 발광관과 외관(2중관)으로 되어 있다.

**13** 한국전기설비규정에 따른 철탑의 주주재로 사용하는 강관의 두께는 몇 [mm] 이상이어야 하는가?

① 1.6　② 2.0
③ 2.4　④ 2.8

해설 철주, 철탑의 두께
- 철주(주주재 사용) : 2[mm] 이상
- 철탑(주주재 사용) : 2.4[mm] 이상
- 기타(부재 사용) : 1.6[mm] 이상

10 ② 11 ① 12 ② 13 ③ Answer

**14** 한국전기설비규정에 따른 플로어 덕트 공사의 시설조건 중 연선을 사용해야만 하는 전선의 최소 단면적 기준은?(단, 전선의 도체는 구리선이며 연선을 사용하지 않아도 되는 예외조건은 고려하지 않는다.)

① 6[mm$^2$] 초과
② 10[mm$^2$] 초과
③ 16[mm$^2$] 초과
④ 25[mm$^2$] 초과

해설 플로어 덕트 공사(콘크리트 바닥에 시설하는 경우)

- 강판의 두께 : 2.0[mm] 이상
- 덕트 내부 단면적 : 32[%] 이하

**15** 공칭전압 22.9[kV]인 3상 4선식 다중접지방식의 변전소에서 사용하는 피뢰기의 정격전압[kV]은?

① 20
② 18
③ 24
④ 21

해설 피뢰기의 정격전압

| 공칭전압[kV] | 변전소[kV] | 배전선로[kV] |
|---|---|---|
| 345 | 288 | – |
| 154 | 144 | – |
| 66 | 72 | – |
| 22 | 24 | – |
| 22.9 | 21 | 18 |

**16** 한국전기설비규정에 따른 상별 전선의 색상으로 틀린 것은?

① L1 : 백색
② L2 : 흑색
③ L3 : 회색
④ N : 청색

해설 전선의 식별

| 상별(문자) | 색상 |
|---|---|
| L1 | 갈색 |
| L2 | 흑색 |
| L3 | 회색 |
| N | 청색 |
| 보호도체 | 녹색–노란색 |

Answer 14 ② 15 ④ 16 ①

**17** 저압 인류 애자에는 전압선용과 중성선용이 있다. 각 용도별 색깔이 옳게 연결된 것은?

① 전압선용－녹색, 중성선용－백색
② 전압선용－백색, 중성선용－녹색
③ 전압선용－적색, 중성선용－백색
④ 전압선용－청색, 중성선용－백색

해설 저압 인류 애자
- 전압선용 : 백색
- 중성선용 : 녹색

**18** 기계기구의 단자와 전선의 접속에 사용되는 자재는?

① 터미널 러그
② 슬리브
③ 와이어 커넥터
④ T형 커넥터

해설 ① 터미널 러그
- 전선 끝에 납땜, 기타의 방법으로 붙이는 쇠붙이
- 기계기구의 단자와 전선의 접속 시 사용

② 슬리브
- 구리에 주석도금한 속이 빈 원통형 철물
- 전선을 슬리브 구멍에 삽입하여 접속시키고 압착공구로 압착시킨다.

③ 와이어 커넥터
- 박스 안에 쥐꼬리 접속 시 사용
- 납땜과 테이프를 감을 필요가 없다.

④ T형 커넥터 : 전선을 T형 접속 시 사용

**19** 축전지의 충전방식 중 전지의 자기방전을 보충함과 동시에 상용부하에 대한 전력공급은 충전기가 부담하도록 하되, 충전기가 부담하기 어려운 일시적인 대전류 부하는 축전지로 하여금 부담하게 하는 충전방식은?

① 보통충전
② 과부하충전
③ 세류충전
④ 부동충전

해설 충전방식
- 세류충전 : 자기방전만을 항시 충전하는 부동충전방식의 일종
- 보통충전 : 필요할 때마다 표준시간율로 소정의 충전을 하는 방식
- 급속충전 : 비교적 단시간에 보통전류의 2~3배의 전류로 충전하는 방식
- 균등충전 : 전위차를 보정하기 위하여 1~3개월마다 1회씩 정전압으로 10~12시간 충전하여 각 전해조의 용량을 균일화하기 위한 방식
- 부동충전 : 축전지의 자기용량을 보충함과 동시에 상용부하에 대한 전력공급은 충전기가 부담하도록 하되 충전기가 부담하기 어려운 일시적인 대전류 부하는 축전지로 하여금 부담하게 하는 방식

17 ② 18 ① 19 ④ Answer

**20** 네온방전등에 대한 설명으로 틀린 것은?

① 네온방전등에 공급하는 전로의 대지전압은 300[V] 이하로 하여야 한다.

② 네온변압기 2차 측은 병렬로 접속하여 사용하여야 한다.

③ 관등회로의 배선은 애자 공사로 시설하여야 한다.

④ 관등회로의 배선에서 전선 상호 간의 이격거리는 60[mm] 이상으로 하여야 한다.

해설 네온방전등

- 옥내, 옥측, 옥외의 시설에 적용
- 전로의 대지전압 : 300[V] 이하
- 관등회로의 배선 : 애자 사용 공사
- 전선 상호 간의 간격 : 6[cm] 이상
- 전선 지지점 간의 간격 : 1[m] 이하
- 애자 사용 시 절연성, 난연성, 내수성 재료를 사용

Answer 20 ②

전기공사산업기사

## 2014년도 1회 시험

# 과년도 기출문제

**01** 목재의 건조, 베니어판 등의 합판에서의 접착 건조, 약품의 건조 등에 적합한 전기 건조 방식은?

① 고주파 건조　　② 적외선 건조
③ 자외선 건조　　④ 아크 건조

해설 고주파 건조
- 유도 가열 : 교번자기장 내에 놓인 유도성 물체에 유도된 와류손과 히스테리시스손을 이용하여 가열
  예 제철, 제강, 금속의 표면 열처리
- 유전 가열 : 유전체손 이용
  예 목재의 건조, 접착, 비닐막 접착

**02** 전동기의 토크 단위는?

① [kg]　　② [kg · $m^2$]
③ [kg · m]　　④ [kg · m/s]

해설 토크[kg · m], 동력[kg · m/s]

**03** 다음 사이리스터 중 2단자 양방향 소자는?

① SCR　　② LASCR
③ TRIAC　　④ DIAC

해설 반도체 방향성
- 양방향성(쌍방향성) 소자 : DIAC, TRIAC, SSS
- 역저지(단방향성) 소자 : SCR, LASCR, GTO

**04** 전동기 절연물의 종별에서 허용 온도 상승한도가 130[℃]인 것은?

① Y종　　② A종
③ E종　　④ B종

해설

| 절연의 종류 | Y | A | E | B | F | H | C |
|---|---|---|---|---|---|---|---|
| 허용 최고 온도[℃] | 90 | 105 | 120 | 130 | 155 | 180 | 180 초과 |

01 ①　02 ③　03 ④　04 ④　Answer

## 05 그림과 같이 광원 $L$에 의한 모서리 $B$의 조도가 20[lx]일 때 $B$로 향하는 방향의 광도[cd]는 약 얼마인가?

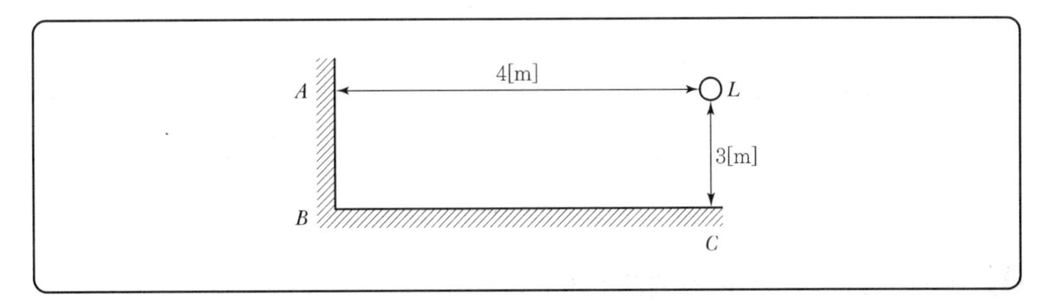


① 780
② 833
③ 900
④ 950

해설 $B$ 모서리 바닥 위에 생긴 조도는 수평면 조도이므로

$$E_h = \frac{I}{l^2}\cos\theta$$

$$20 = \frac{I}{5^2} \times \frac{3}{5}$$

$$I = \frac{20 \times 5^3}{3} = 833[\text{cd}]$$

## 06 알루미늄, 마그네슘의 용접에 가장 적합한 용접방법은?

① 피복금속 아크 용접
② 불꽃 용접
③ 원자 수소 용접
④ 불활성 가스 아크 용접

해설 특수 용접(불활성 가스 용접, 가스 : He, Ar, $H_2$)
- 알루미늄 용접
- 마그네슘 용접

## 07 서보 전동기(Servo Motor)는 서보 기구에서 주로 어느 부의 기능을 맡는가?

① 검출부
② 제어부
③ 비교부
④ 조작부

해설 제어요소
- 조절부 : 동작신호를 만듦
- 조작부 : 서보 모터 기능

Answer 05 ② 06 ④ 07 ④

**08** 전극 및 용접부가 공기로부터 차단되어 산화 방지 효과가 있는 용접은?

① 탄소 아크 용접
② 원자 수소 용접
③ 나금속 아크 용접
④ 불활성 가스 아크 용접

해설 원자 수소 용접
수소 기류 중에서 2개의 텅스텐 전극 사이에 아크를 발생시키고, 이때 발생하는 수소의 반응열을 이용하는 아크 용접법을 말하며 산화 방지 효과가 있다.

**09** 형광등의 광속이 감소하는 원인이 아닌 것은?

① 전극의 소모에 의한 열전자 방출의 감소
② 램프 양단의 흑화 현상
③ 형광체의 열화
④ 형광등의 부특성

해설 광속이 감소하는 경우
- 양단의 흑화 현상
- 형광체 열화
- 열전자 방출의 감소
- 램프 안의 가스밀도 저하

**10** 고온도에 의한 환원으로 얻어진 조금속(粗金屬) 또는 정제금속을 주입한 것을 양극으로 하고 목적 금속과 동일한 금속염을 함유한 수용액을 전해액으로 전해하여 순도가 높은 금속을 얻는 방법은?

① 전해 정제
② 전해 채취
③ 전기 도금
④ 전해 연마

해설 전해 정제
전기 분해를 이용한 금속 정련법이다. 정제하려는 금속을 양극으로 하고, 그 금속 이온의 염을 포함한 용액을 전해액으로 하여 직류를 통하게 하면, 음극에서 순도가 높은 금속이 석출된다. 구리, 아연, 납, 니켈, 주석, 금, 은 따위를 정련하는 데에 쓴다.

**11** 반사율 $\rho$, 투과율 $\tau$, 반지름 $r$인 완전 확산성 구형 글로브의 중심에 광도 $I$의 점광원을 켰을 때, 광속 발산도는?

① $\dfrac{\tau I}{r^2(1-\rho)}$
② $\dfrac{\rho I}{r^2(1-r)}$
③ $\dfrac{4\pi\rho I}{r^2(1-r)}$
④ $\dfrac{\rho\pi}{r^2(1-\rho)}$

08 ② 09 ④ 10 ① 11 ① Answer

해설 광속 발산도 $R$

$$R=\frac{Fr}{S}=\frac{\frac{\tau \cdot 4\pi I}{1-\rho}}{4\pi r^2}=\frac{\tau I}{r^2(1-\rho)}$$

## 12 유도 가열의 용도에 가장 적합한 것은?

① 목재의 접착　② 금속의 용접
③ 금속의 열처리　④ 비닐의 접착

해설
- 유도 가열 : 교번자기장 내에 놓인 유도성 물체에 유도된 와류손과 히스테리시스손을 이용하여 가열
- 용도 : 제철, 제강, 금속의 표면 열처리

## 13 서미스터의 저항값이 감소한다는 것은 서미스터의 온도 변화와 어떤 관계를 갖는가?

① 서미스터의 온도가 상승하고 있다.　② 서미스터의 온도가 낮아지고 있다.
③ 서미스터의 온도는 변화가 없이 일정하다.　④ 서미스터의 온도 변화와 관련이 없다.

해설 서미스터
- 열 의존도가 큰 반도체를 재료로 사용한다.
- 온도계수는 (−)를 갖고 있다.(온도가 올라가면 저항값이 감소)
- 온도 보상용으로 사용한다.

## 14 사람의 눈이 가장 밝게 느낄 때의 최대 시감도는 약 몇 [lm/W]인가?

① 540　② 555
③ 683　④ 760

해설 최대 시감도는 680[lm/W]로서 파장이 555[nm]인 황록색의 경우에 나타나며, 이에 대한 다른 파장의 시감도 비를 비시감도(Relative Visibility)라고 한다.

## 15 교류식 전기 철도에서 전압 불평형을 경감시키기 위해 사용되는 급전용 변압기는?

① 흡상 변압기　② 단권 변압기
③ 크로스 결선 변압기　④ 스콧 결선 변압기

해설 전기 철도에서 전압 불평형을 작게 하기 위하여 변압기 결선을 스콧 결선(T결선)한다.

Answer 12 ③　13 ①　14 ③　15 ④

**16** 150[W] 백열전구를 반경 20[cm], 투과율 80[%]의 글로브 속에서 점등시켰을 때의 휘도[sb]는 약 얼마인가?(단, 글로브의 반사는 무시하고, 전구의 광속은 2,450[lm]이다.)

① 0.124
② 0.390
③ 0.487
④ 0.496

해설 $F_0 = 4\pi I = \tau F = 0.8 \times 2{,}450 = 1{,}960\,[\mathrm{lm}]$

광도를 $I$라고 하면 평균 휘도 $B$는

$$B = \frac{I}{\pi r^2} = \frac{F_0}{4\pi \times \pi r^2} = \frac{1{,}960}{4 \times 3.14^2 \times 20^2} = 0.124\,[\mathrm{cd/cm^2}] = 0.124\,[\mathrm{sb}]$$

**17** 전열기에서 발열선의 지름이 1[%] 감소하면 저항 및 발열량은 몇 [%] 증감되는가?

① 저항 2[%] 증가, 발열량 2[%] 감소
② 저항 2[%] 증가, 발열량 2[%] 증가
③ 저항 4[%] 증가, 발열량 4[%] 감소
④ 저항 4[%] 증가, 발열량 4[%] 증가

해설 $R \propto \frac{1}{d^2} = \frac{1}{0.99^2} = 1.02 \quad \therefore$ 2[%] 증가

$H \propto d^2 = 0.99^2 = 0.98 \quad \therefore$ 2[%] 감소

**18** 블록 선도에서 $\frac{C}{R}$는 얼마인가?

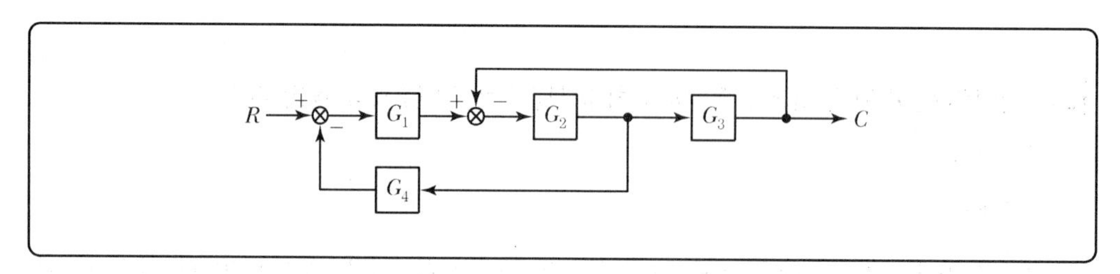


① $\dfrac{G_1 G_2 G_3}{1 + G_2 G_3 + G_1 G_2 G_4}$

② $\dfrac{G_2 G_3 G_4}{1 + G_1 G_2 + G_1 G_2 G_3 G_4}$

③ $\dfrac{G_2 G_3}{1 + G_1 G_2 + G_3 G_4}$

④ $\dfrac{G_4}{1 + G_1 + G_2 G_3 G_4}$

해설 • 전향경로 이득 : $G_1 G_2 G_3$

• 루프 이득 : $-G_2 G_3,\ -G_1 G_2 G_4$

$$\therefore G(s) = \frac{\sum \text{전향 경로 이득}}{1 - \sum \text{루프이득}} = \frac{G_1 G_2 G_3}{1 + G_2 G_3 + G_1 G_2 G_4}$$

16 ① 17 ① 18 ① Answer

## 19 광속에 대한 설명으로 옳은 것은?

① 가시범위의 방사속을 눈의 감도를 기준으로 측정한 것
② 하나의 점광원으로부터 임의의 방향을 나타낸 것
③ 단위 시간당 복사되는 에너지
④ 피조면의 단위 면적당 입사되는 에너지

해설 광속은 광원에서 나오는 복사속을 눈으로 보아 빛으로 느끼는 크기를 나타낸 것으로서, 단위로는 루멘(lumen, 기호 : lm)을 사용한다.

## 20 복진 방지(Anti-creeper) 방법으로 적당하지 않은 것은?

① 레일에 임피던스 본드를 설치한다.
② 철도용 못을 이용하여 레일과 침목 간의 체결력을 강화한다.
③ 레일에 앵커를 부설한다.
④ 침목과 침목을 연결하여 침목의 이동을 방지한다.

해설
- 임피던스 본드(신호선) : 폐쇄구간을 열차가 통과 시 귀선전류를 흐르게 하는 장치
- 복진지 : 레일이 열차 진행 방향으로 이동하는 것을 막는 것

Answer 19 ① 20 ①

## 01 다음 SCR 기호 중 옳은 것은?

①
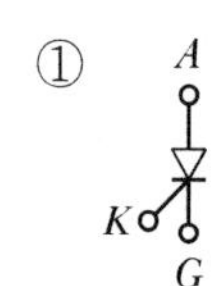


② G, A, K

③ A, G, K

④ G, K, A

(해설) 양극 A (애노드), G 게이트, K 음극 (캐소드)

## 02 초음파 용접의 특징으로 틀린 것은?

① 표면의 열처리가 간단하다.

② 가열을 필요로 하지 않는다.

③ 이종금속의 용접이 가능하다.

④ 고체상태에서의 용접이므로 열적 영향이 크다.

(해설)
- 가열이 필요하지 않다.
- 고체상태에서의 용접이므로 열적 영향이 작다.
- 이종금속의 용접이 가능하다.

## 03 물을 전기 분해할 때 수산화나트륨을 20[%] 정도 첨가하는 이유는?

① 물의 도전율을 높이기 위해

② 수소와 산소가 혼합되는 것을 막기 위해

③ 전극의 손상을 막기 위해

④ 열의 발생을 줄이기 위해

(해설) 물은 도전율이 낮으므로 20[%] 정도의 수산화나트륨을 첨가하여 도전율을 높인다.

01 ③ 02 ④ 03 ① Answer

**04** 인가전압 100[V]인 회로에서 매초 0.12[kcal]를 발열하는 전열기가 있다. 이 전열기의 용량은 몇 [W]이며, 이 전열기가 사용되고 있을 때 저항[Ω]은 얼마인가?

① 613.5, 16.2
② 502.3, 19.9
③ 423.7, 23.6
④ 353.4, 28.3

해설 열량 $Q=0.24Pt$에서 전력 $P=\dfrac{0.12\times 10^3}{0.24\times 1}=502.3[\text{W}]$

열량 $Q=0.24\dfrac{V^2}{R}t$에서 저항 $R=0.24\dfrac{100^2}{0.12\times 10^3\times 1}=19.9[\Omega]$

**05** 1,000[lm]을 복사하는 전등 10개를 100[m²]의 방에 설치하였다. 조명률 0.5, 감광 보상률 1.5일 때 방의 평균 조도는 약 몇 [lx]인가?

① 23
② 33
③ 43
④ 53

해설 $FUN=EAD$에서

$\therefore\ E=\dfrac{RUN}{AD}=\dfrac{1{,}000\times 0.5\times 10}{100\times 1.5}\fallingdotseq 33[\text{lx}]$

**06** 기중기로 150[t]의 하중을 2[m/min]의 속도로 권상시킬 때 필요한 전동기의 용량[kW]은 약 얼마인가?(단, 기계효율은 70[%]이다.)

① 70
② 80
③ 90
④ 100

해설 $P=\dfrac{KWV}{6.12\eta}=\dfrac{150\times 2}{6.12\times 0.7}=70[\text{kW}]$

여기서, $K$ : 손실계수(여유계수)
$W$ : 중량(하중)[ton]
$V$ : 권상속도[m/min]
$\eta$ : 효율

**07** 다음 중 열전대의 조합이 아닌 것은?

① 크롬－콘스탄탄
② 구리－콘스탄탄
③ 철－콘스탄탄
④ 크로멜－알루멜

Answer 04 ② 05 ② 06 ① 07 ①

해설 열전대 조합
- 백금－백금로듐
- 콘스탄탄－망가닌
- 알루멜－크로멜
- 콘스탄탄－철
- 콘스탄탄－단(구리)

**08** 금속전극의 분극전위에서 과전압의 원인이 아닌 것은?

① 농도 과전압　　② 천이 과전압
③ 온도 과전압　　④ 결정화 과전압

**09** 전기기기에 사용하는 각종 절연물의 종류별 허용 최고 온도로 옳은 것은?

① A : 120[℃]　　② B : 130[℃]
③ C : 150[℃]　　④ E : 105[℃]

해설

| 절연의 종류 | Y | A | E | B | F | H | C |
|---|---|---|---|---|---|---|---|
| 허용 최고 온도[℃] | 90 | 105 | 120 | 130 | 155 | 180 | 180 초과 |

**10** 다음 중 전기로의 가열 방식이 아닌 것은?

① 저항 가열　　② 유전 가열
③ 유도 가열　　④ 아크 가열

해설 전기로는 일반적으로 가열 방식에 의해 저항로, 아크로, 유도로로 분류할 수 있다. 유전 가열은 전기로가 필요 없는 가열 방식이다.

**11** 플라이휠 효과가 $GD^2$[kg · m²]인 전동기의 회전자가 $n_2$[rpm]에서 $n_1$[rpm]으로 감속할 때 방출한 에너지[J]는?

① $\dfrac{GD^2(n_2-n_1)^2}{730}$　　② $\dfrac{GD^2(n_2{}^2-n_1{}^2)}{730}$

③ $\dfrac{GD^2(n_2-n_1)^2}{375}$　　④ $\dfrac{GD^2(n_2{}^2-n_1{}^2)}{375}$

08 ③　09 ②　10 ②　11 ② Answer

해설 회전운동에너지 : $W$[J]

$W=\frac{1}{2}m\cdot v^2$[J]　　$v=r\cdot\omega$[m/s]

$W=\frac{1}{2}mr^2\cdot\omega^2$　　$J=mr^2$[kg · m²]

$W=\frac{1}{2}J\cdot\omega^2$[J]　　$J$ : 관성 모멘트$=\frac{GD^2}{4}$

$W=\frac{1}{2}\cdot\frac{1}{4}GD^2\cdot\omega^2=\frac{1}{8}GD^2\cdot\omega^2$[J]

$\omega=2\pi n=\frac{2\pi N}{60}$이므로 $W=\frac{1}{8}GD^2\left(2\pi\times\frac{N}{60}\right)^2=\frac{GD^2N^2}{730}$[J]이다.

따라서 회전속도($n_2\to n_1$)가 감속될 때 방출에너지

$W=\frac{GD^2}{730}(n_2^2-n_1^2)$[J]

## 12 전차선로의 철차(Crossing)에 관한 설명으로 옳은 것은?

① 궤도를 분기하는 장치
② 차륜을 하나의 궤도에서 다른 궤도로 유도하는 장치
③ 열차의 진로를 완전하게 전환시키기 위한 전환정치
④ 열차의 통과 중 헐거움 또는 잘못된 조작이 없도록 하는 쇄정장치

해설 **전철기** : 차륜을 하나의 궤도에서 다른 궤도로 유도하는 장치

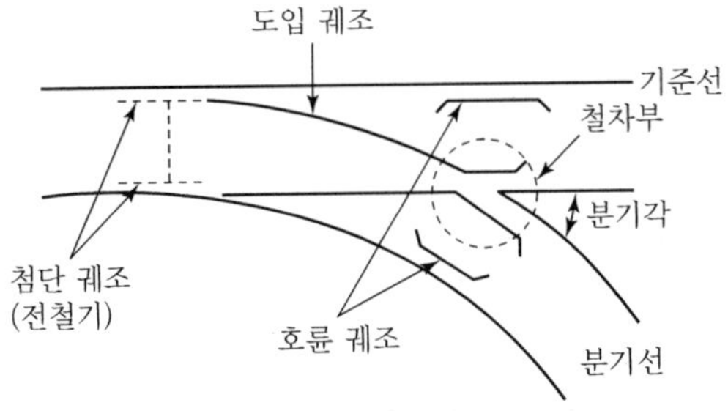


## 13 불활성 가스 용접에서 아르곤 가스가 헬륨보다 널리 사용되는 이유로 틀린 것은?

① 전리전압이 낮으므로 아크의 발생과 유지가 쉽다.
② 피포작용이 강하여 기류가 견고하다.
③ 용접면의 산화 방지 효과가 크다.
④ 가스 필요량이 적으며 가격이 저렴하다.

Answer 12 ① 13 ③

해설 불활성 가스 아크 용접의 원리
아르곤(Ar) 또는 헬륨(He) 가스와 같은 고온에서도 금속과 반응하지 않는 불활성 가스 분위기 속에서 텅스텐 전극봉 또는 와이어와 모재 사이에서 아크를 발생하여 그 열로 용접하는 방법으로 아르곤 가스는 모재가 산화되는 것을 억제한다.

**14** 전동기의 사용 장소에 따른 보호방식 중 연직면에서 15° 이내에 각도로 낙하하는 물방울이나 이물체가 직접 내부로 침입함이 없는 구조는?

① 방수형 ② 방적형
③ 방진형 ④ 방식형

해설 전동기 형식
① 방수형 : 지정된 조건에서 1~3분 동안 주수하여도 물이 침입할 수 없는 구조
② 방적형 : 낙하하는 물방울, 또는 이물체가 직접 전동기 내부로 침입할 수 없는 구조
③ 방진형 : 먼지의 침입을 최대한 방지하고, 침입하여도 정상운전에 지장이 없도록 한 구조
④ 방식형(방부형) : 부식성의 산 · 알칼리 또는 유해가스가 존재하는 장소에서 실용상 지장 없이 사용할 수 있는 구조

**15** 무궤도 전차가 노면전차보다 좋은 점이 아닌 것은?

① 기동성이 풍부하다.
② 궤도가 필요하지 않아 건설비가 적다.
③ 전식의 염려가 없다.
④ 마찰계수가 없으므로 가 · 감속을 작게 할 수 있다.

해설 • 노면전차 : 도로에서 레일 위로 가는 전차
• 무궤도 전차 : 바퀴가 달려 있는 전차(마찰이 큼)

**16** 단면적 $S[\mathrm{m}^2]$의 파이프를 $\theta$로 경사시켜서 비중 $\rho$인 액체를 $Q[\mathrm{m}^3/\mathrm{s}]$의 유량으로 양정 $H[\mathrm{m}]$까지 끌어올린다고 할 때 액체 펌프에 요하는 소요동력 $P[\mathrm{kW}]$는?

① $P=\rho HQS$ ② $P=9.8\rho HQS$
③ $P=\rho HQ$ ④ $P=9.8\rho HQ$

해설 펌프출력 $P=9.8\rho HQ$

14 ② 15 ④ 16 ④ Answer

**17** 목표값이 시간에 대하여 변하지 않는 제어로 주파수를 제어하는 것은?

① 비율 제어　　② 정치 제어
③ 추종 제어　　④ 비율 제어

해설 목표치에 의한 분류
- 정치 제어 : 목표치가 시간에 관계없이 일정할 경우(프로세스 제어, 자동 조정)
- 추치 제어 : 목표치가 시간에 따라 변화할 경우

**18** 자기소호기능을 갖지 않는 반도체 소자는?

① Diode　　② GTO
③ MOSFET　　④ IGBT

해설 자기소호기능이란 ON상태에서 OFF로 되는 현상을 말한다.

**19** 다음 중 겹치기 용접이 아닌 것은?

① 점 용접　　② 업셋 용접
③ 심 용접　　④ 프로젝션 용접

해설 저항 용접(겹치기 용접)
- 점 용접(Spot Welding) : 필라멘트, 열전대 용접에 이용
- 돌기 용접(프로젝션 용접)
- 이음매 용접(심 용접, Seam Welding)
- 맞대기 용접
- 충격 용접 : 고유저항이 적고 열전도율이 큰 것에 사용(경금속 용접)

**20** 5[Ω]의 전열선을 100[V]에 사용할 때의 발열량[kcal/h]은 약 얼마인가?

① 1,720　　② 2,770
③ 3,745　　④ 4,728

해설 $H = 0.24\dfrac{V^2}{R}t$

$= 0.24 \times \dfrac{100^2}{5} \times 3{,}600 \times 10^{-3}$

$= 1{,}728$[kcal/h]

Answer 17 ② 18 ① 19 ② 20 ①

↘ 전기공사산업기사

## 2014년도 4회 시험 과년도 기출문제

**01** 열전온도계와 가장 관계가 깊은 것은?

① 제베크 효과(Seebeck Effect)
② 톰슨 효과(Thomson Effect)
③ 핀치 효과(Pinch Effect)
④ 홀 효과(Hall Effect)

해설 열전온도계
- 제베크 효과 : 종류가 다른 두 금속에 온도차를 주면 기전력이 발생하는 현상
- 펠티에 효과 : 종류가 다른 두 접합부에 전류를 흘리면 열의 발생 또는 흡수가 일어나는 현상

**02** 서로 관계 깊은 것들끼리 짝지은 것이다. 틀린 것은?

① 유도 가열 : 와전류손
② 형광등 : 스토크스 정리
③ 표면 가열 : 표피 효과
④ 열전온도계 : 톰슨 효과

해설 열전온도계
- 제베크 효과 : 종류가 다른 두 금속에 온도차를 주면 기전력이 발생하는 현상
- 펠티에 효과 : 종류가 다른 두 접합부에 전류를 흘리면 열의 발생 또는 흡수가 일어나는 현상

**03** 금속의 표면 담금질에 가장 적합한 가열은?

① 적외선 가열
② 유도 가열
③ 유전 가열
④ 저항 가열

해설 유도 가열
교번자기장 내에 놓은 유도성 물체에 유도된 와류손과 히스테리시스손을 이용하여 가열
예 제철, 제강, 금속의 표면 열처리

**04** 피열물에 직접 통전하여 발생시키는 방식의 전기로는?

① 직접식 저항로
② 간접식 저항로
③ 아크로
④ 유도로

해설 저항 가열
전류에 의한 옴손(줄열)을 이용
- 직접 : 도전성의 피열물에 직접 전류를 통하여 가열하는 방식
- 간접 : 저항체(발열체)로부터 열의 방사, 전도, 대류에 의해서 피열물에 전달하여 가열하는 방식

01 ① 02 ④ 03 ② 04 ① Answer

## 05 교류식 전기 철도가 직류식 전기 철도보다 유리한 점은?

① 전철용 변전소에 정류장치를 설치한다.
② 전선의 굵기가 크다.
③ 차내에서 전압의 선택이 가능하다.
④ 변전소 간의 간격이 짧다.

해설 교류식 전기 철도의 장점
- 전선의 굵기가 적다.
- 차내에서 전압의 선택이 가능하다.
- 전력손실이 적으므로 변전소 간격을 길게 할 수 있다.
- 전식에 의한 피해가 없다.
- 통신선 유도장해가 크다.

## 06 단위변환이 틀리게 표현된 것은?

① 1[J]=0.2389×10⁻³[kcal]
② 1[kWh]=860[kcal]
③ 1[BTU]=0.252[kcal]
④ 1[kcal]=3,968[J]

해설 1[cal]=4.2[J]
1[J]= 0.24[cal]

## 07 트랜지스터의 정합(Junction)온도 $T_j$의 최대 정격값을 75[℃], 주위온도 $T_a=35$[℃]일 때의 컬렉터 손실 $P_c$의 최대 정격값을 10[W]라고 할 때 열저항[℃/W]은?

① 40
② 4
③ 2.5
④ 0.2

해설 $R=\dfrac{T_j-T_a}{P_c}=\dfrac{75-35}{10}=4$[℃/W]

## 08 단상 유도 전동기 중 운전 중에도 전류가 흘러 손실이 발생하여 효율과 역률이 좋지 않고 회전 방향을 바꿀 수 없는 전동기는?

① 반발 기동형
② 콘덴서 기동형
③ 분상 기동형
④ 셰이딩 코일형

해설 셰이딩 코일형
구조상 회전 방향을 바꿀 수 없다.

Answer 05 ③ 06 ④ 07 ② 08 ④

**09** 전기 철도의 곡선부에서 원심력 때문에 차체가 외측으로 넘어지려는 것을 막기 위하여 외측 레일을 약간 높여준다. 이 내외측 레일 높이의 차를 무엇이라고 하는가?

① 가이드 레일　② 이도
③ 고도　④ 확도

해설 고도(Cant)
- 곡선 시 안쪽 레일보다 바깥쪽 레일을 조금 높게 하는 것
- 이유 : 운전의 안전성 확보를 위하여

**10** 어떤 종이가 반사율 50[%], 흡수율 20[%]이다. 여기에 1,200[lm]의 광속을 비추었을 때 투과 광속은 몇 [lm]인가?

① 360　② 340
③ 580　④ 960

해설 투과율+반사율+흡수율=1에서 투과율은 30[%]이므로
투과 광속=1,200×0.3=360

**11** 형광등의 전압특성과 온도특성으로 틀린 것은?

① 전원 전압의 변화에 민감하므로 정격전압의 ±10[%] 범위 내에서 사용하는 게 바람직하다.
② 전원 전압의 변화 시 광속, 전류 및 전력은 전원 전압에 비례하여 변화한다.
③ 전원 전압 상승으로 전극이 과열되어 램프 양끝에서 흑화가 촉진된다.
④ 전원 전압이 낮은 경우 시동이 불확실하게 되어 전극 물질의 스파크 등으로 수명이 짧아진다.

해설 형광등의 인가전압은 일정해야만 점등이 되며, 광속을 유지할 수 있다.

**12** 유도 전동기를 기동하여 각속도 $\omega_s$에 이르기까지 회전자에서의 발열손실 $Q$를 나타낸 식은? (단, $J$는 관성 모멘트이다.)

① $Q=\frac{1}{2}J^2\omega_s^2$　② $Q=\frac{1}{2}J^2\omega_s$
③ $Q=\frac{1}{2}J\omega_s^2$　④ $Q=\frac{1}{2}J\omega_s$

09 ③　10 ①　11 ①　12 ③ Answer

해설 뉴턴의 제2법칙(운동에너지)

$W=\frac{1}{2}m \cdot v^2$[J] $\qquad v=r \cdot \omega$[m/s]

$W=\frac{1}{2}mr^2 \cdot \omega^2$ $\qquad J=mr^2$[kg · m²]

$W=\frac{1}{2}J \cdot {\omega_s}^2$[J]

발열손실은 운동에너지와 같다.

## 13 200[W]는 약 몇 [cal/s]인가?

① 0.2389 ② 0.8621
③ 47.78 ④ 70.67

해설 $Q=0.24Pt=0.24\times200\times1=47.78$

## 14 전지에서 자체 방전 현상이 일어나는 것으로 가장 옳은 것은?

① 전해액 온도 ② 전해액 농도
③ 불순물 혼합 ④ 이온화 경향

해설 분극작용 및 국부작용

㉠ 국부작용 : 불순물에 의하여 자체 방전
- 방지법 : 수은 도금, 순수 금속

㉡ 분극작용 : 수소가 음극제에 둘러싸여 기전력이 저하되는 현상
- 방지법 : 감극제 사용($MnO_2$, $HgO$, $O_2$)

## 15 자동제어에서 폐회로 제어계의 특징으로 틀린 것은?

① 정확성의 감소
② 감대폭의 증가
③ 비선형과 왜형에 대한 효과의 감소
④ 특성 변화에 대한 입력 대 출력비의 감도 감소

해설 입력과 출력을 비교하므로 정확성이 우수하다.

Answer 13 ③ 14 ③ 15 ①

**16** 레일 대신으로 공중에 강삭(Wire Rope)을 가설하고 여기에 운반기(Gondola)를 매달아서 사람 또는 물건을 운반하는 시설을 무엇이라 하는가?

① 가공삭도
② 트롤리 버스
③ 케이블카
④ 모노레일

해설 가공삭도
도로나 철도를 만들기가 곤란한 산간계곡과 같이 요철이 심한 장소나 하천을 횡단해야 하는 장소에서 사람이나 물자 등을 운반하는 시설로, 통상적으로 장기간 사용할 목적으로 설치된 시설을 뜻한다.

**17** 권상하중 40[t], 권양속도 12[m/min]의 기중기용 전동기의 용량은 약 몇 [kW]인가?(단, 전동기를 포함한 기중기의 효율은 60[%]이다.)

① 800
② 278.9
③ 189.8
④ 130.7

해설 $P=\dfrac{KWV}{6.12\eta}=\dfrac{40\times 12}{6.12\times 0.6}=130.7[\text{kW}]$

여기서, $K$ : 손실계수(여유계수)
$W$ : 중량(하중)[ton]
$V$ : 권상속도[m/min]
$\eta$ : 효율

**18** 리드 레일(Lead Rail)에 대한 설명으로 옳은 것은?

① 열차가 대피궤도로 도입되는 레일
② 전철기와 철차 사이를 연결하는 곡선레일
③ 직선부에서 하단부로 변화하는 부분의 레일
④ 직선부에서 경사부로 변화하는 부분의 레일

해설 도입 궤조(Lead Rail)는 전철기와 철차 사이를 연결하는 곡선 궤조로 선단 레일과 철차 사이의 원곡선으로 된 부분을 말한다.

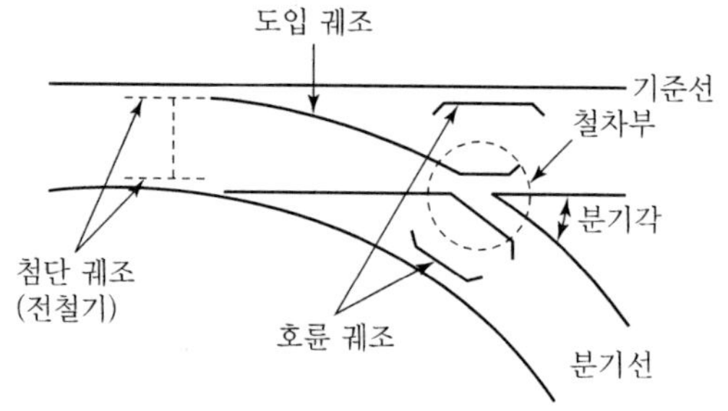


16 ① 17 ④ 18 ② Answer

**19** FL－20D 형광등의 전압이 100[V], 전류가 0.35[A], 안정기의 손실이 6[W]일 때 역률[%]은?

① 57　　② 65
③ 74　　④ 85

해설 전력 $P=20+6=26[\mathrm{W}]$

역률 $\cos\theta=\dfrac{26}{100\times0.35}=0.7429$

**20** 다음 광원 중 루미네선스에 의한 발광현상을 이용하지 않는 것은?

① 형광등　　② 수은등
③ 백열전구　　④ 네온전구

해설 **백열전구**
온도복사를 이용한 광원

Answer ➲ 19 ③　20 ③

↘ 전기공사산업기사

# 2015년도 1회 시험 과년도 기출문제

**01** 등기구의 표시 중 H자로 표시가 있는 것은 어떤 등인가?

① 백열등 ② 수은등
③ 형광등 ④ 나트륨등

해설 H : 수은등, M : 메탈 할로이드등, N : 나트륨등, X : 크세논등, F : 형광등

**02** 방의 가로가 8[m], 세로가 10[m], 광원의 높이가 4[m]인 방의 실지수(방지수)는?

① 1.1 ② 2.1
③ 3.1 ④ 4.1

해설 실지수 $= \dfrac{X \cdot Y}{H(X+Y)}$

여기서, $X$ : 가로, $Y$ : 세로, $H$ : 작업면으로부터 광원까지의 거리

∴ 실지수 $= \dfrac{8 \times 10}{4 \times (8+10)} = 1.1$

**03** 로켓, 터빈, 항공기와 같은 고도의 기계공업 분야의 재료 제조에 적합한 전기로는?

① 크립톨로 ② 지로식 전기로
③ 진공 아크로 ④ 고주파 유도로

해설 진공 아크로
항공기, 로켓 등 고도의 기계공업 분야에서 사용되는 재료를 제조하는 데 이용된다.

**04** 반사율 60[%], 흡수율 20[%]인 물체에 2,000[lm]의 빛을 비추었을 때 투과되는 광속은 몇 [lm]인가?

① 100 ② 200
③ 300 ④ 400

해설 투과율+반사율+흡수율=1에서 투과율은 20[%]이므로
투과 광속=2,000×0.2=400[lm]

01 ② 02 ① 03 ③ 04 ④ Answer

## 05 PN 접합 다이오드에서 Cut－in Voltage란?

① 순방향에서 전류가 현저히 증가하기 시작하는 전압
② 순방향에서 전류가 현저히 감소하기 시작하는 전압
③ 역방향에서 전류가 현저히 감소하기 시작하는 전압
④ 역방향에서 전류가 현저히 증가하기 시작하는 전압

해설 Cut－in Voltage
순방향에서 전류가 현저히 증가하기 시작하는 전압

## 06 3상 교류 전동기의 입력을 표시하는 식은?(단, $V_s$는 공급전압, $I$는 선전류이다.)

① $V_s I\cos\theta$
② $2V_s I\cos\theta$
③ $V_s I\theta$
④ $\sqrt{3}\,V_s I\cos\theta$

해설
- 단상 입력 $P = V_s I\cos\theta$[W]
- 3상 입력 $P = \sqrt{3}\,V_s I\cos\theta$[W]

## 07 녹색 형광램프의 형광체로 옳은 것은?

① 텅스텐산 칼슘
② 규산 카드뮴
③ 규산 아연
④ 붕산 카드뮴

해설 형광체의 광색
- 텅스텐산 칼슘($CaWO_4$) : 청색
- 텅스텐산 마그네슘($MgWO_4$) : 청백색
- 규산 아연($ZnSiO_3$) : 녹색(효율 최대)
- 규산 카드뮴($CdSiO_2$) : 주광색
- 붕산 카드뮴($CdB_2O_5$) : 다홍색

## 08 제어대상을 제어하기 위하여 입력에 가하는 양을 무엇이라 하는가?

① 변환부
② 목표값
③ 외란
④ 조작량

해설 피드백 제어계의 용어
- 제어량 : 제어된 제어대상의 양(출력량)
- 조작량 : 제어를 수행하기 위하여 제어대상에 가해지는 양
- 검출부 : 제어대상으로부터 제어량을 검출(열전온도계)

Answer 05 ① 06 ④ 07 ③ 08 ④

**09** 가로 10[m], 세로 20[m], 천장의 높이가 5[m]인 방에 완전 확산성 FL－40D 형광등 24등을 점등하였다. 조명률 0.5, 감광 보상률 1.5일 때 이 방의 평균 조도는 몇 [lx]인가?(단, 형광등의 축과 수직 방향의 광도는 300[cd]이다.)

① 38　　② 118
③ 150　　④ 177

해설 원통 광원 수직 방향의 광도를 $I_0$, 전광속을 $F$라고 하면

$F = \pi^2 I_0 = \pi^2 \times 300 = 2{,}960.88$[lm]

따라서 평균 조도 $E = \dfrac{FUN}{AD} = \dfrac{2{,}960.88 \times 0.5 \times 24}{10 \times 20 \times 1.5} \fallingdotseq 118$[lx]

여기서, $U$ : 조명률, $N$ : 광원의 수, $A$ : 면적, $D$ : 감광 보상률

**10** 아크 용접기는 어떤 원리를 이용한 것인가?

① 줄열　　② 수하 특성
③ 유전체손　　④ 히스테리시스손

해설 아크 용접(Gas : 아르곤, 헬륨)
수하 특성(부하전류가 증가하면 전압은 급격히 감소)을 이용
- 누설 변압기
- 직류 타여자 차동 복권 발전기

**11** 니켈－카드뮴(Ni－Cd) 축전지에 대한 설명으로 틀린 것은?

① 1차 전지이다.
② 전해액으로 수산화칼륨이 사용된다.
③ 양극에 수산화니켈, 음극에 카드뮴이 사용된다.
④ 탄광의 안전등 및 조명등용으로 사용된다.

해설 2차 전지 종류
- 납축(연축)전지
- 알칼리 전지 : 니켈－카드뮴 전지

**12** 열차의 차체 중량이 75[ton]이고 동륜상의 중량이 50[ton]인 기관차가 열차를 끌 수 있는 최대 견인력은 몇 [kg]인가?(단, 궤조의 점착계수는 0.3으로 한다.)

① 10,000　　② 15,000
③ 22,500　　④ 1,125,000

09 ② 10 ② 11 ① 12 ② Answer

해설 최대 견인력 $F_m = 1{,}000\mu W_a$[kg]

$\therefore R_m = 1{,}000 \times 0.3 \times 50 = 15{,}000$[kg]

## 13 전지에서 자체 방전 현상이 일어나는 것은 다음 중 무엇과 가장 관련이 있는가?

① 전해액 고유저항 ② 이온화 경향
③ 불순물 혼합 ④ 전해액 농도

해설 국부작용 : 아연 음극 또는 전해액 중에 불순물이 섞이면 아연이 부분적으로 용해되어 국부 방전이 생기며 수명이 짧아진다.

## 14 어느 쪽 게이트에서든 게이트 신호를 인가할 수 있고 역저지 4극 사이리스터로 구성된 것은?

① SCS ② GTO
③ PUT ④ DIAC

해설 SCS(Silicon Controlled Switch)
㉠ 단방향 4단자 소자
㉡ • P → SCR 겸용 사이리스터
• N → SCR 겸용 사이리스터
㉢ LASCS : 빛에 의해 동작

## 15 전류에 의한 옴[Ω]손을 이용하여 가열하는 것은?

① 복사 가열 ② 유전 가열
③ 유도 가열 ④ 저항 가열

해설
• 저항 가열 : 전류에 의한 옴손(줄열)을 이용
• 아크 가열 : 전극 사이에 발생하는 고온의 아크열을 이용
• 유도 가열 : 교번자기장 내에 놓인 유도성 물체에 유도된 와류손과 히스테리시스손을 이용
• 유전 가열 : 유전체손 이용

## 16 점광원 150[cd]에서 5[m] 떨어진 곳의 그 방향과 직각인 면과 기울기 60°로 설치된 간판의 조도는 몇 [lx]인가?

① 1 ② 2
③ 3 ④ 4

Answer ➡ 13 ③ 14 ① 15 ④ 16 ③

해설 수평면 조도

$$E = \frac{I}{l^2}\cos\theta = \frac{150}{5^2}\cos 60° = 3$$

## 17 특고압 또는 고압회로 및 기기의 단락보호 등으로 사용되는 것은?

① 플러그 퓨즈
② 통형 퓨즈
③ 고리 퓨즈
④ 전력 퓨즈

해설 전력용 퓨즈(PF)는 고압회로에 단락전류를 차단하여 기기를 보호한다.

## 18 전기 철도에서 귀선 궤조에서의 누설전류를 경감하는 방법과 관련이 없는 것은?

① 보조귀선
② 크로스 본드
③ 귀선의 전압강하 감소
④ 귀선을 정(+)극성으로 조정

해설 전식 방지법

- 레일 본드 시설이나 보조귀선을 설치한다.
- 변전소 간격을 좁힌다.
- 귀선을 부극성(−)으로 한다.
- 귀선의 극성을 정기적으로 바꾼다.

## 19 네온전구에 대한 설명으로 옳지 않은 것은?

① 소비전력이 적으므로 배전반의 파일럿 램프 등에 적합하다.
② 전극 간의 길이가 짧으므로 부글로우를 발광으로 이용한 것이다.
③ 음극 글로우를 이용하고 있어 직류의 극성 판별용에 이용된다.
④ 광학적 검사용에 이용된다.

해설 네온전구

㉠ 발광 원리 : 음극 글로우(부글로우)
㉡ 용도
- 소비전력이 적으므로 배전반의 파일럿, 종야등에 적합
- 음극만이 빛나므로 직류의 극성 판별용에 이용
- 일정 전압에서 점화하므로 검전기 교류 파고치의 측정에 쓰임

17 ④ 18 ④ 19 ④ Answer

**20** 전열기를 사용하여 방 안의 온도를 23[℃]로 일정하게 유지하려고 할 경우 제어대상과 제어량을 바르게 연결한 것은?

① 제어대상 : 방, 제어량 : 23[℃]
② 제어대상 : 방, 제어량 : 방 안의 온도
③ 제어대상 : 전열기, 제어량 : 23[℃]
④ 제어대상 : 전열기, 제어량 : 방 안의 온도

Answer ➔ 20 ②

# 2015년도 2회 시험



**01 광도의 단위는 무엇인가?**

① 루멘[lm] ② 칸델라[cd]
③ 스틸브[sb] ④ 럭스[lx]

해설 ① 광속의 단위는 [lumen]이라 하며 [lm]으로 표시한다.
② 광도의 단위는 [lm/steradian]으로 [candela]라 하며 [cd]로 표시한다.
③ 휘도의 보조 단위로는 [cd/cm$^2$]를 사용하고 [stilb]라 하며 [sb]로 표시한다.
④ 조도의 단위는 [lx]=[lm/m$^2$]이다.

**02 다음 중 형광체로 쓰이지 않는 것은?**

① 텅스텐산 칼슘 ② 규산 아연
③ 붕산 카드뮴 ④ 황산 나트륨

해설 형광체의 광색
- 텅스텐산 칼슘($CaWO_4$) : 청색
- 텅스텐산 마그네슘($MgWO_4$) : 청백색
- 규산 아연($ZnSiO_3$) : 녹색(효율 최대)
- 규산 카드뮴($CdSiO_2$) : 주광색
- 붕산 카드뮴($CdB_2O_5$) : 다홍색

**03 열 절연 재료로 사용되지 않는 것은?**

① 운모 ② 석면
③ 탄화 실리콘 ④ 자기

해설 탄화 실리콘은 탄화규소로 피뢰소자, 연마제 등에 사용된다.

**04 2차 저항 제어를 하는 권선형 유도 전동기의 속도 특성은?**

① 가감 정속도 특성 ② 가감 변속도 특성
③ 다단 변속도 특성 ④ 다단 정속도 특성

해설 2차 저항 제어는 전동기의 가감 변속도에 사용된다.

01 ② 02 ④ 03 ③ 04 ② Answer

**05** 황산 용액에 양극으로 구리막대, 음극으로 은막대를 두고 전기를 통하면 은막대는 구리색이 난다. 이를 무엇이라고 하는가?

① 전기 도금 ② 이온화 현상
③ 전기 분해 ④ 분극 작용

해설 전기 도금
전기 분해에 의하여 음극에서 금속을 석출하는 것(양극에 구리막대, 음극에 은막대를 두고 전기를 가하면 은막대가 구리색을 띠는 현상)

**06** 급전선의 급전 분기장치의 설치방식이 아닌 것은?

① 스팬선식 ② 암식
③ 커티너리식 ④ 브래킷식

해설 커티너리식은 전차선의 조가방식 중 하나이다.

**07** 방전개시 전압을 나타내는 것은?

① 빈의 변위법칙 ② 스테판－볼츠만의 법칙
③ 톰슨의 법칙 ④ 파센의 법칙

해설 파센의 법칙
평등 자계하에서 방전개시 전압은 기체의 압력과 전극 거리와의 곱의 함수이다.

**08** 다음 중 전기 분해로 제조되는 것은?

① 암모니아 ② 카바이드
③ 알루미늄 ④ 철

해설 전해 채취
주로 산을 사용하여 금속만을 녹여서 전기 분해하여 금속을 석출(알루미늄 제조)

**09** 용접용 전원의 특성 중 부하가 급히 증가할 때 전압은?

① 일정하다. ② 급히 상승한다.
③ 급히 강하한다. ④ 서서히 상승한다.

해설 아크 용접용 전원의 전압－전류 특성은 전류(부하)가 증가하면 전압이 감소하는 부특성(수하 특성)이다.

Answer ○ 05 ① 06 ③ 07 ④ 08 ③ 09 ③

**10** 권상하중 10,000[kg], 권상속도 5[m/min]의 기중기용 전동기 용량은 약 몇 [kW]인가?(단, 전동기를 포함한 기중기의 효율은 80[%]라 한다.)

① 7.5
② 8.3
③ 10.2
④ 14.3

해설 전동기 용량 $P=\dfrac{KWV}{6.12\eta}=\dfrac{10{,}000\times10^{-3}\times5}{6.12\times0.8}=10.2[\mathrm{kW}]$

여기서, $K$ : 손실계수(여유계수)
$W$ : 중량(하중)[ton]
$V$ : 권상속도[m/min]
$\eta$ : 효율

**11** 다음 중 토크가 가장 작은 전동기는?

① 반발 기동형
② 콘덴서 기동형
③ 분상 기동형
④ 반발 유도형

해설 단상 전동기의 기동토크가 큰 순서
반발 기동형 > 반발 유도형 > 콘덴서 기동형 > 분상 기동형

**12** 다음 중 고압 아크로가 아닌 것은?

① 에루식 제강로
② 센헬로
③ 포오링로
④ 비르켈란-아이데로

해설 아크로

- 아크로
  - 저압 아크로
    - 직접 : 에루식 제강로(전원 : 상용주파 3상 교류)
    - 간접 : 요동식 아크로
  - 고압 아크로 : 포오링로, 비르켈란-아이데로, 센헬로

**13** 역방향 바이어스 전압에 따라 접합 정전용량이 가변되는 성질을 이용하는 다이오드는?

① 제너 다이오드
② 버랙터 다이오드
③ 터널 다이오드
④ 브리지 다이오드

해설 버랙터 다이오드(Varactor Diode=Variable Capacitance Diode, 가변 용량 다이오드)는 역방향 전압이 변화함에 따라서 등가정전용량이 비직선적으로 변화하는 특성이 있다.

10 ③ 11 ③ 12 ① 13 ② Answer

**14** 공구, 기계부품, 전기기구 부품 등의 납땜 작업에 널리 사용되는 용접은?

① 유도 용접 ② 심 용접
③ 프로젝션 용접 ④ 접 용접

해설 유도 용접
유도 전류로부터 얻은 열을 이용한 용접을 말한다. 유도 용접은 압접의 일종인 고주파 유도 용접 또는 은납땜 용접에 사용된다.

**15** 조절계의 조절요소에서 비례 미분에 관한 기호는?

① P ② PD
③ PI ④ PID

해설 연속 제어
- 비례 동작(P 동작) $Y = K \cdot Z(t)$
  여기서, $Y$ : 조작량
  $K$ : 비례감도
  $Z(t)$ : 동작신호
- 비례 적분 동작(PI 동작)
- 비례 적분 미분 제어(PID 동작)

**16** 전동력 응용기술의 특성으로 틀린 것은?

① 동력 전달기구가 간단하고 효율적이다.
② 전동력의 집중, 분배가 쉽고 경제적이다.
③ 전원의 전압, 주파수 변동에 의한 영향이 없다.
④ 동력을 얻기가 쉽다.

해설 유도 전동기의 속도
$N = (1-s)\dfrac{120f}{p}$ [rpm]이므로,
속도($N$)는 주파수($f$)와 비례관계에 있다.
따라서, 전동기의 속도($N$)는 주파수($f$) 변동에 의한 영향이 있다.

**17** 엘리베이터용 전동기에 대한 설명으로 틀린 것은?

① 기동토크가 큰 것이 요구된다. ② 플라이휠 효과($GD^2$)가 커야 한다.
③ 관성 모멘트가 작아야 한다. ④ 유도 전동기도 엘리베이터에 사용된다.

Answer 14 ① 15 ② 16 ③ 17 ②

해설 엘리베이터에 사용되는 전동기의 특성
- 회전부분의 관성 모멘트는 작아야 한다.(기동정지가 빈번하기 때문)
- 가속도의 변화비율이 일정값이 되도록 선택한다.(가속 · 감속 시)
- 기동토크가 커야 한다.
- 제어의 발달에 따라 3상 유도 전동기가 주로 사용된다.

## 18 눈부심을 일으키는 램프의 휘도 한계는 얼마인가?

① 0.5[cd/cm²] 이하
② 1.5[cd/cm²] 이하
③ 2.5[cd/cm²] 이하
④ 3[cd/cm²] 이하

해설 사람이 눈부심을 느끼는 한계는 대체적으로 0.5[cd/cm²]=$0.5\times10^4$[cd/m²]이다.

## 19 200[W] 전구를 우유색 구형 글로브에 넣었을 경우 우유색 유리의 반사율은 40[%], 투과율은 50[%]라고 할 때 글로브의 효율은 약 몇 [%]인가?

① 23
② 43
③ 53
④ 83

해설 투과율 $\tau=0.5$, 반사율 $\rho=0.4$

글로브의 효율 $\eta=\dfrac{\tau}{1-\rho}$ 이므로

$\therefore \eta=\dfrac{0.5}{1-0.4}=0.83=83[\%]$

## 20 평균 구면 광도가 90[cd]인 전구로부터의 총 발산 광속[lm]은?

① 1,130
② 1,230
③ 1,330
④ 1,440

해설 총 발산 광속

$F=4\pi I=4\pi\times 90=1{,}130.97[\text{lm}]$

18 ① 19 ④ 20 ① Answer

APPENDIX

**01** 다음 중 전해 정제법이 이용되고 있는 금속 중 최대 규모로 행하여지는 대표 금속은?

① 구리 ② 철
③ 납 ④ 망간

해설 전해 정련
불순물에서 순금속을 채취
예 구리(전기동)

**02** 전기 철도의 전기차 주 전동기 제어방식 중 특성이 다른 것은?

① 개로 제어 ② 계자 제어
③ 단락 제어 ④ 브리지 제어

**03** 열이 이동하는 방식 중 복사에 해당하는 것은?

① 도체를 통하여 이동한다. ② 기체를 통하여 이동한다.
③ 액체를 통하여 이동한다. ④ 전자파로 이동한다.

해설 열의 전달 방법
- 전도(Conduction) : 고체 내에서 열의 전달 방식
- 대류(Convection) : 액체나 기체 중에서 분자가 열의 운반자로 되는 방식
- 복사(Radiation) : 전자파로써 고온도의 물체에서 저온도의 물체로 열을 전달하는 방식

**04** 저압 아크로에 해당되지 않는 것은?

① 제철 ② 제강
③ 합금의 제조 ④ 공중 질소 고정

해설
- 고압 아크로 : 공중 질소를 고정하여 질산을 제조
- 저압 아크로 : 특수강, 주강, 고급 주철의 제조

Answer 01 ① 02 ② 03 ④ 04 ④

**05** 평균 구면 광도 80[cd]의 전구 4개를 지름 8[m] 원형의 방에 점등하였다. 조명률을 0.4라고 하면 방의 평균 조도[lx]는?

① 18　② 22
③ 28　④ 32

해설 $FUN=EAD$에서
광속 $F=4\pi I=4\pi\times 80=320\pi$[lm]
등수 $N=4$, 조명률 $U=0.4$
면적 $A=\pi\times\left(\frac{8}{2}\right)^2=16\pi$이므로
$$E=\frac{FUN}{AD}=\frac{320\pi\times 0.4\times 4}{16\pi\times 1}=32[\text{lx}]$$

**06** 비닐막 등의 접착에 주로 사용하는 가열 방식은?

① 저항 가열　② 유도 가열
③ 아크 가열　④ 유전 가열

해설 유전 가열
유전체손 이용
예 목재의 건조, 접착, 비닐막 접착

**07** 다음 중 금속의 이온화 경향이 가장 큰 것은?

① Ag　② Pb
③ Na　④ Sn

해설 이온화 경향이 큰 순서
K > Ca > Na > Mg

**08** 주로 옥외 조명기구로 사용되며 실내에서는 체육관 등 넓은 장소에 사용되는 조명기구는?

① 다운 라이트　② 트랙 라이트
③ 투광기　④ 팬던트

해설 투광기용 전구(Projection Lamp)
옥외 조명기구로 빛을 어느 방향으로 강하게 비추기 위하여 사용하는 조명기구

05 ④　06 ④　07 ③　08 ③ Answer

## 09 그림과 같은 전동차선의 조가법(무架法)은?

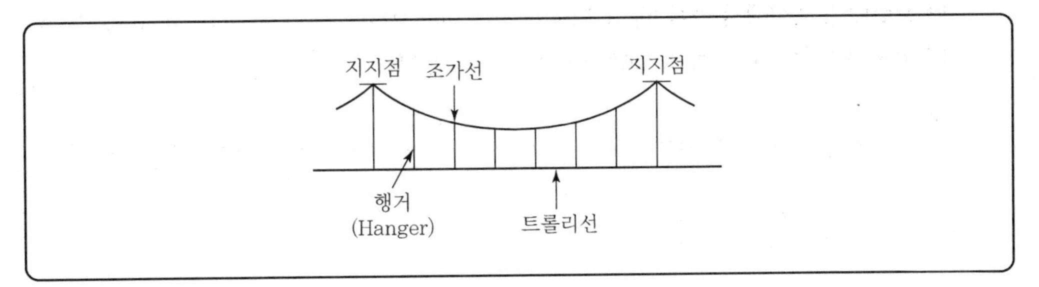


① 직접 조가식
② 단식 커티너리식
③ 변형 Y형 단식 커티너리식
④ 복식 커티너리식

해설 단식 커티너리(Simple Catenary) 조가방식
조가선과 전차선의 2조로 구성되고 조가선으로 전차선을 궤조면에 대하여 평행이 되도록 한 조가방식

## 10 다음 합금 발열체 중 최고 사용온도가 가장 낮은 것은?

① 니크롬 제1종
② 니크롬 제2종
③ 철-크롬 제1종
④ 철-크롬 제2종

해설 ① 니크롬 제1종 : 1,100[℃]
② 니크롬 제2종 : 900[℃]
③ 철-크롬 제1종 : 1,200[℃]
④ 철-크롬 제2종 : 1,100[℃]

## 11 서로 다른 두 개의 금속이나 반도체를 접속하여 전류를 인가하면 접합부에서 열이 발생하거나 흡수되는 현상은?

① 제베크 효과
② 펠티에 효과
③ 톰슨 효과
④ 핀치 효과

해설 • 제베크 효과 : 서로 다른 두 금속에 온도차를 주면 기전력이 발생하는 현상
• 펠티에 효과 : 서로 다른 두 접합부에 전류를 흘리면 열의 발생 또는 흡수가 일어나는 현상

Answer 09 ② 10 ② 11 ②

**12** 모든 방향의 광도가 균일하게 1,000[cd]인 광원이 있다. 이것을 직경 40[cm]의 완전 확산성 구형 글로브의 중심에 두었을 때 그 휘도가 1[cm²]당 0.56[cd]가 되었다. 이 글로브의 투과율은 약 몇 [%]인가?(단, 글로브 내면의 반사는 무시한다.)

① 65
② 70
③ 83
④ 92

해설 휘도 $B=\dfrac{I\cdot\eta}{S}=\dfrac{I\cdot\tau}{\pi r^2}$

$\therefore\ \tau=\dfrac{0.56\times\pi\times 20^2}{1{,}000}=0.7=70[\%]$

**13** 소형이면서 대전력용 정류기로 사용하는 것은?

① 게르마늄 정류기
② SCR
③ CdS
④ 셀렌 정류기

해설 SCR(Silicon Controlled Rectifier)

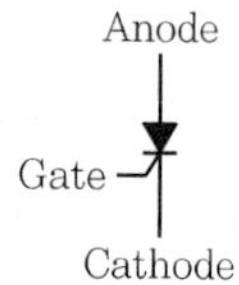


[SCR 구조]

- 게이트 작용 : 통과 전류 제어 작용
- 이온 소멸시간이 짧다.
- 게이트 전류에 의해서 방전 개시 전압을 제어할 수 있다.
- PNPN 구조로서 부성(−) 저항 특성이 있다.
- 사이러트론과 기능이 비슷하다.
- 소형이면서 대전력용이다.

**14** 터널 다이오드의 용도로 가장 널리 사용되는 것은?

① 검파 회로
② 스위칭 회로
③ 정류기
④ 정전압 소자

해설 터널 다이오드
발진 작용, 스위치 작용, 증폭 작용을 한다.

12 ② 13 ② 14 ② Answer

**15** 전구의 필라멘트나 열전대 용접에 알맞은 방법은?

① 점 용접 ② 돌기 용접
③ 심 용접 ④ 불활성 용접

해설 저항 용접
- 점 용접(Spot Welding) : 필라멘트, 열전대 용접에 이용
- 돌기 용접(Projection Welding)
- 이음매 용접(심 용접, Seam Welding)
- 맞대기 용접
- 충격 용접 : 고유저항이 작고 열전도율이 큰 것에 사용(경금속 용접)

**16** 축전지를 사용할 때 극판이 휘고 내부 저항이 매우 커져서 용량이 감퇴되는 원인은?

① 전지의 황산화 ② 과도방전
③ 전해액의 농도 ④ 감극작용

해설 황산화 현상
극판이 휘게 되고, 내부 저항이 증가하게 된다.

**17** 다음 전동기 중에서 속도 변동률이 가장 큰 것은?

① 3상 농형 유도 전동기 ② 3상 권선형 유도 전동기
③ 3상 동기 전동기 ④ 단상 유도 전동기

해설 속도 변동률이 큰 순서
단상 유도 전동기 > 3상 농형 유도 전동기 > 3상 권선형 유도 전동기 > 3상 동기 전동기

**18** 15[kW] 이상의 중형 및 대형기의 기동에 사용되는 농형 유도 전동기의 기동법은?

① 기동보상기법 ② 전전압 기동법
③ 2차 임피던스 기동법 ④ 2차 저항기동법

해설 유도 전동기 기동법
- 전전압 기동법(5[kW] 이하 소형)
- Y－Δ 기동법(5~15[kW] 정도)
- 기동보상기법(15[kW] 이상)

Answer 15 ① 16 ① 17 ④ 18 ①

**19** 전기 기관차의 자중이 150[t]이고, 동륜상의 중량이 95[t]이라면 최대 견인력[kg]은?(단, 궤조의 점착계수는 0.2이다.)

① 19,000 ② 25,000
③ 28,500 ④ 38,000

해설 최대 견인력 $F_m = 1{,}000\mu W_a$[kg]

$\therefore F_m = 1{,}000 \times 0.2 \times 95 = 19{,}000$[kg]

**20** 직선 궤도에서 호륜 궤조를 반드시 설치해야 하는 곳은?

① 분기개소 ② 병용 궤도
③ 고속운전 구간 ④ 교량 위

해설 전기 철도의 분기개소

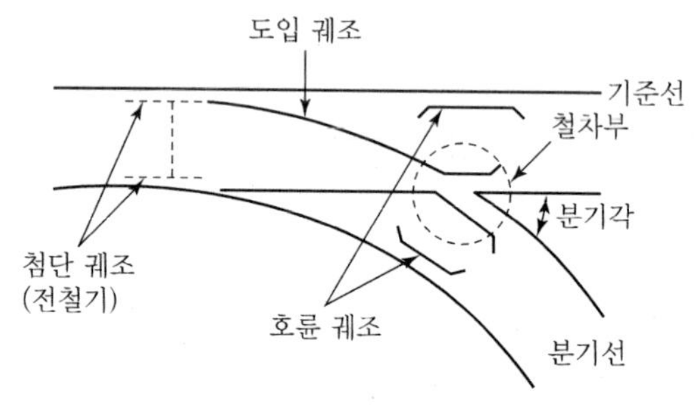


19 ① 20 ① Answer

**01** 인버터(Inverter)의 용도는?

① 교류를 직류를 변환　　② 직류를 직류로 변환
③ 교류를 직류로 변환　　④ 직류를 교류로 변환

해설
- 인버터 : 직류 전원을 교류 전원으로 변환하는 장치
- 컨버터 : 교류 전원을 직류 전원으로 변환하는 장치

**02** 전기 분해에서 패러데이의 법칙은?(단, $Q$[C] = 통과한 전기량, $K$ = 물질의 전기화학당량, $W$[g] = 석출된 물질의 양, $t$ = 통과시간, $I$ = 전류, $E$[V] = 전압이다.)

① $W = K\dfrac{Q}{E}$　　② $W = KEt$
③ $W = KQ = KIt$　　④ $W = \dfrac{1}{R}Q = \dfrac{1}{R}It$

해설 패러데이(Faraday)의 법칙(전기 분해의 법칙)
- 석출량은 통과한 전기량에 비례한다.
- 같은 양의 전극에서 석출된 물질의 양은 그 물질의 화학당량에 비례한다.
- 석출량 : $W = KQ = KIt$[g]

**03** 2,000[cd]의 점광원으로부터 4[m] 떨어진 점에서 광원에 수직한 평면상으로 1/50초간 빛을 비추었을 때의 노출[lx · s]은?

① 2.5　　② 3.7
③ 5.7　　④ 6.3

해설 조도 $E = \dfrac{I}{r^2} = \dfrac{2{,}000}{4^2} = 125$[lx]

$\therefore$ 노출 $= 125 \times \dfrac{1}{50} = 2.5$[lx · s]

Answer 01 ④ 02 ③ 03 ①

**04** 제어요소는 무엇으로 구성되는가?

① 검출부 ② 검출부와 조절부
③ 검출부와 조작부 ④ 조작부와 조절부

해설 제어요소는 동작신호를 조작량으로 변환하는 요소이고 조절부와 조작부로 이루어진다.

**05** 그림과 같이 간판을 비추는 광원이 있다. 간판면상 P점의 조도를 200[lx]로 하려면 광원의 광도 [cd]는?

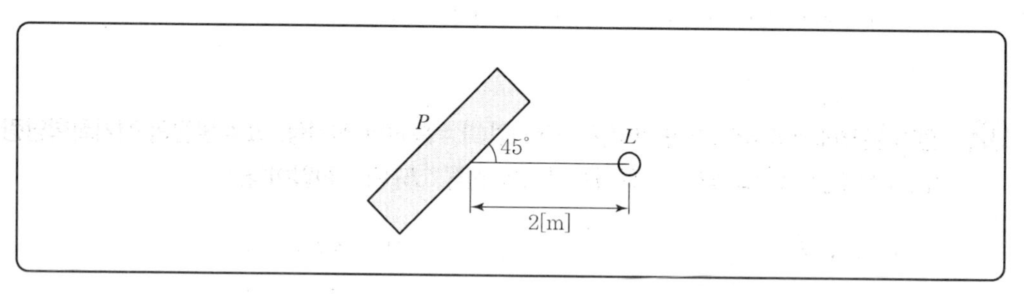


① 400 ② 500
③ $800\sqrt{2}$ ④ $500\sqrt{2}$

해설 수평면 조도 $E=\frac{I}{r^2}\cos\theta$[lx]에서

수직면으로 기울어진 각은 45° 이므로

$\therefore I=\frac{E\cdot r^2}{\cos\theta}=\frac{200\times 2^2}{\cos 45^\circ}=800\sqrt{2}$ [cd]

**06** 직접 조명 시 벽면을 이용할 경우 등기구와 벽면 사이의 간격 $S_0$는?(단, $H$는 작업면에서 광원까지의 높이다.)

① $S_0 \le \frac{H}{2}$ ② $S_0 \le \frac{H}{3}$
③ $S_0 \le 1.5H$ ④ $S_0 \le 2H$

해설 조명기구 간격 및 배치

㉠ 기구의 최대 간격 $S \le 1.5H$

㉡ 광원과 벽면 사이의 거리

- $S_0 \le \frac{H}{2}$(벽면을 사용하지 않을 경우)
- $S_0 \le \frac{H}{3}$(벽면을 사용할 경우)

단, $H$ : 작업면부터 광원까지의 높이[m]

04 ④ 05 ③ 06 ② Answer

**07** 간접식 저항 가열에 사용되는 발열체의 필요조건이 아닌 것은?

① 내열성이 클 것
② 내식성이 클 것
③ 저항률이 비교적 크고 온도계수가 작을 것
④ 발열체의 최고온도가 가열온도보다 낮을 것

해설 발열체에 필요한 조건
- 내열성이 클 것
- 내식성이 클 것
- 적당한 고유저항을 가질 것
- 압연성이 풍부하며 가공이 쉬울 것
- 가격이 쌀 것
- 저항온도계수가 +로서 그 값이 작을 것

**08** 적외선 전구를 사용하는 건조과정에서 건조에 유효한 파장인 1~4[$\mu$m]의 방사파를 얻기 위한 적외선 전구의 필라멘트 온도[K] 범위는?

① 1,800~2,200
② 2,200~2,500
③ 2,800~3,000
④ 2,800~3,200

해설 적외선 전구
- 적외선에 의한 가열, 건조 등 공업분야에 이용(방직, 염색)
- 필라멘트의 온도 : 2,500[K]

**09** 루소 선도에서 전광속 $F$와 면적 $S$ 사이의 관계식으로 옳은 것은?(단, $a$와 $b$는 상수이다.)

① $F=\frac{a}{S}$
② $F=aS$
③ $F=aS+b$
④ $F=aS^2$

해설 루소 선도에 의한 광속계산

총 광속 $F=aS=\frac{2\pi}{r}\times$(루소 그림의 면적)[lm]

여기서, $a=\frac{2\pi}{r}$

Answer 07 ④ 08 ② 09 ②

**10** **효율이 높고 고속 동작이 용이하며, 소형이고 고전압 대전류에 적합한 정류기로 사용되는 것은?**

① 수은 정류기　　② 회전 변류기
③ 전동 발전기　　④ 실리콘 제어 정류기

해설 SCR(Silicon Controlled Rectifier)
- 게이트 작용 : 통과 전류 제어 작용
- 이온 소멸시간이 짧다.
- 게이트 전류에 의해서 방전 개시 전압을 제어할 수 있다.
- PNPN 구조로서 부성(−) 저항 특성이 있다.
- 사이러트론과 기능이 비슷하다.
- 소형이면서 대전력용이다.

**11** **열차가 곡선 궤도부를 원활하게 통과하기 위한 조치는?**

① 궤간(Gauge)　　② 확도(Slack)
③ 복진지(Anti−creeping)　　④ 종곡선(Vertical Curve)

해설
- 복진지 : 궤도가 열차 진행 방향으로 이동하는 것을 막는 것
- 고도(Cant) : 곡선 시 안쪽 레일보다 바깥쪽 레일을 조금 높게 하는 것
- 유간(궤간) : 온도 변화에 따른 레일의 신축성 때문에 이음 장소에 간격을 둔 것
- 슬랙(확도) : 곡선 시 표준궤간보다 조금 넓혀 주는 것

**12** **자동차 등 차량공업, 기계 및 전기 기계기구, 기타 금속제품의 도장을 건조하는 데 주로 이용되는 가열 방식은?**

① 저항 가열　　② 유도 가열
③ 고주파 가열　　④ 적외선 가열

해설 적외선 가열
열원의 방사열에 의하여 피조물을 가열하여 건조(방직, 염색, 도장, 수지공업)

**13** **제품 제조 과정에서의 화학 반응식이 다음과 같은 전기로의 가열 방식은?**

$$SiO_2 + 3C \rightarrow SiC + 2CO$$

① 유전 가열　　② 유도 가열
③ 간접 저항 가열　　④ 직접 저항 가열

10 ④　11 ②　12 ④　13 ④ Answer

해설

| 직접 저항로 | 흑연화로 | • 전원 : 상용주파 단상교류<br>• 열효율이 가장 높다. |
|---|---|---|
| | 카바이드로 | • 전원 : 상용주파 3상 교류<br>• 반응식 : $CaO + 3C \rightleftarrows CaC_2 + CO$ |
| | 카보런덤로 | |
| | 알루미늄 전해로 | |
| | 제철로 | |

## 14 저항 가열은 어떤 원리를 이용한 것인가?

① 줄열　② 아크손

③ 유전체손　④ 히스테리시스손

해설 저항 가열

전류에 의한 옴손(줄열)을 이용

- 직접 : 도전성의 피열물에 직접 전류를 통하여 가열하는 방식
- 간접 : 저항체(발열체)로부터 열의 방사, 전도, 대류에 의해서 피열물에 전달하여 가열하는 방식

## 15 SCR을 두 개의 트랜지스터 등가 회로로 나타낼 때의 올바른 접속은?

①

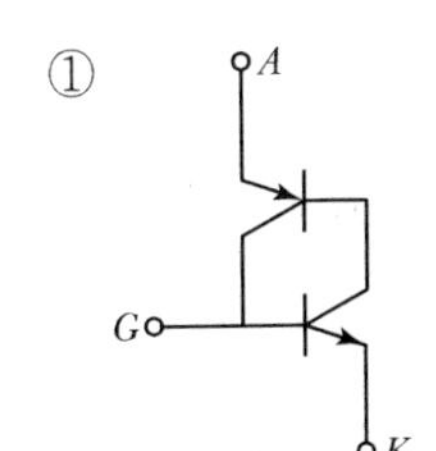


②

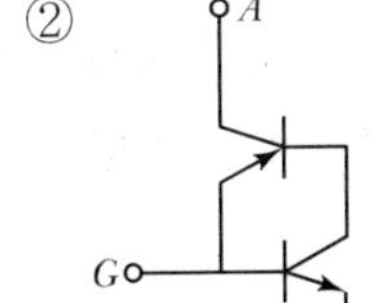


③

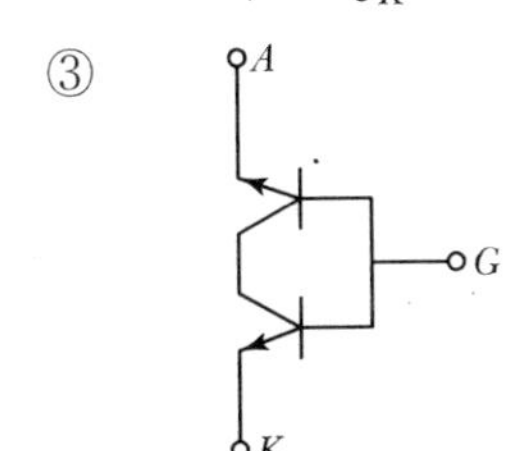


④

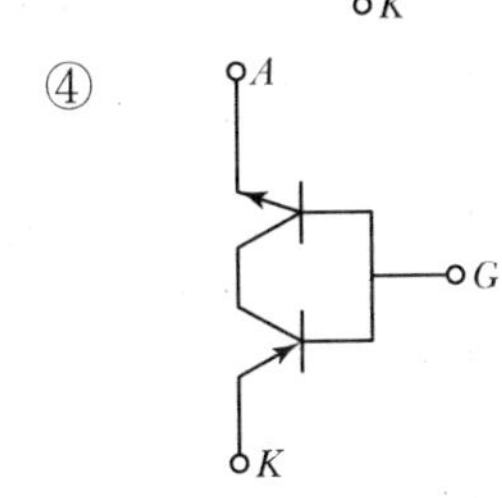


## 16 전기 집진기는 무엇을 이용한 것인가?

① 자기력　② 전자기력

③ 유도기전력　④ 대전체 간의 정전기력

해설 전기 집진기는 직류 특고압을 금속판에 인가하여 강한 정전기를 만들어 미립자, 먼지 등을 제거한다.

Answer 14 ①　15 ①　16 ④

**17** 출력 7,200[W], 800[rpm]로 회전하고 있는 전동기의 토크[kg · m]는 약 얼마인가?

① 0.14 ② 8.77
③ 86 ④ 115

해설 토크 $T=0.975\frac{P}{N}=0.975\times\frac{7,200}{800}=8.77$[kg · m]

**18** 아크 용접에 주로 사용되는 가스는?

① 산소 ② 헬륨
③ 질소 ④ 오존

해설 아크 용접(Gas : 아르곤, 헬륨)
- 탄소 아크 용접
- 금속 아크 용접
- 원자 수소 용접

**19** 전동기의 회생 제동이란?

① 전동기의 기전력을 저항으로서 소비시키는 방법이다.
② 와전류손으로 회전체의 에너지를 잃게 하는 방법이다.
③ 전동기를 발전 제동으로 하여 발생 전력을 선로에 보내는 방법이다.
④ 전동기의 결선을 바꾸어서 회전 방향을 반대로 하여 제동하는 방법이다.

해설 전동기 제동법

㉠ 발전 제동
- 운동에너지를 전기적 에너지를 변환
- 자체 저항이 소비되면서 제동

㉡ 회생 제동
- 유도 전압을 전원 전압보다 높게 하여 제동하는 방식
- 발전 제동하여 발생된 전력을 선로로 되돌려 보냄
- 전원 : 회전 변류기를 이용
- 장소 : 산악지대의 전기 철도용

㉢ 역전(역상) 제동
- 일명 플러깅이라 부름
- 3상 중 2상을 바꾸어 제동
- 속도를 급격히 정지 또는 감속시킬 때

㉣ 와전류 제동
- 구리의 원판을 자계 내에 회전시켜 와전류에 의해 제동
- 전기 동력계법에 이용

17 ② 18 ② 19 ③ Answer

**20** 파장폭이 좁은 3가지의 빛을 조합하여 효율이 높은 백색 빛을 얻는 3파장 형광램프에서 3가지 빛이 아닌 것은?

① 청색 ② 녹색
③ 황색 ④ 적색

해설 3파장 형광등
R : 적색, G : 녹색, B : 청색(파랑)

Answer 20 ③

↘ 전기공사산업기사

# 2016년도 2회 시험

## 과년도 기출문제

**01** 고주파 유전 가열에서 피열물의 단위 체적당 소비전력[W/cm³]은?(단, $E$[V/cm]는 고주파 전계, $\delta$는 유전체 손실각, $f$는 주파수, $\varepsilon_s$는 비유전율이다.)

① $\frac{5}{9}E^2 f\varepsilon_s \tan\delta \times 10^{-8}$
② $\frac{5}{9}Ef\varepsilon_s \tan\delta \times 10^{-9}$
③ $\frac{5}{9}Ef\varepsilon_s \tan\delta \times 10^{-10}$
④ $\frac{5}{9}E^2 f\varepsilon_s \tan\delta \times 10^{-12}$

해설 단위 체적당 전력

$$P = \frac{W}{S \cdot d} = \frac{5}{9}E^2 \times f\varepsilon_s \tan\delta \times 10^{-12} [\text{W/cm}^3]$$

여기서, $S$ : 전극의 면적, $d$ : 전극의 간격

**02** 전기 철도의 교류 급전방식 중 AT 급전방식은 어떤 변압기를 사용하여 급전하는 방식을 말하는가?

① 단권 변압기
② 흡상 변압기
③ 스콧 변압기
④ 3권선 변압기

해설 단권 변압기(AT : Auto Transformer) : 권선비 1 : 1인 변압기를 급전선과 전차선 사이에 병렬로 설치 접속하고 변압기 권선의 중성점을 레일에 접속한다. 설치간격은 약 10[km] 정도이다.

**03** 수은이나 불활성 가스와 같은 준안정 상태를 형성하는 기체에 극히 미량의 다른 기체를 혼합한 경우 방전개시전압이 매우 낮아지는 현상은?

① 페닝 효과
② 파센의 법칙
③ 웨버의 법칙
④ 빈의 변위효과

해설 페닝 효과
준안정 상태를 형성하는 기체에 극히 미량의 다른 기체를 혼합한 경우 방전전압이 하강하는 현상

**04** 전철 전동기에 감속 기어를 사용하는 주된 이유는?

① 역률 개선
② 정류 개선
③ 역회전 방지
④ 주 전동기의 소형화

해설 감속 기어를 사용하여 전동기의 회전수가 작은 상태로 토크를 증가시켜 소형화할 수 있다.

01 ④ 02 ① 03 ① 04 ④ Answer

**05** 태양광선이나 방사선을 조사(照射)해서 기전력을 얻는 전지를 태양 전지, 원자력 전지라고 하는데 이것은 다음 어느 부류의 전지에 속하는가?

① 1차 전지 ② 2차 전지
③ 연료 전지 ④ 물리 전지

해설 물리 전지
- 반도체 PN 접합면에 태양광선이나 방사선을 조사해서 기전력을 얻는 방식
- 종류 : 태양 전지, 원자력 전지

**06** 전기 가열의 특징에 해당되지 않는 것은?

① 내부 가열이 가능하다. ② 열효율이 매우 나쁘다.
③ 방사열의 이용이 용이하다. ④ 온도 제어 및 조작이 간단하다.

해설 전기 가열의 특징
- 매우 높은 온도를 얻을 수 있다.
- 내부 가열을 할 수 있다.
- 조작이 용이하고 작업환경이 좋다.
- 열효율이 높다.

**07** 높이 10[m]의 곳에 있는 용량 100[$m^3$]의 수조를 만수시키는 데 필요한 전력량은 몇 [kWh]인가?(단, 펌프의 종합 효율은 90[%], 전손실 수두는 2[m]이다.)

① 3.6 ② 4.1
③ 7.2 ④ 8.9

해설 총 낙차 $H=10+2=12$

$$P=\frac{9.8\times 12\times 100}{0.9\times 60\times 60}=3.63$$

따라서 전력량=3.63×1시간=3.63

**08** 폭 6[m], 길이 10[m], 높이 4[m]인 교실에 32[W] 형광등 20개를 점등하였다. 교실의 평균 조도는 약 몇 [lx]인가?(단, 조명률 0.45, 감광 보상률 1.3, 32[W] 형광등의 광속은 1,500[lm]이다.)

① 153 ② 163
③ 173 ④ 183

해설 $FUN=EAD$에서

평균 조도 $E=\dfrac{FUN}{AD}=\dfrac{1{,}500\times 0.45\times 20}{6\times 10\times 1.3}\fallingdotseq 173$[lx]

여기서, $F$ : 등기구 1개의 총 광속, $U$ : 조명률, $N$ : 조명기구 개수, $A$ : 면적, $D$ : 감광 보상률

Answer 05 ④ 06 ② 07 ① 08 ③

**09** 광도가 160[cd]인 점광원으로부터 4[m] 떨어진 거리에서, 그 방향과 직각인 면과 기울기 60°로 설치된 간판의 조도[lx]는?

① 3 ② 5
③ 10 ④ 20

해설 $E=\frac{I}{r^2}\cos\theta[\text{lx}]=\frac{160}{4^2}\times\cos 60°=5[\text{lx}]$

**10** 다음 중 인버터(Inverter)에 대한 설명으로 옳은 것은?

① 직류를 더 높은 직류로 변환하는 장치
② 교류전원을 직류전원으로 변환하는 장치
③ 직류전원을 교류전원으로 변환하는 장치
④ 교류전원을 더 낮은 교류전원으로 변환하는 장치

해설
- 인버터 : 직류전원을 교류전원으로 변환하는 장치
- 컨버터 : 교류전원을 직류전원으로 변환하는 장치

**11** (　　)에 들어갈 도금의 종류로 옳은 것은?

| (　　) 도금은 철, 구리, 아연 등의 장식용과 내식용으로 사용되며, 대부분 그 위에 얇은 크롬 도금을 입혀서 사용한다. |
|---|

① 동 ② 은
③ 니켈 ④ 카드뮴

해설 니켈 도금은 철, 황동에 대해 직접적으로 밀착이 좋은 도금을 얻을 수 있으며, 광택제를 사용해 완전 광택을 낼 수 있어 도금 금속 중 최고의 가치가 있는 금속이다.

**12** 플라이휠의 사용과 무관한 것은?

① 효율이 좋아진다. ② 최대 토크를 감소시킨다.
③ 전류의 동요가 감소한다. ④ 첨두 부하값을 감소시킨다.

해설 플라이휠은 부하의 변동에 대응하는 것이므로 최대 토크의 감소, 전류의 동요가 감소, 첨두 부하값의 감소 등의 효과가 있다.

09 ② 10 ③ 11 ③ 12 ① Answer

**13** 곡선 도로 조명상 조명기구의 배치 조건으로 가장 적합한 것은?

① 양측 배치의 경우는 지그재그식으로 한다.
② 한쪽만 배치하는 경우는 커브 바깥쪽에 배치한다.
③ 직선도로에서보다 등 간격을 조금 더 넓게 한다.
④ 곡선 도로의 곡률 반경이 클수록 등 간격을 짧게 한다.

해설 곡선 도로 조명 배치 방법
- 양쪽 배치 시는 대칭식, 한쪽 배치 시는 커브 바깥쪽에 배치한다.
- 안전상 직선 도로보다 높은 조도(등 간격을 좁게)를 유지한다.
- 곡률 반경이 클수록(완만한 커브길) 등 간격은 길게 해도 된다.

**14** 지름 40[cm]인 완전 확산성 구형 글로브의 중심에 모든 방향의 광도가 균일하게 130[cd] 되는 전구를 넣고 탁상 3[m]의 높이에서 점등하였을 때 탁상 위의 조도는 약 몇 [lx]인가?(단, 글로브 내면의 반사율은 40[%], 투과율은 5[%]이다.)

① 1.2
② 2.0
③ 2.5
④ 3.2

해설 글로브의 효율 $\eta = \dfrac{\tau}{1-\rho} = \dfrac{0.05}{1-0.4} = 0.083$

조도 $E = \dfrac{I}{r^2}\eta = \dfrac{130}{3^2} \times 0.083 = 1.2$

**15** 프로세스 제어에 속하지 않는 것은?

① 위치
② 온도
③ 압력
④ 유량

해설 프로세스 제어
농도, 유량, 액위, 압력, 온도 등, 공업 프로세스의 상태량을 제어량으로 하는 제어계

**16** 직류 직권 전동기는 어느 부하에 적당한가?

① 정토크 부하
② 정속도 부하
③ 정출력 부하
④ 변출력 부하

Answer 13 ② 14 ① 15 ① 16 ③

해설 직류 직권 전동기
- 기동토크가 크다.(전기 기관차, 기중기)
- 직류, 교류에 이용한다.
- 정출력 부하에 적당하다.

## 17 열에 의한 물질의 상태 변화에 대한 설명 중 틀린 것은?

① 액체를 냉각시키면 고체로 된다. 이것을 응고라 한다.
② 기체를 냉각시키면 액체로 된다. 이것을 승화라 한다.
③ 액체에 열을 가하면 기체로 된다. 이것을 기화라 한다.
④ 고체를 가열하면 용융되어 액체로 된다. 이것을 용해라 한다.

해설 승화 : 고체가 액체를 거치지 않고 직접 기체로 변화하거나 기체가 직접 고체로 되는 현상

## 18 220[V]의 교류전압을 전파 정류하여 순저항 부하에 직류전압을 공급하고 있다. 정류기의 전압 강하가 10[V]로 일정할 때 부하에 걸리는 직류전압의 평균값은 약 몇 [V]인가?(단, 브리지 다이오드를 사용한 전파정류회로이다.)

① 99　　② 188
③ 198　　④ 220

해설 전파정류회로에서 직류전압의 평균값 $E_d$는

$$E_d = \frac{2\sqrt{2}E}{\pi} - e = 0.9E - e = 0.9 \times 220 - 10 = 188[\mathrm{V}]$$

## 19 직류 전동기의 속도 제어법으로 쓰이지 않는 것은?

① 저항 제어법　　② 계자 제어법
③ 전압 제어법　　④ 주파수 제어법

해설 직류 전동기의 속도 제어법
- 계자 제어법(정출력 제어)
- 전압 제어법(정토크 제어) : 워드 레오너드 방식, 일그너 방식
- 직렬 저항 제어법

17 ② 18 ② 19 ④ Answer

# 2016년도 4회 시험





**01** 자동제어의 추치 제어에 속하지 않는 것은?

① 추종 제어 ② 비율 제어
③ 프로그램 제어 ④ 프로세스 제어

해설 추치 제어 : 목표치가 시간에 따라 변화할 경우
- 추종 제어 : 목표치가 임의의 시간적 변위
  예 대공포의 포신 제어, 추적 레이더, 공작기계(선반)
- 프로그램 제어 : 목표치가 미리 정해진 시간적 변위
  예 열차의 무인 제어, 무조종사의 엘리베이터 제어
- 비율 제어 : 목표치가 다른 어떤 양에 비례

**02** 유전 가열의 특징으로 틀린 것은?

① 표면의 소손, 균열이 없다.
② 온도 상승 속도가 빠르고 속도가 임의 제어된다.
③ 반도체의 정련, 단결정의 제조 등 특수 열처리가 가능하다.
④ 열이 유전체손에 의하여 피열물 자신에게 발생하므로 가열이 균일하다.

해설 유전 가열의 특징
- 열이 유전체손에 의하여 피열물 자신에게 발생하므로, 가열이 균일하다.
- 온도 상승 속도가 빠르고, 속도가 임의 제어된다.
- 표면의 소손, 균열이 없다.

**03** 정전압 소자로 사용되는 다이오드는?

① 제너 다이오드 ② 터널 다이오드
③ 포토 다이오드 ④ 발광 다이오드

해설 ① 제너 다이오드 : 전원 전압을 안정하게 유지하기 위해 사용한다.(정전압 정류 작용)
② 터널 다이오드 : 발진 작용, 스위치 작용, 증폭 작용을 한다.
③ 포토 다이오드 : 빛에 의해서 변화하는 전압 전류 특성을 가진다.
④ 발광 다이오드 : 일렉트로 루미네선스의 발광현상을 이용한 소자이다.

Answer ➲ 01 ④ 02 ③ 03 ①

## 04 용접의 종류 중에서 저항 용접이 아닌 것은?

① 점 용접 ② 심 용접
③ TIG 용접 ④ 프로젝션 용접

해설 저항 용접
- 점 용접(Spot Welding) : 필라멘트, 열전대 용접에 이용
- 돌기 용접(Projection Welding)
- 이음매 용접(심 용접, Seam Welding)
- 맞대기 용접
- 충격 용접 : 고유저항이 작고 열전도율이 큰 것에 사용(경금속 용접)

단, TIG 용접(Tungsten Inert Gas Welding)은 텅스텐 불활성 아크 용접이다.

## 05 곡선 궤도에 캔트(Cant)를 두는 주된 이유는?

① 시설이 곤란하기 때문에
② 운전속도를 제한하기 위하여
③ 운전의 안전을 확보하기 위하여
④ 타고 있는 사람의 기분을 좋게 하기 위하여

해설 고도(Cant)
- 곡선 시 안쪽 레일보다 바깥쪽 레일을 조금 높게 하는 것
- 이유 : 운전의 안전성 확보를 위하여

## 06 유도 전동기의 비례추이 특성을 이용한 기동방법은?

① 전전압 기동 ② Y－△ 기동
③ 리액터 기동 ④ 2차 저항 기동

해설 ㉠ 권선형 유도 전동기
- 2차 저항 기동법 : 2차 측 저항 조절에 의한 비례 추이를 이용하여 기동하는 방법으로, 기동토크가 크기 때문에 적은 기동전류로 기동이 가능하다.

㉡ 농형 유도 전동기
- 전전압 기동(직입기동)
- Y－△ 기동
- 리액터 기동
- 기동보상기 기동

04 ③ 05 ③ 06 ④ Answer

## 07 도체에 고주파 전류가 흐르면 도체 표면에 전류가 집중하는 현상이며 금속의 표면 열처리에 이용되는 것은?

① 핀치 효과　　② 제베크 효과
③ 톰슨 효과　　④ 표피 효과

해설
- 제베크 효과 : 종류가 다른 두 금속에 온도차를 주면 기전력이 발생하는 현상
- 펠티에 효과 : 서로 다른 두 종류 접합부에 전류를 흘리면 열을 발생 또는 흡수하는 현상
- 톰슨 효과 : 제베크 효과의 역현상의 일종으로 동종의 금속의 접점에 전류를 통하면 전류방향에 따라 열을 발생 또는 흡수하는 현상
- 표피 효과 : 도체에 고주파 전류를 통하면 전류가 표면에 집중하는 현상으로 금속의 표면 열처리에 이용한다.
- 핀치 효과 : 전류가 흐르고 있는 플라즈마가 그 자신이 만드는 자기장과의 상호작용으로 인해 가늘게 수축하는 현상을 말하며 열 핀치 효과와 전자기 핀치 효과가 있다.

## 08 납축전지에 대한 설명 중 틀린 것은?

① 공칭전압은 1.2[V]이다.
② 전해액으로 묽은 황산을 사용한다.
③ 주요 구성부분은 극판, 격리판, 전해액, 케이스로 이루어져 있다.
④ 양극은 이산화납을 극판에 입힌 것이고, 음극은 해면 모양의 납이다.

해설
- 납축전지 공칭전압 : 2.0[V]
- 알칼리 공칭전압 : 1.2[V]

## 09 다이액(DIAC)에 대한 설명 중 틀린 것은?

① 과전압 보호회로에 사용되기도 한다.
② 역저지 4극 사이리스터로 되어 있다.
③ 쌍방향으로 대칭적인 부성저항을 나타낸다.
④ 콘덴서 방전전류에 의하여 트라이액을 ON시킬 수 있다.

해설 DIAC(다이액)
- 쌍방향 2단자 소자
- 소용량 저항 부하의 AC전력 제어

Answer 07 ④　08 ①　09 ②

**10** 빛을 아래쪽에 확산, 복사시키며 눈부심을 적게 하는 조명기구는?

① 루버 ② 글로브
③ 반사볼 ④ 투광기

해설 조명기구
반사기, 전등갓, 글로브, 루버, 투광기
※ 루버 : 빛을 아래쪽으로 확산시키며 눈부심을 적게 하는 조명기구

**11** 옥내 전반 조명에서 바닥면의 조도를 균일하게 하기 위한 등간격은?(단, 등간격 $S$, 등높이 $H$이다.)

① $S = H$ ② $S \leq 2H$
③ $S \leq 0.5H$ ④ $S \leq 1.5H$

해설 조명기구 간격 및 배치
㉠ 기구의 최대 간격 $S \leq 1.5H$
㉡ 광원과 벽면 사이의 거리
- $S_0 \leq \frac{H}{2}$(벽측을 사용하지 않을 경우)
- $S_0 \leq \frac{H}{3}$(벽측을 사용할 경우)

단, $H$ : 작업면부터 광원까지의 높이[m]

**12** 반경 3[cm], 두께 1[cm]의 강판을 유도 가열에 의하여 3초 동안에 20[℃]에서 700[℃]로 상승시키기 위해 필요한 전력은 약 몇 [kW]인가?(단, 강판의 비중은 7.85[ton/m³], 비열은 0.16[kcal/kg · ℃]이다.)

① 3.37 ② 33.7
③ 6.67 ④ 66.7

해설 강판의 질량($M$)=비중×체적

$$= 7.87 \times 10^3 \times \pi \times 0.03^2 \times 0.01$$
$$= 0.22[\text{kg}]$$
$$\therefore P = \frac{Mc\theta}{860t\eta} = \frac{0.22 \times 0.16 \times (700-20)}{860 \times \frac{3}{3,600} \times 1} = 33.4[\text{kW}]$$

여기서, $c$ : 비열, $\theta$ : 온도차

10 ① 11 ④ 12 ② Answer

## 13 망간 건전지에서 분극작용에 의한 전압강하를 방지하기 위하여 사용되는 감극제는?

① $O_2$
② $HgO$
③ $MnO_2$
④ $H_2Cr_2O_7$

해설 르클랑셰(망간전지) : 보통 건전지

- 전해액 : $NH_4Cl$
- 감극제 : $MnO_2$
- 양극 : 탄소봉
- 음극 : 아연용기

## 14 금속의 전기저항이 온도에 의하여 변화하는 것을 이용한 온도계는?

① 광고온계
② 저항온도계
③ 방사고온계
④ 열전온도계

해설

| 온도계의 종류 | 동작원리 |
|---|---|
| 저항온도계 | 측온체의 저항값 변화 |
| 열전온도계 | 제베크 효과 |
| 방사온도계 | 스테판-볼츠만의 법칙 |
| 광고온계 | 플랑크의 방사 법칙 |

## 15 블록 선도에서 $\dfrac{C}{R}$는 얼마인가?

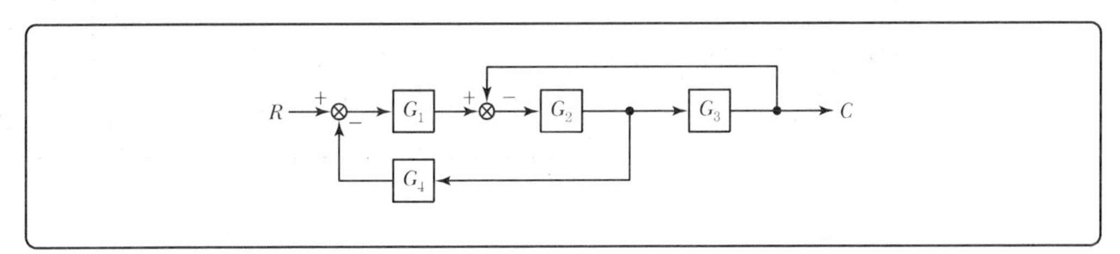


① $\dfrac{G_4}{1+G_1+G_2G_3G_4}$
② $\dfrac{G_1G_3}{1+G_1G_2+G_3G_4}$
③ $\dfrac{G_1G_2G_3}{1+G_2G_3+G_1G_2G_4}$
④ $\dfrac{G_2G_3G_4}{1+G_1G_2+G_1G_2G_3G_4}$

해설

- 전향경로 이득 : $G_1G_2G_3$
- 루프이득 : $-G_2G_3$, $-G_1G_2G_4$

$$\therefore G(s)=\frac{\sum \text{전향 경로 이득}}{1-\sum \text{루프이득}}=\frac{G_1G_2G_3}{1+G_2G_3+G_1G_2G_4}$$

Answer 13 ③ 14 ② 15 ③

**16** 형광등은 주위온도가 약 몇 [℃]일 때 가장 효율이 높은가?

① 5~10 ② 10~15
③ 20~25 ④ 35~40

해설 형광등 온도
- 효율이 최대가 되는 주위온도 : 25[℃]
- 효율이 최대가 되는 관벽온도 : 40[℃]

**17** 납축전지가 충분히 방전했을 때 양극판의 빛깔은 무슨 색인가?

① 청색 ② 황색
③ 적갈색 ④ 회백색

해설
- 충전 시 : 적갈색
- 방전 시 : 회백색

**18** 투명 네온관등에 네온가스를 봉입하였을 때 광색은?

① 등색 ② 황갈색
③ 고동색 ④ 등적색

해설 봉입 가스와 발광색

| 가스의 종류 | 네온 (Ne) | 수은 (Hg) | 아르곤 (Ar) | 나트륨 (Na) | 헬륨 (He) | 수소 ($H_2$) | 이산화탄소 ($CO_2$) | 질소 ($N_2$) |
|---|---|---|---|---|---|---|---|---|
| 발광색 | 주홍 (등적) | 청록 | 붉은 보라 | 노랑 | 붉은 노랑 | 장미색 | 흰색 | 황 |

**19** 전기회로의 전류는 열회로의 무엇에 대응하는가?

① 열류 ② 열량
③ 열용량 ④ 열저항

16 ③ 17 ④ 18 ④ 19 ① Answer

해설 전열, 전기회로의 비교

| 전기 | | | 전열 | | | 공업용 |
|---|---|---|---|---|---|---|
| 명칭 | 기호 | 단위 | 명칭 | 기호 | 단위 | 단위 |
| 전압 | $V$ | [V] | 온도차 | $\theta$ | [K] | [℃] |
| 전류 | $I$ | [A] | 열류 | $I$ | [W] | [kcal/h] |
| 저항 | $R$ | [Ω] | 열저항 | $R$ | [C/W] | [℃ · h/kcal] |
| 전기량 | $Q$ | [C] | 열량 | $Q$ | [J] | [kcal] |
| 전도율 | $K$ | [℧/m] | 열전도율 | $K$ | [W/m · deg] | [kcal/h · m · deg] |
| 정전용량 | $C$ | [F] | 열용량 | $C$ | [J/C] | [kcal/℃] |

**20** **열차가 주행할 때 중력에 의하여 발생하는 저항으로 두 점 간의 수평거리와 고저 차의 비로 표시되는 저항은?**

① 출발저항 ② 구배저항
③ 곡선저항 ④ 주행저항

해설 열차저항
열차가 기동 또는 주행할 때 열차 진행 방향과 반대 방향으로 저항력이 작용하는데, 이때의 저항을 열차저항이라 한다.
- 출발저항
- 주행저항
- 구배저항(오르막길을 오를 때 저항) : 경사저항
- 곡선저항 : 원심력에 의해 바퀴와 레일 사이에 마찰이 증가하여 회전수 차에 의한 미끄럼 현상에 따른 마찰 저항이 생긴다.
- 가속저항 : 가속에 필요한 힘과 반대 방향이 되는 힘을 하나의 저항으로 계산한다.

Answer 20 ②

전기공사산업기사

# 2017년도 1회 시험

과년도 기출문제

**01** 전자빔 가열의 특징으로 틀린 것은?

① 진공 중에서의 가열이 가능하다.
② 신속하고 효율이 좋으며 표면 가열이 가능하다.
③ 고융점 재료 및 금속박 재료의 용접이 쉽다.
④ 에너지의 밀도나 분포를 자유로이 조절할 수 있다.

해설 전자빔 가열
㉠ 전자빔 : 이동속도가 빨라 에너지가 큰 전자를 집중시킨 것
㉡ 특성
- 대단히 작은 부분의 가공이 용이
- 가열범위가 좁아서 열에 의해 변질되는 부분이 적음
- 고융점 재료나 금속박 재료의 용접이 쉬움
- 임의 형태의 구멍 가능
- 에너지 밀도나 분포를 쉽게 조절
- 진공 중에서 가열 가능

**02** 백열전구의 동정곡선은 다음 중 어느 것을 결정하는 중요한 요소가 되는가?

① 전류, 광속, 전압
② 전류, 광속, 효율
③ 전류, 광속, 휘도
④ 전류, 광도, 전압

해설 동정곡선(Performance)
전구가 점등시간과 더불어 광속, 전류, 전력, 효율 등이 변화하는 상태

**03** 5[Ω]의 전열선을 100[V]에 사용할 때의 발열량은 약 몇 [kcal/h]인가?

① 1,720
② 2,770
③ 3,745
④ 4,728

해설
$$H = 860Pt\,[\text{cal/h}]$$
$$= 860 \times \frac{V^2}{R} \times t\,[\text{cal/h}]$$
$$= 860 \times \frac{100^2}{5} \times 1 \times 10^{-3}\,[\text{kcal/h}]$$
$$= 1{,}720\,[\text{kcal/h}]$$

01 ② 02 ② 03 ① Answer

## 04 3상 유도 전동기에서 플러깅의 설명으로 가장 옳은 것은?

① 단상 상태로 기동할 때 일어나는 현상
② 플러그를 사용하여 전원을 연결하는 방법
③ 고정자와 회전자의 상수가 일치하지 않을 때 일어나는 현상
④ 고정자 측의 3단자 중 2단자를 서로 바꾸어 접속하여 제동하는 방법

해설 제동법

㉠ 발전 제동
- 운동에너지를 전기에너지로 변환
- 자체 저항이 소비되면서 제동

㉡ 회생 제동
- 유도전압을 전원 전압보다 높게 하여 제동하는 방식
- 발전 제동하여 발생된 전력을 선로로 되돌려 보냄
- 전원 : 회전 변류기를 이용
- 장소 : 산악지대의 전기 철도용

㉢ 역전(역상) 제동
- 일명 플러깅이라 함
- 3상 중 2상을 바꾸어 제동
- 속도를 급격히 정지 또는 감속시킬 때

## 05 SCR의 애노드 전류가 20[A]로 흐르고 있을 때 게이트 전류를 반으로 줄이면 애노드 전류는 몇 [A]가 되는가?

① 0
② 10
③ 20
④ 40

해설 애노드 전류가 흐르고 있을 때 게이트 전류를 반으로 줄여도 애노드 전륫값은 변함없다.

## 06 다음 중 전기로의 가열 방식이 아닌 것은?

① 저항 가열
② 유전 가열
③ 유도 가열
④ 아크 가열

해설 유전 가열

절연성 피열물에 생기는 유전체손에 의해 피열물을 직접 가열하는 방법으로 전기로에 가열하지 않는다.

Answer ➡ 04 ④ 05 ③ 06 ②

**07** $t\sin\omega t$의 라플라스 변환은?

① $\dfrac{\omega}{s^2+\omega^2}$　　② $\dfrac{\omega^2}{s^2+\omega^2}$

③ $\dfrac{\omega s}{(s^2+\omega^2)^2}$　　④ $\dfrac{2\omega s}{(s^2+\omega^2)^2}$

해설 시간 함수 형태 $f(t)=t\cdot\sin\omega t$는 복소 미분정리로 풀어야 한다.

$$\mathcal{L}[t\sin\omega t]=(-1)\frac{d}{ds}\mathcal{L}[\sin\omega t]=(-1)\frac{d}{ds}\frac{\omega}{s^2+\omega^2}$$

$$=(-1)\cdot\frac{-2\omega s}{(s^2+\omega^2)^2}=\frac{2\omega s}{(s^2+\omega^2)^2}$$

**08** 인견 공업에 쓰이는 포트 모터의 속도 제어에 적합한 것은?

① 저항에 의한 제어　　② 극수 변환에 의한 제어

③ 1차 측 회전에 의한 제어　　④ 주파수 변환에 의한 제어

해설 주파수 제어

㉠ 포트 모터(Pot Moter)
- 인견 공장에서 이용
- 회전수 : 6,000~10,000[rpm]
- 농형 유도 전동기

㉡ 선박의 전기 추진

**09** 그림과 같이 광원 S로 단면의 중심이 O인 원통형 연돌을 비추었을 때 원통의 표면상 한 점 P에서의 조도는 약 몇 [lx]인가?(단, SP의 거리는 10[m], ∠OSP = 10°, ∠SOP = 20°, 광원의 SP 방향의 광도를 1,000[cd]라고 한다.)

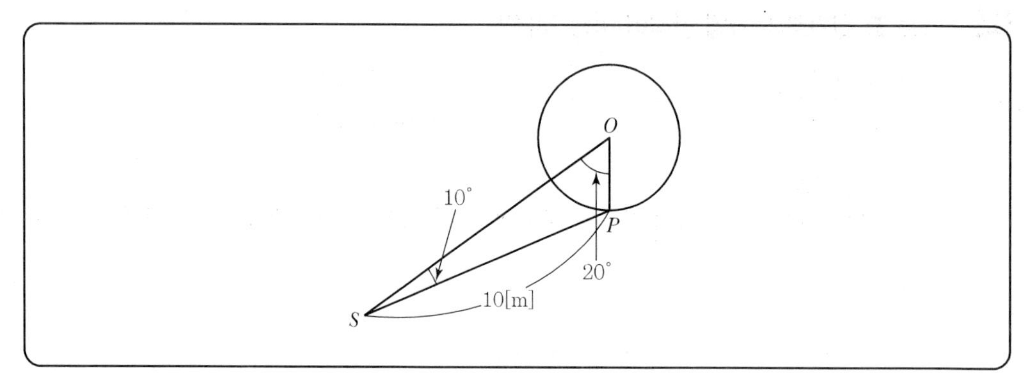


07 ④　08 ④　09 ③ Answer

① 4.3 ② 6.7
③ 8.6 ④ 9.9

해설 수평면 조도$=\dfrac{I}{l^2}\cos\theta=\dfrac{1{,}000}{10^2}\cos 30°=8.6$

## 10 목재 건조에 적합한 가열 방식은?

① 저항 가열 ② 유전 가열
③ 유도 가열 ④ 적외선 가열

해설 유전 가열 : 유전체손 이용
㉠ 용도 : 목재의 건조, 접착, 비닐막의 접착
㉡ 특징
- 열이 유전체손에 의하여 피열물 자신에 발생하므로, 가열이 균일하다.
- 온도 상승 속도가 빠르고, 속도가 임의 제어된다.

## 11 고도(Cant)가 20[mm]이고, 반지름이 800[m]인 곡선 궤도를 주행할 때 열차가 낼 수 있는 최대 속도는 약 몇 [km/h]인가?(단, 궤간은 1,067[mm]이다.)

① 34.94 ② 38.94
③ 43.64 ④ 83.64

해설 $h=\dfrac{GV^2}{127R}$

여기서, $h$ : 고도, $R$ : 반지름, $G$ : 궤간, $V$ : 속도

$20=\dfrac{1{,}067\times G^2}{127\times 800}$

$G=43.64$

## 12 궤도의 확도(Slack)는 약 몇 [mm]인가?(단, 곡선의 반지름 100[m], 고정차축 거리 5[m]이다.)

① 21.25 ② 25.68
③ 29.35 ④ 31.25

해설 $L=\dfrac{l^2}{8R}=\dfrac{5^2}{8\times 100}\times 10^3=31.25[\text{mm}]$

Answer 10 ② 11 ③ 12 ④

## 13 납축전지의 특징으로 옳은 것은?

① 저온특성이 좋다.
② 극판의 기계적 강도가 강하다.
③ 과방전, 과전류에 대해 강하다.
④ 전해액의 비중에 의해 충 · 방전 상태를 추정할 수 있다.

해설 납축전지의 특징
- 저온, 고온 특성이 약하다.
- 기계적 강도가 약하다.
- 과충전, 과방전에 약하다.
- 전해액 비중에 의해 충전, 방전상태 추정이 가능하다.

## 14 알칼리 축전지의 전해액은?

① KOH　　② $PbO_2$
③ $H_2SO_4$　　④ NiOH

해설 전해액
- 납축전지 : $H_2SO_4$(묽은 황산)
- 알칼리 축전지 : KOH(수산화칼륨)

## 15 제너 다이오드(Zener Diode)의 용도로 가장 옳은 것은?

① 검파용　　② 정전압용
③ 고압 정류용　　④ 전파 정류용

해설 제너 다이오드의 목적 : 전원 전압을 안정하게 유지(정전압 정류 작용)

## 16 다음 (　　) 안에 들어갈 말이 순서대로 되어 있는 것은?

| 곡선도로에서 조명기구를 한쪽 열에만 배치할 경우 (　　)에만 배치하며, 곡선의 경우 곡률 반경이 작을수록 조명기구의 배치간격을 (　　) 한다. |
|---|

① 안쪽, 짧게　　② 안쪽, 길게
③ 바깥쪽, 길게　　④ 바깥쪽, 짧게

해설
- 곡선도로 유도성을 중시하여야 하며 멀리서 도로의 모양을 알 수 있도록 등기구를 배치한다.
- 대칭식과 편측식(도로의 바깥쪽에 설치)이 있다.
- 곡선의 곡률 반경이 작을수록 조명기구의 간격을 짧게 한다.

13 ④　14 ①　15 ②　16 ④ Answer

**17** 자동제어에서 검출장치로 소형 직류 발전기를 사용하여 무엇을 검출하는가?

① 속도
② 온도
③ 위치
④ 방향

해설 자동제어계에서 소형 직류 발전기를 사용하여 속도를 검출한다.

**18** 열전도율이 가장 좋은 것은?

① 철
② 은
③ 니크롬
④ 알루미늄

해설 열도전율이 높은 순서
백금 > 은 > 구리 > 알루미늄

**19** 형광 방전등의 효율이 가장 좋으려면 주위온도[℃]와 관벽온도[℃]는 각각 어느 정도가 적당한가?

① 주위온도 : 40[℃], 관벽온도 : 40~45[℃]
② 주위온도 : 25[℃], 관벽온도 : 40~45[℃]
③ 주위온도 : 40[℃], 관벽온도 : 20~30[℃]
④ 주위온도 : 25[℃], 관벽온도 : 20~30[℃]

해설 형광 방전등 온도
- 효율이 최대가 되는 주위온도 : 25[℃]
- 효율이 최대가 되는 관벽온도 : 40[℃]

**20** 200[W] 전구를 우유색 구형 글로브에 넣었을 경우 우유색 유리 반사율은 30[%], 투과율은 50[%]라고 할 때 글로브의 효율은 약 몇 [%]인가?

① 71
② 76
③ 83
④ 88

해설 
$$\text{글로브 효율} = \frac{\text{투과율}}{1-\text{반사율}} \times 100[\%]$$
$$= \frac{0.5}{1-0.3} \times 100 = 71[\%]$$

Answer 17 ① 18 ② 19 ② 20 ①

↘ 전기공사산업기사

# 2017년도 2회 시험 과년도 기출문제

**01** 전열기에서 5분 동안에 900,000[J]의 일을 했다고 한다. 이 전열기에서 소비한 전력은 몇 [W]인가?

① 500 ② 1,500
③ 2,000 ④ 3,000

해설 전력 $P = \frac{W}{t}[\text{J/s}] = \frac{900{,}000}{5 \times 60} = 3{,}000[\text{J/s}] = 3{,}000[\text{W}]$

**02** 고압 아크로의 종류가 아닌 것은?

① 로킹(Rocking)로 ② 센헬(Schonherr)로
③ 포오링(Pauling)로 ④ 비르켈란-아이데(Birkeland-Eyde)로

해설 고압 아크로
- 정의 : 공중질소를 고정하여 질산을 제조
- 종류 : 포오링로, 비르켈란-아이데로, 센헬로

**03** 가로조명, 도로조명 등에 사용되는 저압 나트륨등의 설명으로 틀린 것은?

① 효율은 높고 연색성은 나쁘다.
② 점등 후 10분 정도에서 방전이 안정된다.
③ 냉음극이 설치된 발광관과 외관으로 되어 있다.
④ 실용적인 유일한 단색광원으로 589[nm]의 파장을 낸다.

해설 저압 나트륨등의 특징
- 효율은 높고 연색성은 나쁘다.(최대 발광효율 : 80~150[lm/W])
- 방전의 안정시간 : 점등 후 10분 정도 소요
- 구조 : 열음극이 설치된 2중관 구조
- 파장 : 분광분포 D선이라 불리는 5,890~5,896[Å]의 황색선이 대부분(76[%])을 차지한다.

**04** 전기 분해에 의하여 전극에 석출되는 물질의 양은 전해액을 통과하는 총 전기량에 비례하며 그 물질의 화학당량에 비례하는 법칙은?

① 줄(Joule)의 법칙 ② 암페어(Ampere)의 법칙
③ 톰슨(Thomson)의 법칙 ④ 패러데이(Faraday)의 법칙

01 ④ 02 ① 03 ③ 04 ④ Answer

해설 패러데이의 법칙

석출되는 물질의 양은 전해액을 통과하는 총 전기량에 비례하고, 물질의 화학당량에 비례한다.

$W = KQ = KIt$[g]

여기서, $W$ : 석출되는 물질의 양[g], $K$ : 화학당량[g/C]

$Q$ : 통과하는 전기량($Q = It$), $I$ : 전류[A], $t$ : 시간[sec]

## 05 다음 중 유도 가열은 어떤 것을 이용한 것인가?

① 복사열
② 아크열
③ 와전류손
④ 유전체손

해설 유도 가열

와전류손과 히스테리시스손에 의한 발열을 이용(표면 가열, 반도체 정련)

## 06 자동제어에서 제어량에 의한 분류인 것은?

① 정치 제어
② 연속 제어
③ 불연속 제어
④ 프로세스 제어

해설 ㉠ 제어량의 성질에 의한 분류
- 서보 제어
- 프로세스 제어
- 자동 조정

㉡ 목표값의 성질에 의한 분류
- 정치 제어
- 추치 제어

## 07 기중기 등으로 물건을 내릴 때 또는 전차가 언덕을 내려가는 경우 전동기가 갖는 운동에너지를 전기에너지로 변환하고, 이것을 전원에 반환하면서 속도를 점차로 감속시키는 제동법은?

① 발전 제동
② 회생 제동
③ 역상 제동
④ 와류 제동

해설 ① 발전 제동 : 전동기의 전기자 전원을 끊고 전동기를 발전기로 동작시켜 회전운동에너지의 발생된 전력을 단자 접속된 저항의 열로 소비하여 제동하는 방식

② 회생 제동 : 전동기에 유기되는 역기전력을 전원 전압보다 높게 하여 회전운동에너지로 발생되는 전력을 전원 측으로 반환하여 제동하는 방식

③ 역상 제동 : 전동기의 3상 전원의 접속을 바꾸어 역토크를 발생시켜 속도를 급격히 정지 또는 감속시키는 방식(일명 플러깅이라 한다.)

④ 와류 제동 : 구리의 원판을 자계 내에 회전시켜 동판에 생긴 와전류에 의한 제동력을 이용하는 방식

Answer 05 ③ 06 ④ 07 ②

## 08 시감도가 가장 좋은 광색은?

① 청색 ② 백색
③ 적색 ④ 황록색

해설 ㉠ 시감도 : 어느 파장의 에너지가 빛으로 느껴지는 정도
㉡ 시감도가 최대일 때
- 파장 : 555[nm]
- 광속 : 680[lm]
- 색상 : 황록색

## 09 직류방식 전차용 전동기로 적당한 전동기는?

① 분권형 ② 직권형
③ 가동 복권형 ④ 차동 복권형

해설 직류 직권 전동기
- 기동토크가 크다.( $T \propto I^2$ )
- 전차용, 크레인용

## 10 반사율 $\rho$, 투과율 $\tau$, 반지름 $r$인 완전 확산성 구형 글로브의 중심에 광도 $I$의 점광원을 켰을 때, 광속 발산도는?

① $\dfrac{\tau I}{r^2(1-\rho)}$ ② $\dfrac{\rho I}{r^2(1-\tau)}$
③ $\dfrac{4\pi\rho I}{r^2(1-r)}$ ④ $\dfrac{\rho\pi}{r^2(1-\rho)}$

해설 광속 발산도 $R=\dfrac{F'}{s}=\dfrac{F\tau}{s}$

투과 광속 $F\tau=\tau F+\tau\rho F+\tau\rho^2F+\cdots$

$$=\frac{\tau F}{1-\rho}=\frac{\tau(4\pi I)}{1-\rho}$$

$$R=\frac{\dfrac{\tau}{1-\rho}(4\pi I)}{4\pi r^2}=\frac{\tau I}{r^2(1-\rho)}$$

08 ④ 09 ② 10 ① Answer

## 11 전자빔 가열의 특징이 아닌 것은?

① 에너지 밀도를 높게 할 수 있다.
② 진공 중 가열로 산화 등의 영향이 크다.
③ 필요한 부분에 고속으로 가열시킬 수 있다.
④ 빔의 파워와 조사 위치를 정확히 제어할 수 있다.

해설 전자빔 가열
㉠ 정의 : 전자의 충돌에 의한 에너지로 가열하는 방식
㉡ 특징
- 에너지 밀도가 높다.(용접, 용해 등에 이용)
- 진공 중 가열로 산화 등의 영향이 적다.
- 고속 가열이 가능하다.(국소 표면 열처리)
- 빔의 파워와 조사위치를 정확히 제어할 수 있다.

## 12 다이오드를 사용한 단상 전파정류회로에서 전원 220[V], 주파수 60[Hz]일 때 출력전압의 평균값은 약 몇 [V]인가?

① 100　② 168
③ 198　④ 215

해설 단상 전파정류

$$E_d = \frac{2\sqrt{2}}{\pi}E = 0.9E = 0.9 \times 220 = 198[\mathrm{V}]$$

## 13 알칼리 축전지의 양극에 쓰이는 것은?

① 납　② 철
③ 카드뮴　④ 수산화니켈

해설 알칼리 축전지

| 구분 | 양극 | 음극 | 전해액 |
|---|---|---|---|
| 에디슨식 | 수산화니켈($Ni(OH)_3$) | 철(Fe) | 수산화칼륨(KOH) |
| 융그너식 | 수산화니켈($Ni(OH)_3$) | 카드뮴(Cd) | 수산화칼륨(KOH) |

Answer 11 ② 12 ③ 13 ④

**14** 전기 철도에서 통신유도장해의 경감대책으로 통신선의 케이블화, 전차선과 통신선의 이격거리 증대 등의 방법은 어느 측에 하는 대책인가?

① 전철　　② 통신선
③ 전기차　　④ 지중매설관

해설 전기 철도에서 통신유도장해 경감대책
㉠ 통신선 측의 대책
- 통신선의 케이블
- 전차선과 통신선의 이격거리
- 통신선의 지하배설(차폐효과 증대)
- 배류코일 설치(전하를 대지로 방전)

㉡ 전기 철도 측의 대책
- 흡상 변압기(BT) 방식 채택
- 단권 변압기(AT) 방식 채택

**15** 바깥쪽 레일은 원심력의 작용으로 지나친 하중이 걸려 탈선하기 쉬우므로 안쪽 레일보다 얼마간 높게 한다. 이 바깥쪽 레일과 안쪽 레일의 높이차를 무엇이라 하는가?

① 편위　　② 확도
③ 캔트　　④ 궤간

해설 캔트(고도)
레일의 곡선부분에서 바깥쪽 레일을 안쪽 레일보다 높게 하여 원심력을 평행시키는 것
(캔트를 주는 이유 : 운전의 안전성 확보)

**16** 2[g]의 알루미늄을 60[℃] 높이는 데 필요한 열량은 약 몇 [cal]인가?(단, 알루미늄 비열은 0.2[cal/g ℃]이다.)

① 24　　② 20.64
③ 860　　④ 20,640

해설 열량=비열×질량×온도차
$Q = cm\theta = 0.2 \times 2 \times 60 = 24[\text{cal}]$

**17** 청색 형광 방전등의 램프에 사용되는 형광체는?

① 규산 아연　　② 규산 카드뮴
③ 붕산 카드뮴　　④ 텅스텐산 칼슘

14 ② 15 ③ 16 ① 17 ④ Answer

해설 형광등의 형광체

| 형광체 | 발광색 |
|---|---|
| 텅스텐산 칼슘($CaWO_4$) | 청색 |
| 텅스텐산 마그네슘($MgWO_4$) | 청백색 |
| 규산 아연($ZnSiO_3$) | 녹색 |
| 규산 카드뮴($CdSiO_2$) | 주광색(등색) |
| 붕산 카드뮴($CdB_2O_5$) | 다홍색(핑크색) |

## 18 피드백 제어(Feedback Control)에 꼭 있어야 할 장치는?

① 출력을 검출하는 장치
② 안정도를 좋게 하는 장치
③ 응답속도를 빠르게 하는 장치
④ 입력과 출력을 비교하는 장치

해설 피드백 제어계
입력과 출력을 비교하여 오차를 자동적으로 정정하게 하는 자동제어 방식

## 19 반도체에 광이 조사되면 전기저항이 감소되는 현상은?

① 열전능
② 홀 효과
③ 광전 효과
④ 제베크 효과

해설 광전 효과 : 반도체에 광이 조사되면 전기적 특성이 변화되는 현상
- 광도전 효과 : 빛을 받으면 저항값 변화
- 광기전 효과 : 빛을 받으면 기전력 발생
- 광전자 방출효과 : 빛을 받으면 광전자 방출효과

## 20 폭 10[m], 길이 20[m]의 교실에 총광속 3,000[lm]인 32[W] 형광등 24개를 점등하였다. 조명률 50[%], 감광 보상률 1.5라 할 때 이 교실의 공사 후 초기 조도[lx]는?

① 90
② 120
③ 152
④ 180

해설 $E=\dfrac{NFU}{SD}=\dfrac{24\times 3,000\times 0.5}{(10\times 20)\times 1.5}=120[\text{lx}]$

여기서, $N$ : 등수, $F$ : 광속, $U$ : 조명률, $S$ : 피조면 면적, $D$ : 감광 보상률

Answer ➲ 18 ④ 19 ③ 20 ②

# 2017년도 4회 시험

# 과년도 기출문제

**01** 발산광속이 상향으로 90~100[%] 정도 발산하며 직사 눈부심이 없고 낮은 휘도를 얻을 수 있는 조명방식은?

① 직접 조명 ② 간접 조명
③ 국부 조명 ④ 전반 확산 조명

해설 배광에 따른 조명방식

| 조명방식 | 하향 광속[%] | 상향 광속[%] |
|---|---|---|
| 직접 조명 | 90~100 | 0~10 |
| 반직접 조명 | 60~90 | 10~40 |
| 전반 확산 조명 | 40~60 | 40~60 |
| 반간접 조명 | 10~40 | 60~90 |
| 간접 조명 | 0~10 | 90~100 |

**02** 60[m²]의 정원에 평균 조도 20[lx]를 얻기 위해 필요한 광속[lm]은?(단, 유효한 광속은 전광속의 40[%]이다.)

① 3,000 ② 4,000
③ 4,500 ④ 5,000

해설 $E=\frac{F}{s}\times u[\text{lx}]$

$F=\frac{E\cdot s}{u}=\frac{20\times 60}{0.4}=3{,}000[\text{lm}]$

**03** 음극만 발광하므로 직류 극성을 판별하는 데 이용되는 것은?

① 네온 램프 ② 크립톤 램프
③ 크세논 램프 ④ 나트륨 램프

해설 네온전구의 특성

- 부(−)글로우를 이용한다.(직류 극성 판별용)
- 소비전력이 적다.(종야등)
- 일정전압에서 점등한다.(검정기, 교류 최댓값 측정)
- 빛의 관성이 없다.

01 ② 02 ① 03 ① Answer

## 04 반도체 소자 중 게이트-소스 간 전압으로 드레인 전류를 제어하는 전압 제어 스위치로 스위칭 속도가 빠른 소자는?

① SCR　　② GTO
③ IGBT　　④ MOSFET

해설 MOSFET
- 게이트와 소스 사이의 전압을 제어한다.
- 스위칭 속도가 매우 빠르다.
- 용량이 작다.(작은 전력 범위 내에서 적용)

## 05 금속 중 이온화 경향이 가장 큰 물질은?

① K　　② Fe
③ Zn　　④ Na

해설 이온화 경향
- 금속이 액체와 접촉 시 양이온이 되는 경향
- 이온화 경향이 큰 순서 : K > Ba > Ca > Na > Mg

## 06 발전소에 설치된 50[t]의 천장주행 기중기의 권상속도가 2[m/min]일 때 권상용 전동기의 용량은 약 몇 [kW]인가?(단, 효율은 70[%]이다.)

① 5　　② 10
③ 15　　④ 23

해설 권상기 용량 $P=\dfrac{WV}{6.12\eta}=\dfrac{520\times 2}{6.12\times 0.7}\fallingdotseq 23[\text{kW}]$

여기서, $W$ : 권상하중[ton]
$V$ : 권상속도[m/분]
$\eta$ : 효율

## 07 차륜의 탈선을 막기 위해 분기 반대쪽 레일에 설치하는 레일은?

① 전철기　　② 완화곡선
③ 호륜 궤조　　④ 도입 궤조

해설 호륜 궤조
- 궤도의 분기개소에서 철차가 있는 곳은 궤조가 중단되므로 차체를 원활하게 분기선로로 유도한다.
- 차륜의 탈선을 막기 위해서는 반대 궤조 측에 호륜 궤조를 설치한다.

Answer 04 ④　05 ①　06 ④　07 ③

## 08 적분요소의 전달 함수는?

① $K$ ② $Ts$

③ $\frac{1}{Ts}$ ④ $\frac{K}{1+Ts}$

해설 전달함수의 전달요소

- 비례요소 : $K$
- 미분요소 : $Ts$
- 적분요소 : $\frac{1}{Ts}$
- 1차 지연요소 : $\frac{K}{1+Ts}$
- 부동작 시간요소 : $ke^{-Ts}$

## 09 광질과 특색이 고휘도이고 광색은 적색부분이 많고 배광 제어가 용이하며 흑화가 거의 일어나지 않는 램프는?

① 수은 램프 ② 형광 램프

③ 크세논 램프 ④ 할로겐 램프

해설 할로겐 램프의 특징

- 광질의 특색은 고휘도이다.
- 배광 제어가 용이하다.
- 연색성이 좋다.
- 흑화가 거의 발생하지 않는다.
- 휘도가 크다.

## 10 내화 단열재의 구비조건으로 틀린 것은?

① 내식성이 클 것 ② 급열, 급랭에 견딜 것

③ 열전도율, 체적비열이 클 것 ④ 피열물 간에 화학작용이 없을 것

해설 내화 단열재의 구비조건

- 내식성이 클 것
- 급열, 급랭에 견딜 것
- 열전도율이 낮을 것
- 피열물 간에 화학작용이 없을 것

08 ③ 09 ④ 10 ③ Answer

## 11 유도장해를 경감할 목적으로 하는 흡상 변압기의 약호는?

① PT ② CT
③ BT ④ AT

해설 ① PT : 계기용 변압기
② CT : 변류기
③ BT : 흡상 변압기
④ AT : 단권 변압기

## 12 무인 엘리베이터의 자동제어는?

① 정치 제어 ② 추종 제어
③ 비율 제어 ④ 프로그램 제어

해설 프로그램 제어
미리 정해진 프로그램에 따라 제어량을 변화시키는 것을 목적으로 하는 제어
예 무인 엘리베이터, 산업로보트 제어

## 13 반지름 20[cm]인 완전 확산성 반구를 사용하여 평균 휘도가 0.4[cd/cm²]인 천장 등을 가설하려고 한다. 기구 효율이 0.8이라 하면 약 몇 [lm]의 광속이 나오는 전등을 사용하면 되는가?

① 1,985 ② 3,944
③ 7,946 ④ 10,530

해설 반구형 광원 $F=2\pi I$[lm]
광도 $I=BS=\pi r^2 B$

$$F'=\frac{F}{\eta}=\frac{2\pi^2 r^2 B}{\eta}=\frac{2\pi^2\times 20^2\times 0.4}{0.8}=3{,}944[\text{lm}]$$

## 14 전기회로와 열회로의 대응관계로 틀린 것은?

① 전류－열류 ② 전압－열량
③ 도전율－열전도율 ④ 정전용량－열용량

해설

| 전기회로 | 전압 | 전류 | 도전율 | 정전용량 | 저항 |
|---|---|---|---|---|---|
| 열회로 | 온도차 | 열류 | 열전도율 | 열용량 | 열저항 |

Answer 11 ③ 12 ④ 13 ② 14 ②

## 15 200[cd]의 점광원으로부터 5[m]의 거리에서 그 방향과 직각인 면과 60° 기울어진 수평면상의 조도[lx]는?

① 4
② 6
③ 8
④ 10

해설 수평면 조도 $E=\frac{I}{l^2}\cos\theta=\frac{200}{5^2}\times\cos 60°=\frac{200}{25}\times\frac{1}{2}=4[\text{lx}]$

## 16 열전온도계의 특징에 대한 설명으로 틀린 것은?

① 제베크 효과의 동작원리를 이용한 것이다.
② 열전대를 보호할 수 있는 보호관을 필요로 하지 않는다.
③ 온도가 열기전력으로써 검출되므로 피측온점의 온도를 알 수 있다.
④ 적절한 열전대를 선정하면 0~1,600[℃] 온도범위의 측정이 가능하다.

해설 열전온도계의 특징

- 원리 : 제베크 효과
- 열전대 보호관 필요
- 온도측정 가능 범위 : 0~2,500[℃]
- 특정 지역이나 좁은 장소에서 온도 측정 가능
- 온도가 열기전력으로 검출

## 17 고주파 유도 가열에 사용되는 전원이 아닌 것은?

① 동기 발전기
② 진공관 발진기
③ 고주파 전동 발전기
④ 불꽃 간극식 고주파 발진기

해설 고주파 유도 가열의 전원

- 진공관 발진기
- 고주파 전동 발전기
- 불꽃 간극식 고주파 발진기

## 18 전동기의 진동 원인 중 전자적 원인이 아닌 것은?

① 베어링의 불평등
② 고정자 철심의 자기적 성질 불평등
③ 회전자 철심의 자기적 성질 불평등
④ 고조파 자계에 의한 자기력의 불평등

15 ① 16 ② 17 ① 18 ① Answer

해설 전동기의 진동 원인

- 전자력 불평형
- 회전자 철심의 자기적 성질 불평등
- 고조파 자계에 의한 자기력의 불평등

※ 베어링의 불평등 : 기계적 원인

## 19 배리스터(Varistor)의 주된 용도는?

① 전압 증폭
② 온도 보상
③ 출력 전류 조절
④ 스위칭 과도전압에 대한 회로 보호

해설 배리스터의 용도

- 과도전압, 이상전압에 대한 회로 보호
- 피뢰기, 전기접점 간의 불꽃 제거

## 20 광석에 함유되어 있는 금속을 산 등으로 용해시킨 전해액으로 사용하여 캐소드에 순수한 금속을 전착시키는 방법은?

① 전해 정제
② 전해 채취
③ 식염 전해
④ 용융점 전해

해설 전해 채취

광석에 함유되어 있는 금속을 산 등으로 용해시킨 전해액으로 사용하여 순도가 높은 금속을 석출하는 방법

Answer 19 ④ 20 ②

**01** 적외선 가열과 관계없는 것은?

① 설비비가 적다.
② 구조가 간단하다.
③ 두꺼운 목재의 건조에 적당하다.
④ 공산품(工産品)의 표면 건조에 적당하다.

해설 적외선 가열의 특징
- 설비비, 유지비가 절약된다.
- 적외선 건조기 구조가 간단하다.
- 도장 등의 표면 건조에 적당하다.
- 감시가 용이하고 조작이 간단하며, 청결하고 안정하다.

**02** 600[W]의 전열기로서 3[L]의 물을 15[℃]로부터 100[℃]까지 가열하는 데 필요한 시간은 약 몇 분인가?(단, 전열기의 발생열은 모두 물의 온도상승에 사용되고 물의 증발은 없다.)

① 30 ② 35
③ 40 ④ 45

해설 전열기 용량

$$P = \frac{C \cdot m(T_2 - T_1)}{860\eta \cdot t}[\text{kW}]$$

여기서, $C$ : 비열(물=1), $m$ : 질량[L]
$T_1 = 15$[℃], $T_2 = 100$[℃]
$\eta$ : 효율, $t$ : 시간[h]

$$t = \frac{C \cdot m(T_2 - T_1)}{860\eta \cdot P} = \frac{1 \times 3(100 - 15)}{860 \times 1 \times 0.6} = 0.5[\text{h}]$$
$$= 0.5[\text{h}] \times 60 = 30[\text{min}]$$

01 ③ 02 ① Answer

## 03 플라이휠 효과가 $GD^2$[kg · m²]인 전동기의 회전자가 $n_2$[rpm]에서 $n_1$[rpm]으로 감속할 때 방출한 에너지[J]는?

① $\dfrac{GD^2(n_2-n_1)^2}{730}$　② $\dfrac{GD^2(n_2{}^2-n_1{}^2)}{730}$

③ $\dfrac{GD^2(n_2-n_1)^2}{375}$　④ $\dfrac{GD^2(n_2{}^2-n_1{}^2)}{375}$

해설 $W=\dfrac{1}{2}J\omega^2$[J]

$J=\dfrac{GD^2}{4}$, $\omega=2\pi\times\dfrac{N}{60}$ 이므로

$W=\dfrac{1}{2}\times\dfrac{GD^2}{4}\times\left(\dfrac{2\pi n}{60}\right)^2=\dfrac{GD^2\cdot n^2}{730}$[J]

방출에너지 $W_0=\dfrac{GD^2}{730}(n_2{}^2-n_1{}^2)$[J]

## 04 전기 철도의 전기차에 대한 직류방식의 특징이 아닌 것은?

① 직류변환장치가 필요하다.
② 교류에 비해 전압강하가 크다.
③ 사고 시 선택차단이 용이하다.
④ 교류에 비해 절연계급을 낮출 수 있다.

해설 전기 철도의 직류방식

- 직류변환장치(정류기)가 필요하다.
- 전력손실, 전압강하가 크므로 변전소 간격을 짧게 한다.
- 통신유도장해가 없다.
- 누설전류에 의한 전식 방지책이 필요하다.

※ 사고 시 선택차단이 용이하다. → 교류방식

## 05 2차 전지에 속하는 것은?

① 공기전기　② 망간전지
③ 수은전지　④ 연축전지

해설 2차 전지

- 정의 : 전기의 방전 후 재충전이 가능한 전지
- 종류 : 연축전지, 알칼리 축전지

Answer 03 ② 04 ③ 05 ④

**06** 반도체 소자의 동작 방향성에 따른 분류 중 단방향 전압저지 소자가 아닌 것은?

① BJT ② IGBT
③ 다이오드 ④ MOSFET

해설 반도체 소자
- 단방향 전압저지 소자 : BJT, 다이오드, MOSFET
- 양방향 전압저지 소자 : SCR, GTO, IGBT, MCT

**07** 반사율 10[%], 흡수율 20[%]인 5.6[$m^2$]의 유리면에 광속 1,000[lm]인 광원을 균일하게 비추었을 때 그 이면의 광속 발산도[rlx]는?(단, 전등기구 효율은 80[%]이다.)

① 25 ② 50
③ 100 ④ 125

해설 $R=\frac{F}{S}\times\tau\times\eta$[lm]

이면의 광속 발산도 : $\tau=1-\rho-\alpha=1-0.1-0.2=0.7$

$\therefore\ R=\frac{1,000}{5.6}\times 0.7\times 0.8=100$[rlx]

**08** 그림과 같이 광원 $L$에 의한 모서리 $B$의 조도가 20[lx]일 때, $B$로 향하는 방향의 광도는 약 몇 [cd]인가?

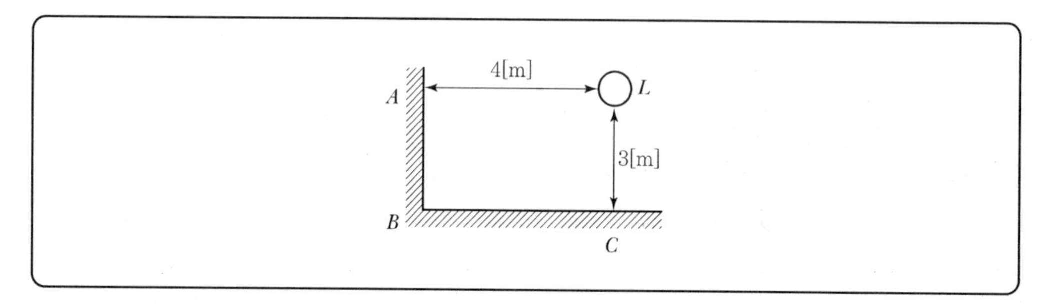


① 780 ② 833
③ 900 ④ 950

해설 수평면 조도 $E=\frac{I}{l^2}\cos\theta$ $l=\sqrt{3^2+4^2}=5$

$20=\frac{I}{5^2}\times\frac{3}{5}$

$\therefore\ I=\frac{20\times 5^3}{3}=833.3$[cd]

06 ② 07 ③ 08 ② Answer

## 09 전압과 전류의 관계에서 수하 특성을 이용한 가열 방식은?

① 저항 가열
② 유도 가열
③ 유전 가열
④ 아크 가열

해설 수하 특성
- 정의 : 수하가 증가하면 전압이 급격히 감소하는 특성(정전류 특성)
- 종류 : 아크 용접기, 직류 차동 복권 발전기

## 10 연축전지(납축전지)의 방전이 끝나면 그 양극(+극)은 어느 물질로 되는가?

① Pb
② PbO
③ $PbO_2$
④ $PbSO_4$

해설 연축전지의 화학반응식

$$\underset{(\text{양극})}{PbO_2} + \underset{(\text{전해액})}{2H_2SO_4} + \underset{(\text{음극})}{Pb} \underset{\text{충전}}{\overset{\text{방전}}{\rightleftarrows}} \underset{(\text{양극})}{PbSO_4} + \underset{(\text{전해액})}{2H_2O} + \underset{(\text{음극})}{PbSO_4}$$

## 11 잔류편차가 발생하는 제어방식은?

① 비례 제어
② 적분 제어
③ 비례적분 제어
④ 비례적분미분 제어

해설 조절부의 동작에 의한 분류
① P(비례) 제어 : 잔류편차 발생
② I(적분) 제어 : 잔류편차 제거
③ PI(비례적분) 제어 : 잔류편차 제거
④ PID(비례적분미분) 제어 : 잔류편차 제거, 응답의 오버슈트 감소, 응답속응성 개선

## 12 5층 빌딩에 설치된 적재중량 1,000[kg]의 엘리베이터를 승강속도 50[m/min]로 운전하기 위한 전동기의 출력은 약 몇 [kW]인가?(단, 권상기의 기계효율은 0.9이고 균형추의 불평형률은 1이다.)

① 4
② 6
③ 7
④ 9

해설 엘리베이터 소요전력

$$P = \frac{W \cdot V}{6{,}120\eta} \times F[\text{kW}]$$

여기서, $W$ : 적재중량[kg], $V$ : 정격속도[m/min], $\eta$ : 효율, $F$ : 평형률

$$\therefore P = \frac{1{,}000 \times 50}{6{,}120 \times 0.9} \times 1 = 9[\text{kW}]$$

Answer ➡ 09 ④ 10 ④ 11 ① 12 ④

## 13 전기 철도에서 궤도(Track)의 3요소가 아닌 것은?

① 레일 ② 침목
③ 도상 ④ 구배

해설 전기 철도 궤도의 구성요소
- 레일 : 차량 지탱
- 침목 : 레일의 하중을 널리 분산
- 도상 : 물빠짐을 좋게 하고 소음 경감

## 14 프로세서(공정) 제어에 속하지 않는 것은?

① 방위 ② 유량
③ 압력 ④ 온도

해설
- 프로세스(공정) 제어 : 온도, 유량, 압력, 농도, 밀도, 액위 등
- 서보 제어 : 물체의 위치, 방위, 자세 등
- 자동 조정 : 전압, 전류, 주파수, 속도, 힘 등

## 15 정류방식 중 맥동률이 가장 작은 것은?(단, 저항부하인 경우이다.)

① 3상 반파방식 ② 3상 전파방식
③ 단상 반파방식 ④ 단상 전파방식

해설 $\text{맥동률} = \dfrac{\text{교류분의 크기}}{\text{직류분의 크기}} \times 100[\%]$

| 종류 \ 구분 | 맥동률[%] | 맥동주파수 |
|---|---|---|
| 단상 반파 | 121 | $f$ |
| 단상 전파 | 48 | $2f$ |
| 3상 반파 | 17.7 | $3f$ |
| 3상 전파 | 4.04 | $6f$ |

## 16 광원 중 루미네선스(Luminescence)에 의한 발광현상을 이용하지 않는 것은?

① 형광 램프 ② 수은 램프
③ 네온 램프 ④ 할로겐 램프

해설 루미네선스
온도복사 이외의 모든 발광현상
※ 온도복사 : 물체의 온도를 높여서 발광(백열전구, 할로겐전구)

13 ④ 14 ① 15 ② 16 ④ Answer

## 17 파이로 루미네선스(Pyro-luminescence)를 이용한 것은?

① 형광등
② 수은등
③ 화학 분석
④ 텔레비전 영상

해설 파이로 루미네선스
- 정의 : 증발하기 쉬운 물질(알칼리금속, 알칼리토금속) 또는 염류를 알코올 램프의 불꽃 속에 넣을 때 발광하는 현상
- 종류 : 발염 아크등, 화학분석

## 18 열전온도계의 원리는?

① 홀 효과
② 핀치 효과
③ 톰슨 효과
④ 제베크 효과

해설 열전온도계
서로 다른 2종류 금속을 접합하여 폐회로를 구성하고 두 접점에 온도차를 주면 기전력이 발생(제베크 효과, 펠티에 효과)

## 19 가시광선 중에서 시감도가 가장 좋은 광색과 그때의 시감도[nm]는 얼마인가?

① 황적색, 680nm
② 황록색, 680nm
③ 황적색, 555nm
④ 황록색, 555nm

해설 시감도 : 어느 파장의 에너지가 빛으로 느껴지는 정도
- 최대 시감도 : 555[nm]
- 색상 : 황록색
- 효율 : 680[lm/W]

## 20 저항 용접의 특징으로 틀린 것은?

① 잔류응력이 작다.
② 용접부의 온도가 높다.
③ 전원에는 상용주파수를 사용한다.
④ 대전류가 필요하기 때문에 설비비가 높다.

해설 저항 용접
- 열의 영향이 용접부에 국한되므로 변형 또는 잔류응력이 작다.
- 아크 용접에 비해 용접부의 온도가 낮다.
- 전원은 상용주파수를 사용한다.
- 설비비가 고가이다.
- 정밀한 용접이 가능하며 용접시간이 매우 짧다.

Answer 17 ③ 18 ④ 19 ④ 20 ②

↘ 전기공사산업기사

# 2018년도 2회 시험 과년도 기출문제

**01** **전기 가열 방식 중 전기적 절연물에 교번전계를 가할 때 물체 내부의 전기 쌍극자의 회전에 의해 발열하는 가열방식은?**

① 저항 가열　　② 유도 가열
③ 유전 가열　　④ 전자빔 가열

해설 유전 가열
전기적 절연에 교번전계를 가할 때 물체 내부의 전기 쌍극자 회전에 의한 발열

**02** **궤간이 1[m]이고 반경이 1,270[m]인 곡선궤도를 64[km/h]로 주행하는 데 적당한 고도는 약 몇 [mm]인가?**

① 13.4　　② 15.8
③ 18.6　　④ 25.4

해설 고도 $h = \frac{GV^2}{127R}$[mm]
여기서, $G$ : 궤간[mm], $V$ : 속도[km/h], $R$ : 반지름[m]
$\therefore h = \frac{1{,}000 \times 64^2}{127 \times 1{,}270} = 25.4$[mm]

**03** **피열물에 직접 통전하여 발열시키는 직접식 저항로가 아닌 것은?**

① 염욕로　　② 흑연화로
③ 카바이드로　　④ 카보런덤로

해설 • 직접 저항로 방식 : 흑연화로, 카바이드로, 카보런덤로, 알루미늄 전해로
• 간접 저항로 방식 : 염욕로, 크립톨로, 발열체로

**04** **FET에 관한 설명 중 틀린 것은?**

① 제조기술에 따라 MOS형과 접합형이 있다.
② 극성이 2개 존재하는 쌍극성 접합 트랜지스터이다.
③ 다수 캐리어인 자유전자나 정공 중 어느 하나에 의해서 전류의 흐름이 제어된다.
④ 게이트에 역전압을 인가하여 드레인 전류를 제어하는 전압제어 소자이다.

01 ③　02 ④　03 ①　04 ②　Answer

해설 FET(전계효과 트랜지스터)의 특징
- 전압을 증폭시킨다.
- 전자 스위치 회로에 이용한다.
- 입력 임피던스가 크다.
- 단극성 소자로 다수 캐리어만으로 동작한다.

**05** 제어대상을 제어하기 위하여 입력에 가하는 양을 무엇이라 하는가?

① 외란　② 변환부
③ 목표값　④ 조작량

해설 조작량 : 제어요소가 제어대상에 가해지는 양

**06** 휘도가 낮고 효율이 좋으며 투과성이 양호하여 터널조명, 도로조명, 광장조명 등에 주로 사용되는 것은?

① 형광등　② 백열전구
③ 나트륨등　④ 할로겐등

해설 나트륨등
- 효율이 좋다.(최대 발광효율 : 80~150[lm/W])
- 실내조명에 부적당하다.(단색광으로 연색성이 나쁘다.)
- 투과력이 양호하여 도로조명, 광학시험용으로 적당하다.

**07** 열차저항이 커지고 속도가 떨어져 표정속도가 낮아지는 원인은?

① 건축한계를 초과한 경우　② 차량한계를 초과한 경우
③ 곡선이 있고 구배가 심한 경우　④ 표준궤간을 채택하지 않은 경우

해설 $표정속도 = \dfrac{운전거리}{주행시간 + 정차시간}$
- 높이는 방법 : 가속도와 감속도를 크게 한다.
- 낮아지는 원인 : 열차저항이 크면 전력소비량도 크게 된다. 즉, 곡선도로와 구배가 심한 경우 낮아진다.

**08** 양수량 5[m²/min], 총양정 10[m]인 양수용 펌프 전동기의 용량은 약 몇 [kW]인가?(단, 펌프 효율 85[%], 여유계수 $K = 1.1$이다.)

① 9.01　② 10.56
③ 16.60　④ 17.66

Answer 05 ④　06 ③　07 ③　08 ②

해설 펌프용량 $P=\frac{KQH}{6.12\eta}=\frac{1.1\times5\times10}{6.12\times0.85}=10.57[\mathrm{kW}]$

여기서, $K$ : 손실계수(여유계수)

$Q$ : 양수량[$\mathrm{m}^3$/분]

$H$ : 총양정[m]

$\eta$ : 효율

**09** 20[Ω]의 전열선 1개를 100[V]에 사용할 때 몇 [W]의 전력이 소비되는가?

① 400
② 500
③ 650
④ 750

해설 $P=\frac{V^2}{R}=\frac{100^2}{20}=500[\mathrm{W}]$

**10** 적외선 건조에 대한 설명으로 틀린 것은?

① 효율이 좋다.
② 온도 조절이 쉽다.
③ 대류열을 이용한다.
④ 소요되는 면적이 작다.

해설 적외선 건조의 특징

- 조작이 간단하고 연료손실이 적다.(효율이 좋다.)
- 온도 조절이 쉽다.
- 건조 재료의 감시가 용이하고 청결하다.
- 적외선 전구에 의한 복사열에 이용한다.

**11** 물체의 위치, 방위, 자세 등의 기계적 변위를 제어량으로 하는 것은?

① 자동 조정
② 서보 기구
③ 시퀀스 제어
④ 프로세스 제어

해설
- 자동 조정 : 전기적, 기계적인 양을 주로 제어하는 것으로 응답속도가 빠르다.
  예 전압, 전류, 주파수, 속도, 힘
- 서보 기구 : 기계적 변위를 제어량으로 하며, 목표값의 임의의 변화에 추종하도록 구성된 제어계이다.
  예 물체의 위치, 방위, 자세
- 시퀀스 제어 : 미리 정해진 순서에 따라서 제어의 각 단계를 순차적으로 진행해 나가는 제어이다.
- 프로세스 제어 : 플랜트나 생산 공정 중의 상태량을 제어량으로 하는 제어이다.
  예 온도, 유량, 압력, 액위, 밀도, 농도

09 ② 10 ③ 11 ② Answer

## 12 전해 정제법이 이용되고 있는 금속 중 최대 규모로 행하여지는 대표 금속은?

① 철 ② 납
③ 구리 ④ 망간

해설 전해 정제법
전기 분해를 이용하여 순수한 금속만을 음극에서 석출하는 정제(구리, 주석, 금, 은, 니켈, 안티몬)

## 13 물을 전기 분해할 때 음극에서 발생하는 가스는?

① 황산 ② 산소
③ 염산 ④ 수소

해설 물의 전기 분해

- 양극 : $2OH \rightarrow \frac{1}{2}O_2 + H_2O + 2e^-$
- 음극 : $2H^+ + 2e^- \rightarrow H_2$

## 14 전동기의 손실 중 직접 부하손에 해당하는 것은?

① 풍손 ② 베어링 마찰손
③ 브러시 마찰손 ④ 전기자 권선의 저항손

해설 손실

- 부하손 : 전기자 권선의 저항손, 표류부하손(실측 불가능)
- 무부하손 : 철손(히스테리시스손, 와류손), 기계손(풍손, 베어링 마찰손, 브러시 마찰손)

## 15 발광에 양광주를 이용하는 조명등은?

① 네온전구 ② 네온관등
③ 탄소아크등 ④ 텅스텐아크등

해설 네온관등

- 원리 : 가늘고 긴 유리관에 불활성 가스 또는 수은을 봉입하고 양단에 원통형 전극을 설치하는 방전등(양광주)
- 용도 : 광고용(네온사인용)

Answer 12 ③ 13 ④ 14 ④ 15 ②

**16** 60[cd]의 점광원으로부터 2[m]의 거리에서 그 방향에 직각 되는 면과 30° 기울어진 평면상의 조도는 약 몇 [lx]인가?

① 11
② 13
③ 20
④ 26

해설 수평면 조도 $E=\frac{I}{l^2}\cos\theta=\frac{60}{2^2}\times\cos 30°=\frac{60}{4}\times\frac{\sqrt{3}}{2}≒13[\text{lx}]$

**17** 지름 1[m]인 원형 탁자의 중심에서 조도가 500[lx]이고 중심에서 멀어짐에 따라 조도는 직선으로 감소하여 주변에서의 조도가 100[lx]로 되었다면 평균 조도는 약 몇 [lx]인가?

① 123
② 233
③ 283
④ 332

해설 원형 탁자의 평균 조도

$$E=\frac{\text{주변조도}+\text{중심조도}+\text{주변조도}}{3}=\frac{100+500+100}{3}=233[\text{lx}]$$

**18** 어떤 정류회로에서 부하 양단의 평균 전압이 2,000[V]이고 맥동률은 2[%]라 한다. 출력에 포함된 교류분 전압의 크기[V]는?

① 60
② 50
③ 40
④ 30

해설 $\text{맥동률}=\frac{\text{교류분}}{\text{직류분}}$

$\text{교류분}=\text{맥동률}\times\text{직류분}=0.02\times 2{,}000=40[\text{V}]$

**19** 200[W]의 전구를 우유색 구형 글로브에 넣었을 경우 우유색 유리 반사율을 30[%], 투과율을 60[%]라고 할 때 글로브의 효율은 약 몇 [%]인가?

① 75
② 85.7
③ 116.7
④ 133.3

해설 구형 글로브 효율

$$\eta=\frac{\tau}{1-\rho}\times 100[\%]$$

$$=\frac{0.6}{1-0.3}\times 100=85.7[\%]$$

16 ② 17 ② 18 ③ 19 ② Answer

**20** 저항 용접에 속하지 않는 것은?

① 심 용접
② 아크 용접
③ 스폿 용접
④ 프로젝션 용접

해설 저항 용접의 종류
- 점 용접(스폿 용접) : 필라멘트, 열전대 용접에 이용
- 이음매 용접(심 용접)
- 돌기 용접(프로젝션 용접)
- 맞대기 용접(충격 용접) : 고유저항이 작고 열전도율이 큰 것에 사용(경금속 용접)

Answer 20 ②

↘ 전기공사산업기사

# 2018년도 4회 시험 과년도 기출문제

**01** 온도의 변화로 인한 궤조의 신축에 대응하기 위한 것은?

① 궤간 ② 곡선
③ 유간 ④ 확도

해설
- 궤간 : 레일과 레일의 간격
- 유간 : 온도 변화에 따른 궤조의 신축에 대응하기 위하여 이음 장소에 적당한 간격을 두는 것
- 확도 : 곡선부분의 레일간격을 직선부분보다 조금 넓게 하는 것(이유 : 운전의 안정성 확보)

**02** 평균 수평 광도가 200[cd], 구면 확산율이 0.8일 때 구광원의 전광속은 약 몇 [lm]인가?

① 2,009 ② 2,060
③ 2,260 ④ 3,060

해설 구광원 광속 $F = 4\pi I_h$

여기서, $I_h$ : 확산광도

$I_h = 200 \times 0.8 = 160[\text{cd}]$

$F = 4\pi \times 160 \fallingdotseq 2{,}009[\text{cd}]$

**03** 용해, 용접, 담금질, 가열 등에 가장 적합한 가열 방식은?

① 복사 가열 ② 유도 가열
③ 저항 가열 ④ 유전 가열

해설 ① 복사 가열 : 적외선 가열로 적외선을 피열물의 표면에 조사하는 가열
② 유도 가열 : 와전류손과 히스테리시스손을 이용하여 가열(용해, 용접, 담금질, 가열)
③ 저항 가열 : 옴손을 이용하여 가열
④ 유전 가열 : 유전체손을 이용하여 가열

**04** 3상 반파정류회로에서 변압기의 2차 상전압 220[V]를 SCR로써 제어각 $\alpha = 60°$로 위상 제어할 때 약 몇 [V]의 직류전압을 얻을 수 있는가?

① 108.7 ② 118.7
③ 128.7 ④ 138.7

01 ③ 02 ① 03 ② 04 ③ Answer

해설 3상 반파정류

$$E_d = \frac{3\sqrt{6}}{2\pi}E \cdot \cos\theta = \frac{3\sqrt{6}}{2\pi} \times 220 \times \cos 60° = \frac{3\sqrt{6}}{2\pi} \times 220 \times \frac{1}{2} = 128.7[\mathrm{V}]$$

## 05 생산공정이나 기계장치 등에 이용하는 자동제어의 필요성이 아닌 것은?

① 노동조건의 향상
② 제품의 생산속도 증가
③ 제품의 품질향상, 균일화, 불량품 감소
④ 생산설비에 일정한 힘을 가하므로 수명 감소

해설 자동제어의 필요성(폐회로 제어계의 특징)
- 노동조건의 향상 및 위험환경의 안정화에 기여
- 제품의 생산속도 향상
- 생산품질 향상 및 균일화 제품을 얻어 불량품 감소
- 인건비 감소

## 06 복사속의 단위로 옳은 것은?

① [sr]
② [W]
③ [lm]
④ [cd]

해설 복사속 : 단위시간당 어느 면을 통과하는 복사에너지양

$$\text{복사속}(\phi) = \frac{W}{t}[\mathrm{J/s}] = [\mathrm{W}]$$

## 07 물체의 위치, 방향 및 자세 등의 기계적 변위를 제어량으로 해서 목표값의 임의의 변화에 추종하도록 구성된 제어계는?

① 자동 조정
② 서보 기구
③ 프로세스 제어
④ 프로그램 제어

해설
- 자동 조정 : 전기적, 기계적인 양을 주로 제어하는 것으로 응답속도가 빠르다.
  예 전압, 전류, 주파수, 속도, 힘
- 서보 기구 : 기계적 변위를 제어량으로 하며, 목표값의 임의의 변화에 추종하도록 구성된 제어계이다.
  예 물체의 위치, 방위, 자세
- 시퀀스 제어 : 미리 정해진 순서에 따라서 제어의 각 단계를 순차적으로 진행해 나가는 제어이다.
- 프로세스 제어 : 플랜트나 생산 공정 중의 상태량을 제어량으로 하는 제어이다.
  예 온도, 유량, 압력, 액위, 밀도, 농도

Answer 05 ④ 06 ② 07 ②

## 08 서로 관계 깊은 것들끼리 짝지은 것이다. 틀린 것은?

① 유도 가열 : 와전류손
② 표면 가열 : 표피 효과
③ 형광등 : 스토크스 정리
④ 열전온도계 : 톰슨 효과

해설 열전온도계 : 제베크 효과 이용
※ 제베크 효과 : 서로 다른 2종류 금속의 접합부에 온도차를 주면 기전력이 발생

## 09 광속 계산의 일반식 중에서 직선 광원(원통)에서의 광속을 구하는 식은 어느 것인가?(단, $I_0$는 최대 광도, $I_{90}$은 $\theta = 90°$ 방향의 광도이다.)

① $\pi I_0$
② $\pi^2 I_{90}$
③ $4\pi I_0$
④ $4\pi I_{90}$

해설 광원의 광속
- 구광원 : $F = 4\pi I$[lm]
- 원통광원 : $F = \pi^2 I$[lm]
- 평판광원 : $F = \pi^2 I$[lm]

## 10 직접 조명의 장점이 아닌 것은?

① 설비비가 저렴하며 설계가 단순하다.
② 그늘이 생기므로 물체의 식별이 입체적이다.
③ 조명률이 크므로 소비전력은 간접 조명의 1/2~1/3이다.
④ 등기구의 사용을 최소화하여 조명효과를 얻을 수 있다.

해설 ㉠ 직접 조명의 특징
- 설비비가 저렴하며 설계가 단순하다.
- 그늘이 생기므로 물체의 식별이 입체적이다.
- 조명률이 좋고 소비전력은 간접 조명의 $\frac{1}{2} \sim \frac{1}{3}$이다.
- 조명기구의 점검 및 보수가 용이하다.

㉡ 간접 조명의 특징
- 등기구의 사용을 최소화하여 조명효과를 얻을 수 있다.
- 눈부심이 적고 피조면의 조도가 균일하다.

08 ④ 09 ② 10 ④ Answer

**11** 20[℃]의 물 5[L]를 용기에 넣어 1[kW]의 전열기로 가열하여 90[℃]로 하는 데 40분이 걸렸다. 이 전열기의 효율은 약 몇 [%]인가?

① 46　　② 51
③ 56　　④ 61

해설 전열기 효율 $\eta = \dfrac{Cm(T-T_0)}{860Pt}$

여기서, $P$ : 전력[kW], $t$ : 시간[h]
$C$ : 비열(물=1), $m$ : 질량[L]
$T-T_0$ : 온도상승값

$$\therefore \eta = \frac{1 \times 5 \times (90-20)}{860 \times 1 \times \frac{40}{60}} \times 100 = 61[\%]$$

**12** 고주파 유전 가열에서 피열물의 단위체적당 소비전력[W/cm³]은?(단, $E$[V/cm]는 고주파 전계, $\delta$는 유전체 손실각, $f$는 주파수, $\varepsilon_s$는 비유전율이다.)

① $\frac{5}{9}Ef\varepsilon_s \tan\delta \times 10^{-9}$　　② $\frac{5}{9}Ef\varepsilon_s \tan\delta \times 10^{-10}$
③ $\frac{5}{9}Ef\varepsilon_s \tan\delta \times 10^{-8}$　　④ $\frac{5}{9}Ef\varepsilon_s \tan\delta \times 10^{-12}$

해설 유전 가열(단위체적당 전력)

$$P = \frac{5}{9}E^2 f\varepsilon_s \cdot \tan\delta \times 10^{-12}[\text{W/cm}^3]$$

**13** 다음 중 금속의 이온화 경향이 가장 큰 것은?

① Ag　　② Pb
③ Na　　④ Sn

해설 • 이온화 경향 : 금속이 액체와 접촉 시 양이온이 되는 경향
• 이온화 경향이 큰 순서 : K > Ba > Ca > Na > Mg > Al > Mn

Answer 11 ④ 12 ④ 13 ③

**14** 유도 전동기를 기동하여 각속도 $\omega_s$에 이르기까지 회전자에서의 발열손실 $Q$[J]를 나타낸 식은? (단, $J$는 관성 모멘트이다.)

① $Q=\frac{1}{2}J\omega_s$ ② $Q=\frac{1}{2}J{\omega_s}^2$

③ $Q=\frac{1}{2}J^2\omega_s$ ④ $Q=\frac{1}{2}J^2{\omega_s}^2$

해설 회전자 발열손실

$A=\frac{1}{2}J{\omega_s}^2$[J]

여기서, $J$ : 관성 모멘트

$\omega_s$ : 각속도

**15** 1,000[lm]인 광속을 발산하는 전등 10개를 500[m²] 방에 점등하였다. 평균 조도는 약 몇 [lx]인가?(단, 조명률은 0.5이고 감광 보상률은 1.5이다.)

① 1.67 ② 2.52

③ 6.67 ④ 60

해설 $E=\frac{NFU}{S\cdot D}=\frac{10\times1,000\times0.5}{500\times1.5}\fallingdotseq6.67$[lx]

**16** 플라즈마 용접의 특징이 아닌 것은?

① 비드(Bead) 폭이 좁고 용입이 깊다.
② 용접속도가 빠르고 균일한 용접이 된다.
③ 가스의 보호가 충분하며, 토치의 구조가 간단하다.
④ 플라즈마 아크의 에너지 밀도가 커서 안정도가 높다.

해설 플라즈마 용접의 특징

㉠ 장점
- 비드(Bead) 폭이 좁고 용입이 깊다.
- 용접속도가 빠르고 균일한 용접이 된다.
- 에너지 밀도가 커서 안정도가 높다.

㉡ 단점
- 가스의 보호가 불충분하게 된다.(용접속도가 빠르기 때문)
- 토치의 구조가 복잡하다.

14 ② 15 ③ 16 ③ Answer

## 17 SCR 각 단자에 접속되는 전압극성이 옳게 표기된 것은?

① A⊕ K⊖ G⊕

② A⊖ K⊕ G⊕

③ A⊕ K⊖ G⊖

④ A⊖ K⊕ G⊖

해설 SCR의 전압극성

순방향으로 전압을 인가하고 게이트 단자에 전압을 인가하여 브레이크 오버 전압을 낮추어 도통한다.

A⊕ K⊖ G⊕

## 18 기동토크가 가장 큰 단상 유도 전동기는?

① 반발 기동 전동기

② 분상 기동 전동기

③ 콘덴서 기동 전동기

④ 셰이딩 코일형 전동기

해설 단상 유도 전동기의 기동토크가 큰 순서

반발 기동형 > 반발 유동형 > 콘덴서 기동형 > 콘덴서 전동기 > 분상 기동형 > 셰이딩 코일형

## 19 우리나라 전기 철도에 주로 사용하는 집전장치는?

① 뷔겔

② 집전슈

③ 트롤리봉

④ 팬터그래프

해설 전기 철도의 집전장치

- 트롤리봉
- 뷔겔
- 팬터그래프(대형 고속 전기 철도용, 우리나라에서 가장 많이 사용)

Answer 17 ① 18 ① 19 ④

**20** 망간 건전지에 대한 설명으로 틀린 것은?

① 1차 전지이다.

② 공칭전압이 1.5[V]이다.

③ 음극으로 아연이 사용된다.

④ 양극으로 이산화망간이 사용된다.

해설 망간 건전지

- 1차 전지에 가장 많이 사용
- 양극 : 탄소막대(이산화망간에 흑연가루 혼합)
- 음극 : 아연원통
- 전해액 : 염화암모늄 용액
- 감극제 : 이산화망간($MnO_2$)

20 전항 정답 Answer

## 01 루소 선도가 다음 그림과 같을 때, 배광곡선의 식은?

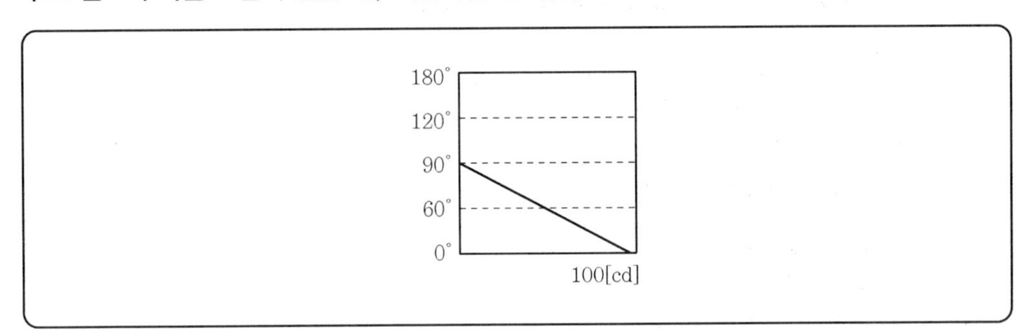


① $I_\theta = 100\cos\theta$
② $I_\theta = 50(1+\cos\theta)$
③ $I_\theta = \frac{2\theta}{\pi}100$
④ $I_\theta = \frac{\pi - 2\theta}{\pi}100$

해설 배광복선 기본식 $I_\theta = a\cos\theta + b$

$I_{90} = 0$이므로 $I_{90} = a\cos 90° + b = 0$, $b = 0$

$I_0 = 100$[cd]이므로 $I_0 = a\cos 0° + b = a + b = 100$, $a = 100$

$\therefore I_\theta = 100\cos\theta$

## 02 형광등은 주위온도가 몇 [℃]일 때 가장 효율이 높은가?

① 5~10[℃]
② 10~15[℃]
③ 20~25[℃]
④ 35~40[℃]

해설 형광등의 온도(최고효율 시)
- 주위온도 : 20~27[℃]
- 관벽온도 : 40~45[℃]

## 03 전기 가열 방식에 대한 설명으로 틀린 것은?

① 저항 가열은 줄열을 이용한 가열 방식이다.
② 유도 가열은 표면 담금질 등의 열처리에 이용되는 방식이다.
③ 유전 가열은 와전류손과 히스테리시스손에 의한 가열 방식이다.
④ 아크 가열은 전극 사이에 발생하는 아크열을 이용한 가열 방식이다.

Answer 01 ① 02 ③ 03 ③

해설 유전 가열

전기적 절연에 교번전계를 가할 때 물체 내부의 전기 쌍극자 회전에 의한 발열

## 04 엘리베이터용 전동기에 대한 설명으로 틀린 것은?

① 관성 모멘트가 작아야 한다.

② 기동토크가 큰 것이 요구된다.

③ 플라이휠 효과($GD^2$)가 커야 한다.

④ 가속도와 변화율이 적어야 한다.

해설 엘리베이터 전동기의 조건

- 플라이휠 효과가 작을 것
- 관성 모멘트가 작을 것
- 가속도 변화비율이 작을 것
- 기동토크가 클 것

## 05 열차의 무인운전과 같이 미리 정해진 시간적 변화에 따라 정해진 순서대로 제어하는 방식은?

① 추종 제어

② 비율 제어

③ 정치 제어

④ 프로그램 제어

해설 ① 추종 제어 : 미지의 임의 시간적 변화를 하는 목표값에 제어량을 추종시키는 것

② 비율 제어 : 목표값이 다른 것과 일정 비율 관계를 가지고 변화하는 경우의 추종 제어

③ 정치 제어 : 제어량을 어떤 일정한 목표값으로 유지하는 것을 목적으로 하는 제어방식

④ 프로그램 제어 : 미리 정해진 시간적 변화에 따라 정해진 순서대로 제어하는 방식

## 06 전기 철도의 전기차량용으로 교류 전동기를 사용할 때 장점으로 틀린 것은?

① 제한된 공간에서 소형 · 경량으로 할 수 있고, 대출력화가 가능하다.

② 브러시 및 정류가 있어서, 구조가 간단하고 제작 및 유지보수가 간단하다.

③ 속도 제어 범위가 넓기 때문에 고속운전에 적합하다.

④ 인버터 제어방식으로 주 회로를 무접점화할 수 있다.

해설 교류 전동기

브러시 및 정류자가 없으므로 직류 전동기에 비해 구조가 간단하고 제작 및 유지보수가 간단하다.

04 ③ 05 ④ 06 ② Answer

## 07 유도 가열과 유전 가열의 공통된 특성은?

① 도체만을 가열한다.
② 선택 가열이 가능하다.
③ 절연체만을 가열하다.
④ 직류를 사용할 수 없다.

해설 유도 가열 및 유전 가열의 비교

| 구분 | 유도 가열 | 유전 가열 |
|---|---|---|
| 원리 | 와류손 및 히스테리시스손 | 유전체손 이용 |
| 적용 | 금속(도체) 및 반도체 | 유전체 |
| 전원 및 주파수 | 교류<br>• 주파수 : 1~200[MHz] | 교류<br>• 저주파 : 60[Hz]<br>• 고주파 : 5~20[kHz] |

## 08 궤간의 확도(Slack)[mm]를 표시하는 식은?(단, $l$은 차축거리[m], $R$[m]은 곡선의 반지름이다.)

① $\frac{l^2}{8R}$
② $\frac{8l^2}{R}$
③ $\frac{l^2}{R}$
④ $\frac{l^2}{5R}$

해설 슬랙(확도) : 곡선 부분의 궤간을 직선보다 약간 넓게 하는 것

$$S = \frac{l^2}{8R}[\text{mm}]$$

## 09 축전지의 용량을 표시하는 단위는?

① [J]
② [Wh]
③ [Ah]
④ [VA]

해설 축전지 용량[Ah]=방전전류[A]×방전시간[h]

## 10 다음 (   )에 들어갈 도금의 종류로 옳은 것은?

> (   ) 도금은 철, 구리, 아연 등의 장식용과 내식용으로 사용되며, 크롬 도금의 전 단계 공정으로 이용되고 있다.

① 동
② 은
③ 니켈
④ 카드뮴

Answer 07 ④ 08 ① 09 ③ 10 ③

해설 니켈 도금
- 장식용(철, 구리, 아연)과 내식용으로 사용
- 크롬 도금의 전 단계 공정에 이용

## 11 고주파 유전 가열을 응용한 사항으로 틀린 것은?

① 고무의 가황
② 합판의 건조, 접착
③ 플라스틱의 성형과 비닐막 접착
④ 강재의 표면 담금질

해설 ㉠ 유전 가열의 응용
- 고무의 가황, 농수산물의 건조
- 목재(합판)의 건조 및 접착
- 플라스틱의 성형과 비닐막 접착

㉡ 유도 가열의 응용
- 반도체의 정련(단결정 제조)
- 강재의 표면 담금질(금속의 표면 가열)

## 12 그림과 같이 광원 $L$에서 $P$점 방향의 광도가 50[cd]일 때 $P$점의 수평면 조도는 약 몇 [lx]인가?

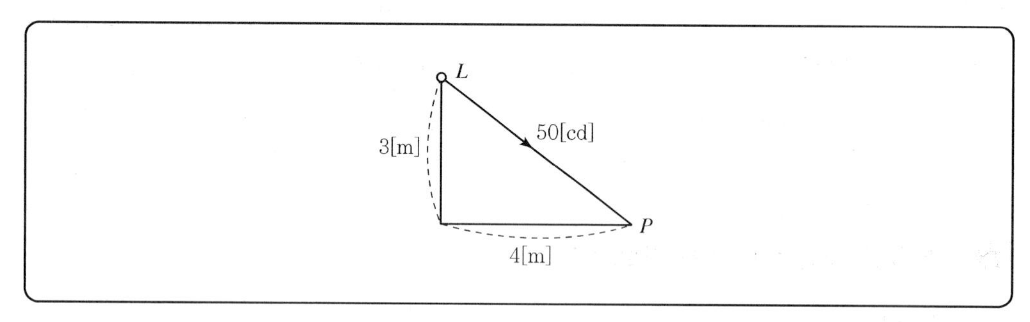


① 0.6
② 0.8
③ 1.2
④ 1.6

해설 수평면 조도 $E=\dfrac{I}{l^2}\cos\theta$

$l=\sqrt{3^2\times 4^2}=5[\text{m}]$

$\cos\theta=\dfrac{3}{5}$

$E=\dfrac{50}{5^2}\times\dfrac{3}{5}=1.2[\text{lx}]$

11 ④ 12 ③ Answer

**13** **토크가 증가할 때 가장 급격히 속도가 낮아지는 전동기는?**

① 직류 분권 전동기　　② 직류 복권 전동기
③ 직류 직권 전동기　　④ 3상 유동 전동기

해설 전동기의 속도변동률이 큰 순서
직권 전동기 > 가동 복권 전동기 > 분권 전동기 > 차동 복권 전동기

**14** **양방향 전압저지 소자가 아닌 것은?**

① MOSFET　　② SCR 사이리스터
③ GTO 사이리스터　　④ IGBT

해설 ㉠ 전압저지 소자
- 단방향성 : 다이오드, BJT, MOSFET
- 양방향성 : SCR, GTO, IGBT, MCT

㉡ 전류저지 소자
- 단방향성 : 다이오드, BJT, MOSFET, SCR, GTO, IGBT
- 양방향성 : TRIAC, 역도통 사이리스터

**15** **단면적 0.5[m²], 길이 10[m]인 원형 봉상 도체의 한쪽을 400[℃]로 하고 이로부터 100[℃]의 다른 단자의 매시간 40[kcal]의 열이 전도되었다면 이 도체의 열전도율은 약 몇 [kcal/m · h · ℃]인가?**

① 267　　② 26.7
③ 2.67　　④ 0.267

해설 열류 $I=\dfrac{\theta}{R}=\dfrac{KA\theta}{l}$[W]

여기서, $R$ : 열저항
$\theta$ : 온도차
$K$ : 열전도율
$A$ : 단면적[m²]
$l$ : 길이

$$K=\frac{Il}{A\theta}=\frac{40\times 10}{0.5\times(400-100)}=2.67[\text{kcal/m}\cdot\text{h}\cdot℃]$$

Answer 13 ③　14 ①　15 ③

## 16 두 도체로 이루어진 폐회로에서 두 접점에 온도차를 주었을 때 전류가 흐르는 현상은?

① 홀 효과　　② 광전 효과
③ 제베크 효과　　④ 펠티에 효과

해설 ① 홀(Hall) 효과 : 도체 또는 반도체에 전류를 흘리고 직각 방향으로 자계를 가하면 전류와 자계가 이루는 면에 직각 방향으로 기전력이 발생하는 현상
② 광전 효과 : 빛을 받으면 전기적 특성이 변화를 일으키는 현상
③ 제베크 효과 : 서로 다른 두 종류 도체에 폐회로를 이루고 두 접점에 온도차를 주면 전류가 흐르는 현상
④ 펠티에 효과 : 온도를 일정하게 유지하면서 전류를 흘리면 금속선의 접합부에서 열을 발생 또는 흡수하는 현상

## 17 제어기의 요소 중 기계적 요소에 포함되지 않는 것은?

① 스프링　　② 벨로스
③ 래더 다이어그램부　　④ 노즐 플래퍼

해설 제어기의 기계적 요소
스프링, 벨로스, 노즐 플래퍼, 다이어프램

## 18 두 개의 사이리스터를 역병렬로 접속한 것과 같은 특성을 나타내는 소자는?

① TRIAC　　② GTO
③ SCS　　④ SSS

해설 트라이액(TRIAC)
- 두 개의 SCR을 역병렬한 것을 한 개의 소자로 만든 것
- 무접점 스위치, 위상제어회로, 조광장치, 전동기의 속도 제어용

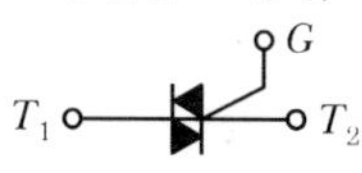


[트라이액의 심벌]

## 19 전구에 게터(Getter)를 사용하는 목적은?

① 광속을 많게 한다.
② 전력을 적게 한다.
③ 진공도를 $10^{-2}$[mmHg]로 낮춘다.
④ 수명을 길게 한다.

16 ③　17 ③　18 ①　19 ④ Answer

해설 게터의 사용 목적

- 필라멘트의 증발을 감소한다.
- 유리구의 흑화를 방지한다.
- 수명을 길게 한다.

**20** **가시광선 파장[nm]의 범위는?**

① 280~310 ② 380~760

③ 400~430 ④ 555~580

해설 가시광선

- 파장범위 : 380~760[nm]
- 가시광선의 파장 및 색상

| 색상 | 보라 | 파랑 | 초록 | 노랑 | 주황 | 빨강 |
|---|---|---|---|---|---|---|
| 파장[nm] | 380~430 | 430~452 | 452~550 | 550~590 | 590~640 | 640~760 |

Answer 20 ②

↘ 전기공사산업기사

# 2019년도 2회 시험 과년도 기출문제

**01** 목표값이 시간에 따라 변화하지 않는 제어는?

① 정치 제어 ② 비율 제어
③ 추종 제어 ④ 프로그램 제어

해설 ① 정치 제어 : 제어량을 어떤 일정한 목표값으로 유지하는 것을 목적으로 하는 제어방식
② 비율 제어 : 목표값이 다른 것과 일정 비율 관계를 가지고 변화하는 경우의 추종 제어
③ 추종 제어 : 미지의 임의 시간적 변화를 하는 목표값에 제어량을 추종시키는 것
④ 프로그램 제어 : 미리 정해진 시간적 변화에 따라 정해진 순서대로 제어하는 방식

**02** 전력용 반도체 소자의 종류 중 스위칭 소자가 아닌 것은?

① GTO ② Diode
③ TRIAC ④ SSS

해설 Diode(다이오드)
- 순방향 전압 시 도통
- 역방향 전압 시 도통하지 않음
- 임의로 ON · OFF 할 수 없다.

**03** 전기 철도에 적용하는 직류 직권 전동기의 속도 제어방법이 아닌 것은?

① 저항 제어 ② 초퍼 제어
③ VVVF 인버터 제어 ④ 사이리스터 위상 제어

해설 직권 전동기의 속도 제어방법
- 저항 제어, 계자 제어, 전압 제어
- 직병렬 제어, 초퍼 제어
- 사이리스터 위상 제어

※ VVVF(가변 전압 가변 주파수) : 3상 유도 전동기의 속도 제어방식

**04** 20[cm$^2$]의 면적에 0.5[lm]의 광속이 입사할 때 그 면의 조도[lx]는?

① 200 ② 250
③ 300 ④ 350

01 ① 02 ② 03 ③ 04 ② Answer

해설 조도 $E=\frac{F}{S}=\frac{0.5}{20\times10^{-4}}=250[\text{lx}]$

## 05 최고 사용온도가 1,100[℃]이고 고온강도가 크며 냉간가공이 용이한 고온용 발열체는?

① 니크롬 제1종
② 니크롬 제2종
③ 철크롬 제1종
④ 철크롬 제2종

해설 발열체의 최고 사용온도
① 니크롬 제1종 : 1,100[℃](고온에서 연화되지 않고 강도가 크며 냉간가공이 쉽다.)
② 니크롬 제2종 : 900[℃]
③ 철크롬 제1종 : 1,200[℃]
④ 철크롬 제2종 : 1,100[℃]

## 06 동의 원자량은 63.54이고 원자가가 2라면 전기화학당량은 약 몇 [mg/C]인가?

① 0.229
② 0.329
③ 0.429
④ 0.529

해설
- 화학당량 $=\frac{\text{원자량}}{\text{원자가}}=\frac{63.54}{2}=31.77[\text{g/C}]$
- 전기화학당량 $=\frac{\text{화학당량}}{96{,}500}=\frac{31.77}{96{,}500}=0.0003292[\text{g/C}]=0.3292[\text{mg/C}]$

## 07 광속의 정의에 대한 설명으로 옳은 것은?

① 광원의 면 또는 발광면에서의 빛나는 정도
② 단위시간에 복사되는 에너지양
③ 복사 에너지를 눈으로 보아 빛으로 느끼는 크기로 나타낸 것
④ 임의의 장소에서의 밝기를 나타내고, 밝음의 기준이 되는 것

해설 광속
- 복사에너지를 눈으로 보아 빛으로 느끼는 크기를 나타낸 것이다.
- 가시광선의 방사속을 시감도에 기초를 두고 측정한 값이다.
- 빛의 양으로 단위는 루멘[lm]이다.

Answer 05 ① 06 ② 07 ③

**08** 기전반응을 하는 화학에너지를 전지 밖에서 연속적으로 공급하면 연속방전을 계속할 수 있는 전지는?

① 2차 전지 ② 물리 전지
③ 연료 전지 ④ 생물 전지

해설 ① 2차 전지 : 전지의 전원이 방전되면 재충전하여 반복 사용할 수 있는 전지(납축전지, 알칼리 축전지)
② 물리 전지 : 반도체 PN 접합면에 방사선 또는 태양광선을 조사하여 기전력을 얻는 전지
③ 연료 전지 : 기전반응을 하는 화학에너지를 전지 밖에서 연속적으로 공급하면 연속방전을 계속할 수 있는 전지
④ 생물 전지 : 효소나 미생물과 같은 생물의 기능을 이용하여 산화 · 환원반응을 일으키도록 하는 전지

**09** 반도체 소자 중 게이트-소스 간 전압으로 드레인 전류를 제어하는 전압제어 스위치로 스위칭 속도가 빠른 소자는?

① GTO ② SCR
③ IGBT ④ MOSFET

해설 MOSFET
- 게이트와 소스 사이에 걸리는 전압으로 제어한다.
- 트랜지스터에 비해 스위칭 속도가 매우 빠르다.(장점)
- 용량이 비교적 적어 작은 전력 범위 내에서 적용한다.

**10** 교번자계 중에서 도전성 물질 내에 생기는 와류손과 히스테리시스손에 의한 가열 방식은?

① 저항 가열 ② 유도 가열
③ 유전 가열 ④ 아크 가열

해설 유도 가열
㉠ 교번자계 중에 있는 도전성 물질에서 발생하는 와류손과 히스테리시스손에 의한 발열을 이용
㉡ 용도
- 표면 가열(표면 담금질, 금속의 표면 처리, 국부 가열)
- 반도체 정련(단결정 제조)

**11** 물체의 위치, 방위, 자세 등의 기계적 변위를 제어량으로 하는 것은?

① 서보 기구 ② 자동 조정
③ 프로그램 제어 ④ 프로세스 제어

08 ③ 09 ④ 10 ② 11 ① Answer

해설 • 자동 조정 : 전기적, 기계적인 양을 주로 제어하는 것으로 응답속도가 빠르다.
예 전압, 전류, 주파수, 속도, 힘
• 서보 기구 : 기계적 변위를 제어량으로 하며, 목표값의 임의의 변화에 추종하도록 구성된 제어계이다.
예 물체의 위치, 방위, 자세
• 시퀀스 제어 : 미리 정해진 순서에 따라서 제어의 각 단계를 순차적으로 진행해 나가는 제어이다.
• 프로세스 제어 : 플랜트나 생산 공정 중의 상태량을 제어량으로 하는 제어이다.
예 온도, 유량, 압력, 액위, 밀도, 농도

**12** **절대온도 $T$[K]인 흑체의 복사 발산도(전방사에너지)는?(단, $\sigma$는 스테판-볼츠만의 상수이다.)**

① $\sigma T$　② $\sigma T^{1.6}$
③ $\sigma T^2$　④ $\sigma T^4$

해설 스테판-볼츠만의 법칙
흑체의 복사발산량은 절대온도의 4제곱에 비례
$W = \sigma T^4$[W/cm$^2$]
여기서, $\sigma$ : 스테판-볼츠만 상수
$T$ : 절대온도

**13** **500[W]의 전열기를 정격상태에서 1시간 사용할 때 발생하는 열량은 약 몇 [kcal]인가?**

① 430　② 520
③ 610　④ 860

해설 발열량 $Q = 0.24Pt$[cal]
여기서, $P$ : 전력[W], $t$ : 시간[sec]
$Q = 0.24 \times 500 \times 3{,}600 \times 10^{-3} \fallingdotseq 432$[kcal]

**14** **동력 전달 효율이 78.4[%]인 권상기로 30[t]의 하중을 매분 4[m]의 속력으로 끌어올리는 데 필요한 동력은 약 몇 [kW]인가?**

① 14　② 18
③ 21　④ 25

해설 권상기 동력 $P = \dfrac{W \cdot V}{6.12\eta} \times K = \dfrac{30 \times 4}{6.12 \times 0.784} \times 1 = 25$[kW]
여기서, $W$ : 권상하중[ton]
$V$ : 권상속도[m/분]
$K$ : 손실(여유)계수

Answer 12 ④　13 ①　14 ④

## 15 그림과 같은 배광곡선과 루소 선도에서 반사갓이 없는 형광등의 루소 선도는 어느 것인가?

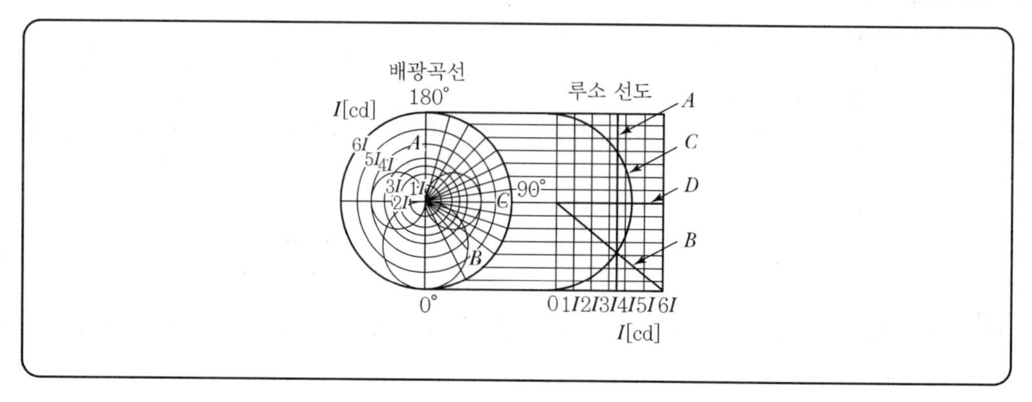


① $A$　　② $B$
③ $C$　　④ $D$

해설 루소 선도
- $A$ : 구면 광원
- $B$ : 평면판 광원
- $C$ : 원통 광원(형광등)

## 16 3상 유도 전동기의 기동방식이 아닌 것은?

① 직입기동　　② Y－△ 기동
③ 콘덴서 기동　　④ 리액터 기동

해설 3상 유도 전동기 기동방식
- 직입(전전압) 기동
- Y－△ 기동
- 리액터 기동
- 2차 저항 기동
- 기동분상기 기동

※ 콘덴서 기동 : 단상 유도 전동기 기동

## 17 백색 LED의 발광원리가 아닌 것은?

① GaN계 적색 LED와 청색 발광형광체를 조합한 형태
② GaN계 청색 LED와 황색 발광형광체를 조합한 형태
③ GaN계 자외선 LED와 적 · 녹 · 청색 발광의 혼합형광체를 조합한 형태
④ 3색(적 · 녹 · 청)의 개별 LED 칩을 1개의 패키지 안에 조합한 멀티칩 형태

15 ③　16 ③　17 ①　Answer

해설 백색 LED 발광원리

㉠ GaN계(청색 LED+황색 발광형광체 조합)
- 백색 구현
- 발광효율 우수

㉡ GaN계(자외선 발광 LED와 적 · 녹 · 청색 발광 혼합형광체 조합)
- 백색 구현
- 연색성 우수

㉢ 빛의 3원색의 개별 LED 칩을 1개의 패키지 안에 조합
- 백색 구현
- 연색성 우수
- 가격이 비쌈

**18** 2개의 곡선반경 중심이 선로에 대해 서로 반대 측에 위치하는 선로곡선은?

① 단심곡선 ② 복심곡선
③ 반향곡선 ④ 완화곡선

해설 ① 단심곡선 : 원의 중심이 1개인 곡선
② 복심곡선 : 반경이 다른 원 2개의 중심이 동일한 축에 위치한 곡선
③ 반향곡선 : 두 개의 곡선반경의 중심이 선로에 대해 서로 반대 측에 위치한 곡선
④ 완화곡선 : 직선부와 곡선부 사이에 설치된 완만한 곡선

**19** 광속 5,500[lm]인 광원에서 4[m²]의 투명 유리를 일정 방향으로 조사(照射)하는 경우 그 유리 뒷면의 광속 발산도 $R$[rlx] 및 휘도 $B$[nt]는 약 얼마인가?(단, 투명 유리의 투과율은 80[%]이다.)

① $R=550,\ B=175$
② $R=1,100,\ B=350$
③ $R=2,200,\ B=700$
④ $R=4,400,\ B=1,400$

해설
- 광속 발산도(유리구 뒷면)

$$R=\frac{F}{S}\times\tau=\frac{5,500\times0.8}{4}=1,100[\text{lm/m}^2]=1,100[\text{rlx}]$$

- 휘도($B$)

$$\frac{B}{\pi}=\frac{1,100}{\pi}=350[\text{cd/m}^2]=350[\text{nt}]$$

Answer 18 ③ 19 ②

**20** 전기로에 사용되는 전극 재료의 구비조건이 아닌 것은?

① 열전도율이 클 것
② 전기전도율이 클 것
③ 고온에 견디며 기계적 강도가 클 것
④ 피열물과 화학작용을 일으키지 않을 것

해설 전극 재료의 구비요건
- 열전도율이 작을 것
- 전기전도율이 클 것
- 고온에 잘 견디고 기계적 강도가 클 것
- 피열물과 화학작용을 일으키지 않을 것

20 ① Answer

**01** 조절부의 전달특성이 비례적인 특성을 가진 제어시스템으로서 조절부의 입력이 주어지고 그 결과로 조절부의 출력을 만들어 내는 동작은?

① 비례 동작
② 적분 동작
③ 미분 동작
④ 불연속 동작

해설 ① 비례 동작
- 조절부의 전달특성이 비례적인 특성을 가짐
- 속응성이 나쁘고 잔류편차 발생

② 적분 동작
- 조작량이 동작신호(격차)의 적분에 비례하는 동작
- 잔류편차 제거

③ 미분 동작
- 조작량이 동작신호(편차)의 미분에 비례하는 동작
- 속응성 개선

④ 불연속 동작
불연속적 동작이며, 2위치 제어 및 샘플값 제어

**02** 고주파 유전 가열의 용도로 적합하지 않은 것은?

① 목재의 접착
② 플라스틱 성형
③ 비닐의 접착
④ 금속의 열처리

해설 ㉠ 유전 가열의 응용
- 고무의 가황, 농수산물의 건조
- 목재(합판)의 건조 및 접착
- 플라스틱의 성형과 비닐막 접착

㉡ 유도 가열의 응용
- 반도체의 정련(단결정 제조)
- 강재의 표면 담금질(금속의 표면 가열)

**03** 열차의 차체 중량이 75[ton]이고 동륜상의 중량이 50[ton]인 기관차의 최대 견인력은 몇 [kg]인가?(단, 궤조의 점착계수는 0.3으로 한다.)

① 10,000
② 15,000
③ 22,500
④ 1,125,000

Answer 01 ① 02 ④ 03 ②

해설 전기기관차 최대 견인력

$F_m = 1{,}000\mu W$[kg]

여기서, $\mu$ : 점착계수

$W$ : 동륜상의 중량[ton]

$\therefore F_m = 1{,}000 \times 0.3 \times 50 = 15{,}000$[kg]

## 04 열 절연 재료로 사용되는 내화물의 구비조건이 아닌 것은?

① 사용온도에 견딜 것
② 열간 하중에 견딜 것
③ 급열, 급랭에 견딜 것
④ 내식성이 작을 것

해설 내화물의 구비조건

- 사용온도에서 연화 및 변형되지 않을 것
- 사용온도에 견딜 것(급열, 급랭에 견딜 것)
- 내침식성 및 내마멸성이 우수할 것
- 상온, 사용온도에서 충분한 압축강도가 있을 것

## 05 노 바닥의 하부전극은 탄소 덩어리로 되어 있으며 세로형이고, 선철, 페로알로이, 카바이드 등의 제조에 사용되는 전기로는?

① 제선로
② 아크로
③ 유도로
④ 지로식 전기로

해설
- 지로식 전기로 : 노의 바닥이 전극(탄소 덩어리)인 소용량의 노
- 가로형 노 : 흑연화로, 카보런덤로

## 06 흑체복사의 최대 에너지의 파장 $\lambda_m$은 절대온도 $T$와 어떤 관계인가?

① $T^1$에 비례
② $\dfrac{1}{T}$에 비례
③ $\dfrac{1}{T^2}$에 비례
④ $\dfrac{1}{T^1}$에 비례

해설 흑체복사의 최대 에너지 파장($\lambda_m$)

빈의 변위법칙 : $\lambda_m = \dfrac{b}{T}[\mu\text{m}]$

$\therefore \lambda_m \propto \dfrac{1}{T}$

04 ④ 05 ④ 06 ② Answer

**07** 음극에 아연, 양극에 탄소봉, 전해액은 염화암모늄을 사용하는 1차 전지는?

① 수은전지　② 리튬전지
③ 망간 건전지　④ 알칼리 건전지

해설 망간 건전지
- 1차 전지에 가장 많이 사용
- 양극 : 탄소막대(이산화망간에 흑연가루 혼합)
- 음극 : 아연원통
- 전해액 : 염화암모늄 용액
- 감극제 : 이산화망간($MnO_2$)

**08** 다음 회로에서 입력전압 $e_i$[V]와 출력전압 $e_o$[V] 사이의 전달함수 $G(s)$는?

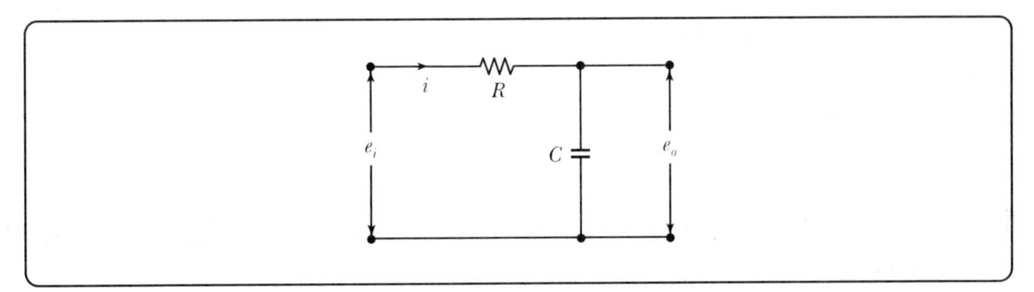


① $1+\dfrac{R}{Cs}$　② $1+\dfrac{1}{Rs}$

③ $\dfrac{1}{RCs+1}$　④ $\dfrac{1}{RCs^2+1}$

해설 전달함수 $G(s)=\dfrac{\frac{1}{Cs}}{R+\frac{1}{Cs}}=\dfrac{1}{RCs+1}$

**09** 전철의 급전선의 구간은?

① 전동기에서 레일까지　② 변전소에서 트롤리선까지
③ 트롤리선에서 집전장치까지　④ 집전장치에서 주 전동기까지

해설
- 급전선 : 변전소에서 트롤리선에 전력을 공급하는 선
- 트롤리선 : 전기차의 전동기에 전기를 공급하기 위한 전선

Answer 07 ③　08 ③　09 ②

**10** 평등전계에서 기체의 온도가 일정한 경우, 방전개시전압은 기체의 압력과 전극간격의 곱의 함수로 결정된다. 이것을 표현한 법칙은?

① 파센의 법칙
② 스토크스의 법칙
③ 플랑크의 법칙
④ 스테판-볼츠만의 법칙

해설 파센의 법칙
방전개시전압은 방전관 내의 압력과 전극 간 간격의 곱에 비례한다.

**11** 교류 3상 직권정류자 전동기는 다음에 분류하는 전동기 중 어디에 속하는가?

① 정속도 전동기
② 다속도 전동기
③ 변속도 전동기
④ 가감속도 전동기

해설 교류 3상 직권정류자 전동기
- 직권전동기와 특성이 유사
- 변속도 특성(토크가 증가하면 속도 저하)

**12** 기체 또는 금속 증기 내의 방전에 따른 발광현상을 이용한 것으로 수은등, 네온관등에 이용된 루미네선스는?

① 열 루미네선스
② 결정 루미네선스
③ 화학 루미네선스
④ 전기 루미네선스

해설 ① 열 루미네선스 : 고온에 의한 흑체보다 강한 선택복사
② 결정 루미네선스 : $Na_2F_2$, $Na_2SO_4$ 등이 용액에서 결정
③ 화학 루미네선스 : 화학변화(황인의 완만한 산화)
④ 전기 루미네선스 : 기체 또는 금속증기 내의 방전(수은등, 네온관등)

**13** 200[W]는 약 몇 [cal/s]인가?

① 0.24
② 0.86
③ 47.8
④ 71.7

해설 $1[W]=1[J/s]=0.2389[cal/s]$
$P=200\times0.2389=47.8[cal/s]$

10 ① 11 ③ 12 ④ 13 ③ Answer

## 14 모든 방향으로 360[cd]의 광도를 갖는 전등을 직경 2[m]의 원형 탁자의 중심에서 수직으로 3[m] 위에 점등하였다. 이 원형 탁자의 평균 조도는 약 몇 [lx]인가?

① 37　　② 126
③ 144　　④ 180

해설 원형 탁자의 평균 조도 $E=\dfrac{F}{S}[\text{lx}]$

$F=I\cdot\omega=I\cdot 2\pi(1-\cos\theta)[\text{lm}]$

$S=\pi r^2[\text{m}^2]$

$E=\dfrac{2\pi\cdot I(1-\cos\theta)}{\pi r^2}$

여기서, $I$ : 광도(360[cd])
$r$ : 반지름(1[m])

$\cos\theta=\dfrac{3}{\sqrt{3^2+1^2}}=\dfrac{3}{\sqrt{10}}$

$E=\dfrac{2\pi\cdot I(1-\cos\theta)}{\pi r^2}=\dfrac{2\times 360\left(1-\dfrac{3}{\sqrt{10}}\right)}{1^2}\fallingdotseq 37[\text{lx}]$

## 15 열전온도계에 사용되는 열전대의 조합은?

① 백금-철　　② 아연-백금
③ 구리-콘스탄탄　　④ 아연-콘스탄탄

해설 열전온도계의 열전대 조합
- 구리-콘스탄탄
- 철-콘스탄탄
- 크로멜-알루멜
- 백금-백금로듐

## 16 PN 접합 다이오드에서 Cut-in Voltage란?

① 순방향에서 전류가 현저히 증가하기 시작하는 전압
② 순방향에서 전류가 현저히 감소하기 시작하는 전압
③ 역방향에서 전류가 현저히 감소하기 시작하는 전압
④ 역방향에서 전류가 현저히 증가하기 시작하는 전압

해설 Cut-in Voltage
- 순방향에서 전류가 현저히 증가하기 시작하는 전압
- Turn On(턴온) 전압이라고도 한다.

Answer 14 ① 15 ③ 16 ①

**17** 전기화학공업에서 직류전원으로 요구되는 사항이 아닌 것은?

① 일정한 전류로서 연속운전에 견딜 것
② 효율이 높을 것
③ 고전압 저전류일 것
④ 전압조정이 가능할 것

해설 전기화학공업에서 직류전원의 요건
- 정전류로서 연속운전에 견딜 것
- 효율이 높을 것
- 저전압 대전류일 것
- 전압조정이 가능할 것
- 시설비가 저렴하고 보수 운전, 취급이 간단할 것

**18** 직류 전동기의 속도 제어법 중 가장 효율이 낮은 것은?

① 전압 제어
② 저항 제어
③ 계자 제어
④ 워드 레오너드 제어

해설 직류 전동기의 속도 제어

㉠ 전압 제어
- 속도 제어가 가장 광범위하다.(효율이 가장 좋다.)
- 손실이 매우 적고 정역운전이 가능하다.
- 정토크 제어방식이다.
- 워드 레오너드 방식과 일그너 방식이 있다.

㉡ 계자 제어
- 속도 제어 범위가 좁다.
- 정출력 제어방식이다.

㉢ 저항 제어 : 효율이 가장 나쁘다.

**19** 200[V]의 단상 교류전압을 반파 정류하였을 경우, 직류 출력전압의 평균값[V]은?

① 90
② 110
③ 180
④ 200

해설 반파 정류 시 출력전압 $E_d = \frac{\sqrt{2}}{\pi}E = 0.45 \times 200 = 90$[V]

17 ③ 18 ② 19 ① Answer

**20** 루소 선도에서 광원의 전광속 $F$의 식은?(단, $F$ : 전광속, $R$ : 반지름, $S$ : 루소 선도의 면적이다.)

① $F = \dfrac{\pi}{R} \times S$

② $F = \dfrac{2\pi}{R} \times S$

③ $F = \dfrac{\pi}{R^2} \times S$

④ $F = \dfrac{2\pi}{R} \times S^2$

해설 루소 선도의 광속($F$)

$$F = \frac{2\pi}{r} \times S\,[\mathrm{lm}]$$

여기서, $S$ : 루소 선도의 면적

Answer 20 ②

↘ 전기공사산업기사

# 2020년도 1·2회 시험

## 과년도 기출문제

**01** 회전축에 대한 관성 모멘트가 150[kg · m$^2$]인 회전체의 플라이휠 효과($GD^2$)는 몇 [kg · m$^2$]인가?

① 450　　② 600
③ 900　　④ 1,000

해설 $J = \frac{1}{4} GD^2$[kg · m$^2$]

여기서, $J$ : 관성 모멘트

$GD^2$ : 플라이휠

$GD^2 = 4J = 4 \times 150 = 600$[kg · m$^2$]

**02** 전기 철도의 교류 급전방식 중 AT 급전방식은 어떤 변압기를 사용하여 급전하는 방식을 말하는가?

① 단권 변압기　　② 흡상 변압기
③ 스콧 변압기　　④ 3권선 변압기

해설 단권 변압기(AT)의 급전방식

- 통신선에 대한 유도장애를 경감하고 전압변동 및 전압불평형을 억제하는 급전방식
- 교류전기방식에 적용한다.
- 급전전압이 차량공급전압의 2배로서 전압강하율이 작다.(절연레벨은 급전전압의 50[%]이다.)
- 전압강하가 낮아 변전소 간격이 길다.
- 통신유도장애가 낮다.

**03** 오픈루프 제어계와 비교하여 폐루프 제어계를 구성하기 위해 반드시 필요한 장치는?

① 응답속도를 빠르게 하는 장치　　② 안정도를 좋게 하는 장치
③ 입 · 출력 비교장치　　④ 고주파 발생장치

해설 폐루프 제어계의 의미

- 오차를 자동적으로 정정하게 하는 자동제어 방식
- 입력과 출력을 비교하는 장치가 필요

01 ②　02 ①　03 ③　Answer

**04** 시속 45[km/h]의 열차가 곡률 반지름 1,000[m]인 곡선궤도를 주행할 때 고도(Cant)는 약 몇 [mm]인가?(단, 궤간은 1,067[mm]이다.)

① 10 ② 13
③ 17 ④ 20

해설 $h = \frac{GV^2}{127R}$

여기서, $h$ : 고도[mm]
$G$ : 궤간[mm]
$R$ : 곡선 반지름[m]
$V$ : 열차속도[km/h]

$\therefore\ h = \frac{1{,}067 \times 45^2}{127 \times 1{,}000} = 17[\mathrm{mm}]$

**05** 다음 중 유도가열은 어떤 것을 이용한 것인가?

① 복사열 ② 아크열
③ 와전류손 ④ 유전체손

해설
- 적외선 가열 : 적외선 전구에 의한 복사열을 이용하는 방식
- 아크 가열 : 전극 사이에 발생하는 아크열을 이용하는 방식
- 유도 가열 : 도전성 물체에 발생하는 와전류손과 히스테리시스손을 이용하는 방식
- 유전 가열 : 절연성 피열물에 생기는 유전체손을 이용하는 방식

**06** 전동기 운전 시 발생하는 진동 중 전자력적인 원인에 의한 것은?

① 회전자의 정적 및 동적 불균형
② 베어링의 불균형
③ 상대 기계와의 연결 불량 및 설치 불량
④ 회전 시 공극의 변동

해설 유도 전동기(IM)의 진동 발생 원인
- 전기적 원인 : 극 자속의 불균형, 회전자축의 소손
- 기계적 원인 : 회전자의 불균형, 베어링의 불균형, 상대 기계와 연결 불량 및 설치 불량

※ 회전축이 회전자축과 동일하지 않은 경우 : 공극이 수시로 변함

Answer 04 ③ 05 ③ 06 ④

## 07 점광원으로부터 원뿔의 밑면까지의 거리가 4[m]이고, 밑면의 반경이 3[m]인 원형면의 평균 조도가 100[lx]라면, 이 점광원의 평균 광도[cd]는?

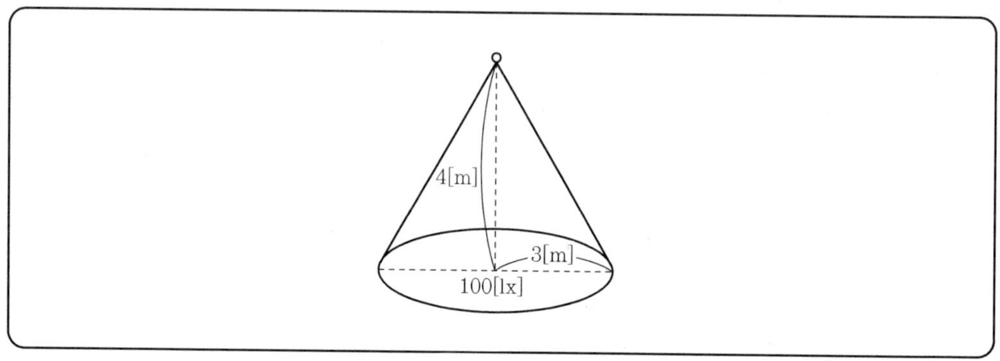


① 225
② 250
③ 2,250
④ 2,500

해설 $I = \dfrac{F}{\omega} = \dfrac{E \times S}{2\pi(1-\cos\theta)}$

$$= \frac{100 \times (\pi \times 3^2)}{2\pi\left(1-\dfrac{4}{5}\right)} = 2{,}250[\text{cd}]$$

## 08 다음 중 적외선의 기능은?

① 살균작용
② 온열작용
③ 발광작용
④ 표백작용

해설
- 적외선 기능 : 열원의 방사열을 이용한 온열작용(표면 건조에 이용)
- 자외선 기능 : 화학작용을 이용한 살균, 유기물 분해 및 소독

## 09 다음 중 전기화학당량의 단위는?

① [C/g]
② [g/C]
③ [g/K]
④ [Ω/m]

해설 패러데이 법칙

$W = KQ = KIt[\text{g}]$

여기서, $W$ : 석출량[g]
$K$ : 화학당량[g/C]
$\theta$ : 총전기량[C]
$I$ : 전류[A]
$t$ : 시간[s]

07 ③ 08 ② 09 ② Answer

## 10 제너 다이오드에 관한 설명 중 틀린 것은?

① 정전압 소자이다.

② 전압 조정기에 사용된다.

③ 인가되는 전압의 크기에 따라 전류방향이 달라진다.

④ 제너 항복이 발생되면 전압은 거의 일정하게 유지되나 전류는 급격하게 증가한다.

해설 제너 다이오드

㉠ 목적
- 전원 전압을 안정하게 유지(정전압 정류 작용)
- 전압 조정기로 사용

㉡ 효과 : 제너 항복이 발생되면 전압은 거의 일정하게 유지되나 전류는 급격히 증가한다.(Cut−in Voltage)

㉢ 파괴 원인
- 제너 파괴(접합층이 좁다.)
- 애벌란시 파괴
- 줄 파괴 : 역바이어스 전압이 증대하면 마침내 접합이 파괴된다.

## 11 반도체 소자의 종류 중에서 게이트에 의한 턴온을 이용하지 않는 소자는?

① SSS ② SCR

③ GTO ④ SCS

해설 SSS(Silicon Symmetrical Switch)의 특징
- 실리콘 쌍방향 2단자 소자
- SCR의 역병렬 구조
- Gate 전극이 없는 구조이므로 게이트에 의해 턴온할 수 없다.

## 12 다음 중 열전대의 조합이 아닌 것은?

① 크롬 − 콘스탄탄 ② 구리 − 콘스탄탄

③ 철 − 콘스탄탄 ④ 크로멜 − 알루멜

해설 열전대와 열기전력

| 열전대 | 열기전력[mV/100℃] |
|---|---|
| 철−콘스탄탄 | 5.5 |
| 크로멜−알루멜 | 4.0 |
| 구리−콘스탄탄 | 5.1 |
| 백금−백금로듐 | 1.48 |
| 콘스탄탄−망가닌 | 4.8 |

Answer 10 ③ 11 ① 12 ①

**13** 방전 용접 중 불활성 가스 용접에 쓰이는 불활성 가스는?

① 아르곤　　② 수소
③ 산소　　④ 질소

해설 불활성 가스 용접
- 용접용 전극 주위에서 아르곤, 헬륨을 분출시켜 아크 부분을 공기로부터 차단
- 용제(녹인 성분)를 전혀 사용하지 않고 용접하는 방식
- 구리, 구리합금, 스테인리스강에도 사용

**14** 금속을 양극으로 하고 음극은 불용성의 탄소 전극을 사용한 다음, 전기 분해하면 금속 표면의 돌기 부분이 다른 표면 부분에 비해 선택적으로 용해되어 평활하게 되는 것은?

① 전주　　② 전기 도금
③ 전해 정련　　④ 전해 연마

해설 ① 전기 주조(전주) : 전기 도금으로 물체를 복제하는 방법(공예품 복제, 활자인쇄용 원판, 레코드 원판 제조)
② 전기 도금 : 전기 분해의 원리를 이용하여 물체의 표면을 다른 금속의 얇은 막으로 덮어 씌우는 방법(금, 은, 구리, 니켈 제조)
③ 전해 정련 : 전기 분해를 이용하여 순수한 금속만을 음극에서 석출하여 정제하는 방법(구리, 주석, 금, 은, 니켈, 안티몬 제조)
④ 전해 연마 : 전기 분해를 이용하여 금속 표면의 미세한 볼록 부분이 다른 표면 부분에 비해 선택적으로 용해하는 것을 이용한 금속 연마법

**15** 기계적 변위를 제어량으로 하는 기기로서 추적용 레이더 등에 응용되는 것은?

① 서보 기구　　② 자동 조정
③ 프로세스 제어　　④ 프로그램 제어

해설 제어량에 의한 분류
- 서보 기구 : 방위, 자세, 위치 등의 기계적 변위를 제어량으로 하는 제어계
- 프로세스 제어 : 농도, 유량, 액위, 압력, 온도 등 공업 프로세스의 상태량으로 하는 제어계
- 자동 조정 : 전압, 속도, 주파수, 장력 등을 제어량으로 하여 일정하게 유지하는 것

**16** 전기회로와 열회로의 대응관계로 틀린 것은?

① 전류－열류　　② 전압－열량
③ 도전율－열전도율　　④ 정전용량－열용량

13 ①　14 ④　15 ①　16 ②　Answer

해설 전열, 전기회로의 비교

| 전기 | | | 전열 | | | 공업용 |
|---|---|---|---|---|---|---|
| 명칭 | 기호 | 단위 | 명칭 | 기호 | 단위 | 단위 |
| 전압 | $V$ | [V] | 온도차 | $\theta$ | [K] | [℃] |
| 전류 | $I$ | [A] | 열류 | $I$ | [W] | [kcal/h] |
| 저항 | $R$ | [Ω] | 열저항 | $R$ | [C/W] | [℃ · h/kcal] |
| 전기량 | $Q$ | [C] | 열량 | $Q$ | [J] | [kcal] |
| 전도율 | $K$ | [℧/m] | 열전도율 | $K$ | [W/m · deg] | [kcal/h · m · deg] |
| 정전용량 | $C$ | [F] | 열용량 | $C$ | [J/C] | [kcal/℃] |

## 17 가로조명, 도로조명 등에 사용되는 저압 나트륨등의 설명으로 틀린 것은?

① 효율은 높고 연색성은 나쁘다.
② 등황색의 단일 광색이다.
③ 냉음극이 설치된 발광관과 외관으로 되어 있다.
④ 나트륨의 포화 증기압은 0.004[mmHg]이다.

해설 나트륨등

- 원리 : 나트륨 증기 중의 방전을 이용
- 구조 : 열음극이 설치된 발광관과 외관으로 구성
- 광색 : 등황색의 단일 광색
- 특징 : 효율은 높고 연색성은 나쁘다.

## 18 광질과 특색이 고휘도이고 배광 제어가 용이하며 흑화가 거의 일어나지 않는 램프는?

① 수은 램프 ② 형광 램프
③ 크세논 램프 ④ 할로겐 램프

해설 할로겐 전구의 특징

- 초소형 경량의 전구(백열전구의 $\frac{1}{10}$ 이상 소형화)
- 단위광속이 크며 휘도가 높다.
- 배광 제어가 용이하며 온도가 높다.
- 연색성이 좋고 흑화가 거의 발생하지 않는다.

Answer 17 ③ 18 ④

**19** 목재의 건조, 베니어판 등의 합판에서의 접착 건조, 약품의 건조 등에 적합한 전기 건조 방식은?

① 아크 건조　　② 고주파 건조
③ 적외선 건조　　④ 자외선 건조

해설
- 고주파 건조 : 유전 가열 및 유도 가열
- 유전 가열 : 유전체손 이용(목재의 건조, 목재의 접착, 비닐막 가공, 약품의 건조)
- 유도 가열 : 와류손 및 히스테리시스손 이용(금속의 표면 처리, 반도체 정련)

**20** 반사율 70[%]의 완전 확산성 종이를 100[lx]의 조도로 비추었을 때 종이의 휘도[cd/m²]는 약 얼마인가?

① 50　　② 45
③ 32　　④ 22

해설 완전 확산면(휘도가 같은 면)에서

$R = \pi B = \rho E$[rlx]

$B = \frac{\rho E}{\pi} = \frac{0.7 \times 100}{\pi} = 22.28$[cd/m²]

19 ② 20 ④ Answer

**01** 망간건전지에서 분극작용에 의한 전압강하를 방지하기 위하여 사용되는 감극제는?

① $O_2$ ② HgO
③ $MnO_2$ ④ $H_2Cr_2O_7$

해설 망간전지
- 전해액 : $NH_4Cl$
- 감극제 : $MnO_2$
- 양극 : 탄소봉
- 음극 : 아연용기

**02** 평균 구면 광도가 780[cd]인 전구로부터 발산하는 전광속[lm]은 약 얼마인가?

① 9,800 ② 8,600
③ 7,000 ④ 6,300

해설 구광원의 전광속 $F = 4\pi I$[lm]
$F = 4\pi \times 780 \fallingdotseq 9{,}800$[lm]

**03** 목재 건조에 적합한 가열 방식은?

① 저항 가열 ② 적외선 가열
③ 유전 가열 ④ 유도 가열

해설
- 고주파 건조 : 유전 가열 및 유도 가열
- 유전 가열 : 유전체손 이용(목재의 건조, 목재의 접착, 비닐막 가공, 약품의 건조)
- 유도 가열 : 와류손 및 히스테리시스손 이용(금속의 표면 처리, 반도체 정련)

**04** 다음 전기로 중 열효율이 가장 좋은 것은?

① 저주파 유도로 ② 탄소립로
③ 고압 아크로 ④ 카보런덤로

해설 직접 저항로
- 열효율이 최대
- 흑연화로, 카바이드로, 카보런덤로, 알루미늄 전해로, 유리 용해로

Answer 01 ③ 02 ① 03 ③ 04 ④

## 05 사람이 눈부심을 느끼는 한계휘도[cd/m²]는?

① $0.5 \times 10^4$ ② $5 \times 10^4$
③ $50 \times 10^4$ ④ $500 \times 10^4$

해설 • 휘도 $B = \frac{I}{s}$[cd/m²]

여기서, $I$ : 광도[cd]
$s$ : 면적[m²]

• 눈부심의 한계 : 0.5[cd/m²] $= 0.5 \times 10^4$[cd/m²]

## 06 조도 $E$[lx]에 대한 설명으로 옳은 것은?

① 광도에 비례하고 거리에 반비례한다.
② 광도에 반비례하고 거리에 비례한다.
③ 광도에 비례하고 거리의 제곱에 반비례한다.
④ 광도의 제곱에 반비례하고 거리에 비례한다.

해설 조도 $E$[lx]

• $E = \frac{F}{s}$[lx]

여기서, $F$ : 광속, $s$ : 면적

• $E = \frac{I}{r^2}$[lx]

여기서, $I$ : 광도, $r$ : 거리

## 07 전차를 시속 100[km/h]로 운전하려 할 때 전동기의 출력[kW]은 약 얼마인가?(단, 차륜상의 견인력은 400[kg]이다.)

① 95 ② 100
③ 109 ④ 121

해설 전동차 주 전동기의 출력 $P = \frac{F \cdot V}{367}$[kW]

여기서, $F$ : 견인력[kg], $V$ : 속도[km/h]

$\therefore P = \frac{400 \times 100}{367} \fallingdotseq 109$[kW]

05 ① 06 ③ 07 ③ Answer

## 08 전기 도금에 의해 원형과 같은 모양의 복제품을 만드는 것은?

① 용융염 전해
② 전주
③ 전해 정련
④ 전해 연마

해설
- 전기 주조(전주) : 전기 도금으로 물체를 복제하는 방법(공예품 복제, 활자인쇄용 원판, 레코드 원판 제조)
- 전기 도금 : 전기 분해의 원리를 이용하여 물체의 표면을 다른 금속의 얇은 막으로 덮어 씌우는 방법(금, 은, 구리, 니켈 제조)
- 전해 정련 : 전기 분해를 이용하여 순수한 금속만을 음극에서 석출하여 정제하는 방법(구리, 주석, 금, 은, 니켈, 안티몬 제조)
- 전해 연마 : 전기 분해를 이용하여 금속 표면의 미세한 볼록 부분이 다른 표면 부분에 비해 선택적으로 용해하는 것을 이용한 금속 연마법

## 09 제어요소가 제어대상에 주는 양은?

① 제어량
② 조작량
③ 동작신호
④ 되먹임 신호

해설
① 제어량 : 제어계의 출력값
② 조작량 : 제어요소의 출력이면서 제어대상의 입력인 신호
③ 동작신호 : 목표값과 제어량 사이에서 나타나는 편차(오차)값
④ 되먹임 신호 : 피드백 신호(궤환신호)

## 10 루소 선도가 그림처럼 표시되는 광원의 전광속[lm]은 약 얼마인가?

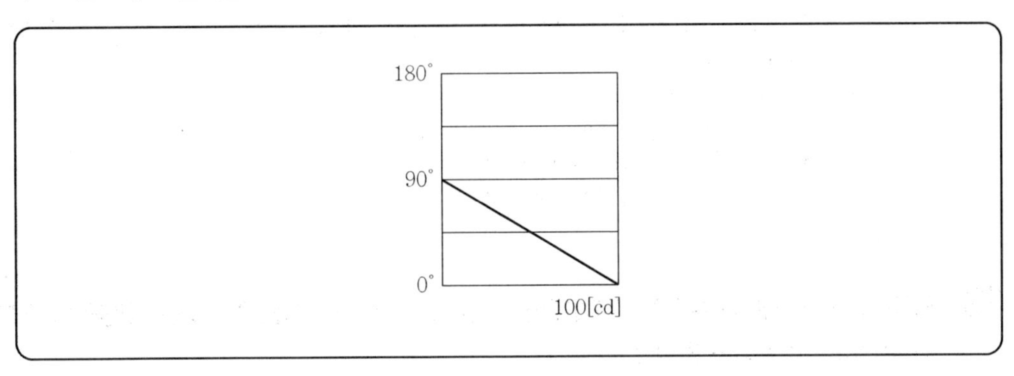


① 314
② 628
③ 942
④ 1,256

Answer ➡ 08 ② 09 ② 10 ①

해설 $F=\frac{2\pi}{r}\times S[\mathrm{lm}]$ $S=\frac{1}{2}rI$

$F=\frac{2\pi}{r}\times\frac{1}{2}rI=\pi I[\mathrm{lm}]$

$\therefore F=100\pi=314[\mathrm{lm}]$

## 11 40[t]의 전차가 40/1,000의 구배를 올라가는 데 필요한 견인력[kg]은?(단, 열차저항은 무시한다.)

① 1,000
② 1,200
③ 1,400
④ 1,600

해설 견인력(구배저항)

$R_g=W\cdot\tan\theta=30\times10^3\times\frac{30}{1,000}=900[\mathrm{kg}]$

여기서, $W$ : 차량의 중량[ton], $\tan\theta$ : 구배[‰]

## 12 초음파 용접의 특징으로 옳지 않은 것은?

① 전기저항 용접에 비하여 표면의 전처리가 간단하다.
② 가열을 필요로 하지 않는다.
③ 냉간 압접 등에 비하여 접합부 표면의 변형이 적다.
④ 고체상태에서의 용접이므로 열적 영향이 크다.

해설 초음파 용접

- 초음파 진동을 이용하여 산화피막이나 흡착층이 파괴되므로 냉간 압접이나 전기 용접에 비하여 표면의 전처리가 간단하다.
- 가열이 필요하지 않다.
- 냉간 압접 등에 비하여 가압하중이 적으므로 변형이 적다.
- 고체상태에서의 용접이므로 열적 영향이 적다.
- 다른 금속(이종금속)의 용접이 가능하다.

## 13 평행평판 전극 사이에 유전체인 피열물을 삽입하고 고주파 전계를 인가하면 피열물 내 유전체손이 발생하여 가열되는 방식은?

① 저항 가열
② 유도 가열
③ 유전 가열
④ 원자수소 가열

해설 유전 가열

- 유전체손이 발생하여 가열하는 방식
- 평행평판 전극 사이에 유전체인 피열물을 삽입하고 고주파 전력을 인가시켜 유전체손 발생

11 ④ 12 ④ 13 ③ Answer

## 14 열전도율을 표시하는 단위는?

① [J/℃]
② [℃/W]
③ [W/m · ℃]
④ [m · ℃/W]

해설 전열, 전기회로의 비교

| 전기 | | | 전열 | | | 공업용 |
|---|---|---|---|---|---|---|
| 명칭 | 기호 | 단위 | 명칭 | 기호 | 단위 | 단위 |
| 전압 | $V$ | [V] | 온도차 | $\theta$ | [K] | [℃] |
| 전류 | $I$ | [A] | 열류 | $I$ | [W] | [kcal/h] |
| 저항 | $R$ | [Ω] | 열저항 | $R$ | [C/W] | [℃ · h/kcal] |
| 전기량 | $Q$ | [C] | 열량 | $Q$ | [J] | [kcal] |
| 전도율 | $K$ | [℧/m] | 열전도율 | $K$ | [W/m · deg] | [kcal/h · m · deg] |
| 정전용량 | $C$ | [F] | 열용량 | $C$ | [J/C] | [kcal/℃] |

## 15 트랜지스터 정합온도($T_j$)의 최대 정격값이 75[℃], 주위온도($T_a$)가 35[℃]이다. 컬렉터 손실 $P_c$의 최대 정격값을 10[W]라고 할 때 열저항[℃/W]은?

① 40
② 4
③ 2.5
④ 0.2

해설 열저항

$$R = \frac{T_j - T_a}{P_c} = \frac{75-35}{10} = 4[℃/W]$$

## 16 열차의 자중이 120[t]이고, 동륜상의 중량이 90[t]인 기관차의 최대 견인력[kg]은?(단, 레일의 점착계수는 0.2로 한다.)

① 1,800
② 2,160
③ 18,000
④ 21,600

해설 최대 견인력

$$F_m = 1{,}000\mu W = 1{,}000 \times 0.2 \times 90 = 18{,}000[\text{kg}]$$

여기서, $\mu$ : 점착계수
$W$ : 동륜상 중량[ton]

Answer 14 ③ 15 ② 16 ③

**17** 권상하중 10[t], 매분 24[m/min]의 속도로 물체를 올리는 권상용 전동기의 용량[kW]은 약 얼마인가?(단, 전동기를 포함한 기중기의 효율은 65[%]이다.)

① 41 ② 73
③ 60 ④ 97

해설 권상용 전동기 용량

$$P=\frac{W\cdot V}{6.12\eta}=\frac{10\times 24}{6.12\times 0.65}\fallingdotseq 60[\text{kW}]$$

여기서, $W$ : 권상하중[ton], $V$ : 권상속도[m/min], $\eta$ : 효율

**18** 리드 스위치(Reed Switch)의 특성이 아닌 것은?

① 회로 구성이 복잡하다. ② 사용온도 범위가 넓다.
③ 내전압 특성이 우수하다. ④ 소형, 경량이다.

해설 리드 스위치(Reed Switch)
- 구조 : 유리튜브 속에 자성체가 되는 가동접점이 봉입되어 있어 자석을 접근시키면 유리튜브 내의 섭섬을 ON 또는 OFF시키는 구조이다.
- 특성 : 회로 구성이 간단하고, 동작시간이 짧고 소형 경량으로 내전압 특성이 우수하고 사용온도 범위가 넓다.

**19** 적분요소의 전달함수는?

① $K$ ② $Ts$
③ $\frac{1}{Ts}$ ④ $\frac{K}{1+Ts}$

해설 ① $K$ : 비례요소 ② $Ts$ : 미분요소
③ $\frac{1}{Ts}$ : 적분요소 ④ $\frac{K}{1+Ts}$ : 1차 지연요소

**20** 반사율 60[%], 흡수율 20[%]인 물체에 1,000[lm]의 빛을 비추었을 때 투과되는 광속[lm]은?

① 100 ② 200
③ 300 ④ 400

해설 투과 광속 $F_\tau=\tau F$

$\rho+\tau+\alpha=1$

$\tau=1-0.6-0.2=0.2$

$\therefore\ F_\tau=0.2\times 1{,}000=200[\text{lm}]$

17 ③ 18 ① 19 ③ 20 ② Answer

**01** 다음 사이리스터 중 2단자 양방향 소자는?

① SCR ② LASCR
③ TRIAC ④ DIAC

해설 사이리스터
㉠ 방향성
- 쌍방향 소자 : DIAC, TRIAC, SSS
- 단방향 소자 : SCR, LASCR, GTO

㉡ 극수
- 2극 소자 : DIAC, SSS
- 3극 소자 : SCR, LASCR, GTO, TRIAC
- 4극 소자 : SCS

**02** 다음 중 금속의 이온화 경향이 가장 큰 것은?

① Ag ② Pb
③ Na ④ Sn

해설
- 이온화 경향 : 금속이 액체와 접촉 시 양(+)이온으로 되는 경향
- 이온화 경향이 큰 순서 : K>Ca>Na>Mg>Al>Mg

**03** 가로 10[m], 세로 20[m], 천장의 높이가 5[m]인 방에 완전 확산성 FL-40D 형광등 24등을 점등하였다. 조명률 0.5, 감광 보상률 1.5일 때 이 방의 평균 조도는 몇 [lx]인가?(단, 형광등의 축과 수직 방향의 광도는 300[cd]이다.)

① 38 ② 118
③ 150 ④ 177

해설
- 조도 $E=\dfrac{NFU}{S\cdot D}$[lx]

 여기서, $N$ : 등수, $F$ : 광속, $U$ : 조명률
 $D$ : 감광 보상률, $S$ : 면적

- 광속(형광등) $F=\pi^2 I=\pi^2\times 300=300\pi^2$[lm]

$\therefore\ E=\dfrac{24\times 300\pi^2\times 0.5}{(10\times 20)\times 1.5}=118$[lx]

Answer 01 ④ 02 ③ 03 ②

**04** 기중기 등으로 물건을 내릴 때 또는 전차가 언덕을 내려가는 경우 전동기가 갖는 운동에너지를 전기에너지로 변환하고, 이것을 전원에 반환하면서 속도를 점차로 감속시키는 제동법은?

① 발전 제동　　② 회생 제동
③ 역상 제동　　④ 와류 제동

해설 전동기의 제동법

㉠ 발전 제동
- 운동에너지를 전기에너지로 변환
- 자체 저항이 소비되면서 제동

㉡ 회생 제동
- 유도 전압을 전원 전압보다 높게 하여 제동하는 방식
- 발전 제동하여 발생된 전력을 선로로 되돌려 보냄
- 전원 : 회전 변류기를 이용
- 장소 : 산악지대의 전기 철도용

㉢ 역전(역상) 제동
- 일명 플러깅이라 함
- 3상 중 2상을 바꾸어 제동
- 속도를 급격히 정지 또는 감속시킬 때

㉣ 와전류 제동
- 구리의 원판을 자계 내에 회전시켜 와전류에 의해 제동
- 전기 동력계법에 이용

㉤ 기계 제동 : 전동기에 붙인 제동화에 전자력으로 가압

**05** 우리나라에서 운행되고 있는 표준궤간은 몇 [mm]인가?

① 1,067　　② 1,372
③ 1,435　　④ 1,524

해설
- 궤간 : 레일과 레일의 간격
- 표준궤간 : 1,435[mm]

**06** 광원 중 루미네선스(Luminescence)에 의한 발광 현상을 이용하지 않는 것은?

① 형광 램프　　② 수은 램프
③ 네온 램프　　④ 할로겐 램프

해설
- 루미네선스 : 물체의 온도를 높여서 발광시키는 온도복사 이외의 모든 발광 현상(형광등, 수은등, 네온 램프)
- 온도복사 : 물체에서 열에너지가 전자파로 방출되는 현상(백열전구, 할로겐 전구)

04 ② 05 ③ 06 ④ Answer

## 07 진공 텅스텐 전구에 사용되는 게터는?

① 적린　　② 질화바륨
③ 탄산칼슘　　④ 소다 석회

해설 게터
필라멘트의 산화 및 유리구의 흑화 방지에 사용하고 수명을 길게 한다.
- 진공 전구 : 적린
- 가스 전구 : 질화바륨

## 08 1.2[L]의 물을 15[℃]에서 75[t]까지 10분간 가열시킬 때 전열기의 용량[W]은?(단, 효율은 70[%]이다.)

① 720　　② 795
③ 856　　④ 942

해설 전열기 용량

$$P=\frac{c\cdot m(T-T_o)}{860\eta\cdot t}$$

여기서, $c$ : 비열(물=1)
$m$ : 질량[L]
$T$ : 상승 후 온도
$T_o$ : 상승 전 온도
$\eta$ : 효율
$t$ : 가열시간[h]

$$\therefore\ P=\frac{1\times 1.2(75-15)}{860\times 0.7\times \frac{10}{60}}=0.72[\text{kW}]$$

## 09 연축전지(납축전지)의 방전이 끝나면 그 양극(+극)은 어느 물질로 되는가?

① Pb　　② PbO
③ $PbO_2$　　④ $PbSO_4$

해설 납축전지(충전용량 : 10[Ah])

$$PbO_2 + 2H_2SO_4 + Pb \underset{\text{충전}}{\overset{\text{방전}}{\rightleftarrows}} PbSO_4 + 2H_2O + PbSO_4$$

(양극) (전해액) (음극)　　(양극) (전해액) (음극)

Answer 07 ① 08 ① 09 ④

**10** SCR을 두 개의 트랜지스터 등가 회로로 나타낼 때의 올바른 접속은?

①

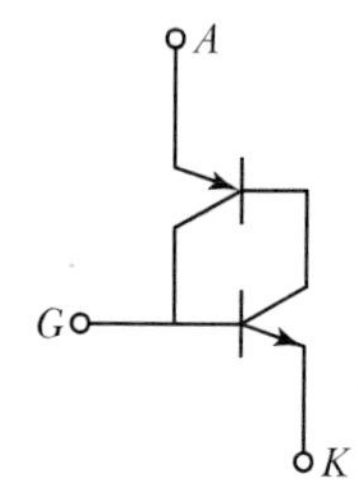


②

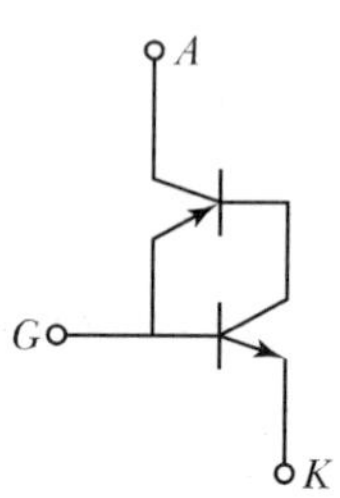


③

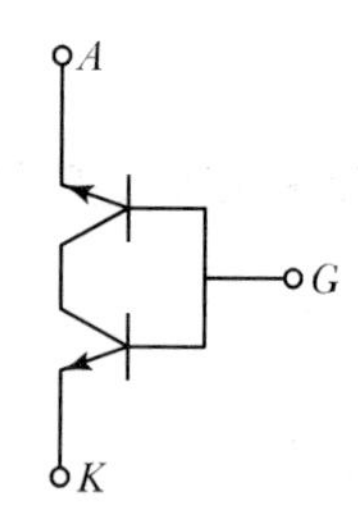


④

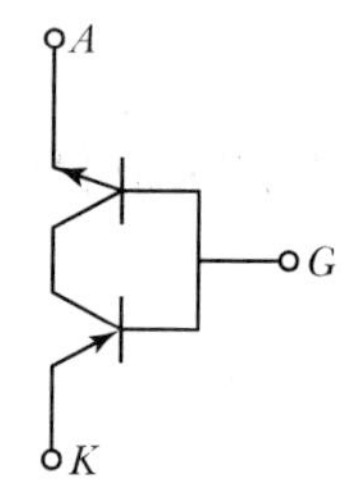


해설 SCR 기호

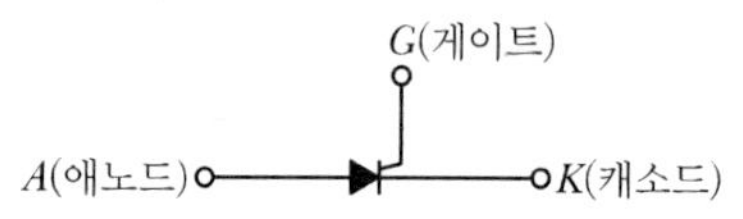


**11** 동의 원자량은 63.54이고 원자가가 2라면 전기화학당량은 약 몇 [mg/C]인가?

① 0.229
② 0.329
③ 0.429
④ 0.529

해설
- 화학당량 $= \dfrac{\text{원자량}}{\text{원자가}} = \dfrac{63.54}{2} = 31.77[\text{g}]$
- 전기화학당량 $= \dfrac{\text{화학당량}}{96{,}500} = \dfrac{31.77}{96{,}500}$
  $= 0.0003292[\text{g/C}]$
  $= 0.3292[\text{mg/C}]$

**12** 복진지에 대한 설명으로 옳은 것은?

① 궤조가 열차의 진행 방향으로 이동함을 막는 것
② 침목의 이동을 막는 것
③ 궤조가 열차의 진행과 반대 방향으로 이동함을 막는 것
④ 궤조의 진동을 막는 것

10 ① 11 ② 12 ① Answer

해설 복진지
궤조(레일)가 열차 진행 방향 및 종방향으로 이동하는 것을 방지하는 장치

**13** 금속의 전기저항이 온도에 의하여 변화하는 것을 이용한 온도계는?

① 광고온계
② 저항온도계
③ 방사고온계
④ 열전온도계

해설 온도계의 동작원리
① 광고온계 : 플랑크의 방사법칙
② 저항온도계 : 측온체의 저항값 변화
③ 방사온도계 : 스테판-볼츠만의 법칙
④ 열전온도계 : 제어백 효과

**14** 반사율 $\rho$, 투과율 $\tau$, 반지름 $r$인 완전 확산성 구형 글로브의 중심에 광도 $I$의 점광원을 켰을 때, 광속 발산도는?

① $\frac{\tau I}{r^2(1-\rho)}$
② $\frac{\rho I}{r^2(1-r)}$
③ $\frac{4\pi\rho I}{r^2(1-r)}$
④ $\frac{\rho\pi}{r^2(1-\rho)}$

해설 • 투과 광속 $F_\tau = F \times \eta$

여기서, $\eta$ : 글로브 효율

$\eta = \frac{\tau}{1-\rho}$  $F_\tau = \frac{\tau \cdot F}{1-\rho}$

• 광속 발산도 $R = \frac{F_\tau}{s} = \frac{\frac{\tau F}{1-\rho}}{4\pi r^2}$

구광원 $F = 4\pi I$

$$\therefore\ R = \frac{\frac{\tau}{1-\rho} \cdot 4\pi I}{4\pi r^2} = \frac{\tau \cdot I}{r^2(1-\rho)}[\text{rlx}]$$

**15** 다음 중 전기건조방식의 종류가 아닌 것은?

① 전열 건조
② 적외선 건조
③ 자외선 건조
④ 고주파 건조

해설 자외선 : 살균, 유기물 분해 및 소독 등에 사용

Answer 13 ② 14 ① 15 ③

**16** **축전지를 사용할 때 극판이 휘고 내부 저항이 매우 커져서 용량이 감퇴되는 원인은?**

① 전지의 황산화 ② 과도방전
③ 전해액의 농도 ④ 감극작용

해설 황산화 현상
- 납축전지를 방전상태에서 오랫동안 방치하면 극판에 백색의 황산납이 생기는 현상
- 극판이 휘고 내부 저항이 매우 커져서 용량이 감퇴

**17** **차륜과 제동자와의 마찰계수에 관계없는 것은?**

① 속도 ② 접촉면의 온도
③ 차량의 중량 ④ 제동시간 및 제륜자의 재질

해설 마찰계수 관계 요소
- 제동자의 재료 및 강도
- 접촉면의 온도 및 상태
- 제동시간
- 속도

**18** **포토다이오드(Photodiode)에 관한 설명 중 틀린 것은?**

① 온도 특성이 나쁘다.
② 빛에 대하여 민감하다.
③ PN 접합에 역방향으로 바이어스를 가한다.
④ PN 접합의 순방향 전류가 빛에 대하여 민감하다.

해설 포토다이오드
- 반도체의 접합부에 빛이 닿으면 전류가 발생하는 성질
- 온도 특성이 좋고, 빛에 민감하다.

**19** **기동토크가 가장 큰 단상 유도 전동기는?**

① 반발 기동 전동기 ② 분상 기동 전동기
③ 콘덴서 기동 전동기 ④ 세이딩 코일형 전동기

해설 단상 유도 전동기의 기동토크가 큰 순서
반발 기동형 > 반발 유동형 > 콘덴서 기동형 > 콘덴서 전동기 > 분상 기동형 > 셰이딩 코일형

16 ① 17 ③ 18 ① 19 ① Answer

**20** 녹색 형광램프의 형광체로 옳은 것은?

① 텅스텐산 칼슘 ② 규산 카드뮴
③ 규산 아연 ④ 붕산 카드뮴

해설 형광체의 광색
- 텅스텐산 칼슘 : 청색
- 텅스텐산 마그네슘 : 청백색
- 규산 아연 : 녹색
- 규산 카드뮴 : 등색
- 붕산 카드뮴 : 핑크색

Answer 20 ③

↘ 전기공사산업기사

# 2021년도 1회 시험 과년도 기출문제

**01** 전열기에서 발열선의 지름이 1[%] 감소하면 저항 및 발열량은 몇 [%] 증감되는가?

① 저항 2[%] 증가, 발열량 2[%] 감소
② 저항 2[%] 증가, 발열량 2[%] 증가
③ 저항 2[%] 증가, 발열량 4[%] 감소
④ 저항 4[%] 증가, 발열량 4[%] 감소

해설 • 저항 $R=\rho\frac{l}{s}=\rho\frac{l}{\frac{\pi}{4}d^2}=\rho\frac{4l}{\pi d^2}$

$R' \propto \frac{1}{d^2}=\frac{1}{0.99^2}=1.02R$(2[%] 증가)

• 발열량 $Q=0.24\frac{V^2}{R}t$

$Q' \propto \frac{1}{R}=\frac{1}{1.02} \fallingdotseq 0.98Q$(2[%] 감소)

**02** 용접용 전원의 부하가 급히 증가할 때 전압은?

① 일정하다.
② 급히 상승한다.
③ 급히 강하한다.
④ 서서히 상승한다.

해설 용접용 전원의 수하 특성(부특성)
부하전류가 급격히 상승하면 전압은 급격히 강하한다.

**03** 엘리베이터에 사용되는 전동기의 종류는?

① 직류 직권 전동기
② 동기 전동기
③ 단상 유도 전동기
④ 3상 유도 전동기

해설 엘리베이터 전동기 특성
• 기동토크가 크고 소음이 적을 것
• 관성 모멘트가 작을 것
• 가속도의 변화비율이 일정할 것
※ 엘리베이터 사용 전동기 : 3상 유도 전동기

01 ① 02 ③ 03 ④ Answer

**04** 100[V], 500[W]의 전열기를 90[V]에서 사용할 때의 전력[W]은?

① 405　　② 425
③ 450　　④ 500

해설 전열기의 전력

$$P=\frac{V^2}{R}[\text{W}] \qquad \therefore P \propto V^2$$

$$P'=500\left(\frac{90}{100}\right)^2=405[\text{W}]$$

**05** 궤조의 파상 마모를 일으키기 쉬운 것은?

① 탄성 도상　　② 비탄성 도상
③ 큰 궤조　　④ 작은 궤조

해설 비탄성 도상
파상 마모가 가장 크다.

**06** 전해 콘덴서의 제조나 재생고무의 제조 등에 주로 응용하는 현상은?

① 전기 침투　　② 전기 영동
③ 비산 현상　　④ 핀치 효과

해설 용어

- 전기 도금 : 전기 분해에 의하여 음극으로 금속을 석출시키는(양극에 구리막대, 음극에 은막대를 두고 전기를 가하면 은막대가 구리색을 띠는 현상)
- 전기 주조 : 전기 도금을 계속하여 두꺼운 금속층을 만든 후 원형을 떠서 그대로 복제
  예 활자의 제조, 공예품 복제, 인쇄용 판면
- 전해 정련 : 불순물에서 순금속을 채취 예 구리(전기동)
- 전기 영동 : 액체 속에 미립자를 넣고 전압을 가하면 입자가 양극을 향하여 이동하는 현상
- 전해 연마 : 금속을 양극으로 전해액 중에서 단시간 전류를 통하면 금속 표면이 먼저 분해되어 거울과 같은 표면을 얻을 것 예 터빈 날개
- 전해 채취 : 주로 산을 통해 금속만을 녹여서 전기 분해하여 금속 석출 예 알루미늄 제조
- 전해 침투 : 예 전해 콘덴서, 재생고무 등의 제조

**07** 다음은 사이리스터를 이용하여 얻을 수 있는 결과들이다. 적당하지 않는 것은?

① 교류 전력 제어　　② 주파수 변환
③ 직류 위상 변환　　④ 직류 전압 변환

Answer 04 ① 05 ② 06 ① 07 ③

해설 사이리스터의 용도
- 위상 제어(교류)
- 직류 전압 변환(인버터 초퍼)
- 주파수 변환(사이클로 컨버터)
- 교류 전력 제어

**08** **전기 철도에 적용하는 직류 직권 전동기의 속도 제어방법이 아닌 것은?**

① 저항 제어
② 초퍼 제어
③ VVVF 인버터 제어
④ 사이리스터 위상 제어

해설 직권 전동기의 속도제어 방법
- 전압 제어(초퍼 제어)
- 저항 제어, 직병렬 제어
- 계자 제어
- 사이리스터 위상 제어

**09** **최고 사용온도가 1,100[℃]이고 고온강도가 크고 냉간가공이 용이하며 고온용 발열체에 적합한 것은?**

① 니크롬 제1종
② 니크롬 제2종
③ 철크롬 제1종
④ 철크롬 제2종

해설 ㉠ 발열체의 최고 사용온도
- 니크롬 제1종 : 1,100[℃]
- 니크롬 제2종 : 900[℃]
- 철크롬 제1종 : 1,200[℃]
- 철크롬 제2종 : 1,100[℃]

㉡ 비금속 발열체(탄화규소 발열체) : 1,500[℃]

**10** **전기 도금에 관한 설명 중 틀린 것은?**

① 전원은 5~6[V] 또는 10~12[V]의 직류를 사용한다.
② 직류 발전기를 사용하는 데 있어서 수하 특성이 있는 발전기를 사용한다.
③ 전류밀도가 다르더라도 도금상태는 일정하다.
④ 표면의 산화물이나 기름을 없애기 위해 화학적으로 세척해야 한다.

해설 전기 도금은 전류밀도가 다르면 도금상태는 일정하지 않다.

08 ③ 09 ① 10 ③ Answer

**11** 전기 철도에서 귀선 궤조에서의 누설전류를 경감하는 방법과 관련이 없는 것은?

① 보조귀선
② 크로스 본드
③ 귀선의 전압강하 감소
④ 귀선을 정(+)극성으로 조정

해설 귀선 궤조에서의 누설전류 경감대책

- 레일을 따라 보조귀선 설치
- 레일 본드 설치(귀선저항을 작게)
- 크로스 본드 설치
- 귀선의 극성을 부(−)극성으로 조정

**12** 그림과 같이 광원 $L$에서 P점 방향의 광도가 50[cd]일 때 P점의 수평면 조도는 몇 [lx]인가?

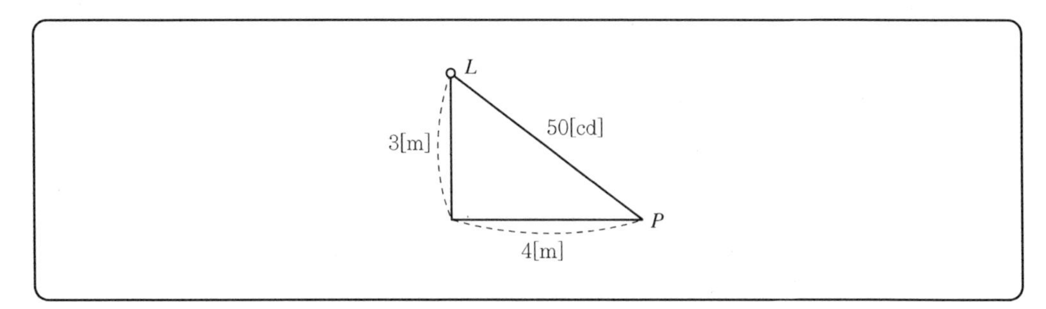


① 0.6
② 0.8
③ 1.2
④ 1.6

해설 수평면 조도

$$E_h = \frac{I}{l^2}\cos\theta[\text{lx}]$$

$$l = \sqrt{3^2+4^2} = 5[\text{m}]$$

$$\cos\theta = \frac{3}{5}$$

$$\therefore\ E_h = \frac{50}{5^2}\times\frac{3}{5} = 1.2[\text{lx}]$$

**13** 150[W] 가스입 전구를 반지름 20[cm], 투과율 80[%]인 구의 내부에서 점등시켰을 때 구의 평균 휘도는?(여기서, 구의 반사는 무시하고, 전구의 광속은 2,450[lm]이다.)

① 0.124[cd/cm²]
② 0.390[cd/cm²]
③ 0.487[cd/cm²]
④ 0.496[sb]

Answer ➲ 11 ④ 12 ③ 13 ①

해설 • 외구 광속 $F_o = \tau F = 0.8 \times 2{,}450 = 1{,}960[\text{lm}]$

• 평균 휘도 $B = \dfrac{I}{s} = \dfrac{\dfrac{F_o}{4\pi}}{\pi r^2} = \dfrac{F_o}{4\pi^2 r^2}$

$= \dfrac{1{,}960}{4\pi^2 \times 20^2} \fallingdotseq 0.124[\text{cd/cm}^2]$

## 14 교류식 전기 철도가 직류식 전기 철도보다 유리한 점은?

① 전철용 변전소에 정류장치를 설치한다.

② 전선의 굵기가 크다.

③ 차내에서 전압의 선택이 가능하다.

④ 변전소 간의 간격이 짧다.

해설 ㉠ 직류식 전기 철도
- 설비가 간단하고 통신유도장애가 적다.
- 절연이 용이하다.
- 건설비가 크다.(정류장치 설치, 전선굵기가 크다.)
- 전식에 의한 피해가 크다.
- 전력손실 및 전압강하가 크므로 변전소 간격을 짧게 한다.

㉡ 교류식 전기 철도
- 전압 선택이 가능하다.
- 전식의 피해가 적다.
- 통신선로 유도장애가 크다.
- 전력손실이 적으므로 변전소 간격을 길게 할 수 있다.

## 15 그림과 같은 신호 흐름 선도에서 전달함수 $\dfrac{C(s)}{R(s)}$는?

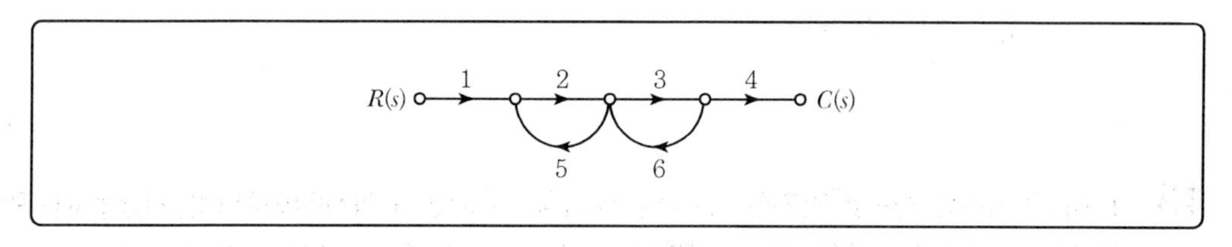


① $-\dfrac{8}{9}$

② $\dfrac{4}{5}$

③ 180

④ 10

14 ③ 15 ① Answer

해설 메이슨 정리의 전달함수

$$G(s) = \frac{\text{전향경로이득}}{1-\text{루프이득}}$$

전향경로이득 $= 1\times2\times3\times4 = 24$

루프이득 $= (2\times5)+(3\times6) = 28$

$$\therefore\ G(s) = \frac{24}{1-28} = -\frac{24}{27} = -\frac{8}{9}$$

## 16 유도 가열과 유전 가열의 성질이 같은 것은?

① 도체만을 가열한다.

② 선택 가열이 가능하다.

③ 직류를 사용할 수 없다.

④ 절연체만을 가열한다.

해설 유도 가열과 유전 가열은 교류만 사용한다.

## 17 가스입 전구에 아르곤 가스를 넣을 때에 질소를 봉입하는 이유는?

① 대류작용 촉진

② 대류작용 억제

③ 아크 억제

④ 흑화 방지

해설
- Ar 가스 : 증발 억제
- N 가스 : 산화 방지 및 아크 억제

## 18 수위의 원격지시 장치에 적합한 전동기는?

① 단상 정류자 전동기

② 셀신 모터

③ 농형 3상 유도 전동기

④ 권선형 3상 유도 전동기

해설 셀신 전동기
- 셀신 발신기와 셀신 수신기의 조합에 의해 회전력 및 각도의 전달을 얻을 수 있으므로 원격 제어에 이용된다.
- 편차전압 검출용에 이용된다.

Answer 16 ③ 17 ③ 18 ②

**19** 반도체 소자의 종류 중에서 게이트에 의한 턴온을 이용하지 않는 소자는?

① SSS ② SCR
③ GTO ④ SCS

해설 SSS(Silicon Symmetrical Switch)의 특징
- 쌍방향 2단자 소자
- SCR의 역병렬 구조
- Gate 전극이 없는 구조이므로 게이트에 의한 턴온을 할 수 없다.

**20** 음극만 발광하므로 직류 극성을 판별하는 데 이용되는 것은?

① 형광등 ② 수은등
③ 네온전구 ④ 나트륨등

해설 네온전구의 특징
- 음극 글로우 발광으로 직류의 극성 판별용에 이용된다.
- 전력이 적으므로 배전반의 파일럿, 종야등에 적합하다.
- 일정 전압에서 점화하므로 검전기 교류 파고치의 측정에 쓰인다.
- 빛의 진광성이 없고 광도가 전류에 비례하므로 오실로그래프에 이용된다.

19 ① 20 ③ Answer

**01** 동종 금속의 접점에 전류를 통하면 전류 방향에 따라 열을 발생하거나 흡수하는 현상은?

① 제베크 효과 ② 펠티에 효과
③ 톰슨 효과 ④ 핀치 효과

해설 저항 용접
- 제베크 효과(Seebeck Effect) : 서로 다른 금속을 접속(열전대)하고 접속점에 서로 다른 온도를 유지하면 기전력이 생겨 일정한 방향으로 전류가 흐른다.
- 펠티에 효과(Peltier Effect) : 서로 다른 금속에서 다른 쪽 금속으로 전류를 흘리면 열의 발생 또는 흡수가 일어난다.
- 톰슨 효과(Thomson Effect) : 동종의 금속에서 각부의 온도가 다르면 그 부분에서 열의 발생 또는 흡수가 일어난다.
- 홀 효과(Hole Effect) : 전류가 흐르고 있는 도체에 자계를 가하면 도체 측면에 정부의 전하가 나타나 전위차가 발생한다.
- 핀치 효과(Pinch Effect) : 도체에 직류를 인가하면 전류와 수직 방향으로 원형 자계가 생겨 전류에 구심력이 작용하여 도체 단면이 수축하면서 도체 중심 쪽으로 전류가 몰린다.
- 볼타 효과(접촉전기) : 도체와 도체, 유전체와 유전체, 유전체와 도체를 접촉시키면 전자가 이동하여 양 · 음으로 대전된다.

**02** 지름 40[cm]인 완전 확산성 구형 글로브의 중심에 모든 방향의 광도가 균일하게 120[cd] 되는 전구를 넣고 탁상 2[m]의 높이에서 점등하였다. 탁상 위의 조도[lx]는?(단, 글로브 내면의 반사율은 40[%], 투과율은 50[%]이다.)

① 약 30 ② 약 25
③ 약 20 ④ 약 15

해설 탁상 위의 조도

$$E = \frac{I}{l^2} \times \eta$$

글로브 효율 $\eta = \frac{\tau}{1-\rho}$ 이므로

$$\therefore E = \frac{120}{2^2} \times \frac{0.5}{1-0.4} \fallingdotseq 25[\text{lx}]$$

Answer 01 ③ 02 ②

## 03 적외선 가열과 관계없는 것은?

① 설비비가 적다.
② 구조가 간단하다.
③ 두꺼운 목재의 건조에 적당하다.
④ 공산품(工産品)의 표면 건조에 적당하다.

해설 적외선 가열 : 열원의 방사열에 의하여 피조물을 가열하는 건조
- 공산품 표면 건조에 적당하고 효율이 좋다.
- 구조와 조작이 간단하다.
- 건조 재료의 감시가 용이하고 청결하며 안전하다.
- 유지비가 싸고 설치가 간단하다.

## 04 평균 구면 광도 100[cd]의 전구 5개를 지름 10[m]인 원형의 방에 점등할 때 조명률 0.5, 감광보상률 1.5라 하면, 방의 평균 조도[lx]는?

① 약 35
② 약 26
③ 약 48
④ 약 59

해설 조도 $E=\frac{NFU}{S\cdot D}$[lx]

광속 $F=4\pi I=4\pi\times 100=400\pi$[lm]

피조면 면적 $S=\pi r^2=\pi\times 5^2=25\pi$[m$^2$]

$\therefore\ E=\frac{5\times 400\pi\times 0.5}{25\pi\times 1.5}\fallingdotseq 26.7$[lx]

## 05 50[t]의 전차가 20[‰]의 경사를 올라가는 데 필요한 견인력[kg]은?(단, 열차 저항은 무시한다.)

① 100
② 150
③ 1,000
④ 1,500

해설 견인력 $F=W\tan\theta=50\times 10^3\times\frac{20}{1,000}=1,000$[kg]

## 06 형광등에서 가장 효율이 높은 색깔은?

① 백색
② 적색
③ 주광색
④ 녹색

03 ③ 04 ② 05 ③ 06 ④ Answer

해설 효율이 큰 순서
녹색 > 백색 > 주광색 > 적색

## 07 휘도가 균일한 긴 원통 광원의 축 중앙 수직 방향의 광도가 100[cd]이다. 이 원통 광원의 구면 광도는?

① 약 157[cd]　　② 78.5[cd]
③ 약 100[cd]　　④ 약 92.5[cd]

해설 원통 광원 $F=\pi^2 I_o = 100\pi^2$[lm]

구광원 $I=\dfrac{F}{4\pi}=\dfrac{100\pi^2}{4\pi}=25\pi=78.5$[cd]

## 08 전기차량의 집전장치가 아닌 것은?

① 트롤리봉　　② 복진지
③ 뷔겔　　④ 팬터그래프

해설 ㉠ 집전장치 : 전기차량에 가공선 또는 제3궤조에서 전기를 취하기 위한 장치
• 종류 : 트롤리봉, 뷔겔, 팬터그래프
㉡ 복진지 : 레일이 열차의 진행 방향과 더불어 종방향(진행 방향)으로 이동하는 것을 막는 것

## 09 반간접 조명의 설계에서 등(燈)의 높이란?

① 바닥에서 천장　　② 피조면에서 천장
③ 피조면에서 등기　　④ 방바닥에서 등기

해설 등고의 기준
• 직접 조명 : 광원에서 피조면까지
• 반간접 조명 : 천장에서 피조면까지

## 10 역저지 3극 사이리스터의 통칭은?

① SSS　　② SCS
③ LASCR　　④ TRIAC

해설 • 쌍방향(양방향) 소자 : TRIAC, DIAC, SSS
• 단방향(역저지) 소자 : SCR, LASCR, GTO, SCS

Answer ➲ 07 ②　08 ②　09 ②　10 ③

## 11 PN 접합형 Diode는 어떤 작용을 하는가?

① 발진 작용 ② 증폭 작용
③ 정류 작용 ④ 교류 작용

해설 PN 접합형 Diode
순방향 전류가 흐르는 특성(정류)이 있다.

## 12 완전 확산면의 광속 발산도가 2,000[rlx]일 때, 휘도는 약 몇 [cd/cm²]인가?

① 0.2 ② 0.064
③ 0.682 ④ 637

해설 완전 확산면 : $R=\pi B$[rlx]

$$B=\frac{R}{\pi}=\frac{2,000}{\pi}\times 10^{-4}=0.064[\text{cd/cm}^2]$$

## 13 인견 공업에 쓰이는 포트 모터의 속도 제어에는 어느 것이 가장 좋은가?

① 저항에 의한 제어 ② 극수 변환에 의한 제어
③ 1차 측 회전에 의한 제어 ④ 주파수 변환에 의한 제어

해설 포트 모터(Pot Moter)
- 인견(실) 감는 공정에 이용
- 농형 유도 전동기
- 주파수 변환에 의한 속도 제어

## 14 고주파 유전 가열에 쓰이는 주파수가 가장 적당한 것은?

① 0.5[kHz]~1.0[MHz] ② 1[kHz]~1.5[MHz]
③ 1[MHz]~200[MHz] ④ 200[MHz]~1,000[MHz]

해설 유전 가열
- 용도 : 목재의 건조, 목재의 접착, 비닐막 접착
- 사용 주파수 : 1[MHz]~200[MHz]
- 직류전원 사용 불가능

11 ③ 12 ② 13 ④ 14 ③ Answer

**15** 자동제어의 추치 제어에 속하지 않는 것은?

① 추종 제어 ② 비율 제어
③ 프로그램 제어 ④ 프로세스 제어

해설 추치 제어
- 출력의 변동을 조정하는 동시에 목표값에 정확히 추종하도록 설계한 제어계
- 종류 : 추종 제어, 비율 제어, 프로그램 제어

**16** 자동차, 기타 차량 공업, 기계 및 전기 기계 기구, 기타의 금속 제품의 도장을 건조하는 데 이용되는 가열은?

① 저항 가열 ② 고주파 가열
③ 유도 가열 ④ 적외선 가열

해설 적외선 가열
- 적외선 전구에 의해 피건조물을 가열하고 건조하는 방식
- 용도 : 섬유, 도장의 건조

**17** 다음 납축전지에 대한 설명 중 잘못된 것은?

① 납축전지의 전해액의 비중은 1.2 정도이다.
② 납축전지의 격리막은 양극과 음극의 단락 보호용이다.
③ 전지의 내부 저항은 클수록 좋다.
④ 전지 용량은 [Ah]로 표시하며 10시간 방전율을 많이 쓴다.

해설 전지의 내부 저항이 크면 전압강하도 커지고 손실도 증가하므로 내부 저항은 작을수록 좋다.

**18** 어떤 제어계에서 위상 여유(Phase Margin) $\phi_m$이 $\phi_m > 0$의 관계를 만족할 때는 어떤 상태인가?

① 안정 ② 저속 진동
③ 불안정 ④ 불규칙 진동

해설
- 위상 여유의 크기가 1일 때 그 위상이 180°에 가까워지는 여유
- 안정 상태 : 위상 여유, 이득 여유가 0보다 크다.

Answer ➡ 15 ④ 16 ④ 17 ③ 18 ①

**19** **다이액(DIAC)에 대한 설명 중 잘못된 것은?**

① NPN 3층으로 되어 있다.
② 역저지 4극 사이리스터로 되어 있다.
③ 쌍방향으로 대칭적인 부성저항을 나타낸다.
④ 다이액의 항복전압을 넘을 때 갑자기 콘덴서가 방전하고 그 방전전류에 의하여 트라이액을 ON시킬 수가 있다.

해설 다이액(DIAC)
- 쌍방향 2극 사이리스터
- 역저지 4극 : SCS

**20** **책상 위 2[m] 되는 곳에 광원이 있다. 이 광원을 반투명 아크릴로 에워싸고 0.7[m] 하향 배치시켰더니 책상 위 조도가 전과 같아졌다. 이 아크릴의 투과율은 약 얼마인가?**

① 0.65 ② 0.54
③ 0.42 ④ 0.34

해설 직하조도 $E=\frac{I}{l^2}$이므로

$$E_1=\frac{I}{2^2},\ E_2=\frac{I}{(1-0.7)^2}\times\tau$$

$$\frac{I}{2^2}=\frac{I\times\tau}{1.3^2}$$

$$\therefore\ \tau=\frac{1.3^2}{2^2}≒0.42$$

19 ② 20 ③ Answer

전기공사산업기사

## 2021년도 4회 시험





**01** 황산 용액에 양극으로 구리막대, 음극으로 은막대를 두고 전기를 통하면 은막대는 구리색이 난다. 이를 무엇이라고 하는가?

① 전기 도금　　② 이온화 현상
③ 전기 분해　　④ 분극 작용

해설 전기 도금
- 전기 분해의 원리를 이용하여 물체의 표면을 다른 금속의 얇은 막에 덮어 씌우는 방법
- 양극에 구리막대, 음극에 은막대를 두고 전기를 통하면 은막대에 구리색을 나게 한다.

**02** 휘도가 균일한 긴 원통 광원의 축 중앙 수직 방향의 광도가 200[cd]이다. 전광속 $F$[m]와 평균 구면 광도 $I$[cd]를 각각 구하면?

① $F=1,974$, $I=200$　　② $F=1,974$, $I=157$
③ $F=628$, $I=200$　　④ $F=628$, $I=100$

해설
- 원통 광원의 전광속 : $F=\pi^2 I_o = 200\pi^2[\text{lm}] \fallingdotseq 1,974[\text{lm}]$
- 구 광원 전광속 : $F=4\pi I$

$$I=\frac{F}{4\pi}=\frac{200\pi^2}{4\pi} \fallingdotseq 157[\text{cd}]$$

**03** 열차의 자중이 100[t]이고 동륜상이 90[t]인 기관차의 최대 견인력[kg]은?(단, 궤조의 점착계수는 0.2이다.)

① 15,000　　② 16,000
③ 18,000　　④ 21,000

해설 최대 견인력

$F_m = 1,000\mu W_a[\text{kg}]$

여기서, $\mu$ : 점착계수

$W_a$ : 동륜상 중량[ton]

$\therefore F_m = 1,000 \times 0.2 \times 90 = 18,000[\text{kg}]$

Answer 01 ①　02 ②　03 ③

**04** 휘도가 낮고 효율이 좋으며 투과성이 양호하여 터널 조명, 도로 조명, 광장 조명 등에 주로 사용되는 것은?

① 형광등 ② 백열전구
③ 나트륨등 ④ 할로겐등

해설 나트륨등
- 나트륨 증기 중의 방전을 이용
- 연색성이 나빠 실내조명으로 부적당
- 투시력이 양호하여 안개 낀 도로 및 광학시험에 사용

**05** 전류에 의한 옴손을 이용하여 가열하는 것은?

① 복사 가열 ② 유전 가열
③ 유도 가열 ④ 저항 가열

해설 ① 복사 가열 : 적외선 전구 등 복사된 적외선을 피열물의 표면에 조사하는 방식
② 유전 가열 : 유전체손 이용
③ 유도 가열 : 와전류손 또는 히스테리시스손 이용
④ 저항 가열 : 전류에 의한 저항손(옴손) 이용

**06** 방전등의 전압 전류 특성은 마이너스(부극성)이므로 이것을 일정 전압의 전원에 연결하면 전류가 급속히 증대되어 방전등을 파괴한다. 이것을 방지하기 위하여 필요한 장치는?

① 점등관 ② 콘덴서
③ 안정기 ④ 초크 코일

해설 안정기
방전등에 전류 안정을 위하여 접속하는 저항 또는 초크 코일을 말한다.

**07** 풍량 $Q=170[\mathrm{m^3/min}]$, 전풍압 $H=50[\mathrm{mmAq}]$의 축류 팬(Fan)을 구동하는 전동기의 소요 동력[kW]은?(단, 팬의 효율은 75[%], 여유계수 $K=1.35$이다.)

① 2 ② 2.5
③ 3.5 ④ 4.5

해설 송풍기의 소요동력

$$P=\frac{KQH}{6{,}120\eta}[\mathrm{kW}]=\frac{1.35\times170\times50}{6{,}120\times0.75}=2.5[\mathrm{kW}]$$

여기서, $Q$ : 송풍기 풍량[$\mathrm{m^3}$/분], $H$ : 풍압[mmAq]
$\eta$ : 효율, $K$ : 여유계수

04 ③ 05 ④ 06 ③ 07 ② Answer

**08** 반사율 $\rho$, 투과율 $\tau$, 반지름 $r$인 완전 확산성 구형 글로브의 중심의 광도 $I$의 점광원을 켰을 때, 광속 발산도는?

① $\dfrac{\rho I}{r^2(1-\rho)}$ ② $\dfrac{4\pi\rho I}{r^2(1-\tau)}$

③ $\dfrac{\tau I}{r^2(1-\rho)}$ ④ $\dfrac{\rho\pi I}{r^2(1-\rho)}$

해설 광속 발산도 $R=\dfrac{F}{S}\times\eta[\text{rlx}]$

구 광원 $F=4\pi I$

발광면적 $S=4\pi r^2$

글로브 효율 $\eta=\dfrac{\tau}{1-\rho}$

$\therefore\ R=\dfrac{4\pi I}{4\pi r^2}\times\dfrac{\tau}{1-\rho}=\dfrac{\tau I}{r^2(1-\rho)}$

**09** 직권 정류자 전동기는 다음에 분류하는 전동기 중 어디에 속하는가?

① 변속도 전동기 ② 다속도 전동기

③ 가감속도 전동기 ④ 정속도 전동기

해설
- 교류 직권 정류자 전동기의 변속도 특성 : 토크가 증가하면 속도가 저하된다.
- 직류 전동기의 직권 및 파권 전동기가 변속도 특성이 있다.

**10** 전극 재료의 구비조건이 잘못된 것은?

① 불순물이 적고 산화 및 소모가 적을 것

② 고온에서도 기계적 강도가 크고 열팽창률이 작을 것

③ 열전도율이 크고 도전율이 작아서 전류밀도가 작을 것

④ 피열물에 의한 화학작용이 일어나지 않고 침식되지 않을 것

해설 전극 재료의 구비조건
- 불순물이 적고 산화 및 소모가 적을 것
- 고온에서 기계적 강도가 크고 열팽창률이 작을 것
- 열전도율이 작고 도전율이 커서 전류밀도가 클 것
- 피열물에 의한 화학작용이 일어나지 않고 침식되지 않을 것

Answer 08 ③ 09 ① 10 ③

## 11 제너 다이오드에 관한 설명 중 틀린 것은?

① 정전압 소자이다.
② 전압 조정기에 사용된다.
③ 인가되는 전압의 크기에 따라 전류 방향이 달라진다.
④ 제너 항복이 발생되면 전압은 거의 일정하게 유지되나 전류는 급격하게 증가한다.

해설 제너 다이오드
- 전원 전압을 안정하게 유지(정전압 정류 작용)
- 전압 조정에 사용
- 전압의 크기가 변하면 전류의 크기는 변하지만 방향은 변하지 않는다.
- 제너 항복이 발생되면 전압은 거의 일정하게 유지되나 전류는 급격하게 상승한다.

## 12 나트륨등의 이론 효율[lm/W]은 약 얼마인가?

① 255 ② 300
③ 395 ④ 500

해설 나트륨등의 이론 효율은 최대 시감도에 전방사에너지의 76[%], 비시감도의 76.5[%]이므로
$\eta = 680 \times 0.76 \times 0.765 = 395$[lm/W]

## 13 중량 50[t]의 전동차에 3[km/h/s]의 가속도를 주는 데 필요한 힘[kg]은?

① 150 ② 156
③ 210 ④ 4,650

해설 가속도(관성계수) 고려 시 필요한 힘
$F_a = 31aW$[kg]$= 31 \times 3 \times 50 = 4{,}650$[kg]
여기서, $a$ : 가속도[km/h/s]
$W$ : 차량 중량[ton]

## 14 전차용 전동기의 사용 대수를 2의 배수로 하는 이유는?

① 균일한 중량의 증가 ② 제어 효율 개선
③ 고장에 대비해서 ④ 부착 중량의 증가

해설 전차용 전동기 사용 대수를 2의 배수로 하는 이유
직병렬 제어법으로 전동기의 단자 전압을 바꾸어 속도 제어를 하기 위함으로 소비전력이 감소되며 제어 효율을 개선할 수 있다.

11 ③ 12 ③ 13 ④ 14 ② Answer

## 15 500[W]의 전열기를 정격 상태에서 1시간 사용할 때 발생하는 열량은 약 몇 [kcal]인가?

① 430 ② 520
③ 610 ④ 860

해설 열량 $Q=860Pt$[kcal]
여기서, $P$ : 소비전력[kW], $t$ : 시간[h]
∴ $Q=860\times0.5\times1=430$[kcal]

## 16 서보 모터(Servo Motor)는 서보 기구에서 주로 어느 부의 기능을 맡는가?

① 검출부 ② 제어부
③ 비교부 ④ 조작부

해설 서보 모터
- 전기자 지름이 작다.(관성을 작게 하기 위하여)
- 축방향 전기자 길이가 길다.(토크를 크게)
- 조작부의 기능을 갖는다.

## 17 다음 중 형광체로 쓰이지 않는 것은?

① 텅스텐산 칼슘 ② 규산 아연
③ 붕산 카드뮴 ④ 황산 나트륨

해설 형광체의 광색
- 텅스텐산 칼슘($CaWO_4$) : 청색
- 텅스텐산 마그네슘($MgWO_4$) : 청백색
- 규산 아연($ZnSiO_3$) : 녹색(효율 최대)
- 규산 카드뮴($CdSiO_2$) : 주광색
- 붕산 카드뮴($CdB_2O_5$) : 다홍색

## 18 전압, 속도, 주파수, 역률을 제어량으로 하는 제어계는?

① 자동 조정 ② 추종 제어
③ 프로세스 제어 ④ 피드백 제어

해설 제어량에 의한 분류
- 서보 기구 : 방위, 자세, 위치 등의 기계적 변위를 제어량으로 하는 제어계
- 프로세스 제어 : 농도, 유량, 액위, 압력, 온도 등 공업 프로세스의 상태량으로 하는 제어계
- 자동 조정 : 전압, 속도, 주파수, 장력 등을 제어량으로 하여 일정하게 유지하는 것

Answer 15 ① 16 ④ 17 ④ 18 ①

**19** **온도의 변화로 인한 궤조의 신축에 대응하기 위한 것은?**

① 궤간 ② 유간
③ 곡선 ④ 확도

해설 유간
온도 변화에 따른 레일의 신축성 때문에 이음 장소에 간격을 둔다.

**20** **제품 제조 과정에서의 화학 반응식이 다음과 같은 전기로는 어떤 가열 방식인가?**

$$CaO + 3C \rightleftarrows CaC_2 + CO$$

① 유전 가열 ② 유도 가열
③ 간접 저항 가열 ④ 직접 저항 가열

해설 카바이드로(직접 저항 가열)
CaO(생석회)와 C(탄소)와의 혼합재료에 전류를 통하여 2,200[℃]정도를 유지하여 제조

$$CaO + 3C \rightleftarrows CaC_2 + CO$$

19 ② 20 ④ Answer

# 전기공사 기사 · 산업기사 필기
## 전기응용 및 공사재료

발행일 | 2017. 5. 10. 초판발행
2020. 3. 10. 개정 1판1쇄
2022. 8. 30. 개정 2판1쇄

저 자 | 인천대산전기직업학교
발행인 | 정 용 수
발행처 | 예문사

주 소 | 경기도 파주시 직지길 460(출판도시) 도서출판 예문사
TEL | 031) 955 – 0550
FAX | 031) 955 – 0660
등록번호 | 11 – 76호



정가 : 28,000원

ISBN 978-89-274-4786-3 13560